普通高等教育软件工程专业系列教材
普通高等教育新工科创新系列教材

大数据导论

宁兆龙　孔祥杰　杨　卓　夏　锋　编著

科学出版社

北　京

内 容 简 介

本书是编者在多年从事大数据相关领域教学和科研的基础上编写而成的。全书系统地对大数据采集、存储、计算、处理、分析、挖掘和可视化等相关内容进行介绍，并结合大数据在社交、交通、医疗、金融、教育等方面的应用进行剖析阐述。

该书既可以作为计算机和软件工程专业的研究生和本科生教材，也可供从事信息技术领域的工程技术人员进行学习、使用和参考。本书相关内容基本覆盖了近些年大数据领域的最新技术和相关研究进展。

图书在版编目（CIP）数据

大数据导论/宁兆龙等编著. —北京：科学出版社，2017.5
普通高等教育软件工程专业系列教材·普通高等教育新工科创新系列教材
ISBN 978-7-03-052662-5

Ⅰ.①大… Ⅱ.①宁… Ⅲ.①数据处理–高等学校–教材 Ⅳ.①TP274

中国版本图书馆 CIP 数据核字（2017）第 091568 号

责任编辑：于海云 / 责任校对：郭瑞芝
责任印制：吴兆东 / 封面设计：迷底书装

科 学 出 版 社 出版
北京东黄城根北街 16 号
邮政编码：100717
http://www.sciencep.com

北京虎彩文化传播有限公司 印刷
科学出版社发行 各地新华书店经销
*
2017 年 5 月第 一 版 开本：787×1092 1/16
2022 年 12 月第八次印刷 印张：18 1/4
字数：467 000

定价：58.00 元
（如有印装质量问题，我社负责调换）

前　言

随着物联网和云计算技术的兴起,"大数据"已成为当今炙手可热的明星词汇。党中央在"十三五"规划建议中提出:"实施国家大数据战略,推进数据资源开放共享"。全球知名咨询公司麦肯锡称:"数据已经渗透到当今每一个行业和业务职能领域,成为重要的生产因素。人们对于海量数据的挖掘和运用,预示着新一波生产率增长和消费者盈余浪潮的到来。""大数据"因为近年来互联网和信息行业的发展而得到人们的广泛关注。

本书是编者在多年从事大数据相关领域教学和科研的基础上编写而成的。本书既可作为计算机和软件工程专业的本科生和研究生教材,也可供从事信息技术领域的工程技术人员进行学习和参考。本书全面系统地介绍了大数据理论和技术,相关内容基本涵盖了近些年大数据领域的最新技术和相关研究进展。

本书共13章,涉及的内容包括三大部分。

第一部分为大数据相关概述,由第1章组成,对大数据定义、结构类型、大数据技术的发展和大数据相关应用及面临的挑战进行阐述。

第二部分为大数据相关技术,由第2~8章组成。第2章介绍了大数据采集技术,详细介绍了大数据的来源、采集设备、采集方法和预处理技术。第3章对大数据相关存储技术进行了阐述,并对传统存储、云存储、大数据存储、数据中心和数据仓库分别进行了介绍。第4章对大数据计算平台进行介绍,着重对云计算平台、MapReduce计算平台、Hadoop计算平台、Spark计算平台进行了说明。第5章为大数据分析技术,分别对传统数据分析方法、大数据分析方法、大数据分析架构和大数据分析应用进行了介绍。第6章介绍大数据挖掘相关知识,分别从大数据挖掘算法、挖掘工具、挖掘平台和挖掘应用展开论述。第7章对大数据下的机器学习算法进行阐述,首先对大数据的特征选择进行了简要介绍,接着对大数据的分类、聚类和关联分析进行着重讲解,最后对大数据的并行算法进行介绍。第8章介绍大数据可视化的相关内容,具体内容包括:大数据可视化技术、可视化工具、可视化案例以及可视化的未来。

第三部分为大数据相关应用,由第9~13章组成。第9章对社交大数据的相关应用进行阐述,首先对社交大数据的来源进行说明,接着对社交大数据在国内外社交网络中的应用进行实例分析。第10章为交通大数据,相关内容包括:交通数据分类及其相关分析、交通情况监测和基于交通大数据的人类移动行为预测。第11章为医疗大数据,首先对医疗大数据进行简介,接着对基于大数据的临床决策分析、基于大数据的医疗数据系统分析和基于大数据的远程病人监控进行着重阐述。第12章为金融大数据,分别从摩根大通信贷市场分析、瑞士银行集合风险分析、民生银行新核心业务平台分析和阿里信贷金融模式分析的实际案例对金融大数据相关应用进行展开说明。第13章为教育大数据,着重从微课教育、慕课教育和云平台教育对大数据教育的相关应用进行系统阐述。

本书的参考学时数为32学时。在课程学时较少的情况下,可针对具体情况选取部分知识进行学习。本书每章后均有小结和思考题,可使读者更好地回顾每章知识,并检查自己对知识的掌握程度。

本书在编写过程中得到了多位同行专业老师的指导，在此表示感谢。在本书内容编写过程中得到了大连理工大学阿尔法实验室成员的大力支持，他们是杜宏壮、冯玉凡、郭昊尘、郭琳琳、侯杰、侯轲、康文杰、李璐、李梦琳、李世璞、刘嘉莹、刘雷、刘鑫童、马凯、毛梦依、史尉欣、石雅洁、严颖梅、袁宇渊、张凯源。下列人员在本书校稿过程中提供了积极意见，他们是白晓梅、郭腾、彭众、王馨爽、于硕、张君，在此对上述人员进行一并感谢。编者在认真听取同行意见，在潜心研究的基础上细心编写了本书，希望本书对读者对大数据知识的系统学习提供帮助。但由于编写水平有限，书中还难免存在一些缺点和错误，殷切希望广大读者批评指正。

编　者

2017 年 3 月

目 录

第1章 大数据概述

当早上被闹铃叫醒，我们可以根据与手机互连的智能手环，从手机 APP 中看到昨晚睡眠的心跳、血压等健康状况信息；我们可以根据手机上即时更新的天气情况添减衣物；我们可以利用导航软件查阅实时交通状况，根据导航软件对用户以往的数据信息分析得出的出行建议进行路线规划；我们还可以利用大数据软件定位寻找附近的餐馆，甚至可以看到餐厅的用餐环境及特色菜品……不可否认，数据应用已渗透到我们生活的方方面面。

互联网带来的数据浪潮给我们的生活带来了极大便利。移动互联、社交网络、电子商务等应用随着互联网的兴起而产生并不断发展，同时大大拓宽了互联网的应用领域，并随之带来了海量的数据。

1.1 大数据定义

1.1.1 初识大数据

20 世纪以来，随着网络及计算机技术的发展，社会各行各业逐步走上了信息化的道路并积累了海量的数据。随着物联网和云计算技术的兴起，数据仍在以前所未有的速度增长和积累，并超越了相应存储仓库和数据处理资源的发展。如何采用新的技术和方法实现 PB 级甚至 ZB 级海量数据的存储和分析是我们当前面临的巨大挑战。爆炸式增长的数据正在引领一场新的时代变革，大数据时代已经来临。

什么是大数据（Big Data）？不同的研究机构基于不同的角度给出了如下定义。

大数据是需要新的处理模式才能具有更强的决策力、洞察发现力和流程优化能力的海量、高增长率和多样化的信息资产。

——高德纳（Gartner）咨询有限公司

大数据指的是大小超出常规的数据库工具获取、存储、管理和分析能力的数据集。

——麦肯锡[①]

大数据一般会涉及两种或两种以上的数据形式，它需要收集超过 100TB（1TB=2^{40}B）的数据，并且是高速实时数据流；或者是从小数据开始，但数据每年增长速率至少为 60%。

——国际数据公司[②]

总的来说，大数据是指所涉及的数据规模巨大到无法通过人工或计算机，在合理的时间内达到截取、管理、处理并整理成为人们所能解读的形式的信息。

另外，总结以上几种对于大数据的不同定义，我们不难发现大数据概念所具有的两点共性。

（1）大数据的数据量标准是随着计算机软硬件的发展而不断增长的。如 1GB 的数据量在 20 年前可以称为大数据，而今的数据量已上升到了太字节（TB）或拍字节（PB）量级。

---

① 麦肯锡公司，全球最著名的管理公司。

② 国际数据公司（International Data Group，IDG）。

（2）大数据不仅体现在数据规模上，还包含了不同于传统数据库软件获取、存储、分析和管理能力的提升。

1.1.2　大数据的特征

现在我们普遍以 5V 特征来具体描述大数据，其反映了大数据在 5 个层面上的特点，如图 1-1 所示。

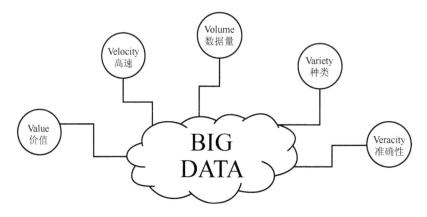

图 1-1　大数据的 5V 特征

（1）Volume：数据量巨大。数据体积大是大数据的显著特征，其数据量由传统 TB 级的基于关系的数据库处理数据量增长为 PB 级及以上的数据量，且不可避免的向泽字节（ZB）发展。

（2）Velocity：数据具有高速性。该特性包括大数据传输方式和处理方式。传输方式包括批处理传输、实时传输、近似实时传输和流传输等方式。数据处理方式包括数据处理时间和相应的时延。在具有时延的情况下，数据依旧需要以较高的速率被分析、处理、存储和管理，并遵循一秒定律[①]。

（3）Variety：数据类型多样。大数据不仅包括结构化数据，如传统文本类和数据库数据，还包括各种非结构化、半结构化以及复杂结构的数据，如网页、Web 日志文件、博客、微博、图片、音频、视频、地理位置信息等。

（4）Value：数据具有潜在价值。该特性是指大数据用户从数据中获得的价值。大数据的这一特性在商业领域较为关键。大数据中数据的价值密度与数据总量成反比，具有价值密度低的特点，如在视频数据中，一小时的视频中有用数据可能只占几秒。

一般而言，数据规模越大，种类越多，用户得到的信息量越大。获得的知识越多，数据能够发挥的潜在价值越大。但在实际情况中，大数据价值密度低这一特点使其数据价值往往依赖于较好的数据处理方式和工具。因此应尽量减少由于数据垃圾和信息过剩造成的数据价值丢失，力求从数据中获得更高的价值回报至关重要。

（5）Veracity：数据准确性。该特性体现了大数据的数据质量。较为典型的应用是垃圾邮件，它们给社交网络带来了严重的困扰。据统计数据显示，网络垃圾占万维网所有内容的 20% 以上。

从传统数据到大数据，形象地说类似于从"池塘捕鱼"发展到"大海捕鱼"的过程，而其中的鱼则为待处理的数据。两者的区别见表 1-1。

---

① 一秒定律是指对处理速度有要求，一般要在秒级时间范围内提出分析结果。

表 1-1　大数据与传统数据对比

比较项目	传统数据	大数据
数据规模	规模小，以 MB、GB 为处理单位	规模大，以 TB、PB 为处理单位
数据生成速率	每小时，每天	更加迅速
数据结构类型	单一的结构化数据	多样化
数据源	集中的数据源	分散的数据源
数据存储	关系数据库管理系统（RDBMS）	分布式文件系统（HDFS）、非关系型数据库（NoSQL）
模式和数据的关系	先有模式后有数据	先有数据后有模式，且模式随数据变化而不断演变
处理对象	数据仅作为被处理对象	作为被处理对象或辅助资源来解决其他领域问题
处理工具	一种或少数几种处理工具	不存在单一的全处理工具

在大数据定义过程中，需要注意的是其数据量不一定要满足 TB 级。在实际情况中，我们可以根据具体的数据特征来进行判断，如只有几百 GB 的数据在一定情况下也可以成为大数据。此时需要考虑其他判断标准，即数据处理速度或处理数据的时间维度，如几百 GB 的数据可以在一秒或几秒内被全部处理，而传统数据处理方式可能需要半小时甚至几小时，那么这种处理能力的高速提升极大地增加了数据价值。因此，所谓的大数据技术可以只满足以上部分判断特征。

同时，我们应注意区分"大数据""大规模数据"和"海量数据"这几个概念。可以从以下两方面加以区分。

（1）从目标性来看，以上三者都具有数据容量大的特点。但大数据的目标是从大量数据中提取相关的价值信息，所以大数据并非只是大量数据无意义的堆积，其数据之间具有一定的直接或者间接联系。因此数据之间是否具有结构性和关联性是大数据和"海量数据""大规模数据"的重要差别。

（2）就技术方面而言，大数据能够快速、高效地对多种类型的数据进行处理和整合从而获得有价值的信息，这也是大数据不同于"海量数据"和"大规模数据"的最主要特征。在数据处理过程中，大数据处理技术运用了如数据挖掘、分布式处理、聚类分析等多种方法，并对相关的硬件发展和软硬件的集成技术提出了较高要求。

数据量的剧增伴随着数据处理要求的不断提高。因此，大数据的处理技术也得到相应发展。

1.1.3　大数据技术

大数据技术是新兴的，能够高速捕获、分析、处理大容量多种类数据，并从中得到相应价值的技术和架构。大数据处理的关键技术主要包括：数据采集和预处理、数据存储、基础架构、数据分析和挖掘以及大数据应用。利用大数据技术对数据处理流程如图 1-2 所示。

图 1-2　大数据处理流程

1. 数据采集

数据是通过射频识别技术、传感器、交互型社交网络以及移动互联网获得的多类型海量数据，这些数据是大数据知识服务模型的根本。

大数据采集一般分为大数据智能感知层和基础支撑层。智能感知层主要包括数据传感体系、网络通信体系、传感适配体系、智能识别体系以及软硬件资源接入系统，可以实现对结构化、半结构化、非结构化海量数据的智能化识别、定位、跟踪、介入、传输、信号转换、监控、初步处理和管理等。基础支撑层主要提供大数据服务平台所需的虚拟服务器，结构化、半结构化及非结构化数据的数据库及物联网资源等基础支撑环境。本书第 2 章将详细介绍这些内容。

2. 数据预处理

数据预处理是数据分析和挖掘的基础，是将接收数据进行抽取、清洗、集成、转换、归约等并最终加载到数据仓库的过程。

（1）数据清洗：现实世界中接收到的数据一般是不完整、有噪声且不一致的。数据清洗过程试图填充空缺值，光滑噪声并识别离群点，纠正数据中的不一致。因此，为了提高数据挖掘结果的准确性，数据预处理是不可或缺的一步。数据清洗过程主要包括数据的默认值处理、噪声数据处理、数据不一致处理，常见的数据清洗工具有 ETL[①]和 Potter's Wheel[②]。

（2）数据集成：数据集成过程是将多个数据源中的数据合并同时存放到一个一致的数据存储（如数据仓库）中，其中数据源可以包含多个数据库、数据立方体或一般文件。数据集成需要考虑诸多问题，如数据集成中对象匹配问题、冗余问题和数据值的冲突检测与处理问题。

（3）数据转换：将原始数据转化为适合于数据挖掘的数据形式。数据转化主要包括数据泛化、数据规范化和新属性构造。

（4）数据归约：数据归约指在尽可能保持数据原貌的前提下，最大限度地精简数据量，该处理过程主要针对较大的数据集。数据归约主要有两个途径：属性选择和数据采样。这两种途径分别针对原始数据集中的属性和记录进行处理。

3. 数据存储

数据存储过程需要将采集到的数据进行存储管理，建立相应的数据库。详解可见本书第 3 章。根据采集数据多样化的特点，数据主要存储在关系数据库、NoSQL、HTFS 等数据库中。

为了保证数据的安全性，数据存储也需要考虑相应的安全技术，主要包括：分布式访问控制、数据审计、透明加解密、数据销毁、推理控制、数据真伪识别和取证、数据持有完整性验证等技术。

单台计算机必然无法完成海量的数据处理工作，需要分布式架构的计算平台。然而高可用性的硬件并不是大数据高效处理的全部决定性因素，合理的软件设计和架构同样必不可少。现有的大数据计算平台主要是云计算平台、MapReduce[③]、Hadoop、Spark[④]等，本书第 4 章将对大数据计算平台进行详细介绍。

---

① ETL（Extract Transfrom Load），常用于数据仓库，用来描述将数据从来源端经过抽取、转换、加载至目的端的过程。[http://baike.so.com/doc/2126217-2249603.html]。

② http://control.cs.berkeley.edu/abc/。

③ MapReduce 是一种编程模型，用于大规模数据集的并行运算。

④ Spark 是一种与 MapReduce 类似的通用并行架构。

4. 数据分析和挖掘

数据分析是指利用相关数学模型以及机器学习算法对数据进行统计、预测和文本分析。数据分析可分为预测性分析、关联分析和可视化分析。数据的主要分析方法有探索性数据分析方法、描述统计法、数据可视化等。关于数据分析的详细内容请查阅本书第 5 章。

预测性分析是通过大数据中某些特点科学地建立模型，并将最新数据应用到已建立的模型中，达到预测未来数据趋势的目的，从而减少对未来事物认知的不确定性。关联分析的目的是寻找数据之间的内在联系。可视化分析是将大型数据集中的数据以图形图像的形式表示，并利用数据分析和开发工具发现其中未知信息的处理过程。对应处理工具主要有动态分析工具和以图形、表格等可视化元素为主的工具。可视化分析可以直观地呈现大数据的特点。

数据挖掘是利用人工智能、机器学习、统计学等多学科方法从大量的、不完全的、有噪声的、模糊的、随机的实际应用数据集中提取隐含在其中的有价值信息或模式的计算过程。数据挖掘技术众多，根据分类方法的不同可以分为多类，具体可见表 1-2。

表 1-2　数据挖掘技术分类表

分类标准	类别
挖掘任务不同	分类或预测模型发现
	数据总结、聚类、关联规则发现
	序列模式发现
	异常和趋势发现
挖掘对象不同	关系数据库
	面向对象数据库
	空间数据库
	时态数据库
	文本数据源
	多媒体数据库
	异质数据库
	遗产数据库
	互联网 Web
挖掘方法不同	机器学习方法（监督、非监督、半监督学习法）
	统计方法（回归分析、判别分析、探索性分析等）
	神经网络方法
	数据库方法

本书第 6 章和第 7 章对数据挖掘技术和相关的机器学习下的数据挖掘算法进行了详细介绍。

5. 大数据应用

现今社会中大数据已应用到各行各业。从各个领域的海量数据中提取有价值的信息进行相关预测和选择决策，可以有力地推动社会进步和发展。目前大数据的典型应用包括社交网络、公共交通、医疗卫生服务、电子商务等。大数据无处不在并与我们的生活紧密相连。

如图 1-3 所示,大数据处理框架的工作流程大致如下:基础硬件集对海量的数据进行采集;采集到的数据被递交到上层计算平台的文件存储结构中进行存储,如云计算平台的云存储结构;计算平台完成对数据的整合、处理、分析和挖掘;最后将数据处理结果或者分析结果应用于不同的领域。

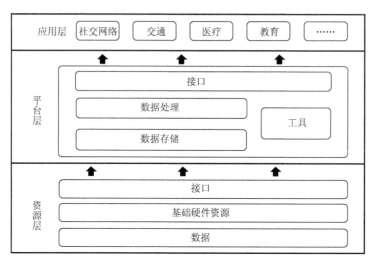

图 1-3　数据处理框架

1.2　大数据的结构类型

大数据不仅体现在数据容量方面,还体现在其结构方面。大数据的数据类型不再仅仅局限于传统的以二维表形式表示的规范化存储结构。

按照数据的结构特点分类,可以将数据分为结构化数据、半结构化数据和非结构化数据。在现有大数据的存储中结构化数据仅有 20%,其余 80%则是存在于物联网、电子商务、社交网络等领域的半结构化数据和非结构化数据。据统计全球结构化数据增长速度约为 32%,半结构化数据和非结构化数据的增速高达 63%。随着大数据的发展,非结构化的数据比例不断增高。数据显示,现今 1.8 万亿 GB 容量的大数据中,非结构化数据占有的比例为80%～90%。

1.2.1　结构化数据

所谓结构化数据,就是指行数据,此类数据一般存储在关系数据库中,并用二维表结构通过逻辑表达实现。结构化数据的特点是每一列数据具有相同的数据类型,且不可再进行细分。这些数据库基本能够满足高速存储的应用需求和数据备份、数据共享以及数据容灾等需求。

所有的关系型数据库,如 SQL Sever、DB2、MySQL、Oracle 中的数据都是结构化数据。生活中我们常见的结构化数据有企业计划系统(Enterprise Resource Planning,ERP)、医院的医疗信息系统(Hospital Information System,HIS)和校园一卡通等核心数据库。

关于结构化数据存储,关系数据库举例如表 1-3 所示。

表 1-3　结构化数据表

学号	姓名	班级号	课程号	成绩	…
201601001	张明	1601	031002	90	…
201601002	李四	1602	054021	95	…
…	…	…	…	…	…

1.2.2　半结构化数据

　　所谓半结构化数据，就是介于完全结构化数据和完全无结构化数据之间的数据，例如，邮件、HTML、报表、具有定义模式的 XML 数据文件等。典型应用场景如邮件系统、档案系统、教学资源库等。

　　半结构化数据的格式一般为纯文本数据，其数据格式较为规范，可以通过某种方式解析得到其中的每一项数据。常见的有日志数据、HTML、XML、JSON 等格式的数据。此种数据中的每条记录可能会有预定义的规范，但是其包含的信息可能具有不同的字段数、字段名或者包含着不同的嵌套格式。此类数据通过解析进行输出，输出形式一般是纯文本形式，便于管理和维护。下面给出相关的半结构化数据示例。

　　（1）XML 文档。

```xml
<?xml version="1.0" encoding="UTF-8"?>
<School>
    <Student xmlns="http://education">
        <StuNum>201601001</StuNum>
        <StuName>张三</StuName>
    </Student>
</School>
```

　　（2）JSON（JavaScript Object Notation）。

　　JSON 是一种基于 JavaScript 的轻量级数据交换格式，解析之后的格式以键-值成组或者值的有序列表（array）的形式输出数据。

```json
{"Student":[
{"StuName": "张三", "StuNum": "201601001"},
{"StuName": "李四", "StuNum": "201601002"},
{"StuName": "王亮", "StuNum": "201601003"},
]}
```

　　（3）日志文件。

　　日志文件是用于记录系统操作事件的记录文件，如计算机系统中的日志文件，记录了系统的日常事件与误操作的日期和时间戳等信息。常见的日志文件类型还有数据库日志、Web日志等，其中较为典型的日志文件如点击流（click-stream data）已被广泛应用。企业利用内部网络服务器来记录客户对企业网站的每一次点击或者操作从而形成日志，并由此产生了点击流数据。

1.2.3　非结构化数据

　　随着网络技术的不断发展，非结构化数据的数据量日趋增大，用于管理结构化数据的传统基于关系的二维表数据库的局限性更加明显，因此非结构化数据库的概念应运而生。

非结构化数据库中字段长度可变，且每个字段的记录可以由可重复或不可重复的子字段构成，不仅可以处理结构化数据如数字、符号等信息，更适合处理非结构化数据如全文本、声音、图像、超媒体等。非结构化数据是指非纯文本类数据，没有标准格式，无法直接解析出相应的值。此类数据不易收集和管理，且难以直接进行查询和分析。在现实生活中，非结构化数据无处不在，常见的包括 Web 网页、即时消息或者时间数据（如微博、微信中的消息）富文本文档（Rich Text Format, RTF）[①]、富媒体文件（rich media）[②]、实时多媒体数据（如各种视频、音频、图像文件）、即时消息或者事件数据（如微博、微信、Twitter 等数据）、包含社交网络在内的图数据以及语义 Web[③]。日常生活中的半结构化数据和非结构化数据如图 1-4 所示。

| （a）Web 日志 | （b）实时多媒体数据 | （c）社交网络数据 | （d）文档类型数据 |

图 1-4　日常生活中的半结构化数据和非结构化数据举例

1.2.4　其他分类方式下的数据类型

对于大数据时代的海量数据，除可按照以上基于结构的分类方式进行分类，还存在其他的分类方法，如按照产生主体分类、按照数据作用方式分类等。

数据可根据产生主体的不同分为三类：少量企业应用产生的数据、大量用户产生的数据、巨型机器产生的数据。其层次结构可以表示如图 1-5 所示。

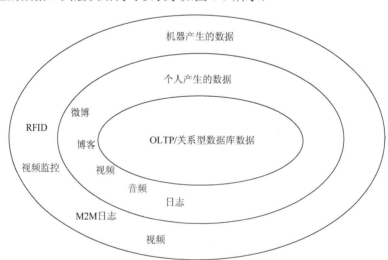

图 1-5　大数据按照主体分类图

---

① 由微软公司开发的跨平台的多文本文档格式，大多数文字处理软件都能读取和保存 RTF 文档。
② 富媒体文件（rich media），是指具有动画、声音、视频和/或交互性的信息传播方法。其中包含流媒体、声音、Flash，以及 Java、JavaScript、DHTML 等程序设计语言的形式之一或者几种组合，可以应用到网站设计、电子邮件、弹出广告、BANNER、插播式广告等。
③ 语义 Web，又称语义网。它是计算机业和互联网业对网络下一阶段发展做出的语义化定义，其基本含义为基于网络建立起不仅仅局限于网页的任何微小的数据连接，使更加微小的信息之间建立直接的连接。

另外，数据可根据作用方式的不同分为两类：交互数据和交易数据，并且这两类数据已经逐渐走向有效的融合。交互数据是指相互作用的社交网络产生的数据，包括人为生成的社交媒体交互和机器设备交互生成的新型数据。交易数据是指来自于电子商务和企业应用的数据。随着大数据的发展，此类数据的规模和复杂性一直在提高。商业应用中的数据主要包含网络公关系统（Electronic Public Relation System，EPR）、企业对企业（Business-to-Business，B2B）、个人对个人（Customer-to-Customer，C2C）、团购等系统产生的数据。两类数据的有效融合是大数据发展的必然趋势。在大数据应用中，应在有效集成这两类数据的基础上实现对数据的高效处理和分析。

1.3　大数据发展

在技术创新以及硬件设备快速发展的大背景下，本世纪发生了一场以数据在数量和种类上爆炸式增长为特点的"数据的工业革命"，使得技术在我们生活中更加重要，大数据也成为了我们生活不可或缺的一部分。日常生活中手机通话记录、银行交易记录、网络在线用户生成内容（如博客和微博、在线搜索）、卫星图像等可操作的信息都是大数据的来源。

过去的 20 年中，各个领域中的数据量都有了很大的提升，根据国际数据公司（IDC）的研究报告，2011 年的数据量为 1.8 ZB（$\approx 10^{21}$B），2012 年的数据量为 2.8 ZB，并且截至 2020 年全球数据量将增长到 40 ZB。

1.3.1　大数据概念发展

早在 1980 年，著名未来学家阿尔文·托夫勒在其所著的《第三次浪潮》中就已经提到了大数据一词。

2001 年麦塔集团分析员道格·莱尼指出了数据增长的挑战和机遇有量（Volume）、速（Velocity）和多变（Variety）三个方向，现在这三个方面已被普遍认同为大数据的特征。

2005 年 Hadoop 项目诞生。该项目最初是由雅虎公司用来解决网页搜索中出现的一些问题，而后因其技术的高效性，被 Apache Software Foundation 公司引入并作为开源应用。从技术上看，Hadoop 是由分布式文件系统和高性能并行数据处理技术 MapReduce 两项关键的服务构成的。

2008 年年末，计算社区联盟发表了一份颇有影响力的白皮书 *Big-Data Computing: Creating Revolutionary Breakthroughs in Commerce, Science, and Society*。它提出大数据真正重要的是新用途和新见解，而并非数据本身，这使人们的思维不再仅仅局限于数据处理的机器。在学术界，*Nature* 在同年推出了 *Big Data* 专刊。

2009 年，美国政府启动了 DATA.GOV 网站，并通过该网站向公众提供各种各样的政府数据，这一举措的实施进一步开放了大数据的大门。同年，欧洲一些科技信息研究机构建立了基于图书馆和科技信息的伙伴关系，致力于降低在互联网上获取科学数据的难度，同样推动了大数据概念的提出。

2011 年 2 月，*Science* 推出专刊 *Dealing with Data*，该专刊针对科学研究中的大数据问题进行讨论，并且强调大数据对于科学研究的重要性。

2011 年 6 月，麦肯锡在其报告 *Big data: The Next Frontier for Innovation, Competition and Productivity* 中首先正式地提出了大数据概念。该报告指出大数据已经渗透到当今的各行各业，

并成为重要的生产要素。人们对于海量数据的挖掘与应用预示着新一波生产率的增长和消费盈余的浪潮的到来。

2011 年 6 月，EMC/IDC 发表了 *Extracting Values from Chaos*，该报告介绍了大数据的概念和潜力，且引起了业界和学术界的极大兴趣。

此后，云计算等技术的不断发展使大数据不再是纸上谈兵，并促进大数据技术不断趋于成熟。

1.3.2　大数据浪潮下数据存储的发展

摩尔定律指出"当价格不变时，集成电路上可容纳的元器件数目约每隔 18～24 个月增加一倍，性能也将增加一倍"。该定律揭示了硬件的发展规律。随着大数据的发展，数据量的增大对数据存储提出了更高的要求，数据存储离不开硬件的发展。因此，数据存储发展的同时也意味着硬件的革新。数据存储结构的发展过程大致经历了如下几个阶段。

在 20 世纪 70 年代末，"数据库机器"的概念应运而生。这是一种专门应用于存储和分析数据的技术。随着数据量的不断增加，单个的主机计算机系统难以满足大数据量带来的存储容量和处理速度的需求。

在 20 世纪 80 年代，随着日益增长的数据量，人们提出了"无共享"的并行数据库系统用以满足数据存储和处理方面的要求。无共享模式的系统架构是基于集群环境下的应用。在该架构下，每一台机器都各自配备自己的处理器、存储和磁盘，如 Teradata 系统。该系统是第一个成功的商业并行数据库系统，因此系统推出不久便广受欢迎。1986 年 6 月 2 日，Teradata 向 Kmart 交付第一个存储容量为 1TB 的并行数据库系统，目的是在北美扩充大型零售企业相应的数据仓库。随着并行数据库的发展，此类数据库于 20 世纪 90 年代末得到了数据库领域的广泛认可。

而后，随着互联网服务的发展、网络索引和查询内容的迅速增长，更大的挑战出现了。搜索引擎公司不得不面对数据量剧增带来的数据处理方面的挑战。因此，Google 公司提出了 GFS[①]和 MapReduce 编程模型，以便应对在新兴的互联网环境下大量数据带来的数据管理和分析方面的挑战。

由网络用户、传感器产生的网络数据及其他各种数据流需要一个从本质上进行改变的计算架构和数据处理机制。于是在 2007 年 1 月，数据库软件的先驱詹姆士·格雷提出了"第四范式"的概念。这引起了数据思维的变化，即将以计算为中心转变为以数据处理为核心的数据模式。另外，他还提出，针对密集型数据存储问题，唯一的解决办法就是利用这种"第四范式"模式开发新一代的计算工具，以便对数据进行处理和可视化分析等。

对于企业而言，随着数据量的增长，数据存储的发展变得尤为重要。近几年，EMC、Oracle、IBM、Microsoft、Google、Amazon、Facebook 等公司都开始并逐步加快研究大数据项目的步伐。以 IBM 公司为例，自 2005 年以来 IBM 已经投入了 160 亿美元研究大数据涉及的相关技术，并且其投资比重仍在逐年增加。

多样化爆炸式增长的数据引起了数据存储方式的转变，新的数据存储模型由传统数据库发展而来。为了更好地实现对海量的半结构化数据和非结构化数据的存储和快速查询，新的

---

① GFS(Google File System)，可扩展的分布式文件系统，是 Google 公司为了存储海量数据而设计的专用文件系统，用于大型的、分布式的、对大量数据进行访问的应用。它运行于普通的硬件上，并提供容错功能。它可以给大量用户提供总体性能较高的服务。

数据存储模型往往忽略了数据一致性等属性，如用于处理结构化和半结构化数据的联机事务处理系统（on-line transaction processing）。目前发展的数据存储技术有以下几种。

（1）分布式文件系统：运行在通用硬件上的分布式文件系统具有很好的性能。通常用于大量非结构化数据的存储。HDFS 是 Hadoop 框架的一个组成部分。现在该文件系统大多被用于存储大型数据文件，并且能够实现对大型文件的高速数据采集和处理。

（2）NoSQL 数据库：它是大数据存储中的重要组成部分。NoSQL 数据库并不具有关系存储的特点，而且其对应事务并不一定满足原子性、一致性、隔离性和持续性四个基本特点。

（3）NewSQL 数据库：它是从关系数据库中发展而来的新型数据库。相较于 NoSQL，这类数据库不仅具有对海量数据存储管理的基本功能，还具有更好地可扩展性和更高的性能。但其与 NoSQL 数据库最大的区别是，NewSQL 数据库具有传统数据库事务的四个特性。

（4）大数据查询平台（Big Data Querying Platform）：该平台提供了基本的大数据查询功能，并提供一种类似于 SQL 数据查询访问机制的接口以简化查询底层数据的过程。

另外，还有面向企业和终端用户的云存储技术。对于终端用户而言，云存储技术为他们提供了一种数据备份的有效方式。他们可以在不同地区通过不同的设备以一种可靠的方式访问其存储在云端的数据。同样，对于企业而言，云存储提供了一种不局限于地域的、方便、快捷、大小灵活的数据访问机制。面向企业的云存储技术的服务价格往往根据云存储技术发展现状、市场经济发展程度以及企业存储的不同需求而有所改变。

从技术上来说，云存储可以分为对象存储和块存储。对象存储表示一种对存储器中的离散单元进行寻址、存储和处理的方法，其中这种离散的数据存储单元被称为"对象"。相应地，在块存储方法中，对象存储器中的最小数据处理单元则被称为块。在基于块存储的存储器中，每一个块作为一个独立的硬盘驱动器。该存储机制能够对位和数据块进行快速高效地存取访问，因此能够很好地应用于实际中。

除了以上基于对象存储或块存储的云存储平台，一些重要的大数据平台还支持关系和非关系数据库的存储、内存信息存储甚至进程队列存储。

1.4　大数据应用及挑战

1.4.1　大数据应用

针对大数据的聚集、处理、分析以及可视化的过程，各式各样的技术以及方法被大量提出，涵盖了统计学、计算科学、应用数据、经济学等各个领域。这表明在某一领域，如果想从大数据中获得价值必须要有一个多学科的、灵活的方法。有一些从单一的小数据集中总结出的方法，通过改良也可以应用到大数据的处理中。此外，一些公司和学者也提出了一些大数据的处理方法，这些方法都有自身的特定应用领域。

1. 大数据在社交网络中的应用

由于社交网络的快速发展，社交网络数据已经成为大数据的典型来源。在移动互联网服务的驱动下，人与人之间联系的建立以及有效的沟通不再受地域和时间的限制。现如今，网络用户更倾向于通过移动设备（如智能手机、平板电脑等），而不是传统的台式机移动设备获取所需要的数据。自 2014 年以来，全球移动连接设备数量已经超过世界人口数量。

典型的应用实例包含人们熟知的社交媒体和社交网络平台，如 Facebook、Twitter、微博和微信。这些社交平台为人们提供了随时随处分享情感和公开信息的专有社区，并开发了好友推荐机制。事实上，这些社交平台每时每刻都在产生大量且具有实时性的社会信息。另外，通过对社交网络大数据的分析，可以得知某个个体或者组织在社会中的影响力。

以美国的 YouTube 网站为例，该网站通过对访问者的访问数据以及留言数据进行数据挖掘、整理和分析，将每个人的偏好绘成一个图谱，并建立相应的偏好推荐机制或偏好共享机制。早在 2009 年，YouTube 就在其 Logo 旁边加了"1BN"的标志，意为每天十亿点击量，这充分体现了 YouTube 网站的成功。

相较于 YouTube，Twitter 中的用户并不算是最多的，但是它确实是最"热闹"的。Twitter 是"话题枢纽"，并通过新闻实时性向人们展示实时热点。在 Twitter 中，用户可以获知世界各地的人们正在关注和议论的内容。新闻记者可以通过实时新闻信息来发现和分享突发新闻，娱乐记者或电视台可以通过人们对某节目的热议程度来衡量电视节目的反响等。类似的社交平台国内有新浪微博，它也是一个实时的新闻社交网络平台。

关于社交大数据的具体应用实例详情可参考本书第 9 章。

2. 大数据在交通领域的应用

随着物联网的兴起与发展，智能交通逐渐走进了人们的生活。智能交通的典型应用是基于位置的服务平台，在网络环境中可以进行交通数据的实时采集，如采集的地理位置系统（GPS）信息。GPS 信息不仅包含某些手机用户的移动轨迹信息，还封装了大量的实时交通信息。因此在实际应用中我们可以通过便携式设备（如智能手机）访问共享的实时交通信息。生活中的典型应用有掌上公交、滴滴打车和 Uber 等（如图 1-6）。

图 1-6　交通大数据应用

社交媒体的广泛传播极大地激励了用户在网上分享与位置相关的信息，并促进了实时监测交通状况的智能交通系统诞生。因此，在普适计算①、社交网络和新兴互联网技术应用的综合体系下，逐步形成了以人、车辆、基础设施和服务为基础的新型互联网络关系，即数据驱动的智能交通系统（Intelligent Traffic System，ITS），并且该系统具有实时流量分析和交互控制的功能。

使用手机等易携带设备进行社会道路交通流量信息分析和预测是新兴的社会交通研究领域的典型应用，主要有以下两个应用方面。

（1）交通数据分析。交通分析要求使用数据挖掘、机器学习和自然语言处理等方法对道路交通流量、违章记录等交通数据进行分析，并根据分析结果做出相关决策，如调整交通事

---

① 普适计算（Pervasive computing/Ubiquitous Computing）指的是一种无所不在的、随时随地可以进行计算的方式，无论何时何地只要需要就可以通过某种设备访问到所需要的某种信息。

故频发路段的红绿灯时间、加大交警疏导力度等。这对交通事故的预防和治理有重大意义。

（2）基于位置的服务平台。除了打车应用，基于公交位置查询的相关应用也已经走进了我们的生活。通过掌上公交等 APP，人们可以根据实时掌握的公交位置信息，决定在何时何地乘坐公交，减少等待时间，并且将恶劣天气对人们的影响降到最低。

随着物联网技术的发展，大数据在交通领域有了广泛的应用。本书第 10 章对交通大数据作了详细的介绍。

3. 大数据在医疗领域的应用

随着世界人口老龄化趋势的加剧和人类生活方式的改变，世界各地的医疗保健系统承受着越来越大的压力。大数据下的医疗分析为医疗发展提供了新的机遇。如 Seton Healthcare 系统，该系统采用 IBM 沃森公司的医疗保健技术分析预测。该系统通过对大量患者的临床医疗信息进行大数据处理，从而更好地分析每个人的病情，甚至可以根据处理结果的某种规律改善该种疾病的控制治疗方案。

医疗大数据的预测分析应用非常广泛（图 1-7），可以用来识别高危患者以便对其提供必要的紧急治疗，或实时监控病情进而调整治疗方案等，这样可以减少不必要的住院治疗或者药品消耗。如针对早产婴儿，加拿大多伦多一家医院的设备每秒进行超过 3000 次的数据采集。通过这些数据分析，医院能够提前知道早产儿是否出现问题，并进一步采取针对性的治疗措施，避免早产婴儿夭折。

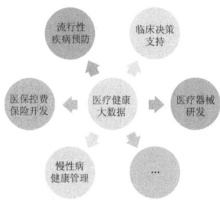

图 1-7　医疗大数据应用举例

另外，在医疗大数据中，我们可以利用大数据技术对现有的医疗关系体制数据进行分析学习，从而建立相应的监管机制。如在医疗保险方面，可以根据治疗记录和医保数据建立健康保险欺诈检测机制；在护理治疗方面，可以形成护理质量程序分析；在医疗器械、药品供应方面，加强医疗设备和药品供应链管理，使医疗购药和用药透明化。

医疗卫生领域的大数据应用不仅仅能够减少医疗资源浪费、降低医疗成本并且对于流行疾病的预防、慢性疾病的治疗和传染性疾病的控制等具有重大作用。这使得医疗资源得到合理分配，从而减少资源浪费。

医疗大数据的应用对于提高人类的健康水平具有重大意义。医疗大数据应用详情可参考本书第 11 章。

4. 大数据在金融领域的应用

近年来，随着互联网等技术的发展，"互联网金融"的概念逐渐走向人们的生活，并有一大批金融、类金融机构选择并走向了转型或布局服务的发展方向。随着互联网金融的快速发展，金融行业竞争日趋白热化，企业为了及时获得最佳商机往往需要精准定位市场走向，市场信息也由此成为竞争的根本因素。因此，金融行业也步入了大数据时代。

我们可以利用大数据技术在风险分析与管理、欺诈监测与安全分析、信用风险评分和分析、交易监管、异常交易模式分析以及客户忠诚度[①]评判等方面对金融领域的交易或者投资进行合理的评估，对有价值的顾客或者投资方案进行权衡和筛选，从而降低企业投资交易的风

---

① 客户忠诚度，又称客户黏度，是客户对于某一种特定的产品或者服务产生好感，形成"依附性"偏好，进而重复购买的一种趋向。

险。如阿里巴巴集团根据淘宝网上的中小型企业交易状况，筛选出财务健康和诚信经营的企业，给他们提供无担保贷款。目前阿里巴巴集团已经放贷款上千亿元，坏账率仅为 3%。

关于金融大数据的具体应用和详细介绍可参考本书第 12 章。

5. 大数据在教育领域的应用

现在很多人上网不仅仅是为了玩游戏、听音乐，更多的是把互联网当成了一种获取知识的工具。随着网络技术的蓬勃发展及"数据即资源"观念的不断深入，大数据教育概念应运而生。大数据教育是指在传统教育模式的基础上结合计算机与网络技术，将大数据概念应用于教育领域。

我们知道，对于单个个体学习行为的研究并无规律可循，而对于群体学习特征的研究可能会得出某些规律和特征。学习方式多样化是教育界的一场革命。不同于传统学习中的学习特征分布局限于教室、作业本、自习室等的学习特点，互联网下的大数据教育模式将学习特征转化为可收集的数据。如通过知名大学的网络课堂，在线作业提交、学习网站浏览记录等新型学习方法，将学习特征和行为模式收集起来进行整理、分析，找出学习者的学习规律，进而对教育学习制度进行完善。

面向全世界开放的哈佛和麻省理工的互联网免费公开课程，可以收集来自各个国家和地区学习者的学习特征和行为模式（鼠标点击次数、位置、频率）并对其加以分析。由此可以得出学习者对哪一部分更感兴趣、哪一部分学习有难度、哪种学习方法更加有效率等规律，进而根据总结的规律使学习平台更加完善。

教育大数据下兴起了电子校园、智慧校园建设。不同于以往单一的在校学习环境，智慧校园为在校师生提供了一个全面智能感知的综合信息服务平台，如校园图书馆手机借书、多元化的网络学习环境（无线校园）。智慧校园更加关注学生生活和学习环境，对于学生健康成长以及树立良好的世界观具有重大意义。

关于教育大数据的具体应用实例和详细内容可参考本书第 13 章。

6. 大数据的其他应用

社会中各行各业的发展都离不开大数据，大数据对我们生活的影响也无处不在，其他领域对于大数据的典型应用如下。

（1）欺诈监测。欺诈管理应用可以预测某一特定交易或者客户账户遇到欺诈（如电信诈骗）的可能性，如日常生活中我们熟知的识别骚扰和诈骗电话的技术。典型的欺诈类型包括信用卡和借记卡欺诈、存款账户欺诈、医疗补助计划和医疗保险欺诈、财产和灾害保险欺诈、工伤赔偿欺诈、汽车保险欺诈等。针对以上欺诈类型可以建立相应的数据库，经过分析管理做出预测分析。

（2）网站应用。在网站建设、排名以及营销方面也可以利用大数据技术。如对大规模点击流分析可以得到用户的某种行为信息，进而可以分析用户类型；大数据技术还可以应用于网站的广告投放以及对客户忠诚度分析，这对网站盈利以及发展前景评估具有重要意义；另外，我们还可以对网站进行社交图分析，以针对差异化用户群体的不同需求作出相应的战略调整，提供差异化服务。

（3）公共领域。在公共领域，现阶段我们可以利用大数据技术实现网络安全监测、进行公共安全的合理性监管分析，甚至在环保方面实施对工业废水、碳排放和生活垃圾处理的管理与监控。

（4）运营商。运营商可以根据对客户需求信息的数据分析结果及时做出战略决策调整，如节假日低额流量套餐，以防止客户流失；还可以将用户忠诚度分析结果与当下市场发展数据相结合，及时制定相应的营销活动和管理计划，如家庭通话套餐，从而保证客户数量，并使自身利益最大化；运营商还可以根据用户呼叫详细记录分析结果，划分不同客户类型并及时推出电话套餐漫游业务；除此之外，还可以利用大数据技术进行宽带网络性能优化以及对移动用户位置进行分析等操作。

（5）能源。以电能为例，我们可以利用传感器对每个电网内的电压、电流、频率等重要指标和重要操作进行记录。这样，除了能够有效预防安全事故外，还可以分析发电、电能供应、电力需求以及电力消耗这四者的关系，以便制定合理用电收费标准。如区分企业和个人用户或不同用户类型的分时段用电计划，以减少电能浪费。所以将大数据技术应用于能源领域对于能源的节约和国家可持续发展具有重要意义。

（6）电子商务。现如今，电子商务行业蓬勃发展，电子商务服务提供商可以利用大数据建立起相关产品的推荐机制，即通过交叉销售的预测分析来推荐产品；另外，还可以建立下一款产品最优机制，即通过结合预测模型和现有产品的销售信息，以及消费者的普遍购买选择来确定下一款最佳产品，使电子商业平台更加智能化和人性化。

（7）零售业。大数据技术在日常生活中的零售业也有很多应用。商家在产品上架之前可以对影响购买者购买能力的一些重要因素进行预测。例如，在超市中我们可以利用大数据技术对顾客商品购买的关联性进行分析，典型的包括对超市中啤酒和尿布销售量的关联分析以达到更好的销售效果；另外，将大数据技术应用到营销活动管理、客户忠诚度分析、供应链管理和分析、市场和用户细分方面，并将分析结果应用于零售业中使其达到较好的销售业绩。

（8）广播电视部门。广电部门可以使用大数据技术来分析机顶盒中用户使用以及频道选择等数据，并制定相应的促销计划或者广告投放计划。

（9）政府部门。以政府的环保监管为例，在治理雾霾方面，政府可以将雾霾监测历史数据、集成气象记录、遥感、企业或者汽车废气排放清单和环保策略的执法数据整合形成一个雾霾案例数据库。该数据库可以采用大数据技术进行分析，得出规律以便及时开展雾霾预警或者制定出相对有效的雾霾缓解策略，等等。

（10）其他行业。如利用公交、长途大巴、火车、飞机等各自的损耗以及寿命等数据建立合理的预测机制，以尽量保证人们的出行安全。

1.4.2　大数据发展面临的挑战

在大数据时代，急剧增长的海量数据，给数据采集、存储、分析带来了巨大挑战。传统的数据管理和分析系统都是基于关系型数据库管理系统，然而此类关系型数据库只能对结构化数据进行存储和分析，却不能存储和处理半结构化和非结构化数据。并且现今关系型数据库对于硬件的要求越来越高，其发展需要更加昂贵的硬件。

针对以上情况，不同的研究机构提出了不同的解决方案，如在计算处理方面提出利用云计算平台来满足大数据在成本效率、弹性计算方面对于基础设施的要求；针对大规模多样化的数据永久存储和管理的问题，提出了 NoSQL 和分布式文件系统等。利用以上的编程框架处理集群多任务可以达到较好的效果，尤其是在网页排名方面取得了很大的成功。基于这些创新的技术和平台，我们可以开发各种大数据应用程序而不仅仅局限于部署普通的大数据分析系统。大数据技术发展虽然取得了相关成果，但在大数据时代我们仍面临着来自数据表示、存储、分析管理、安全性方面的巨大挑战。具体介绍如下。

1. 数据隐私和安全

安全问题是一个相当敏感的问题，其包括概念、相关技术以及法律政策等内容。首先，对于海量的数据信息我们应该明确私有数据、公共数据以及某范围内的共享数据；其次，为了保证数据安全性应着手开发相应的大数据安全技术，如数据加密、数据销毁、分布式访问控制技术、数据真伪识别以及数据完整性验证等技术。

2. 数据存取和共享机制

如果某数据处理有时间上的要求，则需要系统必须以准确、完整和及时的方式提供数据存取查询功能。但这使得数据管理和处理过程变得复杂，因此数据开放变得至关重要。

关于数据共享模式，以的市场中为企业例，由于各个企业趋于在市场业务中获得优势，因此在该环境下，全部的数据共享是不现实的。企业需要根据不同的业务要求来部署不同的共享模式，以满足不同对象对于不同数据的共享模式要求。

3. 数据存储和处理问题

当下的可用数据存储发展并不能够满足社交网络、传感设备等产生的海量数据的存储要求。随之出现的云存储技术虽然是一种解决方案，但是将大量数据上传到云端并不是一个从根本上解决问题的方法。原因是大数据分析需要整合所有收集到的数据，然后用一定的方法将数据联系起来，再从中提取重要信息。云存储技术也不可避免地存在一些问题。一方面，将 GB、TB 级的数据上传到云中需要大量的时间，并且这些多来源的数据发展变化的速度很快，使得上传数据缺少了一定的实时性；另一方面，云存储的分布式特点对数据分析性能也造成了一定的影响。

在数据分析和计算性能方面，现有两种方法可以避免数据从存储点到处理点的传输：一种是把数据处理局限于存储位置上，并将结果传送出去，或者对数据进行筛选，仅将重要计算所需的数据传送到数据处理中心，但是这种方法在计算或者传送时，需要保持数据的完整性；第二种方法是在收集存储数据之初就建立相应的索引，以此来减少处理时间。

4. 数据分析方面的挑战

在数据分析方面主要存在以下问题。
（1）数据量过于庞大，数据分析无从下手。
（2）对于全部数据是否都需要进行存储和分析处理需要研究。
（3）如何在庞大数据库中找出关键信息点。
（4）如何更好地利用数据集使其发挥更大的价值。

因此，大数据带来了一些数据分析方面的挑战。数据类型多样化，对于半结构化和非结构化数据分析提取需要更高的技能要求；此外，对已知数据集的分析方法取决于要从数据集中获得的预期价值和结果。

5. 发展要求

大数据正处于发展的青年期，并随之产生了很多相关的新技术。所以在当前的发展浪潮中，大数据的发展不应仅仅局限于技术与应用，而应扩展到学术研究、分析以及创新来达到相关研究和技术应用的协同发展。

6. 技术挑战

大数据技术发展面临的主要挑战可以概括为以下几点：

（1）容错性。随着新技术，如云计算的兴起，我们要求故障发生时，故障对数据处理任务的影响程度应该在一个可以接受的阈值范围之内，并不是一定要将任务重新开始。现有的容错机制往往并不能满足数据处理任务的要求。容错机制涉及很多复杂的算法，并且绝对可靠的容错系统是不存在的。因此，我们应该尽量将失败的概率降低到可以接受的水平。值得注意的是，现在较好的容错性能往往意味着需要更大的成本。

（2）可扩展性。大数据的可扩展性问题已经对云计算产生了影响。现阶段云计算技术主要是将具有不同性能目标的多个不同工作负载分布于巨大的集群系统中来实现任务处理。但实现这一处理要求需要高水平的资源共享机制和高昂的成本。因此对于技术方面的可扩展性，我们面临着诸多挑战，如为了满足每项工作负载的计算资源需求，我们应如何运行和执行计算资源分配任务；在集群操作系统中，系统故障频繁发生，我们应该以何种方式对故障进行有效处理等。大数据计算平台应具有一定的可扩展性，以适应大数据环境下的复杂机器学习任务的调度等数据处理问题。

（3）数据质量。海量数据的收集和存储是以成本为代价的。在决策分析或者业务预测分析中，更大的数据量通常会使最终决策趋于更好的结果。因此，大数据存储更关注于质量数据的存储，以得出更好的结果与结论。但这也带来了各种各样的问题，如在存储过程中如何保证数据的相关性、在已经存储的数据中多少数据足以做出决策、存储的数据是否准确以及是否能从数据中获得正确结论，等等。

（4）异构数据。非结构化数据是原始的、无组织的数据。结构化数据是被组织成高度可管理化的数据。显而易见，将所有的非结构化数据转化为结构化数据是不可能的。结构化数据可以很容易地被存储和处理，而非结构化数据的处理和挖掘具有一定的复杂性。

本 章 小 结

本章重点介绍了大数据的概念、特征、相关技术架构、数据结构类型，并且对大数据的发展、应用以及面临的挑战等方面做出了概述。

首先，本章从大数据概念、特征、处理技术和数据类型入手详细介绍了大数据的基础知识。大数据具有数据量大、数据种类多、数据处理速度快、数据具有潜在价值和具有高可靠性的五大特征，这是大数据区别于传统数据的根本特征。并且本章还对大数据处理流程框架以及相关技术做出了概述。

随着大数据数据量爆炸式的增长和数据类型趋于多样化，大数据处理中相应的数据存储、计算技术也在不断地革新。本章从大数据概念提出过程中的数据存储技术和硬件发生的变革回顾了大数据的起源与发展。本章 1.3 节力求全面而清晰地讲解大数据的起源和发展过程，当然在其发展过程出现的了许多的新技术，且新技术具有一定的复杂性，所以本章仅列举了部分重要事件。

大数据渗透到社会的各行各业以及我们生活的方方面面。本章对社交网络、医疗、交通、金融、教育领域大数据的应用做了初步简单的介绍，并列举了其他领域对大数据的应用，贴近实际通俗易懂。在现今大数据化的信息时代，变化无时无刻不在发生，同样大数据的发展也面临着巨大的挑战。本章 1.4 节针对大数据技术发展、信息安全以及发展方向等几方面详细阐述了大数据现今发展中所面临的挑战以及对大数据的发展做出了展望。

　　大数据在飞速发展，并且大数据技术的更新也可谓是日新月异。大数据技术的发展将在更大程度上改变我们的日常生活，给我们带来更加智能和方便快捷的生活体验。

思 考 题

　　（1）大数据是什么？它有哪些特点？

　　（2）大数据的数据来源有哪些方面？说明来源并简单举例。

　　（3）面对过于庞大的数据，我们应该从哪些方面入手来对数据进行处理和分析？

　　（4）大数据有哪些结构类型？每种数据有什么特点？请分别举例。

　　（5）大数据发展过程的主要面临什么挑战？请简要列举。

　　（6）大数据应用到了我们生活的方方面面，请列举出你生活中对大数据应用的例子。

第2章 大数据采集

据著名咨询公司 IDC 的统计，2011 年全球被创建和复制的数据总量为 1.8ZB，其中 75% 来自于个人（主要是图片、视频和音乐），远远超过人类有史以来所有印刷材料的数据总量（200PB）。脸谱网（Facebook）的工程总监 Parikh 说："大数据的意义在于真正对你的生意有内在的洞见"。Facebook 坐拥数以亿计的用户群，上传照片数量达到了 3 亿张，如果不能好好利用收集到的数据，那只是空有一堆数据而已，并非大数据。这就意味着，广义的大数据不仅包括数据的结构形式和规模，还包括数据处理技术。而从庞大的数据积累中收集和预处理对自身有意义的数据是处理数据的关键准备工作。数据的定向采集可以确保分析结果的精度，同时数据的预处理可以简化分析过程并提高分析效率。

2.1 大数据来源

大数据集通常是指 PB 或 EB 级别数据量的数据。这些数据集有各种各样的来源：传感器、气候信息、公开的信息（如杂志、报纸、文章等），还包括购买交易记录、网络日志、病历、军事监控、视频和图像档案及大型电子商务等。当前，根据数据来源不同，大数据大致分为如下三种类型。

（1）来自人类活动：人们通过社会网络、互联网、各种社会活动等过程产生的各种数据，包括文字、图片、音频、视频等。这些数据中存在反映人们生产活动、商业活动和心理活动等各方面极具价值的信息。

例如，企业信息系统中拥有数万亿字节的客户信息、供应商信息以及业务运营信息，数据已经成为业务活动的副产品。全球最大的零售商沃尔玛公司，每天通过分布在世界各地的 6000 多家超市向全球客户销售超过 2.67 亿件商品，分析交易数据的数据仓库系统规模已经达到 4PB，并且仍在不断扩大。

（2）来自计算机：各类计算机信息系统产生的数据以文件、数据库、多媒体等形式存在，也包括审计和日志等自动生成的信息。这些记录信息反映了用户的使用习惯和兴趣爱好，具有很高的商业价值。在以 Web 2.0 为技术支撑的社交网站中，大量网络用户的点击量、浏览痕迹、日志及照片、视频、音频等多媒体信息都会被记录下来。随着时间的推移，如此庞大和复杂的数据为跟踪用户、分析用户喜好等提供了基础，如 Facebook 及 Windows 系统产生的系统日志等。

（3）来自物理世界：各类数字设备、科学实验与观察所采集的数据，如基因组学、蛋白组学、天体物理学等以数据为中心的传统学科研究过程中产生的数据。大数据技术的发展无疑推动了这些学科的发展，且传感器数据也是大数据的主要来源之一。在物联网时代，上亿计的网络传感器嵌入在数量不断增长的移动电话、汽车等物理设备中，不断感知生成并传输超大规模的有关地理位置、振动、温度、湿度等新型数据，其中 2010 年的移动电话使用量已经超过 40 亿，传感器的应用数量每年正在以 30% 的速度增长。

大数据来源众多，随着大数据时代的发展，更多的数据来源与数据形式仍在不断涌现，这使大数据具有增长快、变化快和多样性的特征。目前互联网上每秒钟产生的数据量比 20 年前整个因特网所存储的数据量还要巨大。然而，数据量飞速增长的同时，对数据处理速度也提出了更高的要求，数据的多样性无疑为数据处理提出了挑战。由于可获得的数据通常是非结构化的，传统的结构化数据库已经很难存储并处理多样性的大数据。因此，大数据的采集和预处理技术也与传统数据处理技术有着很大的差别。

2.2　大数据采集设备

据估计，目前全球数据总量在 12ZB 左右。那么，如此庞大的数据量是通过何种设备采集的呢？现在就让我们了解一下常用的数据采集设备。

2.2.1　科研数据采集设备

现今的许多科学研究中都需要大量实验/观测数据，如高能物理学对微观粒子的研究，天体物理学对宇宙奥秘的研究，以及一些生物学方面的研究都产生了 PB 级甚至 PB 级以上的数据量。这些科研数据大多通过特定的仪器采集得到，且这些仪器往往极其复杂、造价昂贵。这里我们对一些设备做简单介绍。

（1）大型强子对撞机。欧洲大型强子对撞机（Large Hadron Collider，LHC）是现在世界上最大、能量最高的粒子加速器，是一种将质子加速对撞的高能物理设备（图 2-1）。大型强子对撞机坐落在日内瓦附近瑞士和法国的交界侏罗山地下 100m 深、总长 17 英里（1 英里＝1.609km）（含环形隧道）的隧道内。2008 年 9 月 10 日，对撞机初次启动并进行测试。

据欧洲核子研究组织（European Organization for Nuclear Research，CERN）工作人员 Camporesi 说，LHC 每秒可产生 1GB 的数据，且数据暴涨不会就此止步。计划中对 LHC 的各项升级工作的开展将会使其产生的数据量继续增长，2020 年年初将达到每年 110PB，最终将达到每年 400PB。这些数据将汇集到 CERN 大本营，然后通过光纤传递到计算机中心存储起来，用于物理学的相关研究（在 20 世纪 80 年代末，为了更好地分析数据，CERN 的物理学家发明了环球信息网（Word Wide Web，WWW））。

（2）射电望远镜。为了解答目前困扰科学界的众多问题，如关于第一代天体如何形成、星系演化、宇宙磁场、引力的本质、地外生命与地外文明、暗物质和暗能量等，科学家建造了许多大型天线用来采集宇宙中的微波信号，这些天线或天线阵列称为射电望远镜。例如，平方公里阵列（Square Kilometre Array，SKA）射电望远镜是国际上即将建造的最大综合孔径射电望远镜，由数量多达 3000 个的碟形天线构成。SKA 科学数据处理研讨会上，SKA 科学计算平台负责人 Chris Broekema 介绍，SKA 预计 2018 年开始建设，2020 年初步完成，第一阶段建设计划运行 50 年。SKA 建成后，每秒预计将会采集大于 12TB 的数据量，相当于 2013 年底中国互联网国际出口带宽的 3.5 倍，相当于谷歌每年数据量的 30 倍。综合考虑静电以及当地人口密度等因素，SKA 望远镜计划将安装在南非和澳大利亚的沙漠中，并分别在开普敦和珀斯建立数据中心，以接收处理 SKA 产生的海量数据。

另外，2016 年 9 月 25 日，全球最大的 500m 口径球面射电望远镜（Five-hundred-meter Aperture Spherical radio Telescope，FAST）在我国贵州建成启用，该射电望远镜采集的数据量将会更加巨大（图 2-2）。

图 2-1　CERN 的大型强子对撞机　　　图 2-2　FAST

（3）电子显微镜。在脑科学、基因组学等现代生物学的研究中，科学家往往需要了解生物体细胞乃至分子层面上的微观结构，因此离不开电子显微镜的帮助。例如，用电子显微镜重建大脑中的突触网络，$1mm^3$ 大脑的图像数据就超过 1PB。

2.2.2　网络数据采集设备

物联网、互联网的发展极大地丰富了网络数据量，其中遍布网络的各种节点、终端为网络中注入大量数据。这些设备产生的数据通过网络汇集到服务端数据库和数据中心，因此我们可以利用数据中心采集网络中的数据。图 2-3 是微软的一个数据中心的航拍图，微软通过在世界各地超过 110 个这样的数据中心为客户提供云计算等服务。

数据中心基本上是包含大量计算设备的大型建筑，为了保障计算机的正常工作，还具有高度优化和精心管理的电源和冷却功能。图 2-4 为数据中心内的服务器阵列。网络上大量的数据通过网络汇集到各种各样的服务器上。

图 2-3　数据中心　　　　　图 2-4　服务器阵列

网络数据多种多样、组成复杂，且对于不同的目的有不同的利用价值和使用方式，这点与科研数据的专业性有很大不同，因此也意味着网络数据的利用必须经过再次的采集和筛选过程，才能从庞杂的数据集中挖掘出有价值的数据。

2.3　大数据采集方法

2.3.1　科研大数据采集方法

科学实验中如何采集数据和处理数据都是科技人员精心设计的，不管是检索还是模式识别，都有一定的科学规律可循。美国的大数据研究计划中专门列出寻找希格斯粒子（被称为

"上帝粒子")的大型强子对撞机（LHC）实验，这是一个典型的基于大数据的科学实验，至少要在 1 万亿个事例中才可能找出 1 个希格斯粒子。2012 年 7 月 4 日，CERN 宣布发现新的玻色子，标准差为 4.9，被认为可能是希格斯玻色子（承认是希格斯玻色子粒子需要 5 个标准差，即发现的玻色子 99.99943%的可能性是对的）。设计这一实验的激动人心之处在于，不论是否能够找到希格斯粒子，都是物理学的重大突破。从这一实验可以看出，科学实验的大数据处理是整个实验的一个预定步骤。

2.3.2　网络大数据采集方法

网络大数据有许多不同于自然科学数据的特点，包括多源异构、交互性、时效性、社会性、突发性和高噪声等，不但非结构化数据多，而且数据的实时性强，大量数据都是随机动态产生。科学数据的采集一般代价较高，LHC 实验设备花了几十亿美元，因此对采集的数据类型要做精心安排。而网络数据的采集成本相对较低，因为网上许多数据是重复的或者没有价值的，使得网络数据的价值密度变得很低。一般而言，社会科学的大数据分析，特别是根据 Web 数据作经济形势、安全形势、社会群体事件的预测，比科学实验的数据分析更加困难。

网络数据采集也称为"网页抓屏（screen scraping）""数据挖掘（data mining）"和"网络收割（web harvesting）"，通常通过一种称为"网络爬虫（web crawler 或 web spider）"的程序实现。网络爬虫的行为一般是先"爬"到对应的网页上，再把需要的信息"铲"下来。接下来我们对网络爬虫的实现作简单介绍。

1. 了解浏览器背后的网页

各式各样的浏览器为我们提供了便捷的网站访问方式，用户只需要打开浏览器，键入想要访问的链接，然后轻按回车键就可以让网页上的图片、文字等内容展现在其面前。实际上，网页上的内容经过了浏览器的渲染。现在的浏览器大都提供了查看网页源代码的功能，我们可以利用这个功能查看网页的实现方式。

例如，打开浏览器访问 www.baidu.com，然后查看网页的源代码。这里我们只会看到一堆杂乱无章的标签语句，和我们看到的整洁的网页完全不同。

```
<html>
▶ <head>…</head>
▼ <body link="#0000cc" style>
  ▶ <div id="ks_search_css">…</div>
  ▶ <div data-for="result" style="height:0;width:0;overflow:
    hidden;" id="swfsocketdiv">…</div>
  ▶ <div data-for="result" id="swfEveryCookieWrap" style=
    "width: 0px; height: 0px; overflow: hidden;">…</div>
  ▶ <script>…</script>
  ▶ <div id="wrapper" style="display: block;">…</div>
    <div class="c-tips-container" id="c-tips-container"></div>
  ▶ <script>…</script>
  ▶ <script>…</script>
  ▶ <script>…</script>
  ▶ <script>…</script>
    <script type="text/javascript" src="https://
    ss1.bdstatic.com/5eN1bjqBAAUYm2zgoY3K/r/www/cache/static/
    protocol/https/jquery/jquery-
    1.10.2.min_65682a2.js"></script>
  ▶ <script>…</script>
    <script type="text/javascript">…</script>
    <script src="https://ss1.bdstatic.com/
    5eN1bjqBAAUYm2zgoY3K/r/www/cache/static/protocol/https/
    global/js/all_async_search_51b3fbb.js"></script>
  ▶ <script>…</script>
  ▶ <script>…</script>
    </body>
</html>
```

图 2-5　百度首页的部分源代码

其实，图 2-5 中的语句是百度首页的 HTML 文件。但实际上，现在大多数网页需要加载许多相关的资源文件，可能是图像文件、JavaScript 文件、CSS 文件，或需要连接的其他各种网页的内容。当网络浏览器遇到一个标签时，如<img src="cuteKitten.jpg">，会向服务器发送一个请求以获取 cuteKitten.jpg 文件中的数据来充分渲染用户网页。如果我们的目的是实现一个网络爬虫，就不必掌握 HTML 和 CSS 中复杂的标签使用规则，但是了解 HTML 文件的结构对编写一段高效的爬虫程序有很大的帮助。

2. 初见网络爬虫

网络浏览器可以让服务器发送一些数据到那些对接无线（或有线）网络接口的应用上，但是许多语言也都有实现这些功能的库文件。本书中，我们选择 python2.x 来实现网络爬虫的一些功能。这里我们先介绍一些用到的工具和需要注意的问题。

对于一个简单的爬虫程序，我们要用到的 python 模块主要是 urllib2 和 BeautifulSoup。其中，urllib2 是 python 的标准库，主要提供网络操作，包含从网络请求数据，处理 cookie，甚至改变如请求头、用户代理这样元数据的函数。而 BeautifulSoup 提供解析文档抓取数据的函数，可以方便地从网页抓取数据。但是 BeautifulSoup 不是 Python 的标准库，需要单独安装才能使用。具体安装方法本书不作介绍。

我们来看一个例子：

```
from urllib2 import urlopen
from bs4 import BeautifulSoup
html=urlopen("http://www.baidu.com")
bsObj=BeautifulSoup(html.read())
print bdObj.title
```

输出结果为

```
<title>百度一下，你就知道</title>
```

读者可以自己再去查看一下百度首页的源代码，看看<title>标签的内容是不是正如我们通过程序所提取到的。同时，还可以比较该标签的位置，BeautifulSoup 库是不是使抓取内容变得简单了呢？

3. 再看看这只爬虫

这样的爬虫目前只能实现非常简单的功能，但是我们面临的问题往往不是那么简单。一般爬虫的数据采集过程如图 2-6 所示。

延伸阅读——几种常见的
异常及处理

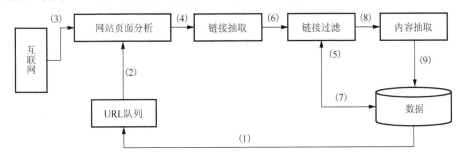

图 2-6　Web 数据采集

采集过程主要包括六个模块：网站页面分析（AnalyseSite Page）、链接抽取（Extract URL）、链接过滤（Filt URL）、内容抽取（Extract Content）、爬取 URL 队列（Crawl URL Queue）和数据（Data）。这六个模块的主要功能如下。

网站页面分析（AnalyseSite Page）：进入目标网站，分析要爬取网页上的全部内容。这一步的主要目的是分析网站的结构，找到目标数据所在位置，并设计最高效的爬取方法。

链接抽取（Extract URL）：从该网页的内容中抽取出备选链接。

链接过滤（Filt URL）：根据制定的过滤规则选择链接，并过滤掉已经爬取过的链接。

内容抽取（Extract Content）：从网页中抽取目标内容。

爬取 URL 队列（Crawl URL Queue）：为爬虫提供需要爬取的网页链接。

数据（Data）包含三方面：Site URL，需要抓取数据网站的 URL 信息；Spider URL，已经抓取过数据的网页 URL；Spider Content，经过抽取的网页内容。

数据的采集过程如下。

（1）先在 URL 队列中写入一个或多个目标链接作为爬虫爬取信息的起点。

（2）爬虫从 URL 队列中读取链接，并访问该网站。

（3）从该网站爬取内容。

（4）从网页内容中抽取出目标数据和所有 URL 链接。

（5）从数据库中读取已经抓取过内容的网页地址。

（6）过滤 URL。将当前队列中的 URL 和已经抓取过的 URL 进行比较。

（7）如果该网页地址没有被抓取过，则将该地址（Spider URL）写入数据库，并访问该网站；如果该地址已经被抓取过，则放弃对这个地址的抓取操作。

（8）获取该地址的网页内容，并抽取出所需属性的内容值。

（9）将抽取的网页内容写入数据库，并将抓取到的新链接加入 URL 队列。

这些过程使我们可以通过一个网络入口经由网站间的相互链接关系爬取尽可能多的数据，比使用浏览器抓取数据的效率高得多。

本节中，我们只介绍了初级的爬虫知识，关于更高级的数据采集方法这里不作介绍。实际上，爬虫不总是一种受到欢迎的技术，很多网站就为无数的爬虫增加的服务器访问负担而苦恼不堪，因而下工夫阻止爬虫的访问。在实际应用中，还可能涉及诸如版权和隐私问题。因此，爬虫虽好，但是请慎用爬虫。

2.3.3　系统日志采集方法

很多互联网企业都有自己的海量数据采集工具，多用于系统日志采集，如 Hadoop 的 Chukwa、Cloudera 的 Flume、Facebook 的 Scribe 等，这些工具均采用分布式架构，能满足每秒数百兆的日志数据采集和传输需求。

1. Scribe

Scribe 是 Facebook 开源的日志收集系统，在 Facebook 内部已经得到大量的应用。Scribe 可以从各种日志源上收集日志，存储到一个中央存储系统（可以是网络文件系统（Network Flie System，NFS）、分布式文件系统等）上，以便于进行集中的统计分析处理。Scribe 为日志的"分布式收集，统一处理"提供了一个可扩展的、高容错的方案。

Scribe 架构如图 2-7 所示。

（1）Scribe Agent。Scribe Agent 实际上是一个 Thrift Client，向 Scribe 发送数据的唯一方法是使用 Thrift Client。Scribe 内部定义了一个 Thrift 接口，用户使用该接口将数据发送给不同的对象。

（2）Scribe。Scribe 接收到 Thrift Agent 发送过来的数据，根据配置文件，将不同主题的数据发送给不同的对象。

（3）存储系统。存储系统就是 Scribe 中用到的存储器。

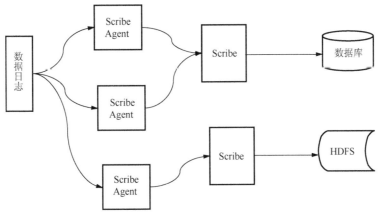

图 2-7　Scribe 架构

2. Chukwa

Chukwa 提供了一种对大数据量日志类数据采集、存储、分析和展示的全套解决方案和框架。在数据生命周期的各个阶段，Chukwa 能够提供近乎完美的解决方案。Chukwa 可以用于监控大规模（2000 个以上的节点，每天产生数据量在 TB 级别）Hadoop 集群的整体运行情况并对它们的日志进行分析。

Chukwa 结构图如图 2-8 所示。加粗部分为主要部件。

（1）代理（Chukwa Agent）：负责采集最原始的数据，并发送给收集器。

（2）适配器（Chukwa Adapter）：直接采集数据的接口和工具。

（3）收集器（Chukwa Collector）：负责收集代理发送来的数据，并定时写入集群。

（4）MapReduce 分析。

（5）多路分配器（Chukwa Demux）：负责对数据的分类、排序和去重。

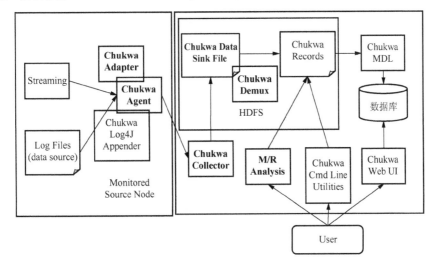

图 2-8　Chukwa 结构图

2.4　大数据预处理技术

由于庞大的数据库和繁多的异构数据源，当今现实世界的数据库极易受噪声、默认值和不一致数据的侵扰。低质量的数据将导致低质量的挖掘结果。那么，如何对数据进行预处理并提高数据质量，使得挖掘过程更加有效同时提高挖掘结果的质量？

为了解决以上问题，大量的数据预处理技术不断涌现。目前存在四种主流的数据预处理技术，分别是数据清理、数据集成、数据规约及数据变换。数据清理可以用来清除数据中的噪声，纠正不一致。数据集成将数据由多个数据源合并成一个一致的数据存储（如数据仓库）。数据归约可以通过如聚集、删除冗余特征或聚类等方法来降低数据的规模。数据变换（如规范化）可以用来把数据压缩到较小的区间（如 0.0～1.0），提高了涉及距离度量挖掘算法的准确率和效率。这些技术并不互斥，可以共存，如数据清理可能涉及纠正错误数据的变换，可以把一个数据字段的所有项通过数据变换技术转换成公共格式进行数据清理。

本节将详细介绍这四种数据预处理技术。

2.4.1 数据预处理技术基本概述

1. 为什么要对数据进行预处理

一般认为，高质量的数据是能够满足应用需求的数据。数据质量涉及很多因素，包括准确性、完整性、一致性、时效性、可信性和可解释性。不正确、不完整和不一致的数据是大型数据库和数据仓库的共同特点。现实世界中，许多因素可能引起数据的不正确：收集数据的设备出现故障；人为或计算机内部错误在数据输入时出现；出于个人隐私考虑，用户故意向强制输入字段输入不正确的信息（如生日项默认选择"1 月 1 日"），这种称为被掩饰的缺失数据；数据传输过程中出现错误，如超出数据转移和消耗同步缓冲区大小的限制；命名约定或所用的数据代码不一致；输入字段（如日期）的格式不一致，原因是重复元组同样需要数据清理。

不完整数据的出现可能有多种原因：重要的信息并非总是可以得到，如销售事务中的顾客信息；用户输入时的遗漏；用户理解错误导致的输入错误；设备故障导致的输入缺失；记录中不一致数据的删除；历史或被修改的数据的存在；缺失的数据，特别是某些属性缺失值的元组。

需要注意是，数据质量依赖于数据的应用。对于给定的数据库，两个不同的用户可能有完全不同的评估。例如，对于某个公司的大型客户数据库，由于时间和统计的原因，顾客地址列表的正确性为 80%，其他地址可能过时或不正确。当市场分析人员访问公司的数据库，获取顾客地址列表时，基于目标市场营销考虑，市场分析人员对于该数据库的准确性满意度较高。而当销售经理访问该数据库时，由于地址的缺失和过时，对该数据库的满意度较低。

时效性（Timeliness）也是影响数据质量的重要因素。举个例子，高级管理者正在监控 All Electronic 公司高端销售代理的月销售红利分布。但一些销售代理在月末未能及时提交他们的销售记录，月底之后仍有大量数据的调整与修改。那么在下个月的一段时间内，存放在数据库中的数据是不完整的。然而，一旦数据被输入系统，它们将被视为正确的。因此，月底数据没有及时更新对数据质量产生了负面影响。

影响数据质量的另外两个因素是可信性和可解释性。可信性反映了有多少数据是用户信赖的，而可解释性反映了数据是否容易被理解。例如，某一数据库在某一时刻存在错误，恰好销售部门使用了这个时刻的数据。虽然之后数据库的错误被及时修正，但过去的错误已经给销售部门造成了困扰，因此他们不再信任该数据。同时数据还存在许多会计编码，销售部门很难读懂。即便该数据库现在是正确的、完整的、一致的、及时的，但由于很差的可信性和可解释性，销售部门依然可能把它当做低质量的数据。

2. 数据处理的主要任务

数据处理的主要步骤包括数据清理、数据集成、数据归约和数据变换（图 2-9）。

数据清理（Data Cleaning）例程通过填写缺失值、光滑噪声数据、识别或删除离群点并解决不一致性来"清理"数据。尽管大部分的挖掘例程都采用一些模块来处理不完整数据或噪声数据，但它们的作用并不显著。预处理步骤旨在使用数据清理例程来处理数据。

数据集成（Data Integration）过程将来自多个数据源的数据集成到一起。但集成后不可避免的会出现数据冗余，原因主要有：代表同一概念的属性在不同数据库中可能具有不同的名字；有些属性可能是由其他属性导出的（如年收入）。包含大量的冗余数据会降低知识发现过程的性能，甚至使其陷入混乱。显然，除了数据清理，必须采取措施避免数据集成时的冗余。通常，在为数据仓库准备数据时，数据清理和数据集成将作为预处理步骤进行。数据集成后，可以再次进行数据清理、检测和删去由数据集成带来的冗余。

数据归约（Data Reduction）的目的是得到数据集的简化表示。虽然数据集的简化表示比原数据集的规模小很多，但仍然能够产生同样（或几乎同样）的分析结果。数据归约包括维归约和数值归约。维归约使用数据编码方案，以便得到原始数据的简化或"压缩"表示，包括数据压缩技术（如小波变换或数据聚集）、属性子集选择（如去掉不相关的属性）和属性构造（如从原来的属性集导出更有用的小属性集）。数值归约使用参数模型（如回归和对数线性模型）或非参数模型（如直方图、聚类、抽样或数据聚集），并用较小的表示取代数据。

数据变换（Data Transformation）使用规范化、数据离散化和概念分层等方法使得数据的挖掘可以在多个抽象层上进行。数据变换操作是引导数据挖掘过程成功的附加预处理过程。

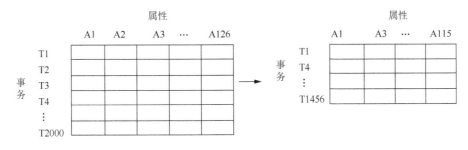

图 2-9　数据处理步骤

总之，现实世界的数据一般是杂乱的、不完整的和不一致的。数据预处理技术可以改进数据的质量，从而有助于提高挖掘过程的准确性和效率。高质量的决策必然依赖于高质量的数据，因此数据预处理是知识发现过程的重要步骤。检测数据异常，尽早地调整数据，并归约待分析数据，将为决策带来高回报。

2.4.2　数据清理

现实世界的数据一般是不完整的、有噪声的和不一致的。数据清理例程试图填充缺失的值、光滑噪声并识别离群点，纠正数据中的不一致。

1. 缺失值

对缺失值的处理一般是想方设法把它补充上，或者干脆弃之不用。一般的处理方法有以下几种。

（1）忽略元组：当缺少类标号时通常这样做（假定挖掘任务涉及分类）。除非元组有多个属性缺少值，否则该方法的有效性不高，而且大量有价值的数据有可能被忽略。

（2）人工填写缺失值：在大数据集中，这种方法通常是不可行的。

（3）使用一个全局常量填充缺失值：这种方法虽然简单，但可用性较差。在将数据集作为机器学习算法的训练集时，如果填充的值是无意义的，学习算法选择忽略该值，那么填充操作便是无意义的；如果学习算法考虑该值，则可能学到不正确的定义。因此，该方法并不是十分可靠。

（4）使用属性的中心度量（如均值或中位数）填充缺失值：均值和中位数从不同角度反映了数据的某些统计特征，例如，对于对称分布的数据而言，缺失的数据与均值的偏差期望是最小的，因此用均值补充缺失值可以在最大限度上控制人工添加的值对数据整体特征的影响。

（5）使用与给定元组属同一类的所有样本的属性均值或中位数：例如，如果将顾客按信用风险分类，并假设顾客收入的数据分布是对称的，则将具有相同信用风险顾客的平均收入替代数据库列表中收入 income 列的缺失值；如果顾客收入的数据分布是倾斜的，则中位数是更好的选择。

（6）使用最可能的值填充缺失值：可以用回归、使用贝叶斯形式化方法的基于推理的工具或决策树归纳确定。

方法（3）～方法（6）使数据有偏向，填入的值可能不正确。但是方法（6）是目前最流行的决策。

2. 噪声数据

噪声是被测量变量的随机误差或方差，产生噪声的原因可能是采集的数据中存在某些“极端”的例子，一般用统计学方法和数据可视化方法可以识别出可能代表噪声的离群点。下面介绍去除噪声、使数据“光滑”的技术。

（1）分箱（Binning）：分箱方法通过考察数据的“近邻”（即周围的值）来光滑有序数据值。这些有序的值被分布到一些箱中，并进行局部光滑。

（2）回归（Regression）：采用一个函数拟合数据来光滑数据。线性回归涉及找出拟合两个属性（或变量）的“最佳”直线，并使得一个属性可以用来预测另一个。多元线性回归是线性回归的扩充，其中涉及的属性多于两个，并且将数据拟合到一个多维曲面上。

（3）离群点分析（Outlier Analysis）：可以通过如聚类来检测离群点。聚类将类似的值组织成群或“簇”。直观地，落在簇集合之外的值被视为离群点。

许多数据光滑的方法也用于数据离散化（一种数据变换的形式）和数据归约。例如，上面介绍的分箱技术减少了相同属性不同值的数量。基于逻辑的数据挖掘方法（如决策树归纳）反复地在排序后的数据上进行比较，充当了一种形式的数据归约。概念分层是一种数据离散化形式，也可以用于数据光滑。例如，价格（price）的概念分层可以把实际 price 的值映射到便宜、适中和昂贵三种层次，从而减少了挖掘过程需要处理数据的总量。

3. 数据清理的过程

数据清理过程主要包括数据预处理、确定清理方法、校验清理方法、执行清理工具和数据归档。每个阶段可以再分若干个任务。这 5 个阶段可以分别描述为以下几方面。

（1）数据预处理：数据清理的最初阶段，往往对数据进行预处理，以检查数据源的记录是否合理，并得出相关特征。这个阶段的任务包括数据元素化、标准化等。

（2）确定清理方法：根据数据的特点，确定相应的清理方法。

（3）校验清理方法：在正式执行清理之前，应先确定所选的清理方法是否合适，以免产生问题。一般我们从数据源中抽取一部分样本执行数据清理过程，并根据清理结果的某些统计特征判断清理方法是否达到要求。通常考虑的统计特征有数据的召回率和准确率。

（4）执行清理工具或程序：对于通过校验的清理方法，可以对该方法进行实现并应用到数据清理中。

（5）数据归档：清理工作往往不是一步就可以达到预期效果的，因此要将清理完的数据和源数据分别归档，以便后续的清理操作。

数据清理的原理是通过分析"脏数据"产生的原因和存在形式，利用现有的技术手段和方法去清理"脏数据"，将"脏数据"转化为满足数据质量或应用要求的数据，从而提高数据集的数据质量。数据清理主要利用回溯的思想，从"脏数据"产生的源头上开始分析数据，对数据流经的每一个过程进行分析，从中提取数据清理的规则和策略。最后在数据集上应用这些规则和策略发现"脏数据"和清理"脏数据"。这些清理规则和策略的强度，决定了清理后数据的质量。一般情况下，数据清理的基本流程如下。

（1）数据分析。数据分析是数据清理的前提和基础，通过详尽的数据分析来发现数据中的错误和不一致情况。一般我们使用分析程序通过获取关于数据属性的元数据来发现数据集中存在的问题。

但是模式中反映的元数据对判断一个数据源的质量是远远不够的。我们通过分析具体实例获得数据属性与不寻常模式的元数据来弥补这一不足。这些元数据可以帮助发现数据质量问题，也有助于发现属性间的依赖关系，并根据这些依赖关系实现数据转换的自动化。

数据分析主要有两种方法：数据派生和数据挖掘。数据派生主要对单独的某个属性进行实例分析，可以得到关于属性的很多信息。而数据挖掘帮助在大型数据集中发现特定的数据模式，可以发现属性间的一些完整约束。

（2）定义清理转换规则与工作流。根据上一步进行数据分析得到的结果来定义清理转换规则与工作流。根据数据源的个数，可以得到数据源中不一致数据和"脏数据"多少的程度，以及需要执行大量的数据转换和清理步骤。要尽可能地为模式相关的数据清理和转换指定一种查询和匹配语言，从而使转换代码的自动生成变成可能。

（3）验证。定义的清理转换规则、工作流的正确性及效率应进行评估验证。可以在数据源的数据样本上进行清理验证，当不满足清理要求时要对清理转换的规则或参数进行调整。真正的数据清理过程中往往需要多次迭代进行分析、设计和验证，直到达到满意的清理效果。

（4）清理数据中存在的错误。在数据源上执行预先定义好的、通过验证的清理转换规则和工作流。在执行之前应对数据源进行备份，以防需要撤销之前的清理操作。清理时根据数据存在形式的不同，执行一系列的转换步骤来解决模式层和实例层的数据质量问题。为处理单数据源问题，以及为单数据源与其他数据源合并做好准备，一般在各个数据源上应分别进行几种类型的转换，主要包括以下几方面：

①　从自由格式的属性字段中抽取值（属性分离）。自由格式属性一般包含很多信息，而这些信息有时候需要细化成多个属性，从而进一步支持后面重复记录的清理。

②　确认和改正。这一步骤处理输入和拼写错误，并尽可能地使其自动化。基于字典查询

的拼写检查对于发现拼写错误是很有用的。

　　③ 标准化。为了使实例匹配和合并变得更方便，应该把属性值转换成统一的格式。

　　（5）干净数据回流。数据被清理后，干净数据应该替换数据源中原来的"脏数据"。这一过程可以提高原系统的数据质量，还可以避免将来再次抽取数据后进行反复的清理工作。

2.4.3　数据集成

　　数据挖掘经常需要数据集成，即合并来自多个数据存储的数据。数据集成有助于减少结果数据集的冗余和不一致。这有助于提高其后挖掘过程的准确性和速度。数据分析任务多半涉及数据集成。数据集成将多个数据源中的数据合并，存放到一个一致的数据存储中。这些数据源可能包含多个数据库、数据立方体或一般文件。

　　1. 实体识别

　　数据集成时有许多问题需要考虑。模式集成和对象匹配涉及实体识别问题，例如，数据分析者或计算机如何才能确信一个数据库中的 customer_id 和另一个数据库中的 cust_number 指向同一属性？在集成期间，当一个数据库的属性与另一个数据库的属性匹配时，必须特别注意数据的结构。这旨在确保源系统中的函数依赖和参照约束，与目标系统中的匹配。

　　2. 冗余和相关分析

　　冗余是数据集成的另一个重要问题。一个属性如果能由另一个属性导出，则这个属性可能是冗余的。属性或维命名的不一致也可能导致结果数据集中的数据冗余。有些冗余可以被相关分析检测到，例如，数值属性，可以使用相关系数（correlation coefficient）和协方差（covariance）来评估一个属性随着另一个属性的变化。

　　（1）数值数据的相关系数。对于数值数据，我们可以通过计算属性 A 和 B 的相关系数估计这两个值的相关度 r_{AB}

$$r_{AB} = \frac{\sum_{i=1}^{n}(a_i - \overline{A})(b_i - \overline{B})}{n\sigma_A \sigma_B} = \frac{\sum_{i=1}^{n} a_i b_i - n\overline{A}\overline{B}}{n\sigma_A \sigma_B} \qquad (2\text{-}1)$$

其中，n 是元组的个数；a_i 和 b_i 分别是元组 i 在 A 和 B 上的值；$\overline{A}$ 和 $\overline{B}$ 分别是 A 和 B 的均值；σ_A 和 σ_B 分别是 A 和 B 的标准差；$\sum a_i b_i$ 是 AB 叉积和（即对于每个元组，A 的值乘该元组 B 的值）。

　　$-1 \leqslant r_{AB} \leqslant 1$，如果 $r_{AB} > 0$，则 A 和 B 是正相关的，这意味着 A 的值随 B 的值增加而增加。该值越大，相关性越强（即每个属性蕴含另一个的可能性越大）。因此，一个较高的相关系数表明 A（或 B）可以作为冗余而删除。如果 $r_{AB} = 0$，则 A 和 B 是独立的，即它们之间不存在任何相关性。相反，如果 $r_{AB} < 0$，则 A 和 B 是负相关的，一个值随另一个的减少而增加。这意味着一个属性阻止另一个属性的出现。

　　值得注意的是，相关性并不蕴含因果关系。也就是说 A 和 B 是相关的，这并不意味着 A 导致 B 或 B 导致 A。

　　（2）数值数据的协方差。在概率论与统计学中，用协方差来评估两个属性如何一起变化。假设存在两个数值属性 A、B 和 n 次观测的集合 $\{(a_1, b_1), \cdots, (a_n, b_n)\}$。$A$ 和 B 的均值又分别称为 A 和 B 的期望，即 $E(A) = \overline{A}$ 且 $E(B) = \overline{B}$，A 和 B 的协方差定义为

$$\text{Cov}(A,B) = E\left[(A-\overline{A})(B-\overline{B})\right] = \frac{\sum_{i=1}^{n}(a_i-\overline{A})(b_i-\overline{B})}{n} \tag{2-2}$$

如果我们把 r_{AB}（协相关系数）的式（2-1）与式（2-2）相比较，则可以发现

$$r_{AB} = \frac{\text{Cov}(A,B)}{\sigma_A \sigma_B} \tag{2-3}$$

其中，σ_A 和 σ_B 分别是 A 和 B 的标准差。还可以证明

$$\text{Cov}(A,B) = E(AB) - \overline{A}\overline{B} \tag{2-4}$$

该式可以简化计算。

对于两个趋向于一起改变的属性 A 和 B，如果 A 大于 $\overline{A}$（A 的期望），则 B 也很可能大于 $\overline{B}$（B 的期望）。因此，A 和 B 的协方差为正。另外，如果当一个属性小于它的期望时，另一个属性趋向于大于它的期望，则 A 和 B 的协方差为负。如果 A 和 B 是独立的（即它们不具有相关性），则 $E(AB) = E(A)E(B)$。因此协方差 $\text{Cov}(A,B)$ 为 0，但是其逆不成立。若数据服从多元正态分布，则协方差为 0 蕴含独立性。

3. 数据冲突的检测与处理

对于来自同一个世界的某一实体，在不同的数据库中可能有不同的属性值，这样就会产生表示的差异、编码的差异、比例的差异等。例如，某一表示长度的属性在一个数据库中用"厘米"表示，在另一个数据库中却使用"分米"表示。检测到这类数据值冲突后，可以根据需要修改某一数据库的属性值，以使不同数据库中同一实体的属性值一致。

延伸阅读——数据归约

2.4.4　数据变换与数据离散化

1. 数据变换的常用方法

（1）中心化变换。中心化变换是一种坐标轴平移处理方法。先求出每个变量的样本平均值，再从原始数据中减去该变量的均值，就得到中心化变换后的数据。

设原始观测数据矩阵为（n 条记录，p 个变量）

$$X = \begin{pmatrix} x_{11} & \cdots & x_{1p} \\ \vdots & \ddots & \vdots \\ x_{n1} & \cdots & x_{np} \end{pmatrix}, \quad x_{ij}^* = x_{ij} - \overline{x}_j, \quad i=1,2,\cdots,n; j=1,2,\cdots,p \tag{2-5}$$

中心化变换的结果是使每列数据之和均为 0，即每个变量的均值为 0。每列数据的平方和是该列变量样本方差的 $(n-1)$ 倍，任何不同两列数据之交叉乘积是这两列变量样本协方差的 $(n-1)$ 倍，因此这种变换可以很方便地计算方差与协方差。

（2）极差规格化变换。规格化变换是从数据矩阵的每一个变量中找出其最大值和最小值，且二者的差称为极差。然后从每个变量的每个原始数据中减去该变量的最小值，再除以极差，就得到了规格化数据，即有

$$x_{ij}^* = \frac{x_{ij} - \min\limits_{i=1,2,\cdots,n}(x_{ij})}{R_j}, \quad i=1,2,\cdots,n; j=1,2,\cdots,p \tag{2-6}$$

经过规格化变换后，数据矩阵中每列即每个变量的最大值为 1，最小值为 0，其余数据取值均为 0~1。变换后的数据都不再具有量纲，便于不同的变量之间进行比较。

（3）标准化变换。标准化变换是对变量的数值和量纲进行类似于规格化变换的一种数据处理方法。首先对每个变量进行中心化变换，然后用该变量的标准差进行标准化，即有

$$x_{ij}^* = \frac{x_{ij} - \overline{x}_j}{S_j} \tag{2-7}$$

其中，$S_j = \frac{1}{n-1}\sum(X_{ij} - \overline{X}_j)^2$，$i = 1,2,\cdots,n; j = 1,2,\cdots,p$。经过标准化变换处理后，每个变量即数据矩阵中每列数据的平均值为0，方差为1，且也不再具有量纲，同样也便于不同变量之间的比较。变换后，数据矩阵中任何两列数据乘积之和是两个变量相关系数的（n-1）倍，所以这种变换可以很方便地计算相关矩阵。

（4）对数变换。对数变换是将各个原始数据取对数，将原始数据的对数值作为变换后的新值，即

$$x_{ij}^* = \log(x_{ij}) \tag{2-8}$$

对数变换的用途：①使服从对数正态分布的资料正态化；②将方差进行标准化；③使曲线直线化，常用于曲线拟合。

2. 数据离散化

离散化指把连续型数据切分为若干"段"，是数据分析中常用的手段。切分的原则有等距、等频、优化或根据数据特点而定的其他标准。在数据挖掘中，离散化得到了普遍的应用。究其原因，有以下几个方面。

首先是算法需要。例如，决策树和朴素贝叶斯（NaiveBayes）等算法本身不能直接使用连续型变量。连续型数据只有经离散处理后才能进入算法引擎，这一点在使用具体软件时可能不明显。因为大多数数据挖掘软件已经内建了离散化处理程序，所以从使用界面看，软件可以接纳任何形式的数据。但实际上，在运算决策树或 NaiveBayes 模型前，软件都要在后台对数据先作预处理。

其次，离散化可以有效地克服数据中隐藏的缺陷，使模型结果更加稳定。例如，数据中的极端值是影响模型效果的一个重要因素。极端值导致模型参数过高或过低，或导致模型被虚假现象"迷惑"，把原来不存在的关系作为重要模式来学习。而离散化，尤其是等距离散，可以有效地减弱极端值和异常值的影响。

最后，有利于对非线性关系进行诊断和描述。对连续型数据进行离散处理后，自变量和目标变量之间的关系变得清晰化。如果两者之间是非线性关系，可以重新定义离散后变量每段的取值，如采取0、1的形式，由一个变量派生为多个变量，分别确定每段和目标变量间的联系。这样做，虽然减少了模型的自由度，但可以大大提高模型的灵活度。

即使自变量和目标变量之间的关系明确到可以用直线表示的情况下，对自变量进行离散处理也有若干优点：一是便于模型的解释和使用，二是可以增加模型的区别能力。下面介绍离散化的几个原则。

（1）等距：将连续型变量的取值范围均匀划成 n 等份，每份的间距相等。例如，客户订阅刊物的时间是一个连续型变量，可以从几天到几年。采取等距切分可以把 1 年以下的客户划分成一组，1～2 年的客户为一组，2～3 年为一组……以此类分，组距都是一年。

（2）等频：观察点均匀分为 n 等份，每份内包含的观察点数相同。还取上面的例子，假设该杂志订户共有 5 万人，等频分段需要先把订户按订阅时间按顺序排列，排列好后可以按

5000 人一组，把全部订户均匀分为 10 段。

等距和等频在大多数情况下得到不同的结果。等距可以保持数据原有的分布，段落越多对数据原貌保持得越好。等频处理则把数据变换成均匀分布，但其各段内观察值相同这一点是等距分割做不到的。

（3）优化离散：需要把自变量和目标变量联系起来考察。切分点是导致目标变量出现明显变化的折点。常用的检验指标有 χ^2（一种假设检验方法）、信息增益、基尼指数或 WOE(要求目标变量是两元变量)。

离散连续型数据还可以按照需要而定，例如，当营销的重点是 19～24 岁的大学生消费群体时，就可以把这部分人单独划出。但是，离散化处理不免要损失一部分信息。很显然，对连续型数据进行分段后，同一个段内的观察点之间的差异便消失了。同时，进行了离散处理的变量有了新值。例如，现在可以简单地用 1，2，3，…这样一组数字来标识杂志订户所处的段落。这组数字和原来的客户订阅杂志的时间没有直接的联系，也不再具备连续型数据可以运算的关系。例如，使用原来的数据，我们可以说已有两年历史的客户订阅时间是只有一年历史客户的两倍，但经过离散处理后，我们只知道第 2 组客户的平均订阅时间高于第 1 组客户，但无法知道两组客户之间的确切差距。

离散化除了前面介绍过的分箱法，常用的方法还有直方图分析、聚类、决策树和相关分析等方法。像分箱一样，直方图分析也是一种非监督离散化技术，因为它也不使用类信息。直方图把属性 A 的值划分成不相交的区间，称为桶或箱。可以使用各种划分规则定义直方图。例如，在等宽直方图中，将值分成相等分区或区间。理想情况下，使用等频直方图，使得每个分区包括相同个数的数据元组。直方图分析算法可以递归地用于每个分区，自动地产生多级概念分层，直到达到一个预先设定的概念层数，过程终止。也可以对每一层使用最小区间长度来控制递归过程。最小区间长度设定每层每个分区的最小宽度，或每层每个分区中值的最少数目。

聚类、决策树和相关分析可以用于数据离散化。我们简略讨论这些方法。

（1）聚类：聚类分析是一种流行的离散化方法。通过将属性 A 的值划分成簇或组，聚类算法可以用来离散化数值属性 A。聚类考虑 A 的分布以及数据点的邻近性，因此可以产生高质量的离散化结果。遵循自顶向下的划分策略或自底向上的合并策略，聚类可以用来产生 A 的概念分层，其中每个簇形成概念分层的一个节点。在前一种策略中，每一个初始簇或分区可以进一步分解成若干子簇，形成较低的概念层。在后一种策略中，通过反复地对邻近簇进行分组，形成较高的概念层。

（2）决策树：为分类生成分类决策树的技术可以用于离散化。这类技术使用自顶向下划分方法。不同于目前已经提到过的方法，离散化的决策树方法是监督的，因为它们使用类标号。例如，我们可能有患者症状（属性）数据集，其中每个患者具有一个诊断结论类标号。类分布信息用于计算和确定划分点（划分属性区间的数据值）。直观地说，其主要思想是，选择划分点使得一个给定的结果分区包含尽可能多的同类元组。熵是最常用于确定划分点的度量。为了离散化数值属性 A，该方法选择最小化熵的 A 的值作为划分点，并递归地划分结果区间，得到分层离散化。这种离散化形成 A 的概念分层。由于基于决策树的离散化使用类信息，因此区间边界（划分点）更有可能定义在有助于提高分类准确率的地方。

（3）相关分析：相关性度量也可以用于离散化。ChiMerge 是一种基于 χ^2 的离散化方法。到目前为止，我们研究的离散化方法都使用自顶向下的划分策略。ChiMerge 正好相反，它采用自底向上的策略，递归地找出最邻近的区间，然后合并它们，形成较大的区间。与决策树分析一样，ChiMerge 是监督的，因为它使用类信息。其基本思想是，对于精确的离散化，相对类频率在一个区间内应当完全一致。因此，如果两个邻近的区间具有非常类似的类分布，则这两个区间可以合并；否则，它们应当保持分开。

ChiMerge 过程如下：初始时，把数值属性 A 的每个不同值看作一个区间。对每对相邻区间进行 χ^2 检验。具有最小 χ^2 值的相邻区间合并在一起，因为低 χ^2 值表明它们具有相似的类分布。该合并过程递归地进行，直到满足预先定义的终止条件。

本 章 小 结

大数据的来源粗略地可以分为人类活动、计算机、自然界三类。

大数据的采集过程主要分为科研数据采集、网络数据采集和系统日志采集，这三种过程中用到的设备、方法和采集到的数据形式都有很大的不同。其中采集方法主要介绍了网络爬虫，这是目前机器学习训练集的主要方法。

本章重点介绍了大数据四种预处理技术，包括数据清理、数据集成、数据归约、数据变换。数据预处理技术用来解决数据集的数据质量问题，数据质量可以用准确性、完整性、一致性、时效性、可信性和可解释性定义。尽管已经有许多数据预处理的方法，由于不一致或脏数据的数量巨大，以及问题本身的复杂性，数据预处理仍是一个活跃的研究领域。

思 考 题

（1）大数据的来源有几种？不同来源的数据各有什么特点？

（2）大数据采集设备的设计依据是什么？

（3）为什么要进行数据预处理？简述数据预处理的过程。

（4）试证明式（2-4）。

第3章　大数据存储

3.1　云　存　储

在互联网应用兴起的几年来，网络、数码产品、数字化解决方案在企业、政府、家庭中普及，数据存储需求呈现出了爆发性增长。采用传统的存储方式已不能满足当今庞大的数据存储市场需求。同时，分布式计算、网格计算、效用计算、虚拟化技术等相关技术的出现使云存储技术应运而生。对于云平台下的存储，亚马逊首先推出了 Amazon S3（Amazon Simple Storage Service）服务，自此不断推出云的块服务、云的文件服务，并取得了巨大的成功。从 2006 年亚马逊发布 AWS（Amazon Web Services）后，世界各大 IT 公司都发布了云平台服务，以 Amazon、Microsoft、Google 和阿里等公司为代表的互联网公有云应用，让用户可以像使用水、电、气等基础设施那样使用 IT 技术，极大地简化了客户安装、部署、运维等工作，让 IT 应用可以快速、便捷地为客户提供服务。当前云存储已经成为存储领域的一股颠覆性力量，为存储的使用和消费提供了全新模式。

背景知识——传统存储

3.1.1　云存储简介

云存储是在云计算（cloud computing）概念上延伸和发展出来的一个新的概念，是一种新兴的网络存储技术。云存储系统是指通过集群应用、网络技术或分布式文件系统等功能，将网络中大量不同类型的存储设备通过应用软件集合起来协同工作，共同对外提供数据存储和业务访问功能的一个系统。

需要说明的是，到目前为止，云存储并没有行业权威的定义。但是业界有一个基本的共识，那就是云存储不仅是存储设备或技术，更是一种服务的创新。在面向用户的服务形态方面，它是提供按需服务的应用模式，用户可以通过网络连接云端存储资源，实现用户数据在云端随时随地存取；在云存储的服务构建方面，它是通过分布式、虚拟化、智能配置等技术，实现海量、可弹性扩展、低成本、低能耗的共享存储资源。

1. 云存储特点

云存储技术具有以下特点。

（1）可靠性。云存储通过增加冗余度提高存储的可靠性。但是增加可靠性受到可靠性原理、成本及性能等方面的制约，因此在在保证可靠性的同时，提高系统的整体运行效率是当前一个亟待解决问题。

（2）可用性。企业需要全天候地为世界不同地区的用户提供服务支持，因此可用性至关重要。对于云存储平台，冗余的架构部分可以减少停机风险。同时，多路径、控制器、不同的光纤网、RAID 技术、端到端的架构控制/监控和成熟的变更管理过程等方案均可提高云存储可用性。

（3）安全性。先前可以通过保证不允许未经授权的访问来保证周边安全，而在虚拟的 IT 服务中已经没有了物理的边界，所有传输的数据都存在被截取的隐患。因此，当服务通过云交付时，数据分片混淆存储和数据加密传输成为了实现用户数据私密性和保证安全性的重要手段。

（4）规范化。当前，行业组织都在积极跟进云存储标准的制定。2010 年 4 月，全球网络存储工业协会（Storage Networking Industry Association，SNIA）发布了云存储数据管理接口（Cloud Data Management Interface，CDMI）标准，中国标准组织以及行业组织也纷纷发布云存储相关的国标和行标。

CDMI 定义的数据模型和分层设计如图 3-1、图 3-2 所示，主要分为三类：domains、container 和 capabilities。domains 可进一步分解为 sub_domains 和 membership 等，体现了云存储系统运营管理的层级关系，例如，账号分级和归属关系；container 是数据存放的载体，可进一步分解为 container 或 data，以及 queue 类型；capabilities 对应为 domains、container 和 data 三个维度，可为存储系统的资源匹配提供能力策略机制，以适合应用需求。

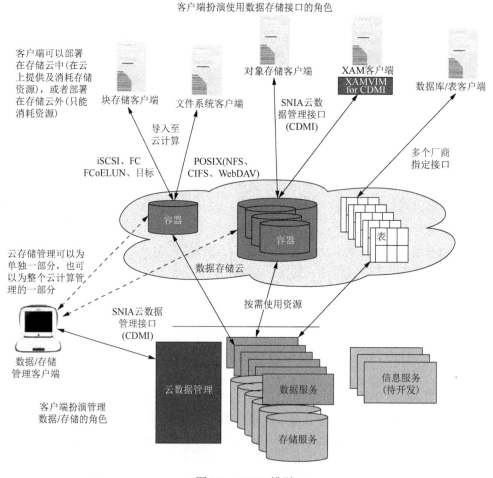

图 3-1　CDMI 模型

CDMI 的缺陷在于没有提供衡量云存储提供商服务可靠性和质量的衡量方式，不能完全防止数据丢失的风险存在。

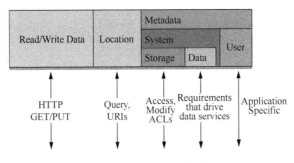

图 3-2　CDMI 分层设计

CDMI 规范并没有在业界大量应用，当前市场上的各大云存储服务平台，如 Amazon S3、Google Drive 和 Microsoft Azure，都采取各自的私有接口规范。云存储的规范化工作还有待各服务提供商和标准化组织的进一步努力。

（5）低成本。云存储可以降低企业级存储成本，包括购置存储的成本、驱动存储的成本、修复存储的成本及管理存储的成本。对用户企业而言，使用云存储服务具有以下优点：

① 节约了采购存储设备的成本；

② 面向简单的 Web 服务接口，使得网络应用开发简单快速，缩短了系统建设周期；

③ 减少维护存储设备的人力资源费用。

对于云存储服务提供商而言，有以下益处：

① 将自身存储资源整合后，将多余的存储空间租赁给企业，在有效利用资源的同时降低了运营成本；

② 使用户部署远程存储资源变得快速便捷，颠覆了传统用户对存储设备部署的体验；

③ 虚拟化和智能管理技术使服务商对云存储系统进行简便、高效的运营维护。

下面通过一个云存储中"平台即服务"（Platform as a Service，PaaS）的例子在使用场景中帮助读者理解云存储的概念及好处。

某企业想要搭建业务平台，选择了云存储的方式，因此未采购大量的物理存储设备，也未准备存储所需的空间和设施，而是通过互联网在云存储 IaaS 提供商的网站上远程下单，根据自己的情况购买了相应可靠性、安全性级别的云存储空间服务。购买下单几分钟后，服务生效了，这个企业也获得了能通过网络远程访问使用的可靠存储资源。企业平台搭建完毕投入运行后，企业和企业的用户可以快速访问存储资源，同时企业还享有诸如数据多副本、热点数据访问加速、灵活的策略配置等存储服务。随着企业的发展，可以根据使用情况弹性地支付相应的费用来购买存储资源。

2. 云存储架构

云存储是一个由网络设备、存储设备、服务器、应用软件、公用访问接口、接入网和客户端程序等组成的复杂系统。以存储设备为核心，通过应用软件来对外提供数据存储和业务访问服务。云存储的架构由上而下可以分为访问层、应用接口层、基础管理层和存储层，如图 3-3 所示。

（1）访问层。授权用户通过标准公用应用接口来登录云存储系统以使用云存储服务。

（2）应用接口层。云存储运营商根据业务类型开发各自的服务接口，以提供不同的服务，诸如网络硬盘、视频点播应用平台、远程数据备份、视频监控等。

（3）基础管理层。云存储设备通过集群、分布式文件系统和网格计算等技术协同工作，以达到多个存储设备对外提供同种服务，且拥有更高的数据访问性能。同时，数据加密、数据备份、数据容灾等技术用于保障存储的数据安全和稳定。

（4）存储层。数量庞大的物理存储设备可以分布在不同地域，并通过广域网、互联网或光纤通道进行网络连接。在物理设备之上运行着统一存储设备管理系统，从而实现存储设备的逻辑虚拟化管理、多链路冗余管理、硬件设备状态监控以及故障维护。

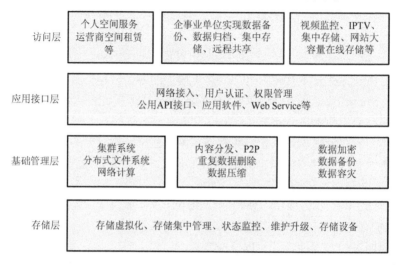

图 3-3　云存储架构

3. 云存储与传统存储对比

表 3-1 从 4 个方面将云存储作为存储领域的新兴产物与传统存储方式进行对比。

表 3-1　传统存储与云存储对比

比较内容	传统存储	云存储
架构	针对具体领域的具体应用而采用特定的组件，包括服务器、磁盘阵列、控制器、系统接口等，以满足单一需求	不仅仅是一种架构方式，更是一种服务。底层主要采用分布式架构和虚拟化技术，更易扩展，可靠性更高
服务模式	用户根据服务提供商限定的模式购买或租赁整套硬件和软件，还需要支付软件版权费和硬件维护等相关费用	用户按需付费并使用存储服务；服务提供商可以迅速提供交付和响应
容量	针对特定需求定制，不易扩展，当容量到达 PB 级时成本高昂	支持 PB 级及以上随意扩展
数据管理	数据管理员或服务提供商可见数据，存在安全风险；无法灵活配置存储和保护策略	采取可擦除代码（Erasure Code，EC）、安全套接层（Secure Socket Layer，SSL）、分片存储、证书等策略保证安全；用户可灵活配置

3.1.2　云存储技术

云存储技术是多种技术的集合体，这些技术涉及硬件、软件和网络等计算机技术的各个方面，具有高可用性、高可靠性、高安全性和低成本等特征。下面介绍部分云存储所用到的关键技术。

1. 存储虚拟化

存储虚拟化可以将系统中不同厂商、不同型号、不同通信技术、不同类型的存储设备映射为一个统一的存储资源池，屏蔽了存储实体之间的物理位置及异构特征，从而对这些存储资源进行统一分配管理。在虚拟化存储环境中，服务器及其应用系统面对的都是物理设备的逻辑映像，且不会随物理设备的改变而变化，实现了资源对系统管理员的透明性，在降低构建存储系统成本的同时使管理和维护资源变得容易。

云存储的虚拟化将存储资源虚拟化为全局命名空间，并通过多租户技术给使用者提供存储资源，在此过程中，数据可以在存储资源池中跨节点、跨数据中心流动。

1）全局命名空间

全局命名空间有以下三种主要技术方案。

（1）算法定位。常见的系统有 Glusterfs 和 Cassandra，系统将用户输入的名称标识作为哈希类算法的参数，通过算法计算出数据的位置信息。对于这种实现，数据访问定位快，但算法是固定的。当节点故障时，数据迁移量大。在海量数据时，硬件节点多，节点损坏是常态，所以这类实现主要面向数据规模不太大或大系统的局部场景。

（2）命名空间管理。常见系统有 HDFS，将多个独立的命令空间静态地作为统一命名空间的第一层标示（图 3-4），内部包含相互独立的命名空间（数据资源共享）。这样做的好处是实现简单，每个独立的命名空间可做成集中式的元数据服务，但用户需要感知一级目录，不能完全做到无感知地访问数据。

（3）动态子树。常见的系统有 Cephfs，根据访问的负载将目录自动分裂和合并成多个子树，每个子树负责一部分命令空间。动态子树理论上可以解决海量数据访问问题，但因算法过于灵活，工程化实现难度高，到现在Cephfs 也没有得到商用。

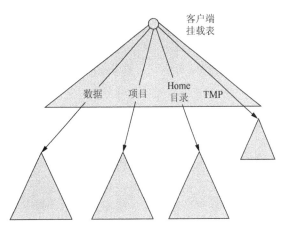

图 3-4　联邦式命名空间管理

2）多租户技术

在"多租户"（Multi-Tenancy）概念出现之初，单独的软件实例可以为多个组织服务。在云存储中，多租户技术是为了实现不同使用者之间的资源分配、隔离和共享。

在大多数多租户云存储体系中，采用租户、子租户和用户 3 个层次实现资源分配（图 3-5）。租户之间采用物理隔离，即在租户层面，磁盘组、服务器、网络资源等物理设备为独占，不能为其他租户所使用。子租户则从属于某个租户，同一个租户下的子租户为逻辑隔离，共用物理设备，云存储系统为子租户分配逻辑存储空间，子租户以指定的全局访问空间标识访问虚拟化的存储设备。用户为子租户下的服务终端，同样采用逻辑隔离方法，通过访问权限控制等技术分享存储资源。在这个架构中，每个层级都可以根据情况实行独立的策略，以提升云存储服务的质量和效率。

3）虚拟化实施层次

根据不同的虚拟化实现位置，虚拟化还可以分为基于主机虚拟化、基于存储设备虚拟化和基于存储网络虚拟化。

（1）基于主机虚拟化。基于主机的虚拟化存储的核心技术是，通过增加一个运行在操作系统下的逻辑卷管理软件将磁盘上的物理块号映射成逻辑卷号，从而把多个物理磁盘阵列映射成一个统一的虚拟逻辑块，来进行存储虚拟化的控制和管理。基于主机的虚拟化存储不需要额外的硬件支持，便于部署，只通过软件即可实现对不同存储资源的存储管理。但是，虚拟化控制软件也导致了此项技术的主要缺点：首先，软件的部署和应用影响了主机性能；其次，各种与存储相关的应用通过同一个主机，存在越权访问的数据安全隐患；最后，通过软件控制不同厂家的存储设备存在额外的资源开销，进而降低系统的可操作性与灵活性。

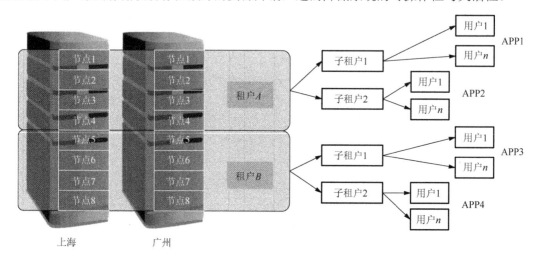

图 3-5　多租户资源分配层次

（2）基于存储设备虚拟化。基于存储设备虚拟化技术依赖于提供相关功能的存储设备的阵列控制器模块，常见于高端存储设备，其主要应用针对异构的 SAN 存储构架。此类技术的主要优点是不占主机资源，技术成熟度高，容易实施；缺点是核心存储设备必须具有此类功能，且消耗存储控制器的资源，同时由于不同厂家生产的磁盘阵列设备存在异构，而主控设备的存储控制器功能是固定的，故异构磁盘阵列的控制功能被主控设备接管时，其高级存储功能将无法使用。

（3）基于存储网络虚拟化。基于存储网络虚拟化技术的核心是在存储区域网中增加虚拟化引擎实现存储资源的集中管理，其具体实施一般是通过具有虚拟化支持能力的路由器或交换机实现的。在此基础上，存储网络虚拟化又可以分为带内虚拟化与带外虚拟化两类，二者主要的区别在于：带内虚拟化使用同一数据通道传送存储数据和控制信号，而带外虚拟化使用不同的通道传送数据和命令信息。基于存储网络的存储虚拟化技术架构合理，不占用主机和设备资源；但是其存储阵列中设备的兼容性需要严格验证，与基于设备的虚拟化技术一样，由于网络中存储设备的控制功能被虚拟化引擎所接管，导致存储设备自带的高级存储功能将不能使用。

2. 分布式存储

（1）分布式块存储。块存储就是服务器直接通过读写存储空间中的一个或一段地址来存取数据。由于采用直接读写磁盘空间来访问数据，因此相对于其他数据读取方式，块存储的读取效率最高，一些大型数据库应用只能运行在块存储设备上。分布式块存储系统目前以标准的 Intel/Linux 硬件组件作为基本存储单元，组件之间通过千兆以太网采用任意点对点拓扑技术相互连接，共同工作，构成大型网格存储，网格内采用分布式算法管理存储资源。此类技术比较典型的代表是 IBM XIV 存储系统，其核心数据组件为基于 Intel 内核的磁盘系统，卷数据分布到所有磁盘上，从而具有良好的并行处理能力；放弃 RAID 技术，采用冗余数据块方式进行数据保护，统一采用 SATA 盘，从而降低了存储成本。

（2）分布式对象存储。对象存储是为海量数据提供 Key-Value 这种通过键值查找数据文件的存储模式；对象存储引入对象元数据来描述对象特征，对象元数据具有丰富的语义；引入容器概念作为存储对象的集合。对象存储系统底层基于分布式存储系统来实现数据的存取，其存储方式对外部应用透明。这样的存储系统架构具有高可扩展性，支持数据的并发读写，一般不支持数据的随机写操作。最典型的应用实例就是亚马逊的 S3（Amazon Simple Storage Service）。对象存储技术相对成熟，对底层硬件要求不高，存储系统可靠性和容错通过软件实现，同时其访问接口简单，适合处理海量、小数据的非结构化数据，如邮箱、网盘、相册、音频视频存储等。

（3）分布式文件系统。文件存储系统可提供通用的文件访问接口，如 POSIX、NFS、CIFS、FTP 等，实现文件与目录操作、文件访问、文件访问控制等功能。目前的分布式文件系统存储的实现有软硬件一体和软硬件分离两种方式。主要通过 NAS 虚拟化，或者基于 X86 硬件集群和分布式文件系统集成在一起，以实现海量非结构化数据处理能力。

软硬件一体方式的实现基于 X86 硬件，利用专有的、定制设计的硬件组件，与分布式文件系统集成在一起，以实现高性能和高可靠性的目标；产品代表有 Isilon、IBM SONAS GPFS。

软硬件分离方式的实现基于开源分布式文件系统对外提供弹性存储资源，软硬件分离方式，可采用标准 PC 服务器硬件；典型开源分布式文件系统有 GFS、HDFS。

3. 数据缩减

为应对数据存储的急剧膨胀，企业需要不断购置大量的存储设备来满足不断增长的存储需求。权威调查机构的研究发现，企业购买了大量的存储设备，但是利用率往往不足 50%，存储投资回报率水平较低。数据量的急剧增长为存储技术提出了新的问题和要求，摆在科学家面前的是怎样低成本、高效、快速地解决无限增长的信息的存储和计算问题。通过云存储技术不仅满足了存储中的高安全性、可靠性、可扩展、易管理等存储的基本要求，同时也利用云存储中的数据缩减技术，满足了海量信息爆炸式增长趋势，一定程度上节约企业存储成本，提高效率。

（1）自动精简配置。自动精简配置是一种存储管理的特性，核心原理是"欺骗"操作系统，让操作系统认为存储设备中有很大的存储空间，而实际的物理存储空间则没有那么大。传统配置技术为了避免重新配置可能造成的业务中断，常常会过度配置容量。在这种情况下，一旦存储分配给某个应用，就不可能重新分配给另一个应用，由此就造成了已分配的容量没有得到充分利用，导致了资源的极大浪费。而精简配置技术带给用户的益处是大大提高了存储资源的利用率，提高了配置管理效率，实现高自动化的数据存储。

自动精简配置技术是利用虚拟化方法减少物理存储空间的分配，最大限度提升存储空间利用率。这种技术节约的存储成本可能会非常巨大，并且使存储的利用率超过 90%。通过"欺骗"操作系统，造成存储空间足够大的假象，而实际物理存储空间并没有那么大。自动精简配置技术的应用会减少已分配但未使用的存储容量的浪费，在分配存储空间时，系统按需分配存储空间。自动精简配置技术优化了存储空间的利用率，扩展了存储管理功能，虽然实际分配的物理容量小，但可以为操作系统提供超大容量的虚拟存储空间。随着数据存储的信息量越来越多，实际存储空间也可以及时扩展，无需用户手动处理。利用自动精简配置技术，用户不需要了解存储空间分配的细节，这种技术就能帮助用户在不降低性能的情况下，大幅度提高存储空间利用效率；需求变化时，无需更改存储容量设置，通过虚拟化技术集成存储，减少超量配置，降低总功耗。

自动精简配置这项技术最初由 3Par 公司开发，目前支持自动精简配置的厂商正在快速增加。这项技术已经成为选择存储系统的关键标准之一。但是并不是所有的自动精简配置的实施都是相同的。随着自动精简配置的存储越来越多，物理存储的耗尽成为自动精简配置环境中经常出现的风险。因此，告警、通知和存储分析成为必要的功能，并且对比传统环境，其在自动精简配置的环境中扮演了更主要的角色。

（2）自动存储分层。自动存储分层（Automated Storage Tier，AST）技术主要用来帮助数据中心最大限度地降低成本和复杂性。在过去，进行数据移动主要依靠手工操作，由管理员来判断这个卷的数据访问压力的大小，迁移的时候也只能一个整卷一起迁移。自动存储分层技术的特点则是其分层的自动化和智能化。传统配置方式是一个整卷一起迁移，新技术的特点则是其分层的自动化和智能化。自动存储分层是存储上减少数据的另外一种机制。一个磁盘阵列能够把活动数据保留在快速、昂贵的存储上，把不活跃的数据迁移到廉价的低速层上，以限制存储的花费总量。自动存储分层的重要性随着固态存储在当前磁盘阵列中的采用而提升，并随着云存储的来临对内部部署的存储进行补充。自动存储分层使用户数据保留在合适的存储层级，因此减少了存储需求的总量并实质上减少了成本，提升了性能。数据从一层迁移到另一层的粒度越精细，可以使用的昂贵存储的效率就越高。子卷级的分层意味着数据是按照块来分配而不是整个卷，而字节级的分层比文件级的分层更好。如何控制数据在层间移动的内部工作规则，决定了把数据自动分层到正确位置的便捷程度。一些系统是根据预先定义的时间进行移动数据和决定将数据移动到哪一层。相反地，Net App 公司和 Oracle 公司（在 Sun ZFS Storage 7000 系列中）倡导存储系统应该足够智能，能重复数据删除，能自动地保留数据在其合适的层，而不需要用户定义的策略。

（3）重复数据删除（图 3-6）。物理存储设备在使用一段时间后必然会出现大量重复的数据。"重复删除"技术（De-duplication）作为一种数据缩减技术可对存储容量进行优化。它通过删除数据集中重复的数据，只保留其中一份，从而消除冗余数据。使用 De-duplication 技术可以将数据缩减到原来的 1/50～1/20。由于大幅度减少了对物理存储空间的信息量，进而减少传输过程中的网络带宽、节约设备成本、降低能耗。重复数据删除技术原理 De-dupe 按照消重的粒度可以分为文件级和数据块级，可以同时使用 2 种以上的 hash 算法计算数据指纹，以获得非常小的数据碰撞发生概率。具有相同指纹的数据块即可认为是相同的数据块，存储系统中仅需要保留一份。这样，一个物理文件在存储系统中就只对应一个逻辑表示。Net App 公司为其所有的系统提供重复数据删除选项，并且可以针对每个卷进行激活。Net App 公司的重复数据删除并不是实时执行的。相反，它是使用预先设置的进程执行的，一般是在闲暇时间执行，通过扫描把重复的 4KB 数据块替换为相

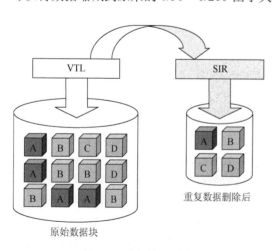

图 3-6　重复数据删除

应的指针。与 Net App 公司相似，Oracle 公司在其 Sun ZFS Storage 7000 系列系统中也具备块级别重复数据删除的功能。与 Net App 公司不同的是，去重是在其写入磁盘时实时执行的。戴尔公司获得了内容感知的去重和压缩技术，并企图把这种技术整合到其所有的存储系统中。

4. 负载均衡

庞大的数据量必然会用来支持海量的请求，云存储一个典型特点就是实现这些请求在系统内部的负载均衡。在传统的负载均衡中，处于网络边缘的设备将来自不同地址的请求均匀地、最优化地发送到各个承载设备上。而在云存储中，除了在网络边缘实现 DNS 动态均匀解析的负载均衡设备，还有在系统内部的负载均衡机制，即在节点资源之间的负载均衡。

由于每个节点只需相应地执行分配在它身上的请求即可，节点的负载均衡能够更好地实现系统的动态扩展，即若系统收到的请求均匀分配给每个节点后超出节点的处理能力，只需通过扩充节点的数目就可以减少系统所有节点的压力，而无需对内部的负载均衡机制做任何处理。这样具有节点扩展能力的负载均衡机制可以真正地实现云存储大规模部署的需求。

3.2　大数据存储

随着互联网的蓬勃发展，计算设备小型化和移动化方兴未艾，人类社会活动的广度和深度在不断拓展，社会活动中个体参与度达到前所未有的高度。人们不再是信息的被动接收者，而成为了信息的主动创造者。据美国互联网数据中心统计，互联网上的数据以每年 50%的速率增长，目前世界上 90%以上的数据是最近几年才产生的。同时，随着物联网的进一步发展和应用，例如，工业互联网、车联网、机器产生的数据量也会呈指数级增长，增幅将远超人类产生数据。以此推算，到 2020 年，产生的数据量将会高达 40ZB。

从数据的组成成分来看，非结构化数据占 80%以上，其中包括文本（即时通信信息、各类交易活动产生的存档日志、机器产生的运行日志等）、图片（交通卡口车辆拍照、各类证件照片、医疗影像系统、卫星观测图片等）、音频（依法需要记录的录音、企业话务中心人工服务录音等）、视频（主要是视频监控数据）。显而易见，现代社会人类活动中蕴含的绝大部分有价值的信息都在非结构化数据中。

然而，正如"背景知识"所述，虽然传统的关系型数据库利用 SQL 这种蕴含关系代数逻辑的编程语言操作结构化数据极其便捷，然而非结构化数据容量巨大、增长迅速、没有固定的格式、查找目标数据代价巨大、提炼价值信息的处理逻辑复杂、扩展不便，这种小规模集群系统早已难以应对。因此，非结构化数据的存储给计算机软件和硬件架构以及数据管理理论提出了新的要求。总体来看，这些要求包括：对性能的要求、对容量的要求、对数据资源有效管理的要求、对数据资源保护的要求。

3.2.1　大数据存储的特点与挑战

1. 容量问题

大数据通常可达到 PB 级的数据规模，因此大数据存储系统需要达到相应等级的扩展能力。与此同时，存储系统的扩展一定要简便，可以通过增加模块或磁盘柜来增加容址，甚至不需要停机。

2. 延迟问题

大数据应用还存在实时性的问题。很多大数据应用环境，如涉及网上交易或者金融类相关的应用，都需要较高的每秒进行读写操作的次数（Input/Output Operations Per Second，IOPS）性能。此外，服务器虚拟化的普及也产生了对高 IOPS 的需求。

3. 安全问题

某些特殊行业的应用，例如，金融数据、医疗信息以及政府情报等都有自己的安全标准和保密性需求。虽然对于 IT 管理者来说无论应用环境具体如何，这些保密性需求都必须遵从，然而大数据应用又催生出一些新的、需要考虑的安全性问题。原因是大数据分析往往需要多类数据相互参考，而在过去并不会有这种数据混合访问的情况。

4. 成本问题

对于使用大数据环境的企业，成本控制是关键的问题。在减少昂贵部件的同时，让每台设备实现更高的效率可以有效控制成本。目前在大数据存储领域，数据缩减等技术已经进入主流市场，存储效率不断提升，同时拥有处理更多数据类型的能力，这些都使大数据存储应用拥有更多的价值。后端存储的消耗哪怕只是降低几个百分点，在大数据存储系统中都能够获得明显的投资回报。

5. 数据的积累

许多基于大数据的应用要求较长的数据保存时间，有些是使用大数据存储的用户希望数据能长期保存，如网络硬盘、视频点播平台；有些则需遵从法规要求，如医疗、财务等信息要求保存几年到几十年。为了实现长期的数据保存，需要存储厂商开发出能持续进行数据一致性检测、备份和容灾等保证长期高可用性的技术。

6. 灵活性

大数据存储系统的基础设施规模庞大，保证存储系统的灵活性和扩展性是一大挑战。原因是一个大型的数据存储设施一旦开始投入使用，其结构和框架就很难再调整，因此一定要仔细设计，使它能够适应各种不同的应用类型和场景。

3.2.2　存储系统架构

1. 直连式存储

直连式存储（Direct Attached Storage，DAS）与普通的 PC 架构一样，存储设备直接与主机系统相连，挂接在服务器内部总线上。到目前为止，直连式存储仍然是计算机系统中最常用的数据存储方法（图 3-7）。

直连式存储的适用环境有以下几方面。

（1）服务器地理分布很分散，通过 SAN 或 NAS 互联困难。

（2）存储系统必须直接与应用服务器连接，如包括许多数据库应用和应用服务器在内的应用。

（3）小型网络，因为网络规模小、结构较简单，采用此方式对服务器性能影响不明显，且经济简易。

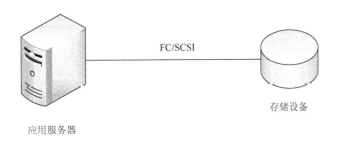

图 3-7　DAS 示意图

DAS 方式的缺点有以下几方面。

（1）扩展性差。DAS 的直连方式导致出现新的应用需求时，需要为新增的服务器单独配置新的存储设备。

（2）资源利用率低。从长期来看，DAS 方式会出现存储资源的浪费情况，因为不同的应用服务器存储的数据量会随着业务发展出现不同，于是有部分应用存储空间不够，而另一些却有大量闲置空间。

（3）可管理性差。DAS 的数据分散在应用服务器各自的存储设备上，不便集中管理、分析和使用数据。

（4）异构化严重。DAS 方式使得企业在发展过程中的不同时段采购了不同厂商、不同型号的存储设备，设备之间异构化严重使得维护成本高。

2. NAS

网络附加存储（Network Attached Storage，NAS）是一种采用直接与网络介质相连的特殊设备实现数据存储的模式。存储设备独立于服务器，分配有 IP 地址，这样数据存储作为独立的网络节点为所有网络用户共享，不再是某个应用服务器的附属。NAS 的物理存储器件需要专用的服务器和专门地操作系统（图 3-8）。

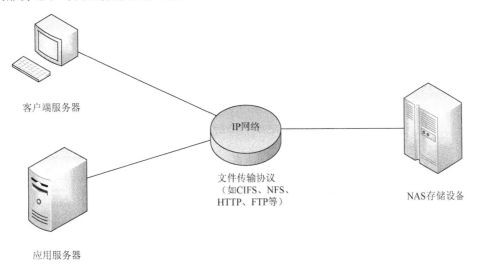

图 3-8　NAS 示意图

NAS 的优点有以下几方面。

（1）即插即用，可以基于已有的企业网络方便连接到应用服务器。

（2）专用操作系统支持不同的文件系统，从而可以支持应用服务器不同操作系统之间的文件共享。

（3）专用服务器上经过优化的文件系统提高了文件的访问效率。

（4）独立于应用服务器，即使应用服务器故障或停止工作，仍然可以读出数据。

以下是 NAS 的缺点。

（1）共用网络的模式使网络带宽成为存储性能的瓶颈。NAS 设备与客户机通过企业网连接，因此数据存储或备份时会占用网络的带宽，影响企业内部网络上的其他网络应用。

（2）NAS 访问要经过文件系统格式转换，故只能以文件一级访问，不适合块级的应用。

3. SAN

存储区域网络（Storage Area Network，SAN）是指存储设备相互连接并与服务器群相连而成的网络，创造了存储的网络化。SAN 由三个基本组件构成：接口（如 SCSI、光纤通道和 ESCON 等），连接设备（如交换设备、网关、路由器和集线器等）和通信控制协议（如 IP 和 SCSI 等），这三个基本组件与附加的存储设备和独立的 SAN 服务器共同构成了 SAN 系统。SAN 支持档案数据归档和检索、备份与恢复、存储设备间的数据迁移、磁盘镜像技术和网络服务器间数据共享等功能。

在 iSCSI 协议出现前，SAN 采用光纤通道（Fiber Channel，FC）技术，而在 iSCSI 协议出现后，为了区分，SAN 被分为了 FC SAN 和 IP SAN。

（1）FC SAN（图 3-9）。FC 光纤通道共有 FC-0～FC-4 五层协议，光纤通道主要通过 FC-2 进行传输，并且按照连接和寻址方式的不同，FC 支持点对点（PTP）、惯性通道仲裁环路（FC-AL）和交换式光纤通道（FC-SW）三种拓扑方式。

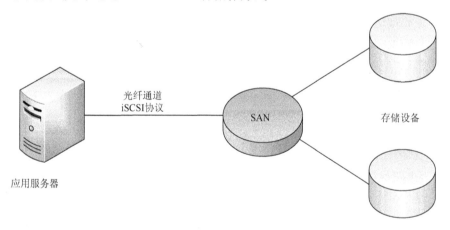

光纤通道
iSCSI协议

SAN

存储设备

应用服务器

图 3-9　FC SAN 示意图

FC SAN 具有以下缺陷。

① 兼容性差。由于 FC 协议发展时间短，没有统一标准，厂商按照各自内部标准生产，异构性严重，使得不同厂商甚至是同一厂商的不同型号的 FC 产品间兼容性和互操作性差。

② 成本高昂。对于先期设备成本，FC 产品价格普遍昂贵；对于长期维护，FC 产品兼容性差导致用户难以自己维护设备而必须购买服务。

③ 扩展能力差。FC SAN 封闭的协议及高昂的成本使产品开发、升级和扩容代价高昂。

（2）IP SAN（图 3-10）。IP 网络是一个开放、高性能、高可扩展、高可靠性的网络平台。IP SAN 的基本思想是通过高速以太网连接服务器和后端存储系统，依托以太网的经济性来降低成本。使用 TCP/IP 协议承载 SCSI 指令，并使用 1Gbit/s 或 10Gbit/s 级的专用以太网连接应用服务器和存储设备，从而建立一个开放、高可扩展性、高性能、高可靠性的存储资源平台。

图 3-10　IP SAN 示意图

基于 iSCSI 标准的存储系统继承了 IP 网络的优势，无需大量投资就能直接利用已有的 TCP/IP 网络实现 SAN 丰富的存储功能，性能优越，因此备受青睐。IP SAN 有如下优点：

① 高扩展性。实现了弹性扩展的存储网络，可以自适应应用的改变；

② 已经验证的传输设备保证运行的可靠性；

③ 数据集中。不同应用和服务器的数据在物理上实现了集中，在一台设备上即可完成空间调整、数据复制等工作，提高了存储资源利用率；

④ 总体拥有成本低。集中化的虚拟存储所带来的存储资源分配和管理上的便捷，大大降低了重复投资、长期管理和维护的成本。以太网从 1Gbit/s 向 10Gbit/s 或更高速升级简单，投资少而能获得性能极大的提升；

⑤ 由于 IP 网络的长距离扩展能力，可以实现远程数据复制和灾难恢复。

4. DAS、NAS 及 SAN 比较

在 DAS 模式中，设备串行地接在 SCSI 总线上，随着设备的增多，成本提升，性能下降，主机之间的存储设备无法共享，造成存储资源的浪费。

NAS 在一定程度上解决了直接附加存储的这些问题，并且同 SAN 一样，存储设备和主机之间都是通过网络连接，有较高的可扩展性，但 NAS 和 SAN 相比，一个本质的区别是 NAS 提供的是文件级存储服务，而 SAN 提供的是块级存储服务。另外，NAS 系统中数据是通过局域网传输的，因此大量的数据存取传输会占用大比例的局域网带宽，影响其他网络上服务和应用的数据传输。SAN 网络则为存储服务专用，避免了这个问题。

使用光纤通道的 SAN 虽然传输速率极高，但是设备昂贵、技术复杂，通过 TCP/IP 网络连接的 IP SAN 在保证了 SAN 模式的优越性的同时，成本较低，且随着技术的发展网络传输速率也有了很大的提高，因此备受青睐。

3.2.3　新兴数据库技术

随着 Web 2.0 的兴起和大数据时代的来临，传统关系型数据库越来越难以满足市场需求，为了弥补关系型数据库缺点，出现了一些新型数据库模型，比较典型的有 NoSQL 和 NewSQL。

1. NoSQL

NoSQL（Not only SQL）泛指非关系型数据库，其发展经历了三个非常重要的阶段。

NoSQL 最早出现于 1998 年，是 Carlo Strozzi 开发的一个轻量、开源、不提供 SQL 功能的关系数据库。2009 年，Last.fm 的 Johan Oskarsson 发起了一个关于分布式开源数据库的讨论，

来自 Rackspace 的 Eric Evans 再次提出了 NoSQL 的概念，这时的 NoSQL 主要指非关系型、分布式、不提供 ACID 的数据库设计模式。2009 年在亚特兰大举行的 "no:sql(east)" 讨论会是一个里程碑，其口号是 "select fun，profit from real_world where relational=false；"。因此，对 NoSQL 最普遍的解释是 "非关联型的"，强调键值存储（Key-Value Stores）数据库和文档数据库的优点，而不是单纯地反对 RDBMS。

NoSQL 的结构通常提供弱一致性的保证，如最终一致性，或交易仅限于单个的数据项。不过，有些提供完整的 ACID 保证的系统在某些情况下增加了补充中间件层（例如，CloudTPS）。有两个成熟的系统提供快照隔离的列存储，Google 基于过滤器系统的 BigTable 和滑铁卢大学开发的 HBase。这些自主开发的系统，以列存储为基础，来实现多行（multi-row）分布式 ACID 事务的快照隔离（snapshot isolation），无需额外的数据管理开销，中间件系统部署或维护，减少了中间件层。

少数 NoSQL 系统部署了分布式结构，通常使用分散式散列表（DHT）将数据以冗余方式保存在多台服务器上。因此，扩充系统时候添加服务器更容易，并且对服务器失效的承受程度更高。

NoSQL 系统普遍采用的一些技术有以下几种。

（1）简单数据模型。不同于分布式数据库，大多数 NoSQL 系统采用更加简单的数据模型。这种数据模型中，每个记录拥有唯一的键，而且系统只需支持单记录级别的原子性，不支持外键和跨记录的关系。这种一次操作获取单个记录的约束极大地增强了系统的可扩展性，而且数据操作就可以在单台机器中执行，没有分布式事务的开销。

（2）元数据和应用数据的分离。NoSQL 数据管理系统需要维护两种数据：元数据和应用数据。元数据是用于系统管理的，如数据分区到集群中节点和副本的映射数据。应用数据就是用户存储在系统中的商业数据。系统之所以将这两类数据分开是因为它们有着不同的一致性要求。若要系统正常运转，元数据必须是一致且实时的，而应用数据的一致性需求则因应用场合而异。因此，为了达到可扩展性，NoSQL 系统在管理两类数据上采用不同的策略。还有一些 NoSQL 系统没有元数据，它们通过其他方式解决数据和节点的映射问题。

（3）弱一致性。NoSQL 系统通过复制应用数据来达到一致性。这种设计使得更新数据时副本同步的开销很大，为了减少这种同步开销，弱一致性模型如最终一致性和时间轴一致性得到广泛应用。

通过这些技术，NoSQL 能够很好地应对海量数据的挑战。相对于关系型数据库，NoSQL 数据存储管理系统的主要优势有以下几方面。

（1）避免不必要的复杂性。关系型数据库提供各种各样的特性和强一致性，但是许多特性只能在某些特定的应用中使用，大部分功能很少被使用。NoSQL 系统则提供较少的功能来提高性能。

（2）高吞吐量。一些 NoSQL 数据系统的吞吐量比传统关系数据管理系统要高很多，如 Google 使用 MapReduce 每天可处理 20PB 存储在 Bigtable 中的数据。

（3）高水平扩展能力和低端硬件集群。NoSQL 数据系统能够很好地进行水平扩展，与关系型数据库集群方法不同，这种扩展不需要很大的代价。而基于低端硬件的设计理念为采用 NoSQL 数据系统的用户节省了很多硬件上的开销。

（4）避免了昂贵的对象-关系映射。许多 NoSQL 系统能够存储数据对象，这就避免了数据库中关系模型和程序中对象模型相互转化的代价。

NoSQL 向人们提供了高效便宜的数据管理方案，许多公司不再使用 Oracle 甚至 MySQL，设计者借鉴 Amzon 的 Dynamo 和 Google 的 Bigtable 的主要思想建立自己的海量数据存储管理系统，一些系统也开始开源，如 Facebook 将其开发的 Cassandra 捐给了 Apache 软件基金会。

虽然 NoSQL 数据库提供了高扩展性和灵活性，但是它也有自己的缺点，主要有以下几方面。

（1）数据模型和查询语言未经数学验证。SQL 这种基于关系代数和关系演算的查询结构有着坚实的数学保证，即使一个结构化的查询本身很复杂，但是它能够获取满足条件的所有数据。由于 NoSQL 系统都没有使用 SQL，而使用 SQL 的一些模型还未有完善的数学基础。这也是 NoSQL 系统较为混乱的主要原因之一。

（2）不支持 ACID 特性。这为 NoSQL 带来优势的同时也是其缺点，毕竟事务在很多场合下还是需要的，ACID 特性使系统在中断的情况下也能够保证在线事务能够准确执行。

（3）功能简单。大多数 NoSQL 系统提供的功能都比较简单，这就增加了应用层的负担。例如，如果在应用层实现 ACID 特性，那么编写代码的程序员一定非常痛苦。

（4）没有统一的查询模型。NoSQL 系统一般提供不同查询模型，这一定限度上增加了开发者的负担。

2. NewSQL

接下来，登上历史舞台的是 NewSQL 数据库。NewSQL 一词是由 451 Group 的分析师 Matthew Aslett 在其研究论文中提出的，它代指对老牌数据库厂商做出挑战的一类新型数据库系统。NewSQL 是指这样一类新式的关系型数据库管理系统，针对 OLTP（读-写）工作负载，追求提供和 NoSQL 系统相同的扩展性能，且仍然保持 ACID 和 SQL 等特性。

人们曾普遍认为传统数据库支持 ACID 和 SQL 等特性限制了数据库的扩展和处理海量数据的性能，因此尝试通过牺牲这些特性来提升对海量数据的存储管理能力。但是 NewSQL 设计者则持有不同的观念，他们认为并不是 ACID 和支持 SQL 的特性，而是其他的一些机制如锁机制、日志机制、缓冲区管理等制约了系统的性能。只要优化这些技术，关系型数据库系统在处理海量数据时仍能获得很好的性能。

关系型数据库处理事务时对性能影响较大、需要优化的因素有以下几方面。

（1）通信。应用程序通过 ODBC 或 JDBC 与 DBMS 进行通信是 OLTP 事务中的主要开销。

（2）日志。关系型数据库事务中对数据的修改需要记录到日志中，而日志则需要不断写到硬盘上来保证持久性，这种代价是昂贵的，而且降低了事务的性能。

（3）锁。事务中修改操作需要对数据进行加锁，这就需要在锁表中进行写操作，造成了一定的开销。

（4）闩。关系型数据库中一些数据结构，如 B 树、锁表、资源表等的共享影响了事务的性能。这些数据结构常常被多线程读取，所以需要短期锁即闩。

（5）缓冲区管理。关系型数据将数据组织成固定大小的页，内存中磁盘页的缓冲管理会造成一定的开销。

为了解决上面的问题，一些新的数据库采用部分不同的设计，取消了耗费资源的缓冲池，在内存中运行整个数据库。同时摒弃了单线程服务的锁机制，通过使用冗余机器来实现复制和故障恢复，取代原有的昂贵的恢复操作。这种可扩展、高性能的 SQL 数据库被称为 NewSQL，其中"New"用来表明与传统关系型数据库系统的区别，但是 NewSQL 也是很宽泛的概念。NewSQL 主要包括两类系统：拥有关系型数据库产品和服务，并将关系模型的好处带到分布式架构上；或者提高关系数据库的性能，使之达到不用考虑水平扩展问题的程度。前一类

NewSQL 包括 Clustrix、GenieDB、ScalArc、ScaleBase、NimbusDB，也包括带有 NDB 的 MySQL 集群、Drizzle 等。后一类 NewSQL 包括 Tokutek、JustOne DB，还有一些"NewSQL 即服务"，包括 Amazon 的关系数据库服务、Microsoft 的 SQL Azure、FathomDB 等。

当然，NewSQL 和 NoSQL 也有交叉的地方，例如，RethinkDB 可以看作 NoSQL 数据库中键-值存储的高速缓存系统，也可以当作 NewSQL 数据库中 MySQL 的存储引擎。现在许多 NewSQL 提供商使用自己的数据库为没有固定模式的数据提供存储服务，同时一些 NoSQL 数据库开始支持 SQL 查询和 ACID 事务特性。

NewSQL 能够提供 SQL 数据库的质量保证，也能提供 NoSQL 数据库的可扩展性。VoltDB 是 NewSQL 的实现之一，其开发公司的 CTO 宣称，它们的系统使用 NewSQL 的方法处理事务的速度比传统数据库系统快 45 倍。VoltDB 可以扩展到 39 个机器上，在 300 个 CPU 内核中每分钟处理 1600 万个事务，其所需的机器数比 Hadoop 集群要少很多。

随着 NoSQL、NewSQL 数据库阵营的迅速崛起，当今数据库系统"百花齐放"，现有系统达数百种之多，图 3-11 将广义的数据库系统进行了分类，包括关系型数据库、非关系型数据库以及数据库缓存系统。其中，非关系型数据库主要指的是 NoSQL 数据库，分为：键值存取数据库、列存数据库、图存数据库以及文档数据库四大类。关系型数据库包含了传统关系数据库系统以及 NewSQL 数据库。

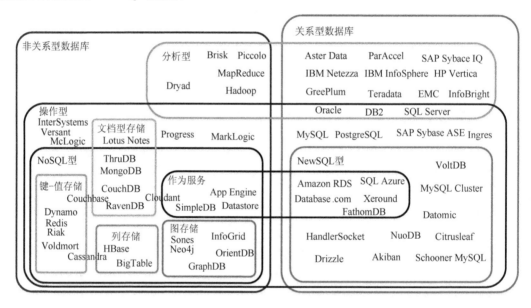

图 3-11　数据库系统的分类

3.3　数　据　中　心

3.3.1　数据中心概述

1. 什么是数据中心

随着应用程序不断向服务器端靠拢和互联网服务的广泛普及，一种新的计算系统应运而生，人们称为数据中心（Data Center），又称为仓库级计算（Warehouse-Scale Computers, WSCs）。这类计算机具有大规模的软件基础设施、数据存储资源和硬件平台。在传统的计算机系统中，一个应用程序只运行于一台机器上；而在数据中心中，应用程序是一个网络服务，它可能由几十个甚至更多的独立程序组成。这些独立的小程序共同协作，完成诸如搜索、电子邮件或地图等复杂的终端用户服务。这些程序可能是由不同地方、不同公司的工程师开发出来并进行维护的。这种大型的网络应用程序由大规模的服务器集群支撑，每个集群包含成千上万个独立的计算节点，每个节点有各自的网络和存储子系统、供电和调节设备。这些节点部署在一个大规模的仓库建筑中，此类系统称为数据中心。由于处于共同的物理环境，有相同的安全需求，数据中心里的多个服务器和通信装置往往部署在一起，便于维护。这里提到的数据中心的概念不同于传统的数据中心。传统的数据中心往往为大量相对较小或中等大小的程序服务，每个应用运行在专用的硬件设备上。这些传统的数据中心为多个组织或不同的公司管理硬件和软件，各个数据中心在硬件、软件、设施维护等方面几乎没有共同点，彼此之间也根本不通信。

目前，谷歌、亚马逊、雅虎和微软（在线服务部门）等公司均支持当今的数据中心。与传统的数据中心不同，今天的数据中心往往由一个公司运营，使用相同的硬件和系统软件平台，共享同一系统管理层。与传统的数据中心中运行的第三方软件相比，数据中心中的大部分应用、中间件和系统软件是在数据中心内部搭建的。最重要的是，数据中心运行的大型应用程序和互联网服务数量比较少，部署起来相对容易。相同的需求、集中式的控制和不断增加的市场需求刺激着设计人员使用新的方法来构建和操作这些系统。

互联网服务必须具有高可靠性，通常要保证至少 99.99%的正常运转时间，也就是说每年故障停工时间大约为 1 小时。但是互联网服务往往涉及大型的硬件和系统软件，要在这些软、硬件集群上实现无故障操作是很困难的，特别是应用程序涉及的服务器数量较多时。虽然理论上保证 1000 台服务器硬件不出现故障是可行的，但代价必然会非常高昂。因此，数据中心在设计时要保证系统能应对大量组件同时出现故障的情况，同时保证系统原有的可靠性和服务等级水平。

2. 数据中心的特点

（1）数据中心注重性价比。建设和运营一个大型计算平台的成本是很高的，而且平台的服务质量与服务调度和存储空间密切相关，这些因素使降低成本成为迫切需求。以基于网页搜索的信息检索系统为例，服务运营商既需要大量的存储空间来存储索引，又需要良好的索引查找算法保障信息检索的速度。综上所述，计算需求的增长主要受以下两个因素的影响：

① 用户对应用程序通用性的需求不断提高；

② 问题的规模持续增加。例如，网络中网页数量的爆炸性增长大大增加了新建和保存一个网页索引的代价。

即使网络的吞吐率和数据存储的性能可以维持在一定的水平，市场优胜劣汰的本质也会不停地推动搜索精度和索引更新速度等方面工作的改进。虽然其中的某些工作能通过一些算法很容易实现，但是要想彻底完成任务，必须为每个服务请求分配更多的资源。例如，搜索引擎如果把关键词的同义词也纳入搜索范围，系统开销就会大大提高。因为一方面搜索引擎需要用一个更加复杂的查询语句对索引库进行检索，另一方面索引库中需要保存每个关键词对应的所有同义词。

对计算能力的不断需求使成本效率成为数据中心设计的重点。所以，设计时必须明确定义所有重要组件的成本，包括托管设施、操作费用（即电力及能源成本）、硬件、软件、管理人员和维修。

（2）数据中心不是把一堆服务器简单的堆积在一起。作为当今许多互联网服务的驱动力，数据中心已不再是简简单单地将许多计算机集合在一起。在数据中心上运行软件（如 Gmail 和一些网页搜索服务）需要的不仅仅是单一的计算机或服务器，而是成百上千个独立服务器集群。因此，数据中心实质上是许多服务器的集合，作为统一的计算单元来运行程序。

如何设计系统架构是构建数据中心的关键。首先，数据中心是由新型应用程序所驱动的大规模计算机。规模的增大，使得对数据中心的实验和模拟难以进行。在设计时，操作失误及能源问题对数据中心的影响比其他较小规模的计算平台更大，因此，系统设计者必须使用新的方法进行方案设计。其次，由于数据中心大规模的应用范围，以及本身所表现出的非单一性的存储体系和表现形式的多样性，使得程序员在设计数据中心时，需要添加额外的功能模块。

（3）一个数据中心还是多个数据中心。通常，一台计算机只属于一个数据中心。但互联网服务经常需要设计多个数据中心。多个数据中心的使用有时是为了对相同的服务进行全备份，以达到降低用户延迟，提高服务吞吐量（如网页搜索服务）的目的。在某些情况下，用户的请求往往只需要一个数据中心来处理。但是在另一些情况下，处理用户请求可能需要多个数据中心。处理非易失性的用户数据更新服务就是一个典型的例子，为了容灾系统需要多个副本，这项工作必须由多个数据中心共同完成。

几年前，数据中心内部的通信和数据中心之间通信是完全不同的。两者在通信质量方面存在着巨大的差距，在程序员看来，两者是完全不同的计算资源。随着数据中心相关应用软件的发展和两者通信质量差距的缩小，人们也渐渐地把它们归纳到同一个范畴。

数据中心起初并不被看好，超大的规模与高昂的成本只有几家大型的互联网公司能够承担。随着科学技术的不断发展，许多公司和组织可以通过数据中心，以更低的成本获得更大规模的计算能力，大型的互联网服务也得到了更广泛的应用。而且，随着多核技术的发展，数据中心拥有的核数（CPU core）和硬件线程数（hardware threads）将非常庞大。例如，一个配备 40 个服务器的机架，如果每台服务器上有 4 个 8 核双线程 CPU，那么共将包含 2000 多个线程。

3.3.2　数据中心的演进

1. 数据中心的发展阶段

由英特尔（Intel）的创始人之一戈登·摩尔（Gordon Moore）提出的"摩尔定律"指出："当价格不变时，集成电路上可容纳的晶体管数目，约每隔 18 个月便会增加一倍，性能也将提升一倍。"

20 世纪 40 年代，美国生产了第一台全自动电子数字计算机"埃尼阿克"，即电子数字积分器和计算器（Electronic Numerical Integrator and Calculator, ENIAC），从此开始了数据中心时代，图 3-12 展示了数据中心的发展阶段。

（1）大型机时代（1945～1971 年）：计算机的主要器件还是由电子管、晶体管组成，它们的体积庞大、耗电量高、成本昂贵，多用于国防军事、科学研究等领域。由于涉及的数据非常敏感，当时价格昂贵的 UPS 和精密空调也成为必备选项，这时的数据机房倾向于大型机的数据计算，因此也称为数据计算机房。

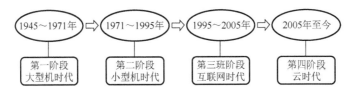

图 3-12　数据中心发展历程

（2）小型机时代（1971～1995 年）：大规模集成电路飞速发展的年代，大型机和巨型机还是主要支撑，但是另一股力量同时开启了小型机和微型机的发展。技术的改进、性能的提升、成本的大幅下降使得小型机领域发展迅猛，中小型数据机房也呈现爆炸式增长。这时也是操作系统飞速发展的阶段，美国 AT&T 公司在 PDP-11 上运行的 UNIX 操作系统和微软公司的 Windows 也为小型机的发展推波助澜。

（3）互联网时代（1995～2005 年）：1995 年以前，很多小型的、大型的数据中心基本上算是单兵作战，即便有一些数据传输也只是小范围、低速率的领域。随着互联网的出现，分散在各地的数据资源被有效地整合到一起，并通过互联网这个大的平台分散给人类社会。为了满足数据增长的需求，互联网数据中心（Internet Data Center，IDC）应运而生，主要功能是集中收集和处理数据，提供主机托管、资源出租、系统维护、流量分析、负载均衡、入侵检测等服务。这十年不仅是互联网高速发展的十年，也是 IDC 高速发展的十年。

（4）云时代（2005 年至今）：TB（1TB=1024GB）级的数据 IDC 尚能应付，但是随着 PB（1PB=1024TB）级，乃至 EB（1EB=1024PB）级的数据相继出现，IDC 的承载压力可想而知。IU 或者数 U 的机架式服务器、刀片式服务器成为硬件先行者，虚拟化、海量数据存储作为技术保障，分布式、模块化数据中心正逐渐接管市场。

大型机时代和小型机时代，更多地被称为"数据机房"，随着数据的膨胀、技术的变革，数据机房逐渐演变为数据中心。这不仅仅是概念上的变化，在功能性、规范性、规模性都与互联网数据中心和云数据中心有着巨大的差别。

从 1945 年至今，数据中心高速发展，高端的配置，领先的技术不断被提出并加以应用，在未来我们熟知的数据中心必然会有翻天覆地的变化。

2. 数据中心的未来发展趋势

数据中心承载着大量的关键数据，业务的连续性是数据中心生存的首要条件，短短几分钟的中断对普通用户来说微不足道，但是对于数据中心、对于企业的关键业务来说那将是致命的打击，未来的数据中心会朝着更加精密、更加集中、更加可靠的方向发展。

1）高度虚拟化

服务器虚拟化在数据中心已经大行其道，但是仍然有很多数据中心架设着物理服务器。随着时间的推移，物理服务会大跨步向虚拟服务迁移。当所有的服务以虚拟形态出现时，数据中心高度虚拟化基本成型。

仅仅是服务器虚拟化显然不能算是高度虚拟化的数据中心，存储虚拟化和网络虚拟化成为虚拟化的延伸和高可用性的保障。一方面，存储虚拟化将毫无关联且相互独立的存储空间完全抽象到一个全局范围的存储区域网络，如 SAN。数据中心管理形成一个巨大的"资源池"，管理平台将这些资源动态地分配给各个系统应用，资源的高利用率立刻可以体现。另一方面，存储虚拟化将底层相对复杂的基础存储技术变得简单。数据管理员看到的不再是冰冷、繁多的存储设备，取而代之的是更加层次化、无缝的资源虚拟视图。而用户的体验将更加明显，高速、大容量无疑是对存储最好的诠释。存储虚拟化对管理者和用户无疑是双赢的资源整合模式。

网络虚拟化，是通过智能化的软件将物理网络元素中分离的网络流量进行抽象，这些网络元素全部以虚拟的形式出现。网络虚拟化技术可以将一个企业的物理网络抽象出多个逻辑网络，针对不同的部门、不同的用户进行划分，如 VLAN 技术；也可以将多个物理网络抽象为一个虚拟网络，合而为一的大型虚拟网络可以满足沉重的网络需求，例如，某网站的访问量激增时，将多个物理网络进行整合，进行合而为一的网络应用；网络虚拟化还可以在一个服务器宿主主机内，建立内部网络虚拟交换机，将系统请求的网络任务全部切换到宿主主机内存中，网络数据的传输演变成内存数据的交换，使海量数据传输时间极大地降低。

服务器虚拟化、存储虚拟化、网络虚拟化将数据中心的基础环境进行了集中整合，使得数据中心全局可用性和安全性得到了大幅提升，接下来在其上层开始部署应用程序虚拟化和桌面虚拟化，在应用层面同样采用虚拟的方式来运营数据中心，高度虚拟化的大幕从此拉开，如图 3-13 所示。

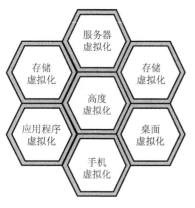

图 3-13　数据中心高度虚拟化

2）绿色、环保、低碳

虚拟化的高度应用已经开始颠覆"数据中心是企业成本中心"的概念，当 500 台服务器整合成为 50 台甚至更少的服务器时，数据中心的成本结构必然发生了质的改变。随着设备的大幅减少，支撑其运行的 UPS 系统也会呈现大幅度缩减的态势，每年仅电费的支出就会为企业节省 60% 以上，绿色数据中心的概念会随着设备的精简体现得更加完美。

在基础环境领域，设备本身也经历着同样的低碳概念的洗涤。主板应用 RoHS 认证资料，并采用全固态电容，材质本身非常绿色环保、稳定性高，且电源转换高效；8 核甚至更多核心的 CPU 在服务器的整体战略角度上，提供着高效的性能；电源系统配备监控微处理器管理芯片，实时管理电源的工作状态，为整体节能降耗、滤波降噪、自动超频降频提供着帮助，这只是服务器应用环节的一个缩影，存储设备、网络设备的自身环境的变化也在为降低数据中心整体拥有成本（Total Cost of Ownership，TCO）作出贡献。

在整体环境中，中央冷却系统这样的耗电大户随着设备的减少也在发生变迁，无线热传感系统向管理平台发送着实时的数据，方便管理者进行最适宜的热调整；冷热通道封装采用维兰技术，将冷空气流和热空气流通过乙烯基塑料隔板材质分离，将冷热空气快速导流，保持空气温度长期均衡。另外，精密空调变速系统、自然冷却系统，以及节能照明灯都在体现绿色数据中心低碳环保的态势。

3）集装箱与模块化

当我们走进微软芝加哥数据中心时（图 3-14），会产生这样的错觉：难道我们进入了一个无人值守的巨型仓库了吗？如果不是经过相当严格的身份验证，相信很多初入芝加哥数据中心的人都会有此感觉，其实这正是集装箱式、模块化数据中心的体现。

大型集装箱的密度非常高，内部通常放置了大量的机架式设备，从占地面积上讲，一般相当于同级别的传统数据中心的 1/5 左右。这种集装箱式数据中心多采用水冷技

图 3-14　微软芝加哥数据中心

术，并通过冷热通道将气流疏导，加之全封闭的模式使得数据中心的数据中心能源效率（Power Usage Effectiveness，PUE）非常低，符合绿色、低碳、经济的要求。

同时集装箱内还具有柴油发电机、UPS、配电柜等电力系统，指纹识别或者 IC 智能卡片等门禁系统、远程网络监控系统，以及感烟感温火灾预警系统、早起火灾预警系统和气体灭火系统。每一个集装箱都是一个独立的模块，等同于一个传统的数据中心。将多个集装箱叠加在一起，部署速度、协作能力、自动化部署、安全保障将会大幅增加。

为了应对目前快速增长的网游和电子商务市场，急需扩展数据中心规模来应付日益增长的业务需求。这种集装箱、模块化的数据中心可以起到推动的作用。它要比传统模式部署简单，HP、SUN 等大型数据中心供应商可做到"美国 6 周，全球 12 周"交货。相信集装箱和模块化将是未来数据中心发展方向。

4）云数据中心

公有云的诞生早于私有云，但是云的真正发展更多是由私有云带动起来的。

高度虚拟化在迅速地改变当前 IT 运营模式，它使得云数据中心内的虚拟化更加复杂，"一虚多"的模式（一台物理服务器抽象出多个虚拟系统）得到了扩展，"多虚一"（多个虚拟系统同时处理单项任务）和"多虚多"（多项业务在多个虚拟系统中运行）正在成为云数据中心主要环节。

可以试想一下，电子商务、视频播放、在线交友等网站，日均网页访问量会达到数亿次，支撑业务的平台需要数万台服务器、多个数据中心以及海量的存储。传统数据中心难以满足，云数据中心将这些抽象出来的资源全部整合到一起，以"资源池"的方式管理，按需处理复杂的业务请求。

面对如此庞杂的资源池，人工管理显然非常不现实，所有人都会希望自动化管理，业务的迁移、故障集群转移与检查排除、流程的跟踪与审核都需要自动化的管理技术来实现。

传统的数据中心向"云"的模式过渡是大势所趋，中小企业的灵活性更加倾向于公有云，由于关键业务和敏感数据的原因，面向大型企业的云相信会以私有云为主，并随着公有云技术的发展将业务进行迁移，"私主公辅"的混合云模式也将占据一定比例。

3.3.3　数据中心的分级

数据中心整体设计经常被分为 Ⅰ～Ⅳ 级。

（1）Ⅰ级数据中心：具有电能和制冷单独路径，没有备份组件。

（2）Ⅱ级数据中心：为系统增加一些备份组件（N+1），来提高可用性。

（3）Ⅲ级数据中心：具有多条电力和制冷分配路径，但只有一条激活路径。也拥有备份组件并且可以并发地进行维护，也就说Ⅲ级数据中心即使在进行维护时也能提供备份组件。通常用 N+2 设置。

（4）Ⅳ级数据中心：拥有两个激活的电能和制冷路径，而且为每一个路径提供备份组件，这样就能在不影响负载的情况下避免单点故障。

这些分级并不完全准确。大多数商业数据中心为了平衡建设成本和可靠性，在Ⅲ和Ⅳ中进行选择。实际的数据中心可靠性还会受到运行该中心的组织的很大影响，而不仅仅是数据中心的设计。一般情况下，工业的可用性评估结果显示，Ⅱ级、Ⅲ级和Ⅳ级数据中心可用性分别为 99.7%、99.8%、99.995%。

美国 2/3 的服务器放置在小于 5000 平方尺（1 平方尺=0.11m²）的空间内，临界功率小于

1MW。大多数数据中心有来自很多公司服务器的主机群（通常称为主机托管数据中心，英文简称"colos"），支持关键负载 10～20MW。大部分现有的数据中心临界负载都在 30MW 以下。

3.3.4　数据中心的体系结构

1. 简介

数据中心采购和部署的硬件往往是异构的。即使是在一个单一的组织内部，如 Google GFS，因为硬件的更新和改进，不同年代部署的系统也会使用不同的硬件组件。然而，其他体系结构却是在很长时间内相对稳定的。

图 3-15 给出云计算数据中心典型的体系结构。数据中心的原子单位往往由低端服务器组成，以机架的单位将它们挂载在一起，机架之间通过一个本地的以太网交换机进行通信。这些机架交换机可支持数据传输速率为 1～10Gbit/s 的网络连接，上行连接到一个或多个集群级或数据中心级的以太网交换机上。这种两层的交换域可以覆盖超过 10000 个服务器。

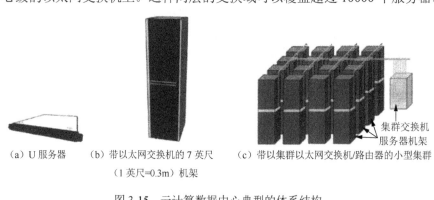

（a）U 服务器　　（b）带以太网交换机的 7 英尺　　（c）带以集群以太网交换机/路由器的小型集群
　　　　　　　　　　（1 英尺=0.3m）机架

图 3-15　云计算数据中心典型的体系结构

2. 存储

磁盘驱动器是直接连接到每个独立服务器上的，并且可以通过全局分布式文件系统（如谷歌的 GFS）来进行管理，也可以作为网络附加存储（Network Attached Storage，NAS）的一部分，直接连接到集群级的交换网络。NAS 是初始化部署最简单的方案，因为它将保证数据管理和完整性的责任推给了 NAS 应用提供商。相比之下，将磁盘集直接连接到服务器节点需要集群级的容错文件系统，实现这一点比较困难，但是可以降低硬件成本（磁盘可以利用已有的服务器封装）和网络占用率（每一个服务器网络端口都相当于动态地在计算任务和文件系统之间共享）。这两种途径的复制模式也是完全不同的，NAS 在装置内通过复制或纠错功能提供额外的可靠性，而像 GFS 之类的系统，其复制是在不同的机器之间来实现的，因而需要占用更多的网络带宽来完成写入操作。然而，像 GFS 这样的系统在整个服务器或机架损毁之后依然能够保持数据的可用性，并且可以允许更高的集合读取带宽，因为相同的数据可以从多份附件中读取。以较高的写入开销来换取更低的成本、更高的可用性，以及更高的读取带宽，这对于许多 Google 的工作负载来说都是合理的解决方案。让磁盘与服务器共置，另外一个好处就是，它允许分布式系统软件充分利用数据局部性。

一些数据中心，包括谷歌的数据中心，之所以部署桌面级磁盘驱动器而不是企业级磁盘，是由于在两者之间存在着巨大的成本差异。这些数据中心的数据几乎总是通过分布式方式（像 GFS）进行复制，这会降低桌面级磁盘的故障率。不仅如此，由于磁盘驱动器的实际可靠性经常严重偏离制造商的规格，企业级磁盘驱动的可靠性优势并不明显。例如，Elerath 和 Shah 指出了许多比制造工艺和设计对磁盘可靠性影响更大的因素。

3. 网络结构

为一个数据中心选择网络组织结构需要权衡速度、规模和成本之间的关系。目前，带有多达 48 个端口的 1Gbit/s 以太网交换机是很常见的，连接一台机架花费不到 30 美元。因此，一台机架的服务器内部的宽带网络往往处于一个相似的档次。然而，数据中心集群中较多端口的网络交换机的连接成本有很大不同，比常见的交换机高出 10 倍。

换句话说，拥有 10 倍跨域带宽的交换机需要花费大概 100 倍的连接成本。考虑这个巨大的成本差异，数据中心的网络结构通常是由两级层次组成的，如图 3-16 所示。每一机架上的商业交换机提供的一小部分跨域带宽，通过一些上行链路连接到集群级交换机来进行机架间通信。例如，一个有 40 台服务器的机架，每一个服务器都有一个 1Gbit/s 端口，可能包含 4～8 个 1Gbit/s 的上行链路到集群级交换机（对于机架间的通信预留 5～10 倍的余量）。在这样一个网络中，程序员必须意识到这种相对稀缺的群级带宽资源，并且要尽量利用机柜级的网络局部性。这使得软件开发变得复杂，并且可能影响资源利用率。

另外，可以在互联网中投入更高的成本去除其中一些集群级网络瓶颈。例如，无线连接要扩展到几千个端口的规模，每个端口要花费 500～2000 美元。同样，一些网络供应商开始提供大规模的以太网网络，但从成本上来说，每台服务器至少需要几百美元。另外，低成本的网络，可以由商业以太网交换机构建"胖树"Clos 网络来构成。是将成本消耗在网络上还是用相同的成本购买更多的服务器或存储设备，是一种应用级的问题，现在还没有一个定论。然而，一般认为机架内部的连接成本要比机架之间的连接成本低很多。

4. 数据层次

图 3-16 是从一个编程者的角度反映了典型数据中心的存储架构层次。每一台包含多个处理器插槽的服务器，都有一个多核 CPU、缓存、本地共享和相应的 DRAM（本地动态随机存储器），以及磁盘驱动器。DRAM 和磁盘资源可以通过第一级架构交换机进行访问（假设远程调用了相应的 API），所有机架上的资源都可以通过集群级的交换机进行访问。

5. 延迟、带宽、容量的量化描述

图 3-17 试图定量地描述延迟、带宽和容量特征。假设有一个 2000 台服务器的系统，每一个服务器有 8GB 的 DRAM 和 4 个 1TB 磁盘驱动器。每组 40 台服务器通过 1Gbit/s 链路连接到一个机架级的交换机，机架级交换机另外还有 8 个 1Gbit/s 的端口用来连接机架

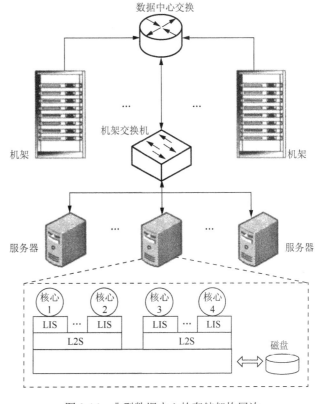

图 3-16　典型数据中心的存储架构层次

和集群级交换机（5 倍余量）。基于套接字的 TCP/IP 传输，在每一个有余量的上行链路集后的每一个服务器有足够可用的集群级带宽，机架级和集群级的交换机之间都有余量。对于磁盘来说，在此使用的是典型 SATA 接口的磁盘的延时和传输率。

图 3-17 显示了每个资源池的相对延迟时间、带宽和容量。例如，本地磁盘的可用带宽是 200Mbit/s，而从机架以外的磁盘通过共享机架上行链路的带宽仅为 25Mbit/s。另外，集群的总磁盘存储容量比 DRAM 大 10 万多倍。

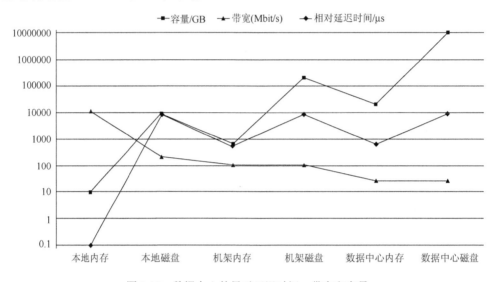

图 3-17　数据中心的星对延迟时间、带宽和容量

一个大型应用程序需要比单一的机架能容纳更多的服务器，它必须有效地处理延迟中的故障、带宽和容量不一致等问题。这种不一致比那些单一机器上的不一致更明显，对数据中心的编程也更困难。

对于数据中心的设计师来说，一个重大挑战就是高效地消除这些不一致。相反，对软件设计师的重大挑战却在于建立集群基础设施和服务，隐藏底层开发的复杂性。

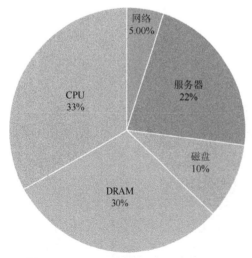

图 3-18　Google 数据中心（Circa 2007）
硬件子系统的峰值功率利用率分解

6. 能源利用

能源利用也是数据中心设计中需要注意的一个问题，因为与能源相关的花费在这类系统成本中占有很大的比重。图 3-18 通过主要组件对 2007 年部署在 Google 的一代数据中心峰值功率进行分解，提出了一些关于现代 IT 设备如何使用能源的观点。

虽然这种分解在很大程度上依赖于在给定的负载域下系统的配置情况，从图 3-18 可以看出，CPU 不再是提高能源利用率唯一关注的方面。

7. 故障处理

数据中心庞大的规模要求互联网服务软件能容忍相对较高的组件故障率。以磁盘驱动为例，一年的故障率高于 4%。不同的部署方案报告表明，每年的服务器级重启次数平均为 1.2～16 次。在如此高的组件故障率下，要求上千台机器上运行的应用程序，服务器故障恢复时间应该控制在"小时"范围内。

3.4　数　据　仓　库

3.4.1　数据仓库的基本概念

数据仓库作为一种信息管理技术，能够将分布在企业的各种数据进行再加工，从而形成一个综合的、面向分析的环境，以更好地为决策者提供各种有效的数据分析，起到决策支持的作用。并且减轻系统负担，简化日常维护和管理，改进数据的完整性，还为用户提供了简单而统一的查询和报表机制。

延伸阅读——数据
仓库的历史与发展

1. 数据仓库的定义与基本特性

William H. Inmon 在所写的 *Building the Data Warehouse* 一书中定义了数据仓库的概念。数据仓库是一个面向主题的（subject oriented）、集成的（integrate），相对稳定的（non-volatile）、反映历史变化（time variant）的数据集合，用于支持管理决策。根据数据仓库的定义，数据仓库具有以下特点。

（1）数据仓库中的数据是面向主题组织的。数据仓库是按照面向主题的方式进行数据组织的，也就是在较高层次上对分析对象的数据作个完整、一致的描述，能有效地刻画出分析对象所涉的各项数据及数据间的联系。这种数据组织方式更能适合较高层次的数据分析，便于发现数据中蕴含的模式和规律。

主题通常是在一个较高层次上将数据归类的标准，每个主题对应一个宏观分析领域。例如，在学生的学籍管理成绩系统中，数据常被组织成"学生""课程""学生成绩"等关系模式，描述了各个学生、各门课程以及学生学习各门课程的详细信息。而在数据仓库中，我们则要对学生、课程、学生成绩进行综合分析，以便进行决策，因而应重新组织数据，完成业务数据向主题数据的转换。主题的抽取则应根据分析的要求进行确定。如针对学生成绩分析数据仓库就可以设置以下主题：学生、课程、教师等。它根据所需要的信息，分不同类别、不同角度等主题把数据整理之后存储起来。

（2）数据仓库的数据是集成的。数据仓库中每一主题对应的源数据在原有的各分散数据库中可能是重复出现的、不一致的，数据仓库中的数据不能从原有的数据库系统中直接得到。事务处理系统中的操作型数据在进入数据仓库之前，必须经过统一和综合，演变为分析型数据。这是数据仓库建设中最复杂的一步，需要完成的工作包括：处理字段的同名异义、异名同义、单位不统一、长度不一致等问题，然后对源数据进行综合和计算，生成面向主题分析用的高层、综合的数据。

（3）数据仓库的数据是稳定的。数据仓库中存放的是供分析决策用的历史数据，而不是联机事务处理的当前数据，涉及的数据操作主要是数据查询，一般不进行数据的增、删、改操作，业务系统中的数据经集成进入数据仓库之后极少或根本不再更新。如果对数据仓库中的数据进行了修改，就失去了统计分析正确性的基础——数据的真实性。由于数据仓库中的数据量很大，因此数据仓库系统要采用各种复杂的索引技术，以提高数据查询的性能。而在这样一种稳定的数据环境中使用索引技术也是非常适合的。

（4）数据仓库的数据是随时间不断变化的。数据仓库中的数据不是永远不变的。数据仓库数据是随时间变化的，数据仓库系统需要不断获取联机事务处理系统不同时刻的数据，经集成后追加到数据仓库中，因此数据仓库中数据的码（键）都包含时间项，以表明数据的历史时期，并可在时间维度上对数据进行分析。此外，数据仓库中的数据也有时间期限，在新数据不断进入的同时，过时的数据也要从数据仓库中排除出去。

数据仓库为不同来源的数据提供了一致的数据视图，与数据挖掘、联机分析处理等分析技术相结合，可为用户提供灵活自助的信息访问和丰富的数据分析与报表功能，使企业数据得到充分利用。数据仓库的出现为解决企业信息系统中存在的"数据丰富，但是信息贫乏"的实际情况提供了一种有效的解决方案。

（1）数据的集合性。数据仓库的集合性意味着数据仓库必须按照主题，以某种数据集合的形式存储起来。目前数据仓库所采用的数据集合方式主要是以多维数据库方式进行存储的多维模式、以关系数据库方式进行存储的关系模式或以两者相结合的方式进行存储的混合模式。数据的集合性意味着在数据仓库中必须围绕主题全面收集有关数据，形成该主题的数据集合，全面正确的数据集合有利于对该主题的分析。例如，在超市的客户主题中就必须将顾客的基本数据、客户购买数据等与客户主题有关的数据形成数据集合。

（2）支持决策作用。数据仓库组织的根本目的在于对决策的支持。高层的企业决策者、中层的管理者和基层的业务处理者等不同层次的管理人员均可以利用数据仓库进行决策分析，提高管理决策的质量。

2. 数据仓库与数据库的区别

数据仓库是在数据库的基础上发展起来的，数据仓库把数据从各个信息源中提取出来后，依照数据仓库使用的公共数据模型，进行相应变换后与仓库中现有数据集成在一起。在数据仓库中，数据可以被直接访问，查询和分析处理速度很快。数据仓库的特点决定了它与传统的数据库系统之间必然存在很大的差异。二者之间的区别主要体现在以下几个方面。

（1）数据库中存储的都是当前使用的值，而数据仓库中的数据都是一些历史的、存档的、归纳的、计算的数据。

（2）数据库的数据主要是面向业务操作程序的，可以重复处理，主要是用来进行事务处理的。而数据仓库却是面向主题，主要是用来分析应用的。

（3）数据库的数据结构是高度结构化的，比较复杂，适用于操作计算。而数据仓库的数据却比较简单，适用于分析处理。

（4）数据库中的数据使用频率是很高的。数据仓库中的数据则不是很高。

（5）通常对数据库中事务的访问，只需要访问少量的记录数据。而对数据仓库中事务的访问就可能需要访问大量的记录。

（6）对数据的响应时间一般要求比较高，通常是以秒为单位。而对数据仓库的响应时间要求则较低，通常比较长。

数据仓库与传统数据库的比较在内容、目标、结构等方面有明显区别，具体如表 3-2 所示。

表 3-2　数据仓库与数据库对比表

对比内容	数据库	数据仓库
数据内容	当前值	历史的、存档的、归纳的、计算的数据
数据目标	面向业务操作程序，重复处理	面向主题域、管理决策分析应用
数据特性	动态变化、按字段更新	静态、不能直接更新、只定时添加
数据结构	高度结构化、复杂、适合操作计算	简单、适合分析
使用频率	高	中到低
数据访问量	每个事务只访问少量记录	有的事务可能要访问大量记录
对响应时间的要求	以秒为单位计量	以秒、分钟，甚至小时为计量单位

在物理实现上，数据仓库与传统意义上的数据库并无本质的区别，主要是以关系表的形式实现的。更多的时候，我们将数据仓库作为一个数据库应用系统来看待。

3. 数据仓库数据的组织架构

典型的数据仓库的数据组织架构如图 3-19 所示。

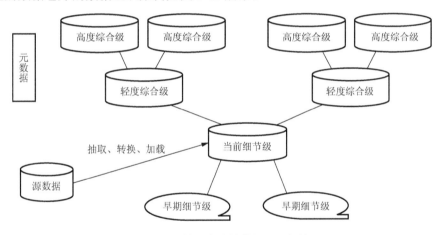

图 3-19　数据仓库的数据组织架构

数据仓库中的数据分为四个级别：早期细节级、当前细节级、轻度综合级、高度综合级。源数据经过综合后，首先进入当前细节级，并根据具体需要进一步的综合，从而进入轻度综合级乃至高度综合级，老化的数据将进入早期细节级。由此可见，数据仓库中存在着不同的综合级别，一般称为"粒度"。粒度越大，表示细节程度越低，综合程度越高。数据仓库中还有一部分重要数据是元数据（meta data）。元数据是"关于数据的数据"，如传统数据库中的数据字典是一种元数据。在数据仓库环境中，主要有两种元数据。

（1）数据元数据。数据元数据是存储关于数据仓库系统技术细节的数据，是用于开发和管理数据仓库使用的数据。它主要包括数据仓库结构的描述、业务系统、数据仓库和数据集市的体系结构及模式以及汇总使用的算法和操作环境到数据仓库环境的映射。

（2）业务元数据。业务元数据从业务角度描述了数据仓库中的数据，它提供了介于使用者和实际系统之间的语义层，使得不懂计算机技术的业务人员也能够读懂数据仓库中的数据。业务元数据主要包括使用者的业务术语所表达的数据模型、对象名和属性名、访问数据的原则和数据的来源、系统所提供的分析方法以及公式和报表信息。

元数据一般要记录以下信息：程序员所熟知的数据结构、决策支持系统分析员所知的数据结构、数据仓库的数据源、数据加入数据仓库时的转换、数据模型、数据模型和数据仓库的关系、抽取数据的历史记录。

3.4.2　数据仓库的体系结构

数据仓库从多个信息源中获取原始数据，经过整理加工后存储在数据仓库的内部数据库。通过数据仓库访问工具，向数据仓库的用户提供统一、协调和集成的信息环境，支持企业全局决策过程和对企业经营管理的深入综合分析。整个数据仓库系统是一个包含 4 个层次的体系机构，如图 3-20 所示。

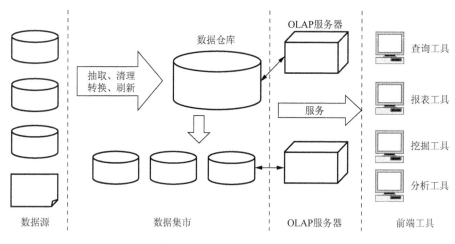

图 3-20　数据仓库系统结构图

（1）数据源是数据仓库系统的基础，是整个系统的数据源泉，通常包括企业内部信息和外部信息。

（2）数据的存储与管理是整个数据仓库系统的核心。数据仓库按照数据的覆盖范围可以分为企业级数据仓库和部门级数据仓库（通常称为数据集市）。

（3）OLAP 服务器对分析需要的数据进行有效集成，按多维模型予以组织，以便进行多角度、多层次的分析，并发现趋势。

（4）前端工具主要包括各种报表工具、查询工具、数据分析工具、数据挖掘工具以及各种基于数据仓库或数据集市的应用开发工具。

本 章 小 结

本章主要介绍了大数据时代下存储技术的基本概念与传统存储的差别和挑战、关键技术，以及数据中心和数据仓库的基本知识。读者通过本章的学习，相信会对大数据存储这一研究领域有一个比较全面的了解。

思　考　题

（1）RAID 的基本原理是什么？请比较 RAID0～RAID5 各自的优缺点。

（2）云存储不同于传统存储体现在哪些方面？

（3）云存储架构分哪些层次，各自实现了什么功能？

（4）存储虚拟化技术有哪几个实施层次，分别叙述这几个层次的特点。

（5）请详细比较 DAS、NAS 和 SAN 三种存储架构的特点。

（6）NoSQL 和 NewSQL 和传统关系型数据库相比有什么不同？

（7）数据中心是否存在弊端？如果有，尝试思考应该如何改进这些弊端。

（8）调研数据中心在大数据时代的应用。

（9）试分析数据仓库在大数据存储方面有什么优势。

第4章 大数据计算平台

随着大数据计算平台的日趋成熟，基于云计算实现的应用可以方便地部署其上并使用其计算资源，也可为实现海量数据的分布式存储与访问提供支持。本章首先介绍云计算以及主流的云计算系统与平台，接着详细分析 MapReduce、Hadoop、Spark 三种计算平台。

4.1 云 计 算

云计算是目前 IT 行业热门的话题，Google、Amazon、Yahoo 等互联网服务商，IBM、Microsoft 等 IT 厂商都纷纷提出了自己的云计算战略，各电信运营商也对云计算投入了极大的关注，云计算平台极低的成本成为业界关注的焦点。而云计算与大数据之间是相辅相成、相得益彰的关系。大数据挖掘处理需要云计算作为平台，而大数据涵盖的价值和规律则能够使云计算更好地与行业应用结合并发挥更大的作用。云计算将计算资源作为服务，支撑大数据的挖掘，而大数据的发展趋势是对实时交互的海量数据查询、分析提供了各自需要的价值信息。

4.1.1 云计算定义

云计算（Cloud Computing）是一种分布在大规模数据中心、能动态地提供各种服务器资源以满足科研、电子商务等领域需求的计算平台。云计算是分布式计算、并行计算和网络计算的融合；是虚拟化、效用计算、IaaS（基础设施即服务）、PaaS（平台即服务）、Saas（软件即服务）等概念混合演进并跃升的结果。

简单来说，云计算是基于互联网相关服务的增加、使用和交付模式，通过互联网来提供一般为虚拟化的动态易扩展资源。狭义云计算指 IT 基础设施的交付和使用模式；广义云计算指服务的交付和使用模式。两种云计算均通过网络以按需、易扩展的方式获得所需服务。这种服务可以是 IT 和软件、互联网相关，也可是其他服务。

云计算的核心思想，是将大量用网络连接的计算资源统一管理和调度，构成一个计算资源池，向用户按需服务。提供资源的网络被称为"云"。"云"中的资源在使用者看来是可以无限扩展的，并且可以随时获取、按需使用、随时扩展、按使用付费。

4.1.2 云计算特点

企业数据中心通过使计算分布在大量的分布式计算机上，而非本地计算机或远程服务器中，使其运行方式与互联网更相似。这使得企业能够将资源切换到需要的应用上，根据需求访问计算机和存储系统。云计算的特点如下。

（1）超大规模。"云"具有相当大的规模，Google 云计算已经拥有上百万台服务器；Amazon、IBM、Microsoft、Yahoo 等公司的"云"均拥有几十万台服务器；一般企业私有云则可拥有数百上千台服务器。"云"能赋予用户前所未有的计算能力。

（2）高可靠性。分布式数据中心可将云端的用户信息备份到地理上相互隔离的数据库主机中，甚至连用户自己也无法判断信息的确切备份地点。该特点不仅提供了数据恢复的依据，也使得网络病毒和网络黑客的攻击因为失去目的性而变成徒劳，大大提高系统的安全性和容灾能力。

（3）虚拟化。云计算支持用户在任意位置、使用各种终端获取应用服务。所请求的资源来自"云"，而非固定的有形的实体。应用在"云"中某处运行，但用户无需了解，也不用担心应用运行的具体位置。

（4）高扩展性。目前主流的云计算平台均根据 SPI 架构，构建在各层集成功能各异的软硬件设备和中间件软件。大量中间件软件和设备提供针对该平台的通用接口，允许用户添加本层的扩展设备。部分云与云之间提供对应接口，允许用户在不同云之间进行数据迁移。类似功能更大程度上满足了用户需求，集成了计算资源，是未来云计算的发展方向之一。

（5）按需服务。"云"是一个庞大的资源池，可以像自来水、电、煤气那样计费，并按需购买。

（6）极其廉价。"云"的特殊容错措施可以采用极其廉价的节点来构成云。"云"的自动化集中式管理，使大量企业无需负担日益高昂的数据中心管理成本，"云"的通用性使资源的利用率较之传统系统大幅提升，因此用户可以充分享受"云"的低成本优势。

4.1.3　云计算体系架构

云计算可以按需提供弹性资源，它的表现形式是一系列服务的集合。结合当前云计算的应用与研究，其体系架构可分为核心服务、服务管理、用户访问接口三层，如图 4-1 所示。核心服务层将硬件基础设施、软件运行环境、应用程序抽象成服务，这些服务具有可靠性强、可用性高、规模可伸缩等特点，满足多样化的应用需求。服务管理层为核心服务提供支持，进一步确保核心服务的可靠性、可用性与安全性。用户访问接口层实现端到云的访问。

1. 云计算核心服务

IaaS、PaaS、SaaS 是云计算机的三种服务模型。

基础设施即服务（IaaS）：消费者通过 Internet 可以从完善的计算机基础设施中获得服务。

平台即服务（PaaS）：PaaS 实际上是将软件研发的平台作为一种服务，以 SaaS 的模式提交给用户。因此，PaaS 也是 SaaS 模式的一种应用。PaaS 的出现可以加快 SaaS 的发展，尤其是加快 SaaS 应用的开

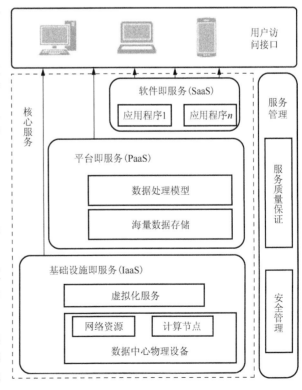

图 4-1　云计算体系架构

发速度。

软件即服务（SaaS）：软件即服务。它是一种通过 Internet 提供软件的模式，用户无需购买软件，而是向提供商租用基于 Web 的软件，来管理企业经营活动。

云计算服务模型层次如图 4-2 所示。

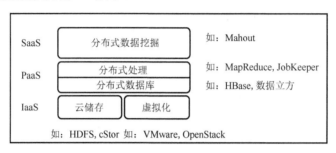

图 4-2　云计算服务模型层次

从使用者的视角看云计算服务模型如图 4-3 所示，IaaS 由网络和操作系统等组成，对于程序员来说这部分不需要太多了解，因为不必去组建自己的 IaaS。如果需要使用 IaaS，只需设置操作系统、带宽、硬件配置，实际上就是将其中的操作外包给 IaaS 供应商，程序员使用供应商的服务。PaaS 加入了中间件和数据库，PaaS 公司在网上提供各种开发和分发应用的解决方案，例如，虚拟服务器和操作系统。这节省了在硬件上的费用，也让分散的工作室之间的合作变得更加容易。SaaS 大多是通过网页浏览器来接入，任何一个远程服务器上的应用都可以通过网络来运行。

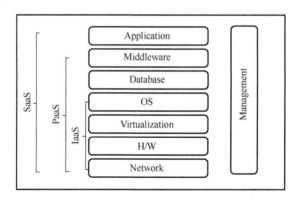

图 4-3　从使用者的视角看云计算服务模型

三种服务之间没有必然的联系，只是三种不同的服务模式，都是基于互联网，按需按时付费。但是在实际的商业模式中，PaaS 的发展确实促进了 SaaS 的发展，因为提供了开发平台后，SaaS 的开发难度降低了。从用户体验角度而言，它们之间的关系是独立的，因为它们面对的是不同的用户。从技术角度而言，它们并不是简单的继承关系，因为 SaaS 可以是基于 PaaS 或者直接部署于 IaaS 之上的，其次 PaaS 可以构建于 IaaS 之上，也可以直接构建在物理资源之上。为了便于理解，可以打个比方，如果我们需要修建一条马路，那么 IaaS 就是这条马路的基石，PaaS 就是这条马路的钢筋水泥，让马路更加牢固，而 SaaS 则是这条马路修建后用于别人使用的用途。

2. 服务管理层

服务管理层对核心服务层的可用性、可靠性和安全性提供保障。服务管理包括服务质量

（Quality of Service，QoS）保证和安全管理等。云计算需要提供高可靠、高可用、低成本的个性化服务。然而云计算平台规模庞大且结构复杂，很难完全满足用户的 QoS 需求。为此，云计算服务提供商需要和用户进行协商，并制定服务水平协议（Service Level Agreement，SLA），使双方对服务质量的需求达成一致。当服务提供商提供的服务不能达到 SLA 的要求时，用户将得到补偿。此外，数据的安全性一直是用户较为关心的问题。云计算数据中心采用的资源集中式管理方式使得云计算平台存在单点失效问题。保存在数据中心的关键数据会因为突发事件（如地震、断电）、病毒入侵、黑客攻击而丢失或泄露。根据云计算服务特点，研究云计算环境下的安全与隐私保护技术（如数据隔离、隐私保护、访问控制等）是保证云计算得以广泛应用的关键。除了 QoS 保证、安全管理，服务管理层还包括计费管理、资源监控等管理内容，这些管理措施对云计算的稳定运行同样起到重要作用。

3. 用户访问接口层

用户访问接口实现了云计算服务的泛在访问，通常包括命令行、Web 服务、Web 门户等形式。命令行和 Web 服务的访问模式既可为终端设备提供应用程序开发接口，又便于多种服务的组合。Web 门户是访问接口的另一种模式。通过 Web 门户，云计算将用户的桌面应用迁移到互联网，从而使用户随时随地通过浏览器就可以访问数据和程序，提高工作效率。虽然用户通过访问接口使用便利的云计算服务，但是由于不同云计算服务商提供接口标准不同，导致用户数据不能在不同服务商之间迁移。为此，在 Intel、Sun 和 Cisco 等公司的倡导下，云计算互操作论坛 Cloud Computing Interoperability Forum，CCIF）宣告成立，并致力于开发统一的云计算接口（Unified Cloud Interface，UCI），以实现"全球环境下，不同企业之间可利用云计算服务无缝协同工作"的目标。

4.1.4　云计算与相关计算形式

云计算是分布式计算（distributed computing）、网格计算（grid computing）、并行计算（parallel computing）和效用计算的最新发展，也是这些计算机科学概念的商业实现。区分相关计算形式间的差异性，将有助于我们对云计算本质的理解和把握。

1. 云计算与分布式计算

分布式计算是指在一个松散或严格约束条件下，使用一个硬件和软件系统处理任务，这个系统包含多个处理器单元或存储单元、多个并发的过程、多个程序。一个程序被分成多个部分，同时在通过网络连接起来的计算机上运行。分布式计算类似于并行计算，但并行计算通常用于指一个程序的多个部分同时运行于某台计算机上的多个处理器上。分布式计算通常需处理异构环境、多样化的网络连接、不可预知的网络或计算机错误。很显然，云计算属于分布式计算的范畴，是以提供对外服务为导向的分布式计算形式。云计算把应用和系统建立在大规模的廉价服务器集群之上，通过基础设施与上层应用程序的协同构建，以达到最大效率利用硬件资源的目的。云计算通过软件的方法容忍多个节点的错误，达到了分布式计算系统可扩展性和可靠性两个方面的目标。

2. 云计算与网格计算

如果单纯根据有关网格的定义"网格将高速互联网、高性能计算机、大型数据库、传感器、远程设备等融为一体，为用户提供更多的资源、功能和服务"，云计算与网格计算之间就很难区别了。但从目前一些成熟的云计算实例看，两者又有很大的差异。网格计算强调的是一个由多机构组成的虚拟组织，多个机构的不同服务器构成一个虚拟组织，为用户提供强大的计算资源；云计算主要运用虚拟机（虚拟服务器）进行聚合，形成同质服务，更强调在某个机构内部的分布式计算资源的共享。在网格环境下，无法将庞大的计算处理程序分拆成无数个较小的子程序，并在多个机构提供的资源之间进行处理；而在云计算环境下由于确保了用户运行环境所需的资源，将用户提交的一个处理程序分解成较小的子程序，在不同的资源上进行处理就成为可能。在商业模式、作业调度、资源分配方式、是否提供服务及其形式等方面，两者差异还是比较明显的。

3. 云计算与并行计算

简单而言，并行计算就是在并行计算机上所做的计算，它与人们常说的高性能计算、超级计算是同义词，因为任何高性能计算和超级计算总离不开并行技术。并行计算是在串行计算的基础上演变而来，并努力仿真自然世界中，一个序列中含有众多同时发生的、复杂且相关事件的事务状态。近年来，随着硬件技术和新型应用的不断发展，并行计算也有了若干新的发展，如多核体系结构、云计算、个人高性能计算机等。所以，云计算是并行计算的一种形式，也属于高性能计算、超级计算的形式之一。作为并行计算的最新发展计算模式，云计算意味着对于服务器端的并行计算要求增强，因为数以万计用户的应用都是通过互联网在云端来实现的，它在带来用户工作方式和商业模式的根本性改变的同时，也对大规模并行计算的技术提出了新的要求。

4. 云计算与效用计算

效用计算是一种基于计算资源使用量付费的商业模式，用户从计算资源供应商获取和使用计算资源，基于实际使用的资源付费。在效用计算中，计算资源被看做一种计量服务，就像传统的水、电、煤气等公共设施一样。传统企业数据中心的资源利用率普遍在 20%左右，这主要是因为超额部署，购买比平均所需资源更多的硬件以便处理峰值负载。效用计算允许用户只为他们所需要用到并且已经用到的那部分资源付费。云计算以服务的形式提供计算、存储、应用资源的思想与效用计算非常类似。两者的区别不在于这些思想背后的目标，而在于组合到一起以使这些思想成为现实的现有技术。云计算是以虚拟化技术为基础的，提供最大限度的灵活性和可伸缩性。云计算服务提供商可以轻松地扩展虚拟环境，通过提供者的虚拟基础设施，提供更大的带宽或计算资源。效用计算通常需要类似云计算基础设施的支持，但并不是一定需要。同样，在云计算之上可以提供效用计算，也可以不采用效用计算。

4.1.5　云计算的机遇与挑战

云计算的研究领域广泛，并且与实际生产应用紧密结合。纵观已有的研究成果，还可从以下两个角度对云计算做深入研究：一是拓展云计算的外沿，将云计算与相关应用领域相结合，本节以移动互联网和科学计算为例，分析新的云计算应用模式及尚需解决的问题；二是挖掘云计算的内涵，讨论云计算模型的局限性，本节以端到云的海量数据传输和大规模程序调试诊断为例，阐释云计算面临的挑战。

1. 云计算和移动互联网的结合

云计算和移动互联网的联系紧密，移动互联网的发展丰富了云计算的外沿。移动设备在硬件配置和接入方式上具有特殊性，因此许多问题值得研究。首先，移动设备的资源是有限的。访问基于 Web 门户的云计算服务往往需要在浏览器端解释执行脚本程序（如 JavaScript、Ajax 等），因此会消耗移动设备的计算资源和能源。虽然为移动设备定制客户端可以减少移动设备的资源消耗，但是移动设备运行平台种类多、更新快，导致定制客户端的成本相对较高。因此需要为云计算设计交互性强、计算量小、普适性强的访问接口。其次是网络接入问题。对于许多 SaaS 层服务来说，用户对响应时间敏感。但是，移动网络的时延比固定网络高，而且容易丢失连接，导致 SaaS 层服务可用性降低。因此，需要针对移动终端的网络特性对 SaaS 层服务进行优化。

2. 云计算与科学计算的结合

科学计算领域希望以经济的方式求解科学问题，云计算可以为科学计算提供低成本的计算能力和存储能力。但是，在云计算平台上进行科学计算面临着效率低的问题。虽然一些服务提供商推出了面向科学计算的 IaaS 层服务，但是其性能和传统的高性能计算机相比仍有差距。研究面向科学计算的云计算平台首先要从 IaaS 层入手。IaaS 层的 I/O 性能成为影响执行时间的重要因素：①网络时延问题，MPI 并行程序对网络时延比较敏感，传统高性能计算集群采用 InfiniBand 网络降低传输时延，但是目前虚拟机对 InfiniBand 的支持不够，不能满足低时延需求；②I/O 带宽问题，虚拟机之间需要竞争磁盘和网络 I/O 带宽，对于数据密集型科学计算应用，I/O 带宽的减少会延长执行时间。其次要在 PaaS 层研究面向科学计算的编程模型。虽然 Moretti 等提出了面向数据密集型科学计算的 All-Pairs 编程模型，但是该模型的原型系统只运行于小规模集群，并不能保证其可扩展性。最后，对于复杂的科学工作流，要研究如何根据执行状态与任务需求动态申请和释放云计算资源，优化执行成本。

3. 端到云的海量数据传输

云计算将海量数据在数据中心进行集中存放，对数据密集型计算应用提供强有力的支持。目前许多数据密集型计算应用需要在端到云之间进行大数据量的传输，如 AMS-02 实验每年将产生约 170TB 的数据量，需要将这些数据传输到云数据中心存储和处理，并将处理后的数据分发到各地研究中心进行下一步的分析。若每年完成 170TB 的数据传输，至少需要 40Mbit/s 的网络带宽，但是这样高的带宽需求很难在当前的互联网中得到满足。另外，按照 Amazon 云存储服务的定价，若每年传输上述数据量，则需花费约数万美元，其中还不包括支付给互联网服务提供商的费用。由此可见，端到云的海量数据传输将耗费大量的时间和经济开销。

4. 大规模应用的部署与调试

云计算采用虚拟化技术在物理设备和具体应用之间加入了一层抽象，这要求原有基于底层物理系统的应用必须根据虚拟化做相应的调整才能部署到云计算环境中，从而降低了系统的透明性和应用对底层系统的可控性。另外，云计算利用虚拟技术能够根据应用需求的变化弹性地调整系统规模，降低运行成本。因此，对于分布式应用，开发者必须考虑如何根据负载情况动态分配和回收资源。但该过程很容易产生错误，如资源泄漏、死锁等。上述情况给大规模应用在云计算环境中的部署带来了巨大挑战。为解决这一问题，需要研究适应云计算环境的调试与诊断开发工具以及新的应用开发模型。

4.2　云计算平台

2003～2004 年间，Google 发表了 MapReduce、GFS （Google File System） 和 BigTable 三篇技术论文，提出了一套全新的分布式计算理论。MapReduce 是分布式计算框架，GFS 是分布式文件系统，BigTable 是基于 Google File System 的数据存储系统，这三大组件组成了 Google 的分布式计算模型。

Google 的分布式计算模型相比于传统的分布式计算模型有三大优势：首先，它简化了传统的分布式计算理论，降低了技术实现的难度，可以进行实际的应用。其次，它可以应用在廉价的计算设备上，只需增加计算设备的数量就可以提升整体的计算能力，应用成本十分低廉。最后，它被 Google 应用在 Google 的计算中心，取得了很好的效果，有了实际应用的证明。后来，各家互联网公司开始利用 Google 的分布式计算模型搭建自己的分布式计算系统，Google 的这三篇论文也就成为了大数据时代的技术核心。

4.2.1　主流分布式计算系统

由于 Google 没有开源 Google 分布式计算模型的技术实现，所以其他互联网公司只能根据 Google 三篇技术论文中的相关原理，搭建自己的分布式计算系统。

Yahoo 的工程师 Doug Cutting 和 Mike Cafarella 在 2005 年合作开发了分布式计算系统 Hadoop。后来，Hadoop 被贡献给了 Apache 基金会，成为了 Apache 基金会的开源项目。Hadoop 采用 MapReduce 分布式计算框架，并根据 GFS 开发了 HDFS 分布式文件系统，根据 BigTable 开发了 HBase 数据存储系统。尽管和 Google 内部使用的分布式计算系统原理相同，但是 Hadoop 在运算速度上依然达不到 Google 论文中的标准。不过，Hadoop 的开源特性使其成为分布式计算系统的事实上的国际标准。Yahoo，Facebook，Amazon 以及国内的百度、阿里巴巴等众多互联网公司都以 Hadoop 为基础搭建自己的分布式计算系统。

Spark 也是 Apache 基金会的开源项目，它由加州大学伯克利分校的实验室开发，是另外一种重要的分布式计算系统。它在 Hadoop 的基础上进行了一些架构上的改良。

Storm 是 Twitter 主推的分布式计算系统，它由 BackType 团队开发，是 Apache 基金会的孵化项目。它在 Hadoop 的基础上提供了实时运算的特性，可以实时地处理大数据流。

Hadoop，Spark 和 Storm 是目前最重要的三大分布式计算系统，Hadoop 常用于离线的、复杂的大数据处理，Spark 常用于离线的、快速的大数据处理，而 Storm 常用于在线的、实时的大数据处理。

4.2.2　主流分布式计算平台

目前，Amazon，Google，IBM，Microsoft，Sun 等公司提出的云计算基础设施或云计算平台，虽然比较商业化，但对于研究云计算却是比较有参考价值的。当然，针对目前商业云计算解决方案存在的种种问题，开源组织和学术界也纷纷提出了许多云计算系统或平台方案。

1. Google 的云计算基础设施

Google 的云计算基础设施是在最初为搜索应用提供服务基础上逐步扩展的，主要由分布式文件系统（Google File System，GFS）、大规模分布式数据库 BigTable、程序设计模式

MapReduce、分布式锁机制 Chubby 等几个相互独立又紧密结合的系统组成。GFS 是一个分布式文件系统，它能够处理大规模的分布式数据，图 4-4 所示为 GFS 的体系结构。系统中每个 GFS 集群由一个主服务器和多个块服务器组成，被多个客户端访问。主服务器负责管理元数据，存储文件和块命名空间、文件到块之间的映射关系以及每一个块副本的存储位置；块服务器存储块数据，文件被分割成为固定尺寸（64 MB）的块，块服务器把块作为 Linux 文件保存在本地硬盘上。为了保证可靠性，每个块被默认保存三个备份。主服务器通过客户端向块服务器发送数据请求，而块服务器则将取得的数据直接返回给客户端。

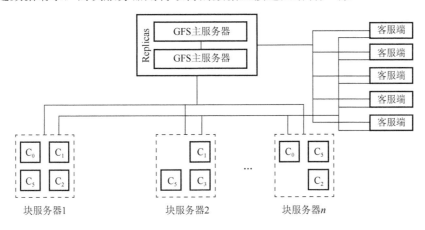

图 4-4　Google File System 体系结构

2. IBM "蓝云" 计算平台

IBM 的 "蓝云"（Blue Cloud）计算平台是由一个数据中心、IBM Tivoli 监控软件 (Tivoli Monitoring)、IBM DB2 数据库、IBM Tivoli 部署管理软件（Tivoli Provisioning Manager）、IBM WebSphere 应用服务器以及开源虚拟化软件和一些开源信息处理软件共同组成，如图 4-5 所示。"蓝云" 采用了 Xen、PowerVM 虚拟技术和 Hadoop 技术帮助客户构建云计算环境。"蓝云" 软件平台的特点主要体现在虚拟机以及所采用的大规模数据处理软件 Hadoop。该体系结构图侧重于云计算平台的核心后端，未涉及用户界面。由于该架构是完全基于 IBM 公司的产品设计的，所以也可以理解为 "蓝云" 产品架构。

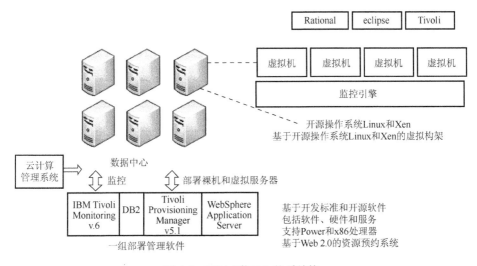

图 4-5　IBM "蓝云" 体系结构

3. Sun 的云基础设施

Sun 提出的云基础设施体系结构包括服务、应用程序、中间件、操作系统、虚拟服务器、物理服务器 6 个层次，如图 4-6 所示，形象地体现了其提出的"云计算可描述从硬件到应用程序的任何传统层级提供的服务"的观点。

云基础设施		硬件和软件栈
	Web服务、Flickr API Google地图API、存储	服务
	基于Web的应用程序、Google应用程序、 Salesforce.com、报税、Flickr	应用程序
	虚拟主机托管。使用预配置的设备或 自定义软件栈、AMP、GlassFish等	中间件
	租用预配置的操作系统。添加自己的应用 程序，如DNS服务器	操作系统
	租用虚拟服务器，部署一个VM映像或安装 自己的软件栈	虚拟服务器
	租用计算网络，如HPC应用程序	物理服务器

图 4-6　Sun 的云计算平台

4. 微软的 Azure 云平台

微软的 Azure 云平台包括 4 个层次，如图 4-7 所示。底层是微软全球基础服务系统 GFS，由遍布全球的第四代数据中心构成；云基础设施服务层（Cloud Infrastructure Service）以 Windows Azure 操作系统为核心，主要从事虚拟化计算资源管理和智能化任务分配；Windows Azure 之上是一个应用服务平台，它发挥着构件（Building Block）的作用，为用户提供一系列的服务，如 Live 服务、NET 服务、SQL 服务等；再往上是微软提供给开发者的 API、数据结构和程序库，最上层是微软为客户提供的服务（Finished Service），如 Windows Live、Office Live、Exchange Online 等。

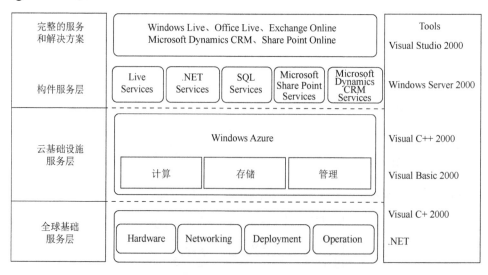

图 4-7　微软的 Windows Azure 云平台架构

5. Amazon 的弹性计算云

Amazon 是最早提供云计算服务的公司之一,该公司的弹性计算云(Elastic Compute Cloud, EC2)平台建立在公司内部的大规模计算机、服务器集群上,平台为用户提供网络界面操作在 "云端" 运行的各个虚拟机实例(Instance)。用户只需为自己所使用的计算平台实例付费,运行结束后计费也随之结束。

弹性计算云用户使用客户端通过 SOAP over HTTPS 协议与 Amazon 弹性计算云内部的实例进行交互,如图 4-8 所示。弹性计算云平台为用户或者开发人员提供了一个虚拟的集群环境,在用户具有充分灵活性的同时,也减轻了云计算平台拥有者(Amazon 公司)的管理负担。弹性计算云中的每一个实例代表一个运行中的虚拟机。用户对自己的虚拟机具有完整的访问权限,包括针对此虚拟机操作系统的管理员权限。虚拟机的收费也是根据虚拟机的能力进行费用计算的,实际上用户租用的是虚拟的计算能力。

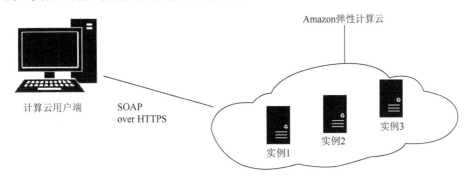

图 4-8　Amazon 的弹性计算云

6. 学术领域提出的云平台

Luis 等从云计算参与者的角度,设计了一种云计算平台的层次结构。在该结构中,服务提供商负责为服务消费者提供通过网络访问的各种应用服务,基础架构提供商以服务的形式提供基础设施给服务提供商,从而降低服务提供商的运行成本,提供了更大的灵活性和可伸缩性。美国伊利诺伊大学(University of Illinois)的 Robert 等提出并实现了一种基于高性能广域网的云计算平台 Sector/Sphere,实验测试显示性能方面优于 Hadoop。澳大利亚墨尔本大学(University of Melbourne)的 Rajkumar 等提出了一种面向市场资源分配的云计算平台原型,其中包括用户(User/Broker)、服务等级协议资源分配器(SLA Resource Allocator)、虚拟机(VM)、物理机器(Physical Machine)四个实体(层次),如图 4-9 所示。清华大学(Tsinghua University)的张尧学教授研究团队提出的 "透明计算平台" 与云计算基础服务设施构想也基本一致,该透明计算平台的三层体系结构包括:①透明客户端(Transparent Client),包括各种个人计算机、笔记本、PDA、智能手机等;②中间的透明网络(Transparent Network)则整合了各种有线和无线网络传输设施,主要用来在各种透明客户端与后台服务器之间完成数据的传递,而用户无需意识到网络的存在;③透明服务器(Transparent Server)不排斥任何一种可能的服务提供方式,既可通过当前流行的 PC 服务器集群方式来构建透明服务器集群,也可使用大型服务器等。

7. 开源云计算平台

Hadoop 由于得到 Yahoo、Amazon 等公司的直接参与和支持,已成为目前应用最广、最成熟的云计算开源项目。Hadoop 本来是 Apache Lucene 的一个子项目，是从 Nutch 项目中分离出来的专门负责分布式存储以及分布式运算的项目。Hadoop 实现了一种分布式文件系统（Hadoop Distributed File System，HDFS），采用主从构架，如图 4-10 所示。每个集群由一个名字节点（Name Node）、多个数据节点（Data Node）和多个客户端组成。Hadoop 还实现了 MapReduce 分布式计算模型，将应用程序的工作分解成很多小的工作小块（Small Block of Work）。

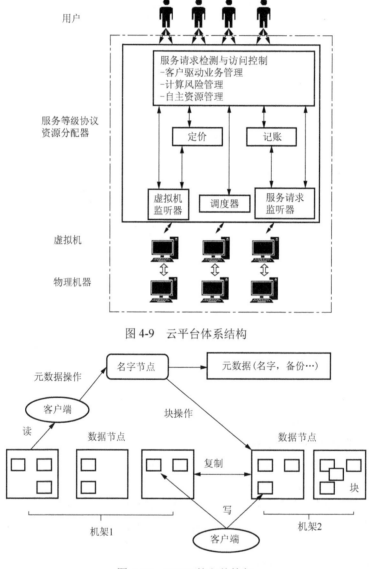

图 4-9   云平台体系结构

图 4-10   HDFS 的主从构架

4.3   MapReduce 平台

"云计算"的概念是 Google 公司首先提出的，其拥有一套专属的云计算平台，这个平台先是为网页搜索应用提供服务，现在已经扩展到其他应用程序。

作为一种新型的计算方式，Google 云计算平台包含了许多独特的技术，如数据中心节能技术、节点互联技术、可用性技术、容错性技术、数据存储技术、数据管理技术、数据切分技术、任务调度技术、编程模型、负载均衡技术、并行计算技术和系统监控技术等。Google 云计算平台是建立在大量的 x86 服务器集群上的，Node 是最基本的处理单元，其总体技术架构如图 4-11 所示。在 Google 云计算平台的技术架构中，除了少量负责特定管理功能的节点（如GFS master、Chubby 和 Scheduler 等），所有的节点都是同构的，即同时运行 BigTable Server，GFS chunkserver 和 MapReduce Job 等核心功能模块。与之相对应的则是数据存储、数据管理和编程模型三项关键技术，本节将重点对它们进行介绍。

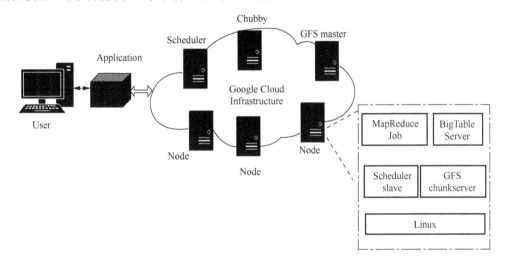

图 4-11 Google 云计算平台的技术架构

4.3.1 数据存储技术

网页搜索业务需要海量的数据存储，同时还需要满足高可用性、高可靠性和经济性等要求。为此，Google 基于以下几个假设开发了分布式文件系统 GFS。

（1）硬件故障是常态。系统平台建立在大量廉价的、消费级的 IT 部件之上，系统必须时刻进行自我监控、节点检测和容错处理，能够从部件级的错误中快速恢复是一个基本的要求。

（2）支持大数据集。系统平台需要支持海量大文件的存储，可能包括几百万个 100 MB以上的文件，甚至 GB 级别的文件也是常见的。与此同时，小文件也能够支持，但将不进行专门的优化。

（3）一次写入、多次读取的处理模式。Google 需要支持对文件进行大量的批量数据写入操作，并且是追加方式（append）的，即写入操作结束后文件就几乎不会被修改了。与此同时，随机写入的方式可以支持，但将不进行专门的优化。

（4）高并发性。系统平台需要支持多个客户端同时对某一个文件的追加写入操作，这些客户端可能分布在几百个不同的节点上，同时需要以最小的开销保证写入操作的原子性。GFS由一个 master 和大量块服务器构成，如图 4-12 所示。master 存放文件系统的所有元数据，包括名字空间、存取控制、文件分块信息、文件块的位置信息等。GFS 中的文件切分成 64 MB的块进行存储。为了保证数据的可靠性，GFS 文件系统采用了冗余存储的方式，每份数据在系统中保存 3 个以上的备份，其中两份复制在同一机架的不同节点上，以充分利用机柜内部带宽，另外一份复制存储在不同机架的节点上。同时，为了保证数据的一致性，对于数据的所有修改需要在所有的备份上进行，并用版本号的方式来确保所有备份处于一致的状态。

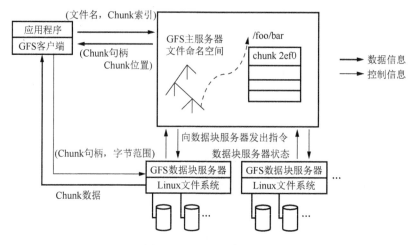

图 4-12 GFS 的系统架构

为避免大量读操作使 master 成为系统瓶颈，客户端不直接通过 master 读取数据，而是从 master 获取目标数据块的位置信息后，直接和块服务器交互进行读操作。GFS 的写操作将控制信号和数据流分开，即客户端在获取 master 的写授权后，将数据传输给所有的数据副本，在所有的数据副本都收到修改的数据后，客户端才发出写请求控制信号，在所有的数据副本更新完数据后，由主副本向客户端发出写操作完成控制信号。通过服务器端和客户端的联合设计，GFS 对应用支持达到了性能与可用性的最优化。在 Google 云计算平台中部署了多个 GFS 集群，有的集群拥有超过 1000 个存储节点和超过 300TB 的硬盘空间，被不同机器上的数百个客户端连续不断地频繁访问着。

4.3.2 数据管理技术

由于 Google 的许多应用（包括 Search History、Maps、Orkut 和 RSS 阅读器等）需要管理大量的格式化以及半格式化数据，上述应用的共同特点是需要支持海量的数据存储，读取后进行大量的分析，数据的读操作频率远大于数据的更新频率等。为此 Google 开发了具有一致性要求的大规模数据库系统 BigTable。BigTable 针对数据读操作进行了优化，采用基于列存储的分布式数据管理模式以提高数据读取效率。BigTable 的基本元素是行、列、记录板和时间戳。其中，记录板 Tablet 就是一段行的集合体，如图 4-13 所示。

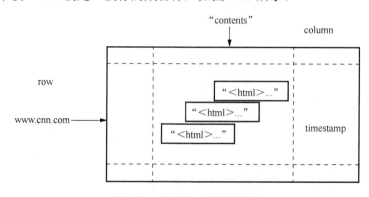

图 4-13 BigTable 的逻辑架构

BigTable 中的数据项按照行关键字的字典序排列，每行动态地划分到记录板中，每个服务器节点 Tablet Server 负责管理大约 100 个记录板。时间戳是一个 64 位的整数，表示数据的不同版本。列簇是若干列的集合，BigTable 中的存取权限控制在列簇的粒度进行。BigTable 系统依赖于集群系统的底层结构，一个是分布式的集群任务调度器，一个是前述的 GFS 文件系统，还有一个分布式的锁服务 Chubby，如图 4-14 所示。Chubby 是一个非常健壮的粗粒度锁，BigTable 使用 Chubby 来保存 Root Tablet 的指针，并使用一台服务器作为主服务器，用来保存和操作元数据。当客户端读取数据时，用户首先从 Chubby Server 中获得 Root Tablet 的位置信息，并从中读取相应的元数据表 Metadata Table 的位置信息，接着从 Metadata Tablet 中读取包含目标数据位置信息的 User Table 的位置信息，然后从该 User Table 中读取目标数据的位置信息项。

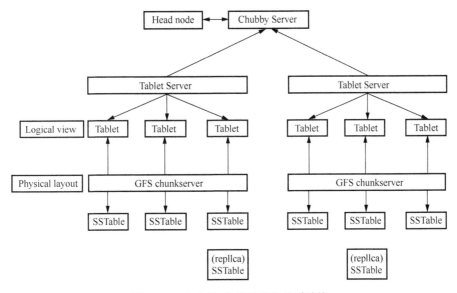

图 4-14　BigTable 的存储服务体系结构

BigTable 的主服务器除了管理元数据，还负责对 Tablet Server 进行远程管理与负载调配。客户端通过编程接口与主服务器进行控制通信以获得元数据，与 Tablet Server 进行数据通信，而具体的读写请求则由 Tablet Server 负责处理。BigTable 也是客户端和服务器端的联合设计，使得性能能够最大程度地符合应用的需求。

4.3.3　编程模型

1. MapReduce 编程模型原理

Google 构造了 MapReduce 编程框架来支持并行计算，应用程序编写人员只需将精力放在应用程序本身。关于如何通过分布式的集群来支持并行计算、可靠性和可扩展性等，则交由平台来处理，从而保证了后台复杂的并行执行和任务调度向用户和编程人员透明。

MapReduce 编程模型结合用户实现的 Map 和 Reduce 函数，可完成大规模地并行化计算。MapReduce 编程模型的原理是：用户自定义的 Map 函数处理一个输入的基于 key-value pair 的集合，输出中间基于 key-value pair 的集合，MapReduce 库把中间所有具有相同 key 值的 value 值集合在一起后传递给 Reduce 函数，用户自定义的 Reduce 函数合并所有具有相同 key 值的 value 值，形成一个较小 value 值的集合。一般地，一个典型的 MapReduce 程序的执行流程如图 4-15 所示。

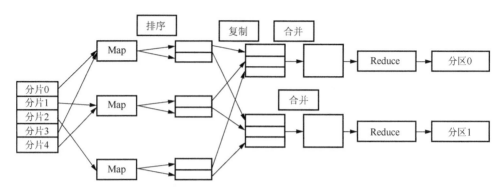

图 4-15　MapReduce 执行流程

MapReduce 执行过程主要包括以下几方面。

（1）将输入的海量数据切片分给不同的机器处理。

（2）执行 Map 任务的 Worker 将输入数据解析成 key-value pair，用户定义的 Map 函数把输入的 key-value pair 转成中间形式的 key-value pair。

（3）按照 key 值对中间形式的 key-value 进行排序、聚合。

（4）把不同的 key 值和相应的 value 集分配给不同的机器，完成 Reduce 运算。

（5）输出 Reduce 结果。

任务成功完成后，MapReduce 的输出存放在 R 个输出文件中，一般情况下，这 R 个输出文件不需要合并成一个文件，而是作为另外一个 MapReduce 的输入，或者在另一个可处理多个分割文件的分布式应用中使用。

2. MapReduce 的类型与格式

MapReduce 的数据模型较简单，它的 Map 和 Reduce 函数使用 key-value pair 进行输入和输出，Map 和 Reduce 函数遵循的形式如表 4-1 所示。MapReduce 库支持多种不同格式的输入数据类型，如文本模式的输入数据，每一行被视为一个 key-value pair，key 是文件的偏移量，value 是该行的文本内容。MapReduce 的预定义输入类型能够满足大多数的输入要求，使用者还可通过提供一个简单的 Reader 接口，实现一个新的输入类型。MapReduce 还提供了预定义的输出类型，通过这些预定义类型能够产生不同格式的输出数据，用户可采用类似添加新输入数据类型的方式增加新输出类型。

表 4-1　MapReduce 函数数据模型

函数	输入	输出
Map	(k1,v1)	list(k2,v2)
Reduce	(k2,list(v2))	list(k3,v3)

4.4　Hadoop 平台

4.4.1　Hadoop 概述

Hadoop 是 Apache 开源组织的一个分布式计算开源框架，在很多大型网站上都已经得到了应用，如 Amazon，Facebook，Yahoo，IBM 等。Hadoop 框架中最核心设计是 MapReduce 和 HDFS。MapReduce 的思想是由 Google 的一篇论文所提及而被广为流传的，简单的说 MapReduce 就是任务的分解与结果的汇总。HDFS 是 Hadoop 分布式文件系统的缩写，为分布式计算存储提供了底层支持。

Hadoop 的优点在于：

（1）可扩展。不论是存储的可扩展还是计算的可扩展都是 Hadoop 的设计根本，Hadoop 的扩展非常简单，不需要修改任何已有的结构。

（2）经济。框架可以运行在任何普通的 PC 上，对硬件没有特殊的要求。

（3）可靠。分布式文件系统的备份恢复机制以及 MapReduce 的任务监控保证了分布式处理的可靠性，Hadoop 默认一个以上的备份。

（4）高效。分布式文件系统的高效数据交互实现以及 MapReduce 结合 Local Data 处理的模式，为高效处理海量的信息作了基础准备。

Hadoop 集群是典型的 Master/Slaves 结构，名字节点 NameNode 与 JobTracker 为 Master，数据节点 DataNode 与 TaskTracker 为 Slaves。名字节点与数据节点负责完成 HDFS 的工作，JobTracker 与 TaskTrackers 则负责完成 MapReduce 的工作，如图 4-16 所示。

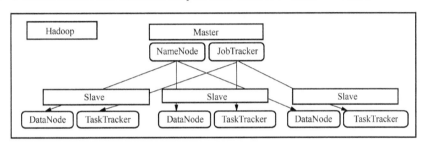

图 4-16　Hadoop 集群的整体部署结构

Hadoop 最适合用于海量数据的分析，Google 最早提出 MapReduce 也就是为了海量数据分析。同时 HDFS 最早是为了搜索引擎实现而开发的，后来才被用于分布式计算框架中。海量数据被分割成多个节点，然后由每一个节点并行计算，将得出的结果归并到输出。同时第一阶段的输出又可以作为下一阶段计算的输入，形成一个树状结构的分布式计算图。在不同阶段都有不同产出，同时并行和串行结合的计算也可以很好地在分布式集群的资源下得以高效处理。

4.4.2　Hadoop 结构

Hadoop 有三个主要功能模块：JobTracker、TaskTracker、Application，分别负责 Job 管理和操作、Task 的管理和操作、应用程序接口。MapReduce 的一切计算都基于 key-value 键值对，RecordReader 模块将输入转为键值对，输出 RecordWriter 将键值对写入磁盘。Hadoop 将用户的分布式任务描述抽象为 Map 和 Reduce 这两个操作，如图 4-17 所示。

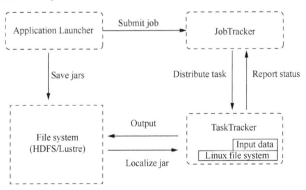

图 4-17　Hadoop 设计模块

4.4.3 Hadoop 分布式文件系统 HDFS

HDFS 被设计成适合运行在通用硬件上的分布式文件系统,它和现有的分布式文件系统有很多共同点,但同时,它和其他的分布式文件系统的区别也显而易见。HDFS 是一个具有高容错性的系统,适合部署在廉价的机器上。HDFS 能提供高吞吐量的数据访问,非常适合大规模数据集上的应用。HDFS 设计是基于如下的前提和目标。

（1）硬件错误是常态而非异常。HDFS 一般由成百上千的服务器组件构成,每个组件上存储着文件系统的部分数据。任何一个组件失效都是有可能的, 也就意味着总有一部分 HDFS 的组件是不正常工作或者不工作的。如此一来, 错误检测和快速、自动化地恢复是 HDFS 最核心的设计目标之一。

（2）数据流式访问。HDFS 的设计中更多地考虑了数据批处理,而不是用户交互处理,由此保证数据访问的高吞吐量。

（3）大规模数据集。HDFS 上的一个典型文件大小一般都在 GB 级至 TB 级,甚至更高的 PB 级。因此, HDFS 被设计以支持大文件存储,并能提供整体上的数据传输带宽,能在一个集群里扩展到数百个节点。

（4）简单的一致性模型。HDFS 应用需要一个"一次写入多次读取"的文件访问模型。文件经过创建、写入和关闭之后就不需要改变,使高吞吐量的数据访问成为可能。

（5）移动计算比移动数据更划算。一个应用请求的计算,离它操作的数据越近就越高效,在数据达到海量级别的时候更是如此。为了能够降低网络阻塞,提供系统数据的吞吐量,HDFS 为应用提供了将计算移动到数据附近的接口。

（6）异构软硬件平台间的可移植性。该特性方便了 HDFS 作为大规模数据应用平台的推广。

如图 4-10 所示, 一个 HDFS 集群是由一个名字节点和一定数目的数据节点组成的。名字节点是一个中心服务器,负责管理文件系统的名字空间（Namespace）以及客户端对文件的访问。集群中的数据节点,一般是一个节点上有一个,负责管理它所在节点上的存储。HDFS 对外公开文件系统的名字空间,用户能够以文件的形式在上面存储数据。

从内部看, 一个文件其实被分成一个或多个数据块（Block）,这些块存储在一组数据节点上。名字节点执行文件系统的名字空间操作,例如,打开、关闭、重命名文件或目录,它也负责确定数据块到具体数据节点的映射。数据节点负责处理文件系统客户端的读写请求,在名字节点的统一调度下进行数据块的创建、删除和复制。

4.4.4 Hadoop 中的 MapReduce

Hadoop 中的 MapReduce 是一个使用简易的软件框架,基于它写出来的应用程序能够运行在由上千个商用机器组成的大型集群上,并以一种可靠容错的方式并行处理 TB 级别的数据集。

一个 MapReduce 作业（job）通常会把输入的数据集切分为若干独立的数据块, 由 map 任务（task）以完全并行的方式处理它们。框架会对 map 的输出先进行排序,然后把结果输入给 reduce 任务。通常作业的输入和输出都会被存储在文件系统中。整个框架负责任务的调度和监控,以及重新执行已经失败的任务,工作流程如图 4-18 所示。

通常, MapReduce 框架和分布式文件系统是运行在一组相同的节点上的,也就是说,计算节点和存储节点通常在一起。这种配置允许框架在那些已经存好数据的节点上高效地调度任务,这可以使整个集群的网络带宽被非常高效地利用。

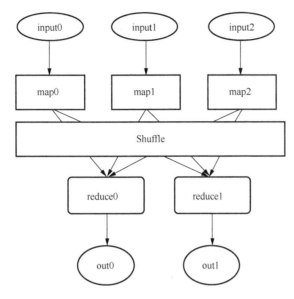

图 4-18　MapReduce 的工作流程

MapReduce 框架由一个单独的 master JobTrack 和每个集群节点一个 slave TaskTracker 共同组成。master 负责调度构成一个作业的所有任务，这些任务分布在不同的 slave 上，master 监控它们的执行，重新执行已经失败的任务。而 slave 仅负责执行由 master 指派的任务。

应用程序至少应该指明输入/输出的位置（路径），并通过实现合适的接口或抽象类提供 map 和 reduce 函数。再加上其他作业的参数，就构成了作业配置（JobConfiguration）。然后，Hadoop 的 JobClient 提交作业（jar 包/可执行程序等）和配置信息给 JobTracker，后者负责分发这些软件和配置信息给 slave、调度任务并监控它们的执行，同时提供状态和诊断信息给 JobClient。

MapReduce 框架运转在<key, value>键值对上，也就是说，框架把作业的输入看作一组<key, value>键值对，同样也产出一组<key, value>键值对作为作业的输出，这两组键值对的类型可能不同。

框架需要对 key 和 value 的类（classes）进行序列化操作，因此这些类需要实现 Writable 接口。另外，为了方便框架执行排序操作，key 类必须实现 WritableComparable 接口。一个 MapReduce 作业的输入和输出类型如下所示：

(input)<k1, v1>->map-><k2, v2>->combine-><k2, v2>->reduce-><k3, v3>(output)

Hadoop 可充分利用集群的优势进行高速运算和存储，由于 Hadoop 在处理大规模数据上颇有优势，基于 Hadoop 的应用非常多，尤其是在互联网领域。Yahoo 通过集群运行 Hadoop，以支持广告系统和 Web 搜索研究，并将 Hadoop 广泛应用于日志分析、广告计算、科研实验中；Amazon 的搜索门户 A9.com 基于 Hadoop 完成了商品搜索的索引生成；互联网电台和音乐社区网站 Last.fm 使用 Hadoop 集群进行日志分析、A/B 测试评价、Ad Hoc 处理和图表生成等日常作业；著名社交网站 Facebook 使用 Hadoop 存储日志数据，支持网站上的数据分析和机器学习，还用 Hadoop 构建了整个网站的数据仓库，进行日志分析和数据挖掘。淘宝是国内最先使用 Hadoop 的公司之一，其 Hadoop 系统用于存储并处理电子商务交易的相关数据；百度使用 Hadoop 进行搜索日志分析和网页数据挖掘工作，百度在 Hadoop 上进行广泛应用并对它进行改进和调整，同时赞助了 HyperTable 的开发。

Hadoop 已取得非常突出的成绩，随着互联网的发展，新的业务模式还将不断涌现，其应用也会从互联网领域向电信、银行、电子商务、生物制药等领域拓展。

4.4.5　Hadoop 中 MapReduce 的任务调度

首先要保证 master 名字节点、Seconded 名字节点、JobTracker 和 slaves 节点的数据节点、TaskTracker 都已经启动。通常 MapRedcue 作业是通过 JobClient.rubJob (job)方法向 master 节点的 JobTracker 提交的，JobTracker 接到 JobClient 的请求后把其加入作业队列中。JobTracker 一直在等待 JobClient 通过 RPC 向其提交作业，而 TaskTracker 一直通过 RPC 向 JobTracker 发送心跳信号询问有没有任务可做，如果有，则请 JobTracker 派发任务给它执行。如果 JobTracker 的作业队列不为空，则 TaskTracker 发送的心跳将会获得 JobTracker 给它派发的任务。这是一个主动请求的任务：slave 的 TaskTracker 主动向 master 的 JobTracker 请求任务。当 TaskTracker 接到任务后，通过自身调度在本 slave 建立起 task，执行任务。

具体来说，这个过程包括两个步骤。

（1）JobClient 提交作业。JobClient.runJob (job) 静态方法会实例化一个 JobClient 的实例，然后用此实例的 submitJob (job) 方法向 JobTracker 提交作业。此方法会返回一个 RunningJob 对象，它用来跟踪作业的状态。作业提交完毕后，JobClient 会根据此对象开始关注作业的进度，直到作业完成。submitJob (job)内部是通过调用 submitJobInternal (job)方法完成实质性的作业提交的。submitJobInternal (job)方法首先会向 HDFS 次上传三个文件：job.jar、job.split 和 job.xml。job.jar 里面包含了执行此任务需要的各种类，例如 Mapper，Reducer 等实现；job.split 是文件分块的相关信息，例如，有数据分多少个块，块的大小（默认 64MB）等。job.xml 是有关的作业配置，例如 Mapper、Combiner、Reducer 的类型，输入输出格式的类型等。

（2）JobTacker 调度作业。JobTracker 接到 JobClient 提交的作业后，即在 JobTracker.submit Job (job)方法中，首先产生一个 JobInProgress 对象。此对象代表一道作业，它的作用是维护这道作业的所有信息，包括作业相关信息 JobProfile 和最近作业状态 JobStatus，并将作业所有规划的 Task 登记到任务列表中。随后 JobTracker 将此 JobInProgress 对象通过 listener.jobAdded (job)方法加入到调度队列中，并用一个成员变量 jobs 来维护所有的作业。然后等到有 TaskTracker 空闲时，使用 JobTracker.AssignTask (tasktracker)来请求任务，如果调度队列非空，程序便通过调度算法取出一个 task 交给来请求的 TaskTracker 去执行。至此，整个任务分配过程基本完成。

4.5　Spark 平台

4.5.1　Spark 简介

2009 年, Spark 诞生于加州大学伯克利分校 AMPLab, 当时最盛行的云计算平台是 Hadoop, 刚被创造出来的 Spark 技术并未达到取代 Hadoop 的地步。直到 2014 年 Spark1.0.0 发布，云计算的相关研究者便逐渐发现了 Spark 在云计算上面的优势。Spark 不同于 MapReduce（Hadoop 的核心编程模型），它是基于内存的大数据并行计算框架，这个优化很大程度上提高了 Spark 对大数据处理的实时性，而且在大数据的批量计算和迭代计算，也比 MapReduce 有了上百倍的提升。

Spark 同 Hadoop 一样，也是一个开源分布式云计算平台，都包含有文件系统、数据库、数据处理系统、机器学习库等。

　　Spark 有广义和狭义之分，广义的 Spark 是指 Spark 生态系统，采用了四层架构，如图 4-19 所示。Spark 利用了 Hadoop 的 HDFS 作为文件系统，不同的是，Spark 的设计考虑了集群计算中并行操作直接重用工作数据集的工作负载，通过引进内存集群计算，对工作负载进行了优化，将数据集缓存在内存中，缩短访问延迟；基于这个思想，同样开发了一套吞吐量比 HDFS 高 100 倍的 Tachyon 内存文件系统，同时在数据处理系统中增加了弹性分布式数据集（Resilient Distributed Datasets，RDD）的抽象，具有容错功能。

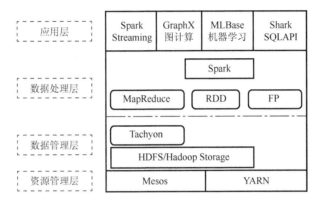

图 4-19　Spark 架构

　　狭义的 Spark 是指数据处理层的计算框架，核心计算部分是引入了 RDD 的基于内存的 MapReduce，底层依赖于 HDFS 和 YARN/Mesos，上层有 SparkStreaming，GraphX，MLBase，Shark 等组件。其中：

　　Mesos：它是 Berkeley 开发的一个集群管理框架，为不同的分布式应用框架提供了高效的资源隔离和共享功能。Mesos 上可以运行 Hadoop、Jenkins、Spark、Aurora 以及其他在动态共享节点池上的应用框架。通过 Mesos，一个集群计算机上面可以根据不同的需求同时运行 Hadoop，Spark 等计算框架，以提高资源利用率和运营的成本。

　　YARN：和 Mesos 一样，YARN 也是集群管理框架并和 Hadoop 2.0 同时发布。通过 YARN，一个集群可以同时运行 Hadoop、MPI、Spark 等计算框架。

　　HDFS：它是 Apache 开源项目 Hadoop 的分布式文件系统，有着高容错的特点，可以部署到低廉的硬件上（如 PC），适合大数据集的应用程序用来存储数据。

　　Tachyon：它是 AMPLab 开发的分布式文件系统，属于 Spark 集群框架，具有高容错和高可用性的特点，文件能以内存的速度在集群框架中进行可靠的共享，高可用性则是通过"血统"信息（类似操作日志）以及积极使用内存来获得的。Tachyon 会缓存工作集文件来避免从磁盘加载频繁读取的数据集。因为实现了 Hadoop 文件系统接口，Hadoop MapReduce 和 Spark 可以在 Tachyon 上直接运行。此外，底层文件系统可插拔，支持 HDFS、S3 以及单机运行，还具有支持原始数据表的功能，对多列数据提供了原生的支持。

　　Spark：Spark 集群平台核心计算框架，可以独立运行（不需要 Hadoop 文件系统），也可以运行于 Mesos/YARN/Amazon EC2 上。其中包括基于内存的 MapReduce 和 RDD。FP（Function Program）指的是函数式编程，由于 Spark 整个架构都是 Scala 语言所编写的，而 Scala 是函数式编程的，这精简了很多代码，因此 FP 是 Spark 的一个重要的特性。

　　Spark Streaming：作为 Spark 集群平台的流计算，该技术提供了实时处理的功能。

4.5.2　核心思想与编程模型

Spark 的编程模型和 MapReduce 的编程模型非常相似。而 Spark 的亮点是充分利用内存承载工作集，而且能保证容错。Spark 有两个抽象，第一个是弹性分布式数据集 RDD，另一个是共享变量。

1. RDD 弹性分布式数据集

RDD 简单来说，是一种自定义的可并行数据容器，可以存放任意类型的数据。弹性是指具有容错的机制，若一个 RDD 分片丢失，Spark 可以根据粗粒度的日志数据更新记录的信息（Spark 中称为"血统"）重构它；分布式指的是能对其进行并行的操作。除了这两点，它还能通过 persist 或者 cache 函数被缓存在内存里或磁盘中，共享给其他计算机，可以避免 Hadoop 那样存取带来的开销。

RDD 创建主要来自两种途径：一种是从内存创建，通过 parallelize 方法从已经存在的 Scala 集合创建而来，称为并行集合（Parallelized Collection）；另一种是从文件创建，通过 textFile，hadoopFile 等方法从 HDFS，HBase 等文件存储系统创建而来，称为 Hadoop 数据集。这两种 RDD 都可以在创建时指定切片个数。这两种创建好后都会被复制成多份，变成一个分布式的数据集，将可以被并行操作。

RDD 提供两种操作：转换（Transformation）和动作（Action）；转换就是由 RDD 创建新的 RDD，例如，map（对每个元素做操作）、filter（过滤一些元素）、join（连接两个数据集）等函数。动作就是将 RDD 数据集上的运行结果传回驱动程序或写到存储系统里，例如，reduce（规约所有元素）、saveAsTextFile 和 count 等函数的作用。实际编程中的一个例子如下所示。

```
1  Val sc=new sparkContext("spark://…","MyJob",home.jars)//初始化
2  Val file=sc.textFile("hdfs://…")//从文件创建 RDD
3  Val infos=file.filter(_.size>5)//转换 RDD 为另一个 RDD（保留长度为 5 以上的行）
4  Infos.cache()//RDD 缓存动作
5  Infos.count()//RDD 计数动作
6  …
```

其中，行 1 是通过新建一个 sparkContext，进入 Spark 环境，然后行 2 中通过 Spark 环境从文件创建 RDD，行 3 中将 RDD 进行转换，行 4 中对 RDD 进行缓存，以便迭代执行，然后对 RDD 进行后续的不同转换，最后用 Action 对产生的结果 RDD 进行持久化存储等。

RDD 在转换时，有个惰性计算（Lazy Evaluation）的过程，期间会不断记录到元数据（DAG：有向无环图），没有发生真正的计算，只是不停地向前转换，就像父子相传一样，有一个世系（Spark 中称为 Lineage，代表了容错机制的日志更新），遇到"动作"时，所有的转换才一次执行。当 Lineage 很长时，可以主动使用 checkpoint 动作把数据写入存储系统。

在 Spark 中，数据空间有三种：存储系统、原生数据空间、RDD 空间。RDD 在这三种数据空间的转换如图 4-20 所示。

正如图 4-20 中指出，RDD 可以从 Scala 集合类型和 HDFS 中创建得到，经过转换、缓存都还在 RDD 空间，而触发动作时则从 RDD 空间转换为其他空间。

RDD 数据集视图表示了编码中的情景，分区视图表示数据被分片到各个节点的情景。RDD 做了缓存时，第一次运行，RDD 在缓存中不存在，那么就从文件创建而来，第二次运行，就直接利用本地缓存好的 RDD 进行运算了。RDD 视图如图 4-21 所示。

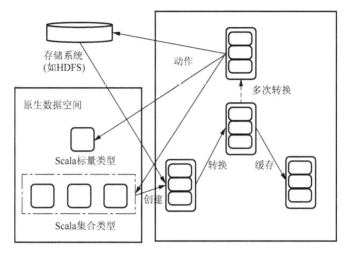

图 4-20 数据空间的转换

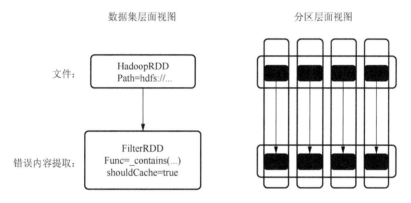

图 4-21 RDD 视图

在图 4-21 中，左侧数据集层面视图说明了在编码中的 RDD 的情形，而分区层面视图则说明了 RDD 在 Spark 运行时的情形，以及如何被多个 Task 分布式执行。

2. 共享变量

共享变量是各个节点都可以共享的变量。需要这种变量是因为在并行化的时候，函数的所有变量在每个节点都做了一个复制，自身节点对变量的修改不会影响另一个节点的变量。为了方便某种需要，Spark 提供了两种共享变量，一个是广播变量，另一个是累加器。

广播变量是广义的全局变量，通过 SparkContext.broadcast(v) 方法创建，其中 v 是只读的初始值。即集群的任何函数都可以调用，不会重复传递到节点，在每台机器都有缓存。广播变量是只读的，广播后是不能被修改的。广播变量如同 Hadoop 的 DistributedCache。

累加器是一种可高效并行化并且支持加法操作的变量，通过 SparkContext.accumulator(v) 方法创建，其中 v 是初始值。任务只能增加累加器的值，不能读取，只有驱动程序才能读取（在 Spark 上编写的程序主要含有一个驱动程序，这个驱动程序用于执行 main 函数，然后把各种算子分布到集群中）。累加器如同 Hadoop 中的 Counter。

4.5.3 工作原理

Spark 的每个应用程序都有一套自己的运行时的环境，避免了应用程序之间的相互影响。

Spark 运行时的环境有四种过程，初始化、转换、调度执行、终止，工作原理如图 4-22 所示。

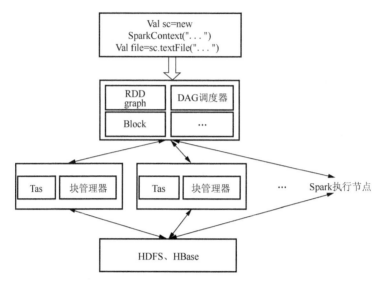

图 4-22   Spark 工作原理图

第一个过程：通过客户端启动，进入初始化过程，就是 Spark 通过与 Mesos 等资源管理系统交互，根据应用程序所需的资源来构建它的运行时的环境。有粗粒度和细粒度构建两种方式：粗粒度是一次性配置好所申请的所有资源，后面不再申请，细粒度是凑够一个任务能够执行的资源，然后就开始执行该任务。

第二个过程：转换过程，就是以增量的方式构建 DAG 图，构建 DAG 图方便了后面的并行化执行，以及故障恢复。执行程序时，Spark 会利用贪心算法将程序分成几个 Stage，每个 Stage 都有一定数量的任务做并行处理。这里，RDD 存在窄依赖和宽依赖两种依赖。窄依赖是指父 RDD 的每块分区最多被一块子 RDD 的分区所依赖，宽依赖是指子 RDD 分区依赖所有的父 RDD 分区。窄依赖 map 操作是一块父 RDD 的分区对应一块子 RDD 分区。其中，Co-Partitioned 是协同划分，指分区划分器产生前后一致的分区。没有协同划分，就产生宽依赖。Spark 通过 partitionBy 操作设定划分器（如 HashPartitionner）。Spark 对分区要求是本地优先。

划分窄/宽依赖有两个好处。第一个好处就是如果窄依赖，就可以将对应操作划分到 Stage。具体划分过程是 DAG 调度器从当前的操作往前回溯依赖关系图，遇到宽依赖，就新建一个 Stage，并把回溯到的操作放进新建的 Stage，每个 Stage 都可以实施流水线优化，然后又从遇到的宽依赖那里开始继续回溯。如果连续的转换都是窄依赖，就可以合并很多操作直到遇到宽依赖，这就可以实现流水线优化，因为 RDD 的操作都是一个 fork 和 join。fork 得以进行分区计算，完成后要执行 join，接着下一个 RDD 操作。不合并这些操作的话，就得一个个 join，而 join 是瓶颈操作，合并很多 RDD 操作就只有一个 join，而且中间结果 RDD 也不必存储后又提取，省时高效。第二个好处就是，窄依赖的情况下，一个节点失败了，恢复会非常高效，只需要并行的重新计算丢失的父分区就可以了。而宽依赖就可能得把所有分区都重新计算一遍。

第三个过程：DAG 调度器按依赖关系调度执行 DAG 图，首先执行不依赖任何阶段的 Stage，Stage 1，Stage 2，执行后，就执行 Stage3。每个 Stage 都会配备一定数量的 Task 并行地执行。这里有两个优化，一是任务的调度依照本地优先原则。二是如果同类任务中有个任务执行得比其他的慢，那就执行推测执行机制，启动备用任务，先完成的作为最后结果。

最后一个过程就是释放资源，执行与第一个过程相反。

4.5.4　Spark 的优势

Spark 作为现今最流行的分布式云平台技术，对比 Hadoop 云平台技术来说，可以总结出以下优势。

（1）内存管理中间结果。MapReduce 作为 Hadoop 的核心编程模型，将处理后的中间结果输出并存储到磁盘上，依赖 HDFS 文件系统存储每一个输出的结果。Spark 运用内存缓存输出的中间结果，便于提高中间结果再度使用的读取效率。

（2）优化数据格式。Spark 使用弹性分布式数据集（RDD）。这是一种分布式内存存储结构，支持读写任意内存位置，运行时可以根据数据存放位置进行任务的调度，提高任务调度焦虑，支持数据批量转换和创建相应的 RDD。

（3）优化执行策略。Spark 支持基于哈希函数的分布式聚合，不需要针对 Shuffle 进行全量任务的排序，调度时使用 DAG（有向无环图），能够在一定程度上减少 MapReduce 在任务排序上花费的大量时间，成为一个优化的创新点。

（4）提高任务调度速率。Spark 启动任务采用事件驱动模式，尽量复用线程，减少线程启动和切换的时间开销。Hadoop 是以处理庞大数据为目的设计的，在处理略为小规模的数据会出现任务调度上时间开销的增加。

（5）通用性强。Spark 支持多语言（Scala，Java，Python）编程，支持多种数据形式（流式计算、机器学习、图计算）的计算处理，通用性强且一定程度上方便研究人员对平台代码的复用和重写。

本 章 小 结

本章介绍了云计算、云计算平台以及一些计算框架。云计算将大量用网络连接的计算资源统一管理和调度，构成一个计算资源池向用户按需服务，并且具有超大规模、高可靠性、虚拟化、高扩展性、按需服务、极其廉价等特点。

由于 Google 没有开源 Google 分布式计算模型的技术实现，所以其他互联网公司只能根据 Google 三篇技术论文中的相关原理，搭建自己的分布式计算系统。因此本章介绍了 Amazon、Google、IBM、Microsoft、Sun 等公司，还有学术领域的一些开源的云平台，重点描述了云平台的特点和框架。

MapReduce 平台是 Google 公司的专属云计算平台，包含了许多独特的技术，重点是数据存储、数据管理和编程模型 3 项关键技术。

Hadoop 是 Apache 开源组织的一个分布式计算开源框架，具有可扩展、经济、可靠、高效的特点，适合用于海量数据的分析。而 Hadoop 有 JobTracker，TaskTracker，Application 三个主要功能模块，并且在 Hadoop 框架中最核心设计是 MapReduce 和 HDFS。

Spark 同 Hadoop 一样，也是一个开源分布式云计算平台，Spark 的编程模型是充分利用内存承载工作集，而且能保证容错。Spark 有两个抽象，第一个是弹性分布式数据集 RDD，另一个是共享变量。

Spark 与 Hadoop 最大的不同点在于，Hadoop 使用硬盘来存储数据，而 Spark 使用内存来存储数据，因此 Spark 可以提供超过 Hadoop 100 倍的运算速度。但是，由于内存断电后会丢失数据，Spark 不能用于处理需要长期保存的数据。

云计算的体系架构可分为核心服务、服务管理、用户访问接口三层，而在核心服务中有 IaaS、PaaS、SaaS 三种服务模型。同时，云计算与分布式计算、网格计算、并行计算有着密切的联系，而云计算作为新兴技术，也面临着机遇和挑战。

思　考　题

（1）云计算体系架构是什么？云计算的核心服务有哪些？

（2）请写出 MapReduce 程序的执行过程。

（3）Hadoop 主要功能模块及对应的功能是什么？

（4）Spark 的架构和核心思想是什么？

（5）请分别比较 MapReduce、Hadoop、Spark 三个平台的优点和缺点？

（6）请调研一下目前国内流行的云平台及其应用。

第 5 章　大数据分析

数据分析是大数据价值链中最终和最重要的阶段，其目的是挖掘数据中潜在的价值以提供相应的建议或决策。通过分析不同领域中的数据集，可以使数据在不同层面发挥最大价值。在本章中，我们将从以下三个方面介绍大数据分析的相关内容：大数据分析方法、大数据分析架构以及大数据分析应用。

5.1　大数据分析方法

在大数据时代，人们主要关注的是如何从海量数据中快速提取关键信息，并为企业和个人带来价值。

背景知识——传统
数据分析方法

首先，我们需要弄清楚，为什么要把大数据和分析方法结合到一起。

大多数用于数据挖掘或统计分析的工具，往往都会针对大数据集进行优化。事实上，数据分析的一般规则是，数据样本越大，分析的统计量和产生的结果越准确。大数据提供了巨大的统计样本，能够增强分析工具的结果。许多用户可能不直接使用挖掘和统计工具，而是调用生成或手动编码出复杂的 SQL 语句，以便解析大数据，从而寻找恰当的客户群、调控生产资料、节约运营成本。

一些分析工具和数据库可以处理大数据。它们还可以在有限时间内执行大量查询和解析数据表。最近几代的分析工具和平台已经将处理性能提升到了一个新的水平，这对于大数据的应用来说是非常引人注目的。另外，随着软件和硬件的发展，大数据分析所需要的经济成本也比以往更容易接受，这都归功于数据存储和处理带宽的成本急剧下降。大数据不仅仅只用于大企业，许多中小型企业也需要分析和利用大数据。因此大数据分析的工具和平台价格变得相对合理，在应用方面具有重要意义。

大多数用于高级分析大数据的现代工具和技术对原始数据、非标准数据和低质量的数据都有很强的包容性。这具有正面的作用，因为发现和预测分析取决于许多细节，甚至是可疑的数据也能起到作用。例如，用于欺诈检测的分析应用中，通常将异常值和非标准数据作为欺诈的指示依据。

大数据是非常有价值的特殊财富，这也是我们进行大数据分析的真正出发点。我们需要将大数据和发现分析结合在一起，为我们的工作和业务提出新的见解。在下面的章节中，我们将介绍几种常用的大数据分析方法。

5.1.1　布隆过滤器

布隆过滤器（Bloom-Filter）由一个位数组和一系列的哈希（Hash）函数组成（图 5-1）。布隆过滤器的原理是通过利用位数组来存储数据本身之外数据的哈希值。位数组本质上是使用哈希函数来进行数据的有损压缩，从而存储其位图索引。它具有空间效率高、查询速度快等优点。但也具有一些缺点，例如，具有一定的误识别率、删除困难等。布隆过滤器适用于允许某种误识别率的大数据应用程序。

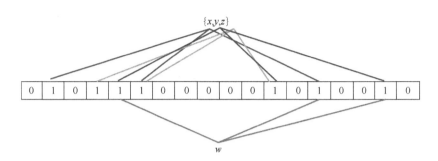

图 5-1　布隆过滤器示意图

布隆过滤器算法的核心思想就是利用多个不同的哈希函数来解决"冲突"。

计算某元素 x 是否在一个集合中，首先能想到的方法就是将所有的已知元素保存起来构成一个集合 R，然后用元素 x 跟这些 R 中的元素一一比较来判断是否存在于集合 R 中，这可以采用链表等数据结构来实现。但是，随着集合 R 中元素的增加，其占用的内存将越来越大。试想，如果有几千万个不同网页需要下载，所需的内存将足以占用掉整个进程的内存地址空间。即使用 MD5，UUID 这些方法将 URL 转成固定的短小的字符串，内存占用也是相当巨大的。

因此，需要利用哈希表的数据结构，运用一个足够好的哈希函数将一个 URL 映射到二进制位数组（位图数组）中的某一位。如果该位已经被置为 1，那么表示该 URL 已经存在。

哈希函数本身存在冲突（碰撞）的问题，用同一个哈希函数得到的两个 URL 的值有可能相同。为了减少冲突，我们可以引入多个哈希函数，如果通过其中的一个哈希值我们发现某元素不在集合中，那么该元素一定不在集合中。要确定一个元素存在于集合中，需要满足所有的哈希函数。对于布隆过滤器的算法原理，具有三个要点，分别是位数组、添加元素和判断元素是否属于集合。

1. 位数组

假设布隆过滤器使用一个 m 比特的数组来保存信息，初始状态时，布隆过滤器是一个包含 m 位的位数组，每一位都置为 0，即 BF 整个数组的元素都设置为 0，如图 5-2 所示。

2. 添加元素

为了表达 $S = \{x_1, x_2, \cdots, x_n\}$ 这样一个 n 个元素的集合，布隆过滤器使用 k 个相互独立的哈希函数，它们分别将集合中的每个元素映射到 $\{1, \cdots, m\}$ 的范围中。

当我们往布隆过滤器中增加任意一个元素 x 时候，我们使用 k 个哈希函数得到 k 个哈希值，然后将数组中对应的比特位设置为 1，即第 i 个哈希函数映射的位置 $h(x)$ 就会被置为 1（$1 \leqslant i \leqslant k$）。如果一个位置多次被置为 1，那么只有第一次有效，后面几次将没有任何效果。在图 5-3 中，$k=3$，且有两个哈希函数选中同一个位置（从左边数第五位，即第二个"1"处）。

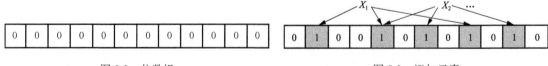

图 5-2　位数组　　　　　　　　　　　　　图 5-3　添加元素

3. 判断元素是否属于集合

在判断 y 是否属于这个集合时，我们只需要对 y 使用 k 个哈希函数得到 k 个哈希值，如果

所有 $h(y)$ 的位置都是 1（$1 \leqslant i \leqslant k$），即 k 个位置都被设置为 1，那么我们就认为 y 是集合中的元素，否则 y 不是集合中的元素。图 5-4 中 y_1 不是集合中的元素（因为 y_1 有一处指向了 "0" 位）。

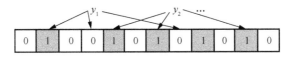

图 5-4　判断元素是否属于集合

显然上述的判断方法，并不保证查找的结果是 100%正确的。

5.1.2　散列法

在大数据时代，对大数据的存储、管理和分析已经成为学术界和工业界高度关注的热点。而散列法通过将数据表示成二进制码的形式，不仅能显著减少数据的存储和通信开销，还能降低数据维度，从而显著提高大数据分析的效率。

散列法是一种将数据变换为较短的固定长度数值或索引值的基本方法，具有快速读取、快速写入和高查询速度等性质，其难点在于如何找到健全的散列函数。

散列法又称为哈希法，就是把任意长度的输入（又称为预映射，pre-image），通过散列算法，变换成固定长度的输出，该输出就是散列值。这种转换是一种压缩映射，也就是说，散列值的空间通常远小于输入的空间，不同的输入可能会散列成相同的输出，而不可能从散列值来唯一地确定输入值。简单地说就是一种将任意长度的消息压缩到某一固定长度的消息摘要的函数。

对于散列法来说，散列的过程必须是确定性的，这意味着对于给定的输入值，它必须总是生成相同的散列值。当然，此要求不包括依赖于外部变量参数的散列函数，例如，伪随机数生成器或一天中的时间。它还排除了依赖于在执行期间地址可能改变情况下的被散列对象的存储器地址函数，尽管有时良好的散列函数应该在其输出范围上尽可能均匀地映射期望的输入。也就是说，输出范围中的每个哈希值应该以大致相同的概率生成。这个要求的原因是，基于散列方法的成本随着冲突数量（映射到相同散列值的输入对的数量）增加而急剧增加。如果一些哈希值比其他哈希值更可能发生，则更大部分的查找操作将不得不搜索更大的冲突表条目集合。

值得注意的是，这个标准要求数值在任何意义上都均匀分布，而不是随机的。一个好的随机化函数通常是作为散列函数一个好的选择，反之则可能不成立。

我们基于一种结果尽可能平均分布固定函数 H 来为每一个元素安排存储位置，这样就能够避免遍历性质的线性搜索，以达到高速存取。可是随机性很可能导致冲突。所谓冲突，即两个元素通过散列函数 H 得到同样的地址，那么这两个元素称为 "同义词"。散列函数的计算结果是一个存储单位地址，每一个存储单位称为 "桶"。设一个散列表有 m 个桶，则散列函数的值域应为[0, $m-1$]。

解决冲突是一个复杂问题，其中冲突主要取决于以下几方面。

（1）散列函数，一个好的散列函数的值应尽可能平均分布。

（2）处理冲突方法。

（3）负载因子的大小。太大不一定就好，并且严重浪费空间，负载因子和散列函数是联动的。

解决冲突的常用办法如下：

（1）线性探查法。冲突后，线性向前试探，找到近期的一个空位置。这样做的缺点是会出现堆积现象。存取时，可能不是同义词的词也位于探查序列，影响效率。

（2）双散列函数法。在位置 d 发生冲突后，再次使用另一个散列函数产生一个与散列表桶容量 m 互质的数 c，依次试探 $(d+n*c)\%m$，使探查序列跳跃式分布。

对于散列法来说，常用的算法有以下几种。

1. 简单散列函数

如果要散列的数据足够小，则可以使用数据本身（重新解释为整数）作为散列值。计算此"微不足道"的散列函数的成本实际上为零。这个散列函数是完美的，因为它将每个输入映射到一个不同的散列值。

"足够小"的含义取决于用作散列值的类型大小。例如，在 Java 中，散列码是 32 位整数。因此，32 位整数和 32 位单精度浮点数对象可以直接使用该值；而 64 位长整型数和 64 位双精度浮点数不能使用此方法。

其他类型的数据也可以使用这种完美的散列方案。例如，当在大写和小写之间映射字符串时，可以使用被解释为整数的每个字符的二进制编码，来索引给出该字符的替代形式的表（如"A"代表"a"等）。如果每个字符以 8 位存储（如扩展 ASCII 码或 ISO Latin 1），则表只有 $2^8=256$ 个条目；在 Unicode 字符的情况下，表将具有 $17\times2^{16}=1114112$ 个条目。

2. 完美散列函数

一个单射的散列函数，即将每个有效的输入映射到不同的哈希值，被称为是完美的。使用这样的函数，就可以在哈希表中直接定位到想要的条目，而不需要任何额外的搜索。图 5-5 是一个完美散列函数的例子。

3. 最小完美散列函数

如果函数的范围为 n 个连续整数（通常从 $0\sim n$-1），则用于 n 个键的完美散列函数被称为最小完美散列函数。也就是指函数的值域和参数域的大小恰好完全相等。除了提供单步查找，最小的完美散列函数也产生紧凑的、没有任何空隙的散列表。最小完美散列函数比完美散列函数更难找到。图 5-6 是一个最小完美散列函数的例子。

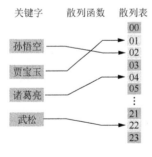

图 5-5　完美散列函数

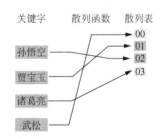

图 5-6　最小完美散列函数

4. 专用散列函数

在许多情况下，可以设计出良好的通用哈希函数产生更少冲突的专用散列函数。例如，假设输入数据是诸如 FILE0000.CHK，FILE0001.CHK，FILE0002.CHK 等的文件名，其大多数是连续的数字。对于这样的数据，提取文件名的数字部分 k 并返回 $k \bmod n$ 的函数，几乎算是最优的函数。然而，对于某些特定类型的数据性能很好的函数，可能对其他一些类型数据处理性能较差。

5. 全域散列

全域散列是一种随机化算法，算法思想如下。

键集合 U 包含 n 个键，哈希表 T 包含 m 个槽，集合 H 包含一些哈希函数。如果 H 满足：对于任意 x，$y \in U$，集合 $\{h \mid h \in H \ \&\& h(x) = h(y)\}$ 的元素个数等于 $|H| / m$，则称 H 为全域散列；对全域哈希 H，从 H 中随机选择哈希函数，任意键 x, y 冲突概率等于 $1 / m$；对于全域哈希 H，从中随机选择 h 作为哈希函数，对任意的键 x，与它冲突的键的数目的期望值是 n / m。

在概率的意义上，如果输入数据是随机分布的，那么全域散列的散列函数将有良好表现。然而，全域散列会产生比完美散列更多的冲突，并且可能需要比专用散列函数更多的操作。

6. 具有校验功能的散列

我们可以调整某些校验码或指纹识别算法以用作散列函数。这些算法中的一些会把任意长字符串数据 z 与任何典型的真实世界分布（无论如何不均匀和具有依赖性的分布），映射到 32 位或 64 位字符串，从中可以提取 $0 \sim n-1$ 的哈希值。

该算法可以产生充分均匀的散列值分布，只要散列范围大小 n 与校验码或指纹识别函数的范围相比较小即可。然而值得注意的是，一些校验码在雪崩测试中表现不佳。

7. 乘法散列

乘法散列是一种简单类型的散列函数，其函数简单快速，但在散列表中比较复杂的散列函数将会具有更高的冲突率。

在许多应用程序中（如哈希表），除冲突使系统运行变慢之外没有其他缺点。在这样的系统中，通常最好使用基于乘法的哈希函数（例如，MurmurHash 和 SBoxHash）或更简单的哈希函数（例如，CRC32），并容许更多的冲突；使用更复杂的散列函数，虽能避免这些冲突，但需要更长的计算时间。

8. 加密散列函数

一些加密散列函数（例如，SHA-1）甚至比校验和或指纹具有更强的均匀性保证，因此可以成为非常好的通用散列函数。在普通应用中，这个优点不能抵消它们高得多的成本的缺点。然而，当密钥被恶意代理选择时，该方法可以提供均匀分布的散列。此功能可能有助于保护服务免遭拒绝服务攻击。

对于以上几种类型的散列函数来说，我们对不同散列函数的选择，强烈依赖于输入数据的性质及其在预期应用中的概率分布。作为数据分析人员，必须熟练掌握不同散列函数的适用范围和特性。

5.1.3　索引法

索引法是减少磁盘读取和写入成本的有效方法，并且在管理结构化数据的传统关系数据库、管理半结构化和非结构化数据的技术方面，索引法能够提高插入、删除、修改和查询速度。索引法的缺点是它具有用于存储索引文件的附加成本，并且索引文件应当根据数据更新动态地维护。

索引是为了加速对表中数据行的检索而创建的一种分散的存储结构。索引是针对表而建立的，它是由数据页面以外的索引页面组成的，每个索引页面中的行都会含有逻辑指针，以便加速检索物理数据。一些数据库通过在函数或表达式上创建索引来扩展索引的功能。索引比较灵活，有时会使用部分索引，仅为其中满足了一些条件表达式的记录创建索引条目。另外，它允许对用户定义的函数以及从各种内置函数形成的表达式进行索引，体现出很强的灵活性。

索引是对数据库表中一列或多列的值进行排序的一种结构，使用索引可快速访问数据库表中的特定信息。

数据库索引是一种数据结构，以增加写入和存储空间为代价，来提高数据库表上的数据检索操作的速度，并维护索引数据结构。索引可用于快速定位数据，而不必在每次访问数据库表时搜索数据库表中的每一行。可以使用数据库表的一个或多个列来创建索引，为快速随机查找和有序访问、有序记录提供基础。

在大部分数据库中，索引和表（这里指的是加了聚集索引的表）的存储结构是一样的，且都是 B 树，B 树是一种用于查找的平衡多叉树，索引的存储结构可以用图 5-7 表示。

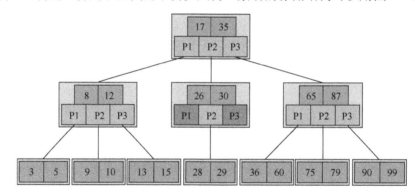

图 5-7　索引的存储结构

索引一般分为两类：聚集索引和非聚集索引。可以看到，这两个分类是围绕聚集这个关键字进行的。聚集是为了提高某个属性（或属性组）的查询速度，把这个或这些属性(称为聚集码)上具有相同值的元组集中存放在连续的物理块中，将某一列（或是多列）的物理顺序改变为和逻辑顺序相一致。

聚集索引以 B 树的方式存储，B 树的叶子直接存储聚集索引的数据。因为聚集索引改变的是其所在表的物理存储顺序，因此每个表只能有一个聚集索引（图 5-8）。

因为每个表只有一个聚集索引，因此当对一个表的查询不仅仅限于在聚集索引上的字段，对聚集索引列之外还有其他索引的要求，就需要用到非聚集索引。

非聚集索引，本质上来说也是聚集索引的一种（图 5-9）。非聚集索引并不改变其所在表的物理结构，而是额外生成一个聚集索引的 B 树结构，结构中的叶子节点代表对于其所在表的引用，这个引用分为两种：如果其所在表上没有聚集索引，则引用行号；如果其所在表上已经有了聚集索引，则引用聚集索引的页。非聚集索引需要额外的空间进行存储，按照被索引列进行聚集索引，并在 B 树的叶子节点包含指向非聚集索引所在表的指针。非聚集索引也是一个 B 树结构，与聚集索引不同的是，B 树的叶子节点存的是指向堆或聚集索引的指针。

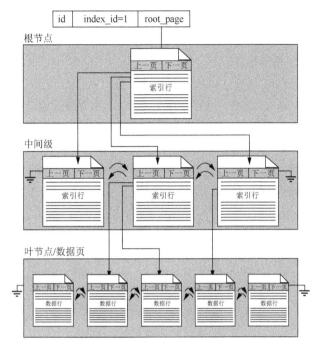

图 5-8　聚集索引的存储结构

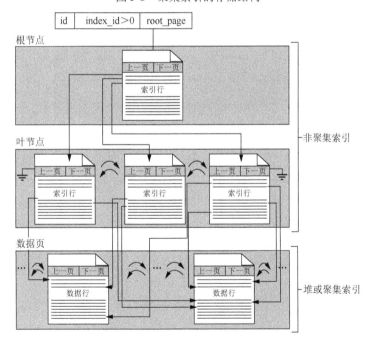

图 5-9　非聚集索引的存储结构

　　通过非聚集索引的原理可以看出，如果其所在表的物理结构改变后，例如，加上或删除聚集索引，那么所有非聚集索引都需要被重建，这个对于性能的损耗是相当大的。因此最好要先建立聚集索引，再建立对应的非聚集索引。

5.1.4　字典树

　　字典树又称单词查找树，是一个哈希树的变体。它主要应用于快速检索和字频统计。字典树的主要思想是：利用字符串的常见前缀来最大限度地减少字符串的比较，从而提高查询效率。

　　字典树是一种非常重要的数据结构，在信息检索、字符串匹配等领域有广泛的应用。同时，字典树也是很多算法和复杂数据结构的基础，如后缀树、AC 自动机等。字典树是一种用于快速检索的多叉树结构，如英文字母的字典树是一个 26 叉树，数字的字典树是一个 10 叉树。与二叉搜索树不同，字典树的键不是直接保存在节点中，而是由节点在树中的位置决定。一个节点的所有"子孙"都有相同的前缀（prefix），也就是这个节点对应的字符串，而根节点对应空字符串。一般情况下，不是所有的节点都有对应的值，只有叶子节点和部分内部节点所对应的键才有相关的值。

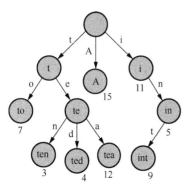

图 5-10　字典树

字典树可以利用字符串的公共前缀来节约存储空间，在图 5-10 中，字典树用了 11 个节点保存了 8 个字符串 ten，ted，tea，to，A，i，in，int。在该树中，字符串 te，ten，ted 和 tea 的公共前缀是 te，因此可以只存储一份 te 以节省空间。当然，如果系统中存在大量字符串且这些字符串基本没有公共前缀，则相应的字典树将非常消耗内存，这也是字典树的一个缺点。

字典树的基本性质可以归纳如下。

（1）根节点不包含字符，每条边对应一个字符。

（2）从根节点到某一个节点，路径上经过的字符连接起来，为该节点对应的字符。

（3）每个节点的所有子节点包含的字符串不相同。

　　字典树是一种非常简单高效的数据结构，在生活中的应用非常广泛。常见的简单应用如下。

　　（1）字符串检索。事先将已知的一些字符串（字典）的有关信息保存到字典树里，查找另外一些未知字符串是否出现过以及其出现频率。

　　（2）字符串最长公共前缀。字典树利用多个字符串的公共前缀来节省存储空间，反之，当我们把大量字符串存储到一棵树上时，我们可以快速得到某些字符串的公共前缀。

　　（3）排序。字典树是一棵多叉树，只要先序遍历整棵树，输出相应的字符串便是按字典序排序的结果。

　　（4）作为其他数据结构和算法的辅助结构，如后缀树、AC 自动机等。

5.1.5　并行计算

　　与传统串行计算相比，并行计算是指利用若干计算资源来完成计算任务。其基本思想是：分解一个问题并将其分配给几个独立的进程，以便独立完成从而实现协同处理。目前，一些典型的并行计算模型包括信息传递接口（MPI）、Dryad 和 MapReduce。其中 MapReduce 在第 4 章已详细介绍过，本节将继续介绍剩余两种模型。

1. MPI

　　信息传递接口（MPI）是由来自学术界和工业界的一组研究人员设计的标准化和便携式消息传递系统，用于在各种并行计算架构上运行。该标准定义了对于在 C、C＋＋和 Fortran 中编写便携式消息传递程序时，各种对用户有用的库例程核心的语法和语义。MPI 促进了并行软件行业的发展，并鼓励便携式和可扩展的大规模并行应用程序的开发。

MPI 接口旨在以语言独立的方式，用语言特定的语法（绑定）在一组进程（已经映射到节点/服务器/计算机实例）之间提供必要的虚拟拓扑，同步和通信功能，并加上几个特定于语言的功能。MPI 程序总是与进程一起工作，通常为了获得最佳性能，每个 CPU（或多核机器中的核心）将只分配一个进程。

MPI 库函数包括点对点交会类型的发送/接收操作、在笛卡儿或图形逻辑过程拓扑之间进行选择、在进程对（发送/接收操作）之间交换数据、组合部分计算结果（收集和减少操作）、同步节点（屏障操作）以及获得网络相关信息（例如，计算会话中的进程数、进程映射到的当前处理器标识）等。

MPI 支持重叠通信和计算的实现，还指定了线程安全接口，有助于避免在接口内隐藏状态的内聚和耦合策略。编写多线程点对点 MPI 代码相对容易，一些实现也支持这样的代码。多线程集合通信最好用多个 Communicator 复制来完成。

MPI 的吸引力有一部分是源于它的大范围可移植性。表达这种方式的程序可以运行在分布存储多处理器上，工作站网络上，也可以在这些组合上运行。另外，共享存储的实现也是可能的。在大范围的机器上实现这个标准是可能的，这包括由通信网络连接的并行的或非并行的各种机器。

这个接口适合于完全一般的 MIMD 程序，也适合于更严格形式的 SPMD 程序。虽然没有显式的线索支持，但这个接口的设计并没有不利于它的使用。但是这个版本的 MPI 不支持任务生成。

MPI 的许多特点使在拥有特定处理器间通信硬件的可扩展并行计算机上提高性能成为现实。在标准 UNIX 处理器间通信协议的上层实现 MPI 将给工作站群机系统和不同种类的工作站网络提供可移植性。

2. Dryad

Dryad 和 DryadLINQ 是微软硅谷研究院创建的研究项目，主要用来提供分布式并行计算平台。DryadLINQ 提供一种高级语言接口，使普通程序员可以轻易进行大规模的分布式计算，它结合了微软 Dryad 和 LINQ 两种关键技术，用于在该平台上构建应用。Dryad 同 MapReduce 一样，它不仅仅是一种编程模型，同时也是一种高效的任务调度模型。Dryad 这种编程模型并不仅适用于云计算，在多核和多处理器以及异构机群上同样有良好的性能。

微软于 2010 年 12 月 21 日发布了分布式并行计算基础平台——Dryad 测试版，成为谷歌 MapReduce 分布式数据计算平台的竞争对手。它可以使开发人员能够在 Windows 或者.Net 平台上编写大规模的并行应用程序模型，并且在单机上所编写的程序轻易地运行在分布式并行计算平台上。程序员可以利用数据中心的服务器集群对数据进行并行处理，当程序开发人员在操作数千台机器时，无需关心分布式并行处理系统方面的细节。

Dryad 任务结构如图 5-11 所示，我们可以看到，在每个节点进程（Vertices Processes）上都有一个处理程序在运行，并且通过数据管道（Channels）的方式在它们之间传送数据。二维的 Dryad 管道模型定义了一系列的操作，可以用来动态地建立并且改变这个有向无环图。这些操作包括建立新的节点，在节点之间加入边，合并两个图以及对任务的输入和输出进行处理等。

虽然并行计算的系统或工具（如 MapReduce 或 Dryad）对大数据分析很有用，但它们是具有陡峭学习曲线的低级工具。因此，目前计算机领域正在开发一些基于这些系统的高级并行编程工具或语言。这种高级语言包括用于 MapReduce 的 Sawzall、Pig 和 Hive，以及用于 Dryad 的 Scope 和 DryadLINQ。

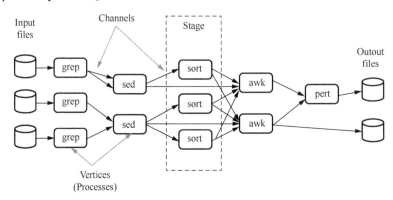

图 5-11　Dryad 任务结构

5.2　大数据分析架构

由于大数据的结构复杂，来源、种类及应用领域广泛，对于具有不同应用需求的大数据，我们应考虑不同的分析架构。

5.2.1　实时分析与离线分析

大数据分析可以根据实时要求分为实时分析和离线分析。

1. 实时分析

实时分析主要用于电子商务和金融。由于数据不断变化，因此需要快速的数据分析，并且分析结果要以非常短的延迟返回。实时分析的现有架构包括：①使用传统关系数据库的并行处理集群；②基于存储器的计算平台。

实时数据分析一般用于金融、移动网络、物联网和互联网 B2C 等产品，往往要求系统在数秒内返回上亿行数据的分析，从而才能达到不影响用户体验的目的。为了满足这样的严苛需求，可以采用精心设计的传统关系型数据库组成并行处理集群，或者采用一些内存计算平台，或者采用"内存+SDD"的架构，然而这些都需要比较高的软硬件成本。目前比较新的海量数据实时分析工具有 EMC 的 Greenplum、SAP 的 HANA，以及 Twitter 的开源数据分析平台 Storm 等。图 5-12 是 Storm 的结构示例图。

2. 离线分析

离线分析通常用于对响应时间没有较高要求的应用，例如，机器学习、统计分析和推荐算法。离线分析一般通过数据采集工具将日志的大数据导入专用平台进行分析。在大数据设置下，许多互联网企业选择使用基于 Hadoop 的离线分析架构，以降低数据格式转换的成本，提高数据采集的效率。Facebook 的开源工具 Scribe，LinkedIn 的开源工具 Kafka，淘宝的开源工具 Timetunnel 和 Hadoop 的 Chukwa 等，都属于离线分析架构。这些工具可以满足数据采集和传输的需求，每秒能到达数百 MB。

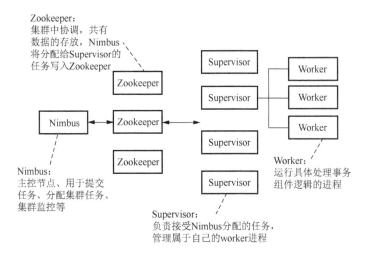

图 5-12 Storm 结构图

与实时分析当前呈现的各种框架和架构不同，离线分析目前技术上已经成熟，常用的分析架构是：HDFS 做存储，MapReduce 做计算框架，Hive 计算工作流。

HDFS 是一种分布式文件系统，和任何文件系统一样，HDFS 提供文件的读取、写入、删除等操作。HDFS 能够很好地解决离线处理中需要存储大量数据的要求。

MapReduce 是一种分布式批量计算框架，在前面的章节已经讲过，分为 Map 阶段和 Reduce 阶段。

Hive 是一种数据仓库，Hive 中的数据存储于文件系统（大部分使用 HDFS），Hive 提供了方便访问数据仓库中数据的 HQL 方法，该方法将 SQL 翻译成 MapReduce。能够很好地解决离线处理中需要对批量处理结果的查询。Hive 是对 MapReduce 和 HDFS 的高级封装，本身不存储表等相关信息。图 5-13 是 Hive 构架。

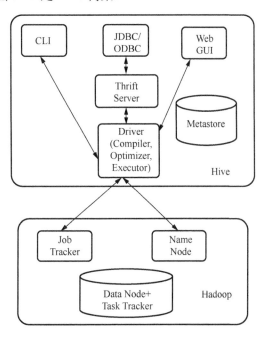

图 5-13 Hive 架构

5.2.2 不同层次的分析

大数据分析按照层次的不同，还可以分为内存级分析、商业智能（Business Intelligence，BI）分析和海量分析。

1. 内存级分析

内存级分析适用于总数据量在集群内存的最大级别以内的情况。在目前，服务器集群的内存超过数百 GB，甚至上 TB 级别是很常见的。因此，可以使用内部数据库技术，同时保证热数据驻留在存储器之中，以便提高分析效率。内存级分析非常适合实时分析，其中 MongoDB 是一种代表性的内存级分析架构。

MongoDB 是一个基于分布式文件存储的数据库，由 C++语言编写。旨在为 Web 应用提供可扩展的高性能数据存储解决方案。MongoDB 是一个介于关系数据库和非关系数据库之间的产品，是非关系数据库当中功能最丰富，最像关系数据库的。

与传统的关系型数据库相比，MongoDB 的优点如下。

（1）弱一致性（最终一致），更能保证用户的访问速度。在传统的关系型数据库中，一个 COUNT 类型的操作会锁定数据集，这样可以保证得到"当前"情况下的精确值。这在某些情况下很重要，但对于某些情况来说，数据是不断更新和增长的，这种"精确"的保证几乎没有任何意义，反而会产生很大的延迟。它们需要的是一个"大约"的数字以及更快的处理速度。而此时，MongoDB 就能发挥它的优势了。

（2）文档结构的存储方式，便于获取数据。对于一个层级式的数据结构来说，如果要将这样的数据使用扁平式的、表状的结构来保存数据，无论是在查询还是获取数据时都十分困难。在 MongoDB 中，用一个文档结构来存储数据。文档是 MongoDB 中数据的基本单位，类似于关系数据库中的行（但是比行复杂）。多个键及其关联的值有序地放在一起就构成了文档。文档中的值不仅可以是双引号中的字符串，也可以是其他的数据类型，例如，整型、布尔型等，也可以是另外一个文档，即文档可以嵌套。文档中的键类型只能是字符串。这样数据更易于管理，消除了传统关系型数据库中影响性能和水平扩展性的"JOIN"操作。

（3）支持大容量的存储。GridFS 是一个出色的分布式文件系统，可以支持海量的数据存储。内置了 GridFS 的 MongoDB，能够满足对大数据集的快速查询。

（4）负载均衡。MongoDB 使用 sharding（分片）进行水平扩展。用户选择一个 shard key（具有一个或多个从节点的主节点），它确定如何划分集合中的数据。数据被分割成不同范围并分布在多个分片上。MongoDB 可以在多个服务器上运行，平衡负载，以在硬件故障时保持系统正常运行。

（5）第三方支持丰富。现在网络上的很多 NoSQL 开源数据库完全属于社区型的，没有官方支持，给使用者带来了很大的风险。而开源文档数据库 MongoDB 背后有商业公司 10gen 为其提供商业培训和支持。MongoDB 社区非常活跃，很多开发框架都迅速提供了对 MongoDB 的支持。不少知名大公司和网站也在生产环境中使用 MongoDB，越来越多的创新型企业使用 MongoDB 作为与 Django、RoR 来搭配的技术方案。

（6）性能优越。在使用场合下，千万级别的文档对象，近 10GB 的数据，对有索引的 ID 的查询不会比 MySQL 慢，而对非索引字段的查询，则是全面胜出。MySQL 实际无法胜任大数据量下任意字段的查询，而 MongoDB 的查询性能则出色得令人惊讶。

与关系型数据库相比，MongoDB 不支持事务操作且占用空间过大。

MongoDB 大集群目前存在一些稳定性问题，会发生周期性的写堵塞和主从同步失效的现象，但仍不失为一种潜力十足的可以用于高速数据分析的 NoSQL。

此外，目前大多数服务厂商都已经推出了带 4GB 以上 SSD 的解决方案，利用内存+SSD，也可以轻易达到内存分析的性能。随着 SSD 的发展，内存数据分析必然能得到更加广泛的应用。

2. BI 分析

BI（商业智能）分析适用于数据规模超过内存级别，但可以导入到 BI 分析环境中的情况。目前，主流的 BI 产品提供了可以支持到 TB 级别的数据分析计划。

BI 可以被描述为"一组用于获取原始数据，并将其转换为用于业务分析目的，有意义且有用的信息的技术和工具"。BI 技术能够处理大量的结构化数据，有时甚至可以处理部分非结构化数据，以帮助识别、开发和创造新的战略商业机会。BI 的目标是能够容易地解释这些大量的数据。通过洞察识别新机遇和实施有效战略，可以为企业提供竞争性的市场优势和长期稳定性。

BI 技术提供了业务运营的历史、当前和预测性视图。商业智能技术的常见功能包括报告、在线分析处理、数据挖掘、过程挖掘、复杂事件处理、业务绩效管理、基准测试、文本挖掘、预测分析和规范分析。

BI 可用于支持范围广泛的业务决策，范围能够从运营到战略。BI 也可以作为创业企业进行分析的有效工具。基本经营决策包括产品定位或定价；战略业务决策包括最广泛层面的优先事项、目标和方向。在通常情况下，将来自公司经营的市场的数据（外部数据）与来自企业内部的公司来源的数据（例如，财务和运营数据等内部数据）结合起来时，BI 是最有效的。当组合到一起时，外部和内部数据可以提供更完整的图像，这实际上就产生了不能由任何单一数据集导出的"智能"。BI 工具使组织能够了解新市场，评估不同市场部分的产品和服务的需求和适用性，并衡量营销的影响。

随着商务智能理论的不断发展，商务智能的系统架构已经从单一的理论衍生出多种架构，如分布式商务智能架构、联合商务智能架构等。BO 公司曾定义过一种商务智能的基本架构，它是一种开放式的系统架构，可以分布式集成现有的系统。

这个架构包括数据层、业务层和应用层三部分。数据层基本上就是 ETL（Extract-Transform-Load）过程。业务层主要是联机分析处理（On-Line Analytical Processing, OLAP）和 Data Mining 的过程。在应用层里主要包括数据的展示、结果分析和性能分析等过程。在实际应用中，由于每个公司的规模和组织架构的不同，在实施商务智能选择系统架构的时候要结合公司的特点，选择最合适的架构。

BI 分析是 IT 和数据分析的完美结合，它使得不懂编程但具备数据分析能力和商业直觉的分析人员能够便捷而快速地提取、清理、整合各种数据源（MySQL、Salesforce、Hive 等），并创建复杂动态图形和仪表。在各种商务智能平台出现之前，这些都只能借助于复杂 SQL 脚本或者 SAS 这类专业数据分析工具才能实现。

3. 海量分析

当数据量表完全超过 BI 和传统关系数据库的能力时，我们将用到海量数据分析。目前，大多数的大规模分析使用 Hadoop 的 HDFS 来存储数据，并使用 MapReduce 进行数据分析。

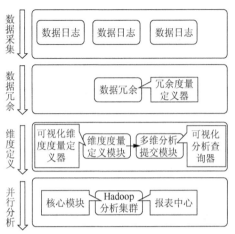

图 5-14　Hadoop 多维分析平台架构图

大多数的大规模分析都属于离线分析类别。

Hadoop 多维分析平台架构如图 5-14 所示，整个架构由四大部分组成：数据采集模块、数据冗余模块、维度定义模块、并行分析模块。

数据采集模块采用了 Cloudera 公司的 Flume，将海量的小日志文件进行高速传输和合并，并能够确保数据的传输安全性。单个数据收集器宕机之后，数据也不会丢失，并能将代理数据自动转移到其他的数据收集器处理，不会影响整个采集系统的运行。

数据冗余模块不是必须的，但如果日志数据中没有足够的的维度信息，或者需要比较频繁地增加维度，则需要定义数据冗余模块。通过冗余维度定义器，能定义需要冗余的维度信息和来源（数据库、文件、内存等），并指定扩展方式，将信息写入数据日志中。在海量数据下，数据冗余模块往往成为整个系统的瓶颈，建议使用一些比较快的内存 NoSQL 来冗余原始数据，并采用尽可能多的节点进行并行冗余；或者也完全可以在 Hadoop 中执行批量 Map，进行数据格式的转化。

维度定义模块是面向业务用户的前端模块，用户通过可视化的定义器从数据日志中定义维度和度量，并自动生成一种多维分析语言，同时可以使用可视化的分析器，通过 GUI 执行刚刚定义好的多维分析命令。

并行分析模块接受用户提交的多维分析命令，并将通过核心模块将该命令解析为 MapReduce，提交给 Hadoop 集群之后，生成报表供报表中心展示。

核心模块是将多维分析语言转化为 MapReduce 的解析器，读取用户定义的维度和度量，将用户的多维分析命令翻译成 MapReduce 程序。

5.2.3　不同复杂度的分析

数据分析算法的时间复杂性和空间复杂性，根据不同类型的数据和应用需求存在极大差异性。例如，对于适用于并行处理的应用，可以设计分布式算法，并且可以使用并行处理模型来进行数据分析。

根据不同的业务需求，数据分析的算法也差异巨大，而数据分析的算法复杂度和架构是紧密关联的。举个例子，Redis 是一个性能非常高的内存 Key-Value NoSQL，它支持 List 和 Set、SortedSet 等简单集合，如果对方的数据分析需求简单地通过排序链表就可以解决，同时总的数据量不大于内存（准确地说是内存加上虚拟内存再除以 2），那么无疑使用 Redis 会达到非常惊人的分析性能。

还有很多易并行（Embarrassingly Parallel）问题，计算可以分解成完全独立的部分，或者很简单地就能改造出分布式算法，例如，大规模脸部识别、图形渲染等，这样的问题自然是使用并行处理集群比较适合。

而大多数统计分析，机器学习问题可以用 MapReduce 算法改写。MapReduce 目前最擅长的计算领域有流量统计、推荐引擎、趋势分析、用户行为分析、数据挖掘分类器、分布式索引等。

5.3　大数据分析应用

有许多工具可用于大数据挖掘和分析，包括专业和业余软件，昂贵的商业软件和免费的开源软件。在本节中，我们简要介绍七大广泛使用的软件。

5.3.1　R 语言

R 是一种开源编程语言和软件环境，用于数据挖掘、数据分析分析和可视化。当计算密集型任务时，可能需要在 R 环境中用 C、C ++和 Fortran 编程代码。此外，熟练的用户可以直接调用 R 中的 R 对象。

另外，R 语言是 S 语言的实现。S 语言是由 AT&T 贝尔实验室开发的解释语言，用于数据探索、统计分析和绘图。最初，S 主要在 S-PLUS 中实现，但 S-PLUS 是一个商业软件。与 S 语言相比，R 语言更受欢迎，因为它是开源的。此外，在 2012 年"用于数据挖掘/分析的设计语言"的调查中，R 语言击败了 SQL 和 Java，排在第一位。由于 R 语言的普及，数据库制造商如 Teradata 和 Oracle 都发布了支持 R 语言的产品。

R 及其库实现了各种统计和图形技术，包括线性和非线性建模、经典统计测试、时间序列分析、分类、聚类等。R 语言很容易扩展，在扩展包的方面做出了重要贡献。用户可以编写 C、C++、Java、.NET 或 Python 代码以直接操作 R 对象。R 语言通过使用用户提交的包来执行特定功能，可以高度扩展。由于继承于 S 语言，R 语言具有比大多数统计计算语言更强地面向对象的编程工具。R 语言的另一个优点是静态图形，它可以产生可发布图，包括数学符号。动态和交互式图形可通过附加的包获得。

R 语言是一种解释语言，用户通常通过命令行解释器访问它。

像其他类似的语言，如 APL 和 MATLAB 等一样，R 语言也支持矩阵运算。R 语言的数据结构包括向量、矩阵、数组、数据帧（类似于关系数据库中的表）和列表，其可扩展对象系统包括回归模型、时间序列和地理空间坐标对象。

R 语言主要是统计学家和其他从业者所需要的统计计算和软件开发的环境，R 语言也可以作为一般的矩阵计算工具箱，性能基准可以与 GNU Octave 和 MATLAB 相媲美。

5.3.2　Excel 和 SQL

Excel 是 Microsoft Office 的核心组件，具有强大的数据处理和统计分析能力，并有助于决策制定。作为微软公司的产品，基于 Hadoop 的 Windows 平台应用程序集成了如 Excel、Power View 和 PowerPivot 等微软的商业智能（BI）工具，可以很容易地分析大量的业务信息，从而创造独特的、差异化的商业价值。而微软应对大数据的解决方案是"Hadoop+SQL Server+Excel=大数据分析"。

Excel 提供的数据服务，已成为企业解决相关数据问题常用且实用的数据分析工具。Excel 提供的这组数据分析工具，又称"分析工具库"，它包括方差分析、直方图分析、移动平均分析、回归分析、抽样分析、T-检验等，利用这些数据分析工具，可以解决企业管理、财务、运营、业务等各项工作的许多问题。它能根据企业实际业务情况，更好地发挥数据的作用，实现公司内部数据整合及使用，摆脱了手工作业，提高工作效率等。

Excel 数据挖掘客户端是一个日常工作中经常使用的功能强大的工具。它提供一个快速直观的界面，可用于创建、测试和管理数据挖掘结构和模型，同时不会降低 SQL Server Analysis Services 中的数据挖掘所提供的强大的自定义功能。除了提供数据建模算法，Excel 数据挖掘客户端还提供一个集测试、预测和绘图于一体的桌面数据挖掘解决方案。因此，Excel 数据挖掘功能的有效利用将大幅提高数据挖掘的效率，使数据挖掘这种数据分析方法得到推广和应用。

Excel 采用插件的形式来实现数据挖掘功能，其数据挖掘插件主要包括两个工具：一是 Excel 表分析工具，可以利用 SQL Server 数据挖掘对电子表格数据进行更强大的分析；二是 Excel 数据挖掘客户端，可以连接外部数据源。Excel 数据挖掘插件结合了 SSAS（SQL Server Analysis Services），所以其功能很强大，使用起来也很方便。

数据挖掘的模型所实现的功能都是通过特定的挖掘算法来实现的，每一个功能都和挖掘的核心算法紧密相连。Excel 作为一种先进的数据挖掘工具，提供了多种数据挖掘算法。这是因为一种算法不可能完成所有不同类型的数据挖掘任务，对于某一种问题，数据本身的特性会影响用户所选用的工具。所以用户可能会需要用到多种不同的工具、技术、算法，从数据中找到最佳的模式。当前数据挖掘各领域常用的算法，基本上都是发展比较成熟的算法。这些算法主要有：决策树、神经网络、关联规则、遗传算法、聚类分析等。

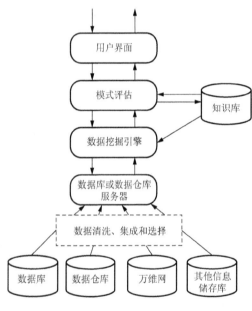

图 5-15　Excel+SQL 数据挖掘系统的结构

Excel 结合 SQL Server 的 Business Intelligence Development Studio 集成环境（图 5-15），在多种算法的支持下，具有很强的数据挖掘功能，同时能将挖掘结果很好地展示给用户，在实际的生产或研究中对海量数据的分析具有重要意义，能基本满足实际的数据分析需求。对于实际应用中不同类型的数据，以及具体的分析需求需要选择不同的算法去实现的问题，还需要进一步的研究。

5.3.3　RapidMiner

RapidMiner 是一个用于数据挖掘、机器学习和预测分析的开源软件。RapidMiner 提供的数据挖掘和机器学习程序包括抽取、转换和加载（ETL）、数据预处理和可视化、建模、评估和部署等。数据挖掘流程以 XML 描述，并通过图形用户界面（GUI）显示。RapidMiner 是用 Java 编写的，它集成了 Weka 的学习和评估方法，并且与 R 语言一起工作。RapidMiner 的功能是通过运算符过程的连接来实现的。整个流程可以被视为工厂的生产线，具有原始数据输入和模型结果输出。而特定的功能可以看成工厂操作员，具有不同的输入和输出特性。

RapidMiner 产品集包括以下几方面。

（1）RapidMiner Studio，是一个数据分析的图形化开发环境，用来进行机器学习、数据挖掘、文本分析、预测性分析和商业分析。它是一种可零代码操作的客户端软件，用于设计分析流程，用户可以在本地计算机操作。它能实现完整的建模步骤，包括数据加载、汇集、到转化阶段、数据准备阶段（ETL）、数据分析和产生预测阶段。Studio 社区版和基础版为免费开源版本，可以在 RapidMiner 官网下载。

（2）RapidMiner Server，是一个服务器环境，可使强大的预测性分析得到专有的计算能力支持。该环境可以运行在局域网服务器或外网连接的服务器上，与 RapidMiner Studio 无缝集成，具有以下功能：①分享工作流和数据。②作为常规配置的中央存储点可以被多个用户（分析师）使用。③进行大型运算，减少用户（分析师）本地硬件资源和时间的占用。④提供交互式仪表盘和报表展示功能，让非技术人员更容易理解。

（3）RapidMiner Radoop，是一个与 Hadoop 集群相连接的扩展，可以通过拖拽自带的算子执行 Hadoop 技术特定的操作，避免了 Hadoop 集群技术的复杂性，简化和加速了在 Hadoop 上的分析。RapidMiner Radoop 能够让用户迅速地将高级分析应用到 Hadoop 大数据环境中。无需学习复杂的分布式技术，通过 RapidMiner 易于使用的用户界面，可加速大数据处理，并方便数据科学家和商业人士合作，让用户节约大量时间。

5.3.4　KNIME

KNIME（Konstanz Information Miner）是一个对用户友好的、智能、开源的平台。该平台包括了数据集成、数据处理、数据分析和数据挖掘。它允许用户以可视化的方式创建数据流或数据通道，选择性地运行一些或所有分析过程，并提供分析结果、模型和交互视图。KNIME 使用 Java 编写，基于 Eclipse 并具有更多的功能插件。通过插件文件，用户可以将处理模块插入文件、图片和时间序列，并将其集成到各种开源项目中，例如 R 和 Weka。

KNIME 控制数据集成、清理、转换、过滤、统计、挖掘，最终实现数据可视化，整个开发过程在可视化环境下进行。KNIME 被设计成一个基于模块和可扩展的框架，它的处理单元和数据容器之间没有依赖关系，这使它们适应分布式环境和独立开发。此外，KNIME 很容易被扩展，开发人员可以轻松扩展 KNIME 的各种节点和视图。

KNIME 允许用户可视化地创建数据流，选择性地执行一些或所有分析步骤，然后检查结果、模型和交互视图。KNIME 的核心版本已经包括数百个用于数据集成的模块（文件 I/O，支持所有通用数据库管理系统的数据库节点）、数据转换（过滤器、转换器、组合器）以及常用的数据分析和可视化方法。通过免费的报表设计器扩展，KNIME 工作流可以用作数据集，创建可以导出为 doc，ppt，xls，pdf 等文档格式的报表模板。

KNIME 核心架构允许处理仅受可用硬盘空间限制的大数据量（大多数其他开源数据分析工具在主内存中工作，因此仅限于可用 RAM）。例如，KNIME 允许分析 3 亿个客户地址，2000 万个单元格图像和 1000 万个分子结构。其他插件允许集成文本挖掘、图像挖掘以及时间序列分析的方法。

KNIME 集成了各种其他开源项目，例如来自 Weka 的机器学习算法，统计软件包 R 项目，以及 LIBSVM，JFreeChart，ImageJ 和化学开发套件。

KNIME 在 Java 中实现，但也允许包装器调用其他代码，除此之外还允许运行 Java，Python，Perl 和其他代码片段的节点。

5.3.5　Weka 和 Pentaho

Weka 是由 Waikato Environment for Knowledge Analysis 缩写而成，它是一个基于 Java 环境下的免费和开源的机器学习和数据挖掘软件（与之对应的是 SPSS 公司商业数据挖掘产品 Clementine）。它和它的源代码可在其官方网站下载。Weka 提供了数据处理、特征选择、分类、回归、聚类、关联规则和可视化等功能。

2005 年 8 月，在第 11 届 ACM SIGKDD 国际会议上，怀卡托大学的 Weka 小组荣获了数据挖掘和知识探索领域的最高服务奖，Weka 系统得到了广泛的认可，被誉为数据挖掘和机器学习历史上的里程碑，是现今最完备的数据挖掘工具之一。Weka 的每月下载次数已超过万次。

所有 Weka 的技术都基于这样的假设：数据可用作一个平面文件或关系，其中每个数据点由固定数量的属性（通常是数字或标称属性，但也支持一些其他属性类型）来描述。Weka 使用 Java Database Connectivity 访问 SQL 数据库，并可以处理数据库查询返回的结果。它不能进行多关系数据挖掘，但是有单独的软件用于将链接数据库表的集合转换为适合使用 Weka 进行处理的单个表。

Pentaho 是最流行的开源商业智能软件之一，是基于 Java 平台的套件 BI。它通过一个 Web 服务器平台和几个工具来支持 BI 所有方面，如报告、分析、图表、数据集成和数据挖掘等，可以说包括了商务智能的方方面面。

它整合了多个开源项目，目标是和商业 BI 相抗衡。它偏向于与业务流程相结合的 BI 解决方案，侧重于大中型企业应用。它允许商业分析人员或开发人员创建报表、仪表盘、分析模型、商业规则和 BI 流程。

Pentaho 套件包括两个产品：企业版和社区版。企业版包含社区版中未提供的额外功能。企业版通过年度订阅获得，并包括额外的支持服务。Pentaho 的核心产品通常由来自公司本身以及更广泛的用户和爱好者的附加产品（通常以插件的形式）来增强。

在工作和研究过程中，我们的数据来自各个方面。在面对庞大而复杂的大数据时，选择一个合适的处理工具显得很有必要，以上七种工具和软件对大数据分析非常有效。工欲善其事，必先利其器，一个好的工具不仅可以使我们的工作事半功倍，也可以让我们在竞争日益激烈的云计算时代挖掘大数据价值，并及时调整战略方向。

本 章 小 结

本章介绍了大数据分析方法、大数据分析架构和大数据分析应用。数据分析是大数据价值链中最终和最重要的阶段，其目的是提取有用的价值，提供建议或决策。通过分析不同领域中的数据集可以产生不同层面的潜在价值。

传统的数据分析使用适当的统计方法来分析大量的一手数据和二手数据，以集中提取和改进隐藏在一系列混乱数据中的有用数据，并识别课题的内在规律，从而在最大程度上开发数据的功能并使数据的价值最大化。传统的数据分析方法有聚类分析、因子分析、相关分析、回归分析、A/B 测试、统计分析、数据挖掘等。

在大数据时代，人们主要关注的是如何从海量数据中快速提取关键信息，并为企业和个人带来价值。大数据分析的主要方法则有：布隆过滤器、散列法、索引法、字典树、并行计算等。

由于大数据的结构复杂，来源、种类及应用领域十分广泛，因此对于具有不同应用需求的大数据，我们应考虑不同的分析架构。根据实时性来划分，大数据分析架构可分为实时分析和离线分析。根据层次性来划分，大数据分析架构可分为内存级分析、BI 分析和海量分析。另外，根据算法复杂度的不同，大数据分析架构也已采用不同的方法实现，如 Redis 方法、并行处理方法、MapReduce 方法等。

有许多工具可用于大数据挖掘和分析，包括专业和业余软件，昂贵的商业软件和免费的开源软件。而我们在这一章节着重介绍了七种使用率较高的工具：R 语言、Excel、SQL、RapidMiner、KNIME、Weka 和 Pentaho。

思　考　题

（1）请概括出传统数据分析方法和大数据分析方法的异同点。

（2）结合本章所学知识，谈一谈大数据分析对于我们的生活有什么实际的意义和影响。

（3）根据 5.1.5 节内容，并结合课下自学有关资料，总结和比较 MPI、MapReduce 和 Dryad 各自的优缺点。

（4）请简要描述布隆过滤器（Bloom-Filter）的算法原理和要点。

（5）大数据分析按照层次的不同，可以划分成哪些？这些不同层次的大数据分析分别适用于哪些领域，并举出实际的架构例子。

（6）请比较 5.3 节列出的七种大数据分析工具的异同，并分析它们的技术特点。

（7）请分析大数据分析未来的发展前景以及未来可能会遇到的瓶颈和问题。

第6章 大数据挖掘

在大数据时代，数据的增长速度非常快。例如，用户打出去的电话和发出去的短信在移动和联通公司都会存在相应的记录，而这样的数据每天就会产生几亿条，数据量的增长速度大得惊人。可想而知，要处理这些海量的数据，计算量是非常庞大的。

大数据应用的最根本的挑战是探索大量的数据，为未来的行动提取有用的信息或知识。在许多情况下，知识提取过程必须是实时有效的，因为存储所有观察到的数据几乎是不可行的。另外，处理数据的应用系统的处理速度也要快，当我们给用户展示一些数据时，如果应用系统的处理速度不够快，那么用户的体验是非常差的。因此，前所未有的数据量需要一个有效的数据预测和分析平台，实现大数据的快速响应和实时分类。

在传统的应用系统开发中，要处理的数据大多数是存储在数据库或文件当中的。而在大数据时代，一个系统要处理的数据来源是多种多样的，这些数据可以来自于数据库，也可以来自一些监控采集数据，或者科研数据。数据有普通文本、图片、视频、音频、结构化、非结构化等多种格式。

在大数据领域，我们从海量数据中能够提取到的相对有价值的数据也是非常有限的。所以，大数据分析要想得到一些有价值的结果，就要求数据要全面和多维度，这样我们提取到的数据才是有价值的、准确的。

数据挖掘是在大型数据存储库中自动地发现有用信息的过程。传统数据挖掘的一般步骤可以总结如下。

（1）信息收集：根据确定的数据分析对象，抽象出在数据分析中所需要的特征信息，然后选择合适的信息收集方法，将收集到的信息存入数据库。对于海量数据，选择一个合适的数据存储和管理的数据仓库是至关重要的。

（2）数据集成：把不同来源、格式、特点性质的数据在逻辑上或物理上有机地集中，从而为企业提供全面的数据共享。

（3）数据规约：绝大多数的数据挖掘算法在执行时，即使只有少量数据也需要很长的处理时间；而在做商业运营数据挖掘时，数据量往往会非常大。数据规约技术可以用来得到数据集的规约表示，数据集的规约表示规模要比原数据集的规模小得多，但仍然接近于保持原数据的完整性，并且规约后执行数据挖掘结果与规约前执行结果相同或几乎相同。

（4）数据清理：在数据库中，有些数据是不完整的（如缺少属性值）、含噪声的（包含错误的属性值）、不一致的（同样的信息不同的表示方式），因此需要进行数据清理，将完整、正确、一致的数据信息存入数据仓库中。

（5）数据变换：通过平滑聚集、数据概化、规范化等方式将数据转换成适用于数据挖掘的形式。对于有些实数型数据，通过概念分层和数据的离散化来转换数据也是重要的一步。

（6）数据挖掘过程：仓库中的数据选择合适的分析工具，进而得出有用的分析信息。

（7）模式评估：从商业角度有行业专家验证数据挖掘结果的正确性。

（8）知识表示：可视化呈现给用户，或作为新的知识存放在知识库中供其他应用程序使用。

　　像数据挖掘一样，大数据挖掘的过程也应该从信息收集（从多个数据源）开始。然后按照数据集成、数据规约、数据清洗、数据变换来进行数据的挖掘。在大数据时代，这个过程中的每一个步骤都出现了新的挑战。例如，如何确保在复杂性大的异构大数据中，丢弃的数据不会严重降低最终结果的质量。

　　现实世界的应用往往都是由重要工业利益相关者和国家资助机构驱动的，因此管理和挖掘大数据已被证明是一个引人注目的并富有挑战性的任务。人类正处于一个新时代的开始，大数据挖掘将有助于我们探索未知的科学。

6.1　大数据挖掘算法

　　在大数据时代，从大规模数据集上分析和提取知识是一项非常有趣并具有挑战性的任务。由于标准数据挖掘算法和技术的可扩展性及其他限制，将它们应用到现实世界中会遇到许多挑战。因此，研究新的、可扩展的、包含了巨大的存储和处理能力的挖掘方法是必要的。

　　下面我们对传统的数据挖掘算法进行讲解以及对一些面向大数据的改进算法进行简单地介绍。

6.1.1　关联规则

　　在关联分析（Association Analysis）中，包含零个或多个项的集合被称为项集。事务的宽度定义为事务中出现项的个数。如果项集 X 是事务 t_i 的子集，则称事务 t_i 包含项集 X。项集的一个重要性质是它的支持度计数，即包含特定项集的事务个数。数学上，项集 X 的支持度计数可以表示为

$$\sigma(X) = \left| \{ t_i | X \subseteq t_i, t_i \in T \} \right| \tag{6-1}$$

其中，符号 $||$ 表示集合中元素的个数。

　　关联规则是形如 $X \rightarrow Y$ 的蕴含表达式，其中 X 和 Y 是不相交的项集，即 $X \cap Y = \varnothing$。关联规则的强度可以用支持度（support）和置信度（confidence）来度量。支持度确定规则可以用于测量给定数据集的频繁程度，置信度确定 Y 在包含 X 的事务中出现的频繁程度。支持度 s 和置信度 c 的形式定义如下：

$$s(X \rightarrow Y) = \frac{\sigma(X \cup Y)}{N} \tag{6-2}$$

$$c(X \rightarrow Y) = \frac{\sigma(X \cup Y)}{\sigma(X)} \tag{6-3}$$

　　大多数的关联规则挖掘算法，通常采用将关联规则挖掘任务分解为两个主要子任务的策略。

　　（1）频繁项集的产生：其目标是发现满足最小支持度阈值的所有项集，这些项集被称为频繁项集。

　　（2）规则的产生：其目标是从上一步发现的频繁项集中提取所有高置信度的规则。这些规则称为强规则。

　　一种原始发现频繁项集的方法是确定每个候选项集的支持度计数。为了完成这一任务，则必须将每个候选项集与每个事务进行比较，如果候选项集包含在事务中，则候选项集的支持度计数增加。这样产生频繁项集的计算复杂度很高，为了降低计算复杂度可以选用以下两

种方式。

（1）减少候选项集的数目。下面介绍的先验原理，就是一种不用计算支持度值而删除某些候选项集的有效方法。

（2）减少比较次数。替代每个候选项集与每个事务相匹配，可以使用更高级的数据结构、存储候选项集或者压缩数据集来减少比较次数。

1. Apriori 算法

Apriori 算法是 1994 年由 Agrawal 和 R.Srikant 提出的一种关联规则挖掘算法，开创性地使用基于支持度的剪枝技术，系统地控制候选集指数增长。Apriori 算法使用一种称为逐层搜索的迭代方法，其中 k-项集用于搜索$(k+1)$-项集。为了提高频繁项集逐层产生的效率，使用先验原理来压缩搜索空间。

先验原理： 如果一个项集是频繁的，则它的所有子集一定也是频繁的。

根据定义，假设$\{a,b,c\}$是频繁项集，则它的所有子集$\{a,b,c\}$，$\{a,b\}$，$\{a,c\}$，$\{b,c\}$，$\{a\}$，$\{b\}$，$\{c\}$和$\{\varnothing\}$也是频繁的。相反，如果项集$\{a,b\}$不是频繁项集，则它的所有超集也一定不是频繁的。一旦确定非频繁的项集，则整个包含非频繁项集超集的子图可以被立即剪枝。这种基于支持度度量修剪指数搜索空间的策略称为基于支持度的剪枝。

算法 6-1 给出了 Apriori 算法和它相关过程的伪代码。

算法 6-1　Apriori 算法，使用逐层迭代方法基于候选产生找出频繁项集

1： $k = 1$

2： $F_k = \{i | i \in I \wedge \sigma(\{i\}) \geqslant N \times minsup\}$ {发现所有的频繁 1-项集}

3： repeat

4： $k = k + 1$

5： $C_k = \mathbf{apriori\_gen}(F_{k-1})$ {产生候选项集}

6： for each 事务 $t \in T$ do

7： $C_t = \mathbf{subset}(C_k, t)$ {识别属于 t 的所有候选}

8： for each 候选项集 $c \in C_t$ do

9： $\sigma(c) = \sigma(c) + 1$ {支持度计数增值}

10： $F_k = \{c | c \in C_k \wedge \sigma(c) \geqslant N \times minsup\}$ {提取频繁 k-项集}

11： until $F_k = \varnothing$

12： **Result** $= \cup F_k$

Procedure **apriori_gen**(F_{k-1})

1： for each 项集 $f_1 \in F_{k-1}$

2： for each 项集 $f_2 \in F_{k-1}$

3： if $(f_1[1] = f_2[1]) \wedge \cdots \wedge (f_1[k-2] = f_2[k-2]) \wedge (f_1[k-1] < f_2[k-2])$ then

4： $c = f_1 \bowtie f_2$

5： if **has_infrequent_subset**(c, F_{k-1}) then

6： delete c

7： else add c to C_k

8: return C_k

Procedure **has_infrequent_subset**(c, F_{k-1})

1: for each $(k-1)$ subsets of c

2: if $s \in F_{k-1}$ then

3: return TRUE

4: return FALSE

令 C_k 为候选 k-项集的集合， F_k 为频繁 k-项集的集合。

（1）该算法初始通过单遍扫描数据集，确定每个项的支持度。完成该步骤，就得到所有频繁 1-项集的集合 F_1。

（2）然后，该算法将使用上一次迭代发现的频繁$(k-1)$-项集，产生新的候选 k-项集。候选的产生使用 apriori-gen 函数实现。

（3）为了对候选项的支持度计数，算法需要再次扫描一遍数据集。使用子集函数确定包含在每一个事务 t 中的 C_k 中的所有候选 k-项集。

（4）计算候选项的支持度计数之后，算法将删去支持度计数小于支持度阈值 $minsup$ 的所有候选项集。

（5）当没有新的频繁项集产生，即 $F_k = \varnothing$ 时，算法结束。

算法 6-1 中 apriori_gen 函数通过如下两个操作产生候选项集。

（1）候选项集的产生。该操作由前一次迭代发现的频繁$(k-1)$-项集产生新的候选 k-项集。

（2）候选项集的剪枝。该操作采用基于支持度的剪枝策略，删除一些候选 k-项集。

一旦从事务数据集中找出频繁项集，就可以直接由它们产生强关联规则（满足支持度阈值和置信度阈值）。将频繁项集 Y 划分为两个非空的子集 X 和 $Y - X$，使得 $X \rightarrow Y - X$ 满足置信度阈值。这样的规则必然已经满足支持度阈值，因为它们是由频繁项集产生的。

关联规则产生如下所示。

（1）对于每个频繁项集 f，产生 f 的所有非空子集。

（2）对于 f 的每个非空子集 s，如果有 $\sigma(f) / \sigma(s) \geqslant minconf$，则输出规则 $s \rightarrow f - s$。其中 $minconf$ 是置信度阈值。

例 6-1 设 $X = \{a, b, c\}$ 是频繁项集。可以由 X 产生 6 个候选关联规则：$\{a, b\} \rightarrow \{c\}$，$\{a, c\} \rightarrow \{b\}$，$\{b, c\} \rightarrow \{a\}$，$\{a\} \rightarrow \{b, c\}$，$\{b\} \rightarrow \{a, c\}$ 和 $\{c\} \rightarrow \{a, b\}$。由于它们的支持度都等于 X 的支持度，这些规则一定满足支持度阈值。

计算关联规则的置信度不需要再次扫描事务数据集。考虑规则 $\{a, b\} \rightarrow \{c\}$，它是频繁项集 $X = \{a, b, c\}$ 产生的。该规则的置信度为 $\sigma(\{a, b, c\}) / \sigma(\{a, b\})$。因为 $\{a, b, c\}$ 是频繁的，支持度的反单调性确保项集 $\{a, b\}$ 也一定是频繁的。由于这两个项集的支持度计数已经在频繁项集产生时得到了，因此不必再扫描整个数据集。

在许多情况下，Apriori 算法显著压缩了候选项集的规模，并且具有很好的性能。但是，Apriori 算法有如下四方面的性能瓶颈。

（1）对数据库的扫描次数过多。当事务数据库中存放大量事务数据时，在有限的内存容量下，系统 I/O 负载相当大。对每次 k 循环，候选集中的每个元素都必须通过扫描数据库一次来验证其是否加入频繁项集中。假如有一个候选项集包含 10 个项的话，那么就至少需要扫描事务数据库 10 遍。每次扫描数据库的时间就会非常长，这样导致 Apriori 算法效率相对很低。

（2）可致使庞大的候选集的产生。由 F_{k-1} 产生 k-候选集 C_k 是指数增长的，例如，10^4 的 1-频繁项集就有可能产生接近 10^7 个元素的 2-候选项集。如果要产生一个很长的规则时，产生的中间元素也是巨大的。

（3）基于支持度和置信度框架理论发现的大量规则中，有一些规则即使满足用户指定的最小支持度和置信度，也没有实际意义；如果最小支持度阈值定得越高，有用数据就越少，有意义的规则也就不易被发现，这样会影响决策的制定。

（4）算法适应范围小。Apriori 算法仅仅考虑了布尔型的单维关联规则的挖掘，在实际应用中，可能出现多类型的、多维的、多层的关联规则。

2. FP-growth 算法

针对 Apriori 算法的瓶颈问题，2000 年 Han 等提出了一种被称为频繁模式增长（Frequent-Pattern Growth，FP-growth）的算法。FP-growth 算法只进行 2 次数据库扫描，不使用候选集，直接压缩数据库成一个频繁模式树（FP 树），并直接从该结构中提取频繁项集，最后通过这棵树生成关联规则。

FP 树是一种输入数据的压缩表示，它通过逐个读入事务，把每个事务映射到 FP 树中的一条路径来构造。由于不同的事务可能会有若干个相同的项，因此它们的路径可能部分重叠。路径相互重叠越多，使用 FP 树结构获得的压缩效果越好。

图 6-1 显示了一个数据集，它包含 10 个事务和 5 个项。图中绘制了读入前 3 个事务之后 FP 树的结构。树中每一个节点都包含一个项的标记和一个计数，计数显示映射到给定路径的事务个数。初始，FP 树仅包含一个根节点，用符号 null 标记。之后，用如下方法扩充 FP 树。

（1）扫描一次数据集，确定每个项的支持度计数。丢弃非频繁项，将频繁项按照支持度的递减排序。对于图 6-1 显示的数据集，频繁项递减排序为 a，b，c，d，e。

（2）算法第二次扫描数据集，构建 FP 树。读入第一个事务 $\{a,b\}$ 之后，创建标记为 a 和 b 的节点。然后形成 null $\rightarrow a \rightarrow b$ 路径，对该事物编码。对该路径上的所有节点的频度计数为 1。

（3）读入第二个事务 $\{b,c,d\}$ 之后，为项 b，c 和 d 创建新的节点集。然后，连接节点 null $\rightarrow b \rightarrow c \rightarrow d$，形成一条代表该事物的路径。该路径上的每个节点的频度计数也等于 1。尽管前两个事务具有一个共同项 b，但是它们的路径不相交，因为这两个事务没有共同的前缀。

（4）第三个事务 $\{a,c,d,e\}$ 与第一个事务共享一个共同前缀项 a，所以第三个事务的路径 null $\rightarrow a \rightarrow c \rightarrow d \rightarrow e$ 与第一个事务的路径 null $\rightarrow a \rightarrow b$ 部分重叠。因为它们的路径重叠，所以节点 a 的频度计数增加为 2，而新创建的节点 c，d 和 e 的频度计数为 1。

（5）继续这个过程，直到每个事务都映射到 FP 树的一条路径。读入所有的事务后形成的 FP 树在图 6-1 的底部显示。

FP-growth 是一种自底向上方式搜索树，有 FP 树产生频繁项集的算法。给定图 6-1 所示的树，算法首先查找以 e 结尾的频繁项集，接下来依次是 d，c，b 和 a。由于每一个事务都映射到 FP 树中的一条路径，因而通过仅考察包括特定节点（例如，e）的路径，就可以发现以 e 结尾的频繁项集。使用与节点 e 相关联的指针，可以快速访问这些路径，图 6-2 显示了所提取的路径。

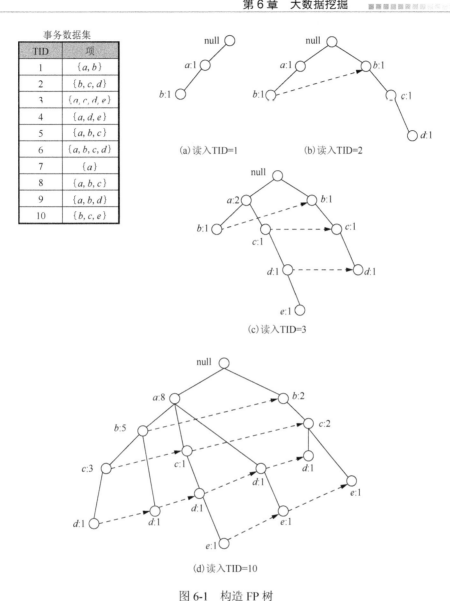

图 6-1　构造 FP 树

FP-growth 采用分治策略将一个问题分解为较小的子问题，从而发现以某个特定后缀结尾的所有频繁项集。FP-growth 是一个有趣的算法，它展示了如何使用事务数据集的压缩表示来有效地产生频繁项集。

3. HusMaR 算法

由于数据规模的快速增长，高效用序列模式挖掘算法效率严重下降。针对这种情况，程思远等提出基于 MapReduce 的高效用序列模式挖掘算法 HusMaR。该算法基于 MapReduce 框架，使用效用矩阵过滤无用的单项序列、产生序列候选项；使用随机映射策略均衡计算资源；使用基于领域的剪枝策略来过滤序列候选项，防止组合爆炸。这三种思想克服了大数据环境下存储和计算资源的问题，解决了如何在大数据环境下使用 MapReduce 框架挖掘高效用序列模式的问题。

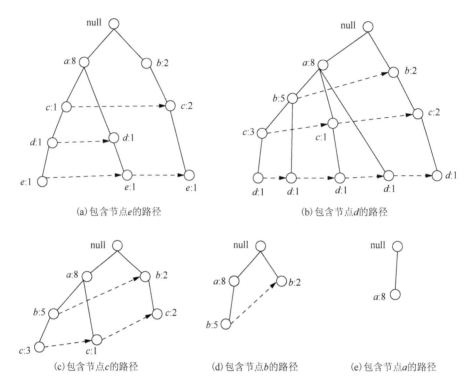

(a) 包含节点e的路径　　　　　　　　　　　　(b) 包含节点d的路径

(c) 包含节点c的路径　　　　　(d) 包含节点b的路径　　　　　(e) 包含节点a的路径

图 6-2　以 e，d，c，b 和 a 结尾的频繁项集

通过 MapReduce 过程，采用效用矩阵可快速提取可用的单项序列。利用可用的单项序列集合，过滤 q-序列数据库中的单项序列，避免无用的单项序列产生候选项时带来系统资源的消耗和算法效率的降低。候选项的产生可以通过效用矩阵、项集内拼接和序列间拼接完成。

为了减小单个节点的资源消耗，充分利用集群的计算能力，HusMaR 算法基于 Random(K) 的随机算法，为每一个 q-序列分配键值，均衡地将 q-序列数据库中所有的 q-序列分组，以降低存储和计算资源的消耗，均衡地为集群中每个节点分配任务数量。

算法的剪枝策略有两种：①基于序列结构复杂度的剪枝，拼接的过程中，拼接效用值高且剩余效用值高的 M 个项；②基于 q-序列的尺度的剪枝，若候选项的尺度达到 N，则停止拼接新项。这两种剪枝策略组合起看，通过限制条件挖掘出特定的序列模式，并且序列模式结果集是可接受的。

6.1.2　分类分析

分类（Classification）问题是一个普遍存在的问题，有许多不同的应用。例如，根据核磁共振扫描的结果区分肿瘤恶性程度，即判断是良性还是恶性。分类任务是确定对象属于哪个预定义的目标类。分类任务的输入数据是记录的集合。每条记录用元组 (x, y) 表示，其中 x 是属性的集合，y 是样例的类标号（也称为分类属性或目标属性）。分类任务就是通过学习得到一个目标函数 f，把每个属性集 x 映射到预先定义的类标号 y。

另外，类标号必须是离散属性，这是区别分类和回归的关键特征。回归是一种预测建模任务，其中目标属性 y 是连续的。

　　数据分类是一个两阶段过程，包括学习阶段（构建分类模型）和分类阶段（使用模型预测给定数据的类标号）。在学习阶段，分类算法通过分析或从训练集"学习"来构造分类器。训练集（training set）是由类标号已知的记录组成的。在第二阶段，将模型运用到检验集（test set），检测集由类标号未知的记录组成。

　　分类法是一种根据输入数据集建立分类模型的系统方法。分类法的例子包括决策树分析法、基于规则的分类法、神经网络、支持向量机和朴素贝叶斯分类法。

1. 决策树

　　决策树（Decision Tree）是一种简单但是广泛使用的分类器。通过训练数据构建决策树，可以高效地对未知的数据进行分类。

　　决策树归纳是从有类标号的训练元组中学习决策树。决策树是一种类似于流程图的树结构，其中每个内部节点（非叶节点）表示在一个属性上的测试，每个分枝代表该测试的一个输出，而每个叶节点存放一个类标号。树的最顶层节点是根节点。

　　一棵决策树如图 6-3 所示。其中矩形表示根节点，圆形表示内部节点，三角形表示叶子节点。

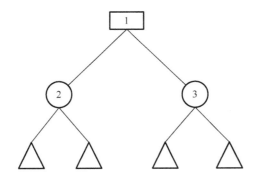

图 6-3　决策树

　　算法 6-2 给出了决策树归纳算法 TreeGrowth 框架，该算法的输入是训练集 E 和属性集 F。算法递归地选择最优的属性来划分数据，并扩展树的叶节点，直到满足结束条件。算法细节如下。

　　（1）函数 createNode() 为决策树建立新节点。决策树的节点或者是一个测试条件，记作 node.test_cond，或是一个类标号，记作 node.label。

　　（2）函数 find_best_split() 确定应当选择哪个属性作为划分训练集记录的测试条件。一些广泛使用的度量包括熵、Gini 指标和 χ^2 统计量。

　　（3）函数 Classify() 为叶节点确定类标号。对于每个叶节点 t，令 $p(i|t)$ 表示该节点上属于类 i 的训练记录所占的比例，在大多数情况下，都将叶节点指派到具有多数记录的类：

$$\text{lead.label} = \underset{i}{\text{argmax}}\, p(i|t) \tag{6-4}$$

其中，操作 argmax 返回最大化 $p(i|t)$ 的参数值 i。$p(i|t)$ 除了提供确定叶节点类标号所需的信息，还可以用来估计分配到叶节点 t 的记录属于类 i 的概率。

　　（4）函数 stopping_cond() 通过检查是否所有的记录都属于同一个类，或都具有相同的属性值，决定是否终结决策树的增长。终止递归函数的另一种方法是，检查记录数是否小于某个最小阈值。

算法 6-2 决策树归纳算法的框架

TreeGrowth(E, F)

1: if **stopping**$_{cond(E,F)}$ = **true** then

2: **lead** = **createNode**()

3: **lead.label** = **Classify**()

4: return **lead**

5: else

6: **root** = **createNode**()

7: **root.test_cond** = **find_best_split**(E, F)

8: 令 $V = \{v | v$ 是 **root.test_cond** 的一个可能的输入$\}$

9: for 每个 $v \in V$ do

10: $E_v = \{e | \text{root.test}_{cond(e)} = v$ 并且 $e \in E\}$

11: **child** = **TreeGrowth**(E_v, F)

12: 将 **child** 作为 **root** 的派生节点添加到树中，并将边 $(\text{root} \rightarrow \text{child})$ 标记为 v

13: return **root**

2. 最近邻分类器

最近邻分类器把每个样例看作 d 维空间上的一个数据点，其中 d 是属性个数。给定样例 z 的 k-最近邻是指 z 距离最近的 k 个数据点。

图 6-4 给出了位于圆圈中心的数据点的 1-最近邻、2-最近邻和 3-最近邻。该数据点根据其最近邻的类标号进行分类。如果数据点的近邻中含有多个类标号，则将该数据点指派到其最近邻的多数类。图 6-4（a）中数据点的 1-最近邻是一个负样例，因此该点被指派到负类。如果最近邻是三个，如图 6-4（c），其中有两个负样例和一个正样例，根据多数表决方案，该点也被指派到负类。

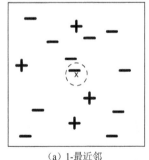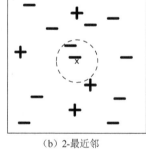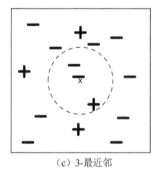

| (a) 1-最近邻 | (b) 2-最近邻 | (c) 3-最近邻 |

图 6-4 一个实例的 1-最近邻、2-最近邻和 3-最近邻

算法 6-3 是对最近邻分类方法的一个高层描述。对每个测试样例 $z = (x', y')$，算法计算它和所有训练样例 $(x, y) \in D$ 之间的距离（或相似度），以确定其最近邻列表 D_z。一旦得到最近邻列表，测试样例就会根据最近邻中的多数类进行分类：

$$y' = \underset{v}{\text{argmax}} \sum_{(x_i, y_i) \in D_z} I \ (v = y_i) \tag{6-5}$$

其中，v 是类标号，y_i 是一个最近邻的类标号，$I(\cdot)$ 是指示函数，如果参数为真，则返回 1，否则，返回 0。

算法 6-3　k-最近邻分类算法

1：令 k 是最近邻数目，D 是训练样例集合

2：for 每个测试样例 $z = (x', y')$ do

3：计算 z 和每个样例 $(x, y) \in D$ 之间的距离 $d(x', y')$

4：选择离 z 最近的 k 个训练样例的集合 $D_z \subseteq D$

5：$y' = \underset{v}{\arg\max} \sum_{(x_i, y_i) \in D_z} I \quad (v = y_i)$

---

3. 贝叶斯分类器

贝叶斯分类是统计学分类方法，基于贝叶斯定理。贝叶斯定理（Bayes Theorem）是一种把类的先验知识和从数据中收集的新证据相结合的统计原理。

假设 X，Y 是一对随机变量，它们的联合概率 $P(X = x, Y = y)$ 是指 X 取值 x 且 Y 取值 y 的概率，条件概率是指一随机变量在另一随机变量取值已知的情况下取某一特定值的概率。例如，$P(X = x|Y = y)$ 是指在变量 X 取值 x 的情况下，变量 Y 取值 y 的概率。X 和 Y 的联合概率和条件概率满足如下关系：

$$P(X, Y) = P(Y|X) \times P(X) = P(X|Y) \times P(Y) \tag{6-6}$$

调整公式（6-6）得到下边的公式，称为贝叶斯定理：

$$P(Y|X) = \frac{P(X|Y) \times P(Y)}{P(X)} \tag{6-7}$$

其中，$P(Y|X)$ 是后验概率，或在条件 X 下 Y 的后验概率；$P(Y)$ 是先验概率。贝叶斯分类器的分类原理是通过某对象的先验概率，利用贝叶斯公式计算出其后验概率，即该对象属于某一类的概率，选择具有最大后验概率的类作为该对象所属的类。

朴素贝叶斯（NaiveBayes） 朴素贝叶斯模型（NBC）发源于古典数学理论，有着坚实的数学基础，以及稳定的分类效率。它的工作过程如下。

（1）设 D 是训练元组和它们相关联的类标号的集合。通常，每个元组用一个 n 维属性向量 $X = \{x_1, x_2, \cdots, x_n\}$ 表示，描述由 n 个属性 $A_1, A_2, \cdots, A_n$ 对元组的 n 个测量。

（2）假定有 m 个类 $C_1, C_2, \cdots, C_m$。给定元组 X，分类法将预测 X 属于具有最高后验概率的类（在条件 X 下）。也就是说，朴素贝叶斯分类法预测 X 属于类 C_i，当且仅当 $P(C_i|X) > P(C_j|X), 1 \le j \le m, j \ne i$，这样，最大化 $P(C_i|X)$。根据贝叶斯定理（6-7），

$$P(C_i|X) = \frac{P(X|C_i) \times P(C_i)}{P(X)} \tag{6-8}$$

（3）由于 $P(X)$ 对所有类为常数，所以只需 $P(X|C_i) \times P(C_i)$ 最大即可。如果类的先验概率未知，则通常假定这些类是等概率的，即 $P(C_1) = P(C_2) = \cdots = P(C_m)$，并据此对 $P(X|C_i)$ 最大化。否则，最大化 $P(X|C_i) \times P(C_i)$。

（4）给定具有许多属性的数据集，计算 $P(\boldsymbol{X}|C_i)$ 的开销可能非常大。为了降低计算开销，可以做类条件独立的朴素假定。给定元组的类标号，假定属性值有条件地相互独立（即属性之间不存在依赖关系）。因此，

$$P(\boldsymbol{X}|C_i)=\prod_{k=1}^{n}P(x_k|C_i)=P(x_1|C_i)P(x_2|C_i)\cdots P(x_n|C_i) \tag{6-9}$$

可以很容易地由训练元组估计概率 $P(x_1|C_i)$，$P(x_2|C_i)$，…，$P(x_n|C_i)$。注意，x_k 表示元组 $\boldsymbol{X}$ 在属性 A_k 的值。

（5）为了预测 $\boldsymbol{X}$ 的类标号，对每个类 C_i，计算 $P(\boldsymbol{X}|C_i)P(C_i)$。该分类法预测输入元组 $\boldsymbol{X}$ 的类为 C_i，当且仅当 $P(\boldsymbol{X}|C_i)P(C_i)>P(\boldsymbol{X}|C_j)P(C_j), 1\leqslant j\leqslant m, j\neq i$，换言之，被预测的类标号是 $P(\boldsymbol{X}|C_i)P(C_i)$ 使最大的类 C_i。

理论上，贝叶斯分类法与其他所有分类算法相比具有最小的错误率。然而，实践中并非总是如此，这是由于对其使用假定（如类条件独立）的不正确性，以及缺乏可用的概率数据造成的。

4. MRPR

原型约减方法的目的是，用数量减少的实例来表示原始训练数据集。它们的主要目的是加快分类过程，并减少存储的要求和对最近邻规则的噪声的敏感性，提高最近邻规则分类能力。然而，标准的原型约减方法不能应付非常大的数据集。因为在处理大型数据集时会遇到如下两种问题：①运行原型约减方法这个过程花费的时间过长；②当训练集太大时，它可能很容易超过可用的 RAM 内存。

为了克服这些局限性，Triguero 等在最近邻分类上提出了一种新的对原型约减技术（Prototype Reduction，PR）分布式分区的方法 MRPR（MapReduce for Prototype Reduction）。这是一种基于 MapReduce 的框架使用 Map 和 Reduce 任务执行适当的原型约减算法的方案。

Map 阶段：假设一个确定大小的训练集 TR，存储在 HDFS 作为一个单独的文件。MRPR 的第一步是将 TR 分裂成若干不相交的子集。在 Hadoop 的角度来看，TR 文件由 h 个 HDFS 块组成。m 是 Map 任务的数目（用户定义的参数）。每个映射任务（Map_1，Map_2，…，Map_m）会形成一个相关的 TR_j，其中 $1\leqslant j\leqslant m$。值得注意的是，这个分配过程是顺序执行的，因此，Map_j 对应的 h/m 个 HDFS 数据块。因此，每个 Map 将处理大致相同数量的实例。当每个 Map 已形成相应的 TR_j，PR 采用 TR_j 作为输入训练数据进行，生成一个 reduce 数据集 RS_j。

Reduce 阶段：将包括所有 RS_j 迭代聚集作为一个最终的 reduce 集 RS，初始 $\mathrm{RS}\neq\varnothing$。之后有三种 Reducer 类型的方案，分别是 Join，Filtering 和 Fusion。Join：这个简单选择是基于分层，将所有 RS_j 集为最终 reduce 集 RS，即 $\mathrm{RS}=\mathrm{RS}\cup\mathrm{RS}_j$。Filtering：一个过滤阶段，RS 的形成过程中消除噪声的实例。Fusion：在这个类型中，目标是消除冗余原型。

所提出的方案可以使原型约减算法被应用在大数据分类问题，而无显著的精度损失。算法框架如图 6-5 所示。

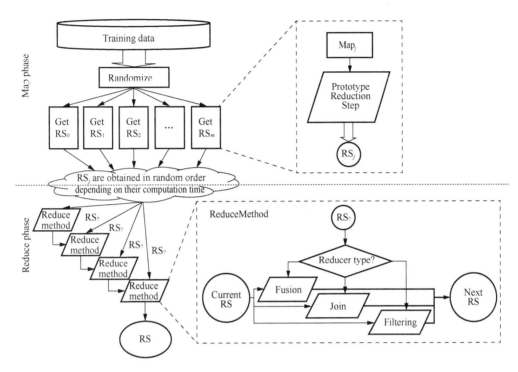

图 6-5　MRPR 框架

6.1.3　聚类分析

聚类分析（Cluster Analysis）是把一个数据对象划分成子集的过程，仅根据在数据中发现的描述对象及其关系的信息，将数据对象分组。其目标是，组内的对象相互之间相似或相关，不同组中的对象不同或不相关。组内的相似性越大，组间的差别越大，聚类就越好。

一般而言，主要的基本聚类算法可以分为划分方法（Partitioning Method）、层次法（Hierarchical Method）、基于密度的方法（Density-based Method）等方法。

1. 划分方法

划分方法：给定一个有 n 个元组或者记录的数据集，分裂法将构造 k 个分组，每一个分组就代表一个聚类，$k \leqslant n$。也就是说，它把数据划分为 k 个分组，使得每个组至少包含一个对象。

假设数据集 D 包含 n 个欧氏空间中的对象，划分方法把 D 中的对象分配到 k 个簇 C_1，$C_2, \cdots, C_k$ 中，使得对于 $1 \leqslant i, j \leqslant i, C_i \subset D$ 且 $C_i \cap C_j = \varnothing$。一个目标函数用于评估划分的质量，使得同一个簇中的对象尽可能相互接近或相关，而不同簇中的对象尽可能远离或不同。

为了达到全局最优，基于划分的聚类可能需要穷举所有可能的划分，计算量极大。实际上，大多数应用都采用了流行的启发式方法，如 K-means 和 K-medoids 算法，渐近地提高聚类质量，逼近局部最优解。这些启发式聚类方法很适合发现中小规模的数据库中的球状簇。

K-means 算法用质心定义原型，其中质心是一组点的均值。对象 $p \in C_i$ 与该簇的代表 c_i 之差用 $\mathrm{dist}(p, c_i)$ 度量，其中 $\mathrm{dist}(x, y)$ 是两个点 x 和 y 之间的欧氏距离。簇的质量用簇内变差度量，它是 C_i 中所有对象和质心 c_i 之间的误差平方和，表达式为

$$E = \sum_{i=0}^{K} \sum_{p \in C_i} \text{dist}(p, c_i) \tag{6-10}$$

K-means 的基本算法如式 6-10 所示。首先，选择 K 个初始质心，其中 K 是用户指定的参数，即所期望的簇的个数。每个点指派到最近的质心，而指派到一个质心的点集为一个簇。然后，根据指派到簇的点，更新每个簇的质心。重复指派和更新步骤，直到簇不发生变化，或等价地，直到质心不发生变化。

算法 6-4　基本 K-means 算法

1：选择 K 个点作为初始质心

2：repeat

3：将每个点指派到最近的质心，形成 K 个簇

4：重新计算每个簇的质心

5：until 质心不发生变化

K-means 算法对离群点敏感，这不经意间地影响了其他对象到簇的分配。修改 K-means 算法，降低它对离群点的敏感性，可以不采用簇中对象的均值作为参照点，而是挑选实际对象来代表簇，每个簇使用一个代表对象。其余的每个对象被分配到与其最为相似的代表性对象所在簇中。划分方法基于最小化所有对象 p 与其对应的代表对象之间的相异度之和的原则来进行划分，即使用绝对误差标准：

$$E = \sum_{i=0}^{K} \sum_{p \in C_i} \text{dist}(p, o_i) \tag{6-11}$$

其中，E 是数据集中所有对象 p 与 C_i 的代表对象 o_i 的绝对误差之和。

K-means 算法是 K-medoids 算法的基础。K-medoids 聚类通过最小化该绝对误差，将 n 个对象划分到 K 个簇中。具体地说，设 $o_1, \cdots, o_k$ 是当前代表对象（即中心点）的集合。为了决定一个非代表对象 o_{random} 是否是一个当前中心点 $o_j (i \leq j \leq k)$ 的合适替代，我们计算每个对象 p 到集合 $\{o_1, \cdots, o_{j-1}, o_{\text{random}}, o_{j+1}, \cdots, o_k\}$ 中最近对象的距离，并使用该距离更新代价函数。K-medoids 的基本算法如算法 6-5 所示。

算法 6-5　基本 K-medoids 算法

1：选择 K 个点作为初始的代表对象

2：repeat

3：将每个剩余对象指派到最近的代表对象所代表的簇

4：随机选择一个非代表对象 o_{random}

5：计算用 o_{random} 代替代表对象 o_j 的总代价 S

6：if $S < 0$, then o_{random} 替换 o_j，形成新的 K 个代表对象的集合

7：until 不发生变化

---

2. 层次聚类方法

层次聚类方法既可以是凝聚的又可以是分裂的，这取决于层次分解是自底向上（合并）还是自顶向下（分裂）。

凝聚的层次聚类方法使用自底向上的策略。它从令每个对象形成自己的簇开始，并且选

代地把簇合并成越来越大的簇，直到所有对象都在一个簇中，或者满足某个终止条件。该单个簇成为层次结构的根。在合并步骤，它找出两个最接近的簇（根据某种相似性度量），并且合并它们，形成一个簇。

分裂的层次聚类方法使用自顶向下的策略。它从把所有对象置于一个簇中开始，该簇是层次结构的根。然后，它把根上的簇划分成多个较小的簇，并且递归地把这些簇划分为更小的簇。划分过程继续，直到最底层的簇都足够凝聚或者仅包含一个对象，或者簇内的对象彼此都充分相似。

在凝聚或分裂聚类中，用户都可以指定期望的簇个数作为终止条件。

无论使用凝聚方法还是分裂方法，一个核心的问题是度量两个簇之间的距离，其中每个簇一般是一个对象集。

四个广泛采用的簇间距离度量方法如下，其中 $|\boldsymbol{p} - \boldsymbol{p}'|$ 是两个对象或点 $\boldsymbol{p}$ 和 $\boldsymbol{p}'$ 之间的距离，$\boldsymbol{m}_i$ 是簇 C_i 的均值，而 $\boldsymbol{n}_i$ 是簇 C_i 中对象的数目。这些度量又称连接度量。

$$\text{最小距离：} \qquad \text{dist}_{\min}(C_i, C_j) = \min_{\boldsymbol{p} \in C_i, \boldsymbol{p}' \in C_j} \{|\boldsymbol{p} - \boldsymbol{p}'|\} \qquad (6\text{-}12)$$

$$\text{最大距离：} \qquad \text{dist}_{\max}(C_i, C_j) = \max_{\boldsymbol{p} \in C_i, \boldsymbol{p}' \in C_j} \{|\boldsymbol{p} - \boldsymbol{p}'|\} \qquad (6\text{-}13)$$

$$\text{均值距离：} \qquad \text{dist}_{\text{mean}}(C_i, C_j) = |\boldsymbol{m}_i - \boldsymbol{m}_j| \qquad (6\text{-}14)$$

$$\text{平均距离：} \qquad \text{dist}_{\text{avg}}(C_i, C_j) = \frac{1}{n_i n_j} \sum_{\boldsymbol{p} \in C_i, \boldsymbol{p}' \in C_j} |\boldsymbol{p} - \boldsymbol{p}'| \qquad (6\text{-}15)$$

当算法使用最小距离 $\text{dist}_{\min}(C_i, C_j)$ 来衡量簇间距离时，有时称它为最近邻聚类算法。此外，如果当最近的两个簇之间的距离超过用户给定的阈值时聚类过程就会终止，称其为单连接算法。当一个算法使用最大距离 $\text{dist}_{\max}(C_i, C_j)$ 来衡量簇间距离时，称它为最远邻聚类算法。如果当最近的两个簇之间的最大距离超过用户给定的阈值时聚类过程就会终止，称其为全连接算法。

3. 基于密度的方法

划分和层次方法旨在发现球状簇，但却很难发现任意形状的簇。基于密度的聚类方法可以发现非球状簇，它把簇看作数据空间中被稀疏区域分开的稠密区域。

这里介绍一种代表算法 DBSCAN（Density-Based Spatial Clustering of Applications with Noise）算法。DBSCAN 是一种简单、高效、基于密度的聚类算法，并使用基于中心的方法。在基于中心的方法中，数据集中特定点的密度通过对该点 Eps 半径之内的点计数（包含点本身）进行估计。该方法实现简单，但是点的密度取决于指定的半径。基于中心的点密度方法将点分类为以下几种。

（1）稠密区域内部的点（核心点）。如果一个点的给定邻域内点的个数超过给定的阈值 MinPts，那么该点就是核心点，其中 MinPts 是用户指定的参数。

（2）稠密区域边缘上的点（边界点）。边界点不是核心点，但它落在某个核心点的邻域内。

（3）稀疏区域中的点（噪声或背景点）。噪声点是既非核心点也非边界点的任何点。

DBSCAN 算法非正式地描述如下：任意两个足够靠近（相互之间的距离在 Eps 之间）的核心点将放在同一个簇中；同样，任何与核心点足够靠近的边界点也放在与核心点相同的簇中；噪声点被丢弃。算法的细节在算法 6-6 中给出。

算法6-6　DBSCAN算法
1：将所有点标记为核心点、边界点或噪声点
2：删除噪声点
3：为距离在 *Eps* 之内的所有核心点之间赋予一条边
4：每组连通的核心点形成一个簇
5：将每个边界点指派到一个与之关联的核心点的簇中

确定参数 *Eps* 和 MinPts 的基本方法是观察点到它的 k 个最近邻距离（称为 k-距离）的特性。对于属于某个簇的点，如果 k 不大于簇的大小，那么 k-距离将很小。对于不在簇中的点（如噪声点），k-距离将相对较大。因此，对于某个 k 计算所有点的 k-距离，并以递增次序进行排序并绘制排序后的值，拟合一条排序后 k-距离的变化曲线图，然后绘出曲线。如图 6-6 所示为某样本数据集的 k-距离图。通过观察，将急剧发生变化的位置所对应的 k-距离的值，确定为半径 *Eps* 的值，如图 6-6 所示，*Eps* 可取 9～11。对于确定 MinPts 的大小，实际上也是确定 k-距离中 k 的值，DBSCAN 算法取 $k=4$，则 MinPts = 4，对于大部分的二维数据集，是一个比较合理的值。

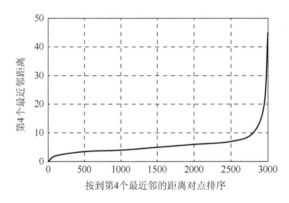

图 6-6　一个样本数据的 k-距离图

4. 并行聚类算法

为了解决传统的聚类算法在处理海量数据信息时所面临的内存容量和 CPU 处理速度的瓶颈问题，学者对聚类算法的并行化进行了很多研究。

张雪萍等在深入研究 K-Medoids 算法的基础之上，提出了基于 MapReduce 编程模型的 K-Medoids 并行化算法思想。Map 函数部分的主要任务是计算每个数据对象到簇类中心点的距离并（重新）分配其所属的聚类簇；Reduce 函数部分的主要任务是根据 Map 部分得到的中间结果，计算出新簇类的中心点，然后作为中心点集给下一次 MapReduce 过程使用。实验结果表明，运行在 Hadoop 集群上的基于 MapReduce 的 K-Medoids 并行化算法具有较好的聚类结果和可扩展性；对于较大的数据集，该算法得到的加速比更接近于线性。

谢雪莲等深入研究了基于云平台 Hadoop 的并行 K-means 算法，充分利用 Hadoop 云计算平台的海量计算和存储能力，完成程序的分布式执行。K-means 算法的 MapReduce 并行化的思路就是把串行 K-means 算法的每次迭代转化为一次 MapReduce 计算，且可以独立操作的计算并行实现，包括样本与聚类中心的距离计算和新的聚类中心的局部计算。算法实现的过程主要包括 Map 过程、Combine 过程和 Reduce 过程。其中，Combine 函数的作用就是对 Map

过程产生大量中间结果进行本地化 Reduce 处理，可以减轻数据在节点之间的传输时间耗费和带宽占用。

6.2　大数据挖掘工具

在进行大数据挖掘时，用户可以借助数据挖掘工具方便快捷地实现一些常用的数据挖掘算法。下面将介绍五种比较常用的数据挖掘工具，分别是 RapidMiner，Weka, KNIME, Orange 和 R。这些数据挖掘工具具有一些不同的特点，用户可以根据需要，灵活选用。

6.2.1　RapidMiner

2001 年，RapidMiner 诞生于德国多特蒙德工业大学，始于人工智能部门的 Ingo Mierswa、Ralf Klinkenberg 和 Simon Fischer 共同开发的一个项目，最初被称为 YALE（Yet Another Learning Environment）。2007 年，软件名由 YALE 更名为 RapidMiner。

RapidMiner 是用 Java 语言编写的，其中的功能均是通过连接各类算子（operataor）形成流程（process）来实现的，整个流程可以看作工厂车间的生产线，输入原始数据，输入出模型结果。算子可以看作执行某种具体功能的函数，且不同算子有不同的输入输出特性。该款工具最大的好处是，用户无需编写任何代码，只需拖拽所需的算子就可以完成相应的数据挖掘操作。因为其具备图形用户界面（Graphical User Interface，GUI），所以很适合作为初学者数据挖掘的入门。RapidMiner 的帮助菜单中还自带了多个教程，可以帮助用户进行基本入门操作。

RapidMiner 提供了数据挖掘和机器学习的程序，包括数据加载和转换（ETL）、数据预处理和可视化、建模、评估和部署。数据挖掘的流程是以 XML 文件加以描述，并通过一个图形用户界面显示出来。RapidMiner 还集成了 Weka 的学习器和评估方法，并可以与 R 语言进行协同工作。

RapidMiner 位于 Hadoop 和 Spark 等预测性分析工具的前端，为数据科学家和分析师等分析人员从大数据中提取价值提供了简单易用的可视化操作环境。2014 年底，RapidMiner 购买 Radoop，更名为 RapidMiner Radoop。RapidMiner Radoop 作为 RapidMiner 预测性分析平台的核心组件之一，可以将预测性分析延伸至 Hadoop，可以通过拖拽自带的算子执行 Hadoop 技术特定的操作，避免了 Hadoop 集群技术的复杂性，简化和加速了在 Hadoop 上的分析，使得分析人员能够流畅地使用 Hadoop。

6.2.2　Weka

Weka（Waikato Environment for Knowledge Analysis）是一款免费非商业化的、基于 Java 环境下开源的机器学习（machine learning）以及数据挖掘软件。

2005 年 8 月，在第 11 届 ACM SIGKDD 国际会议上，怀卡托大学的 Weka 小组荣获了数据挖掘和知识探索领域的最高服务奖。Weka 系统得到了广泛认可，被誉为数据挖掘和机器学习历史上的里程碑，是现今最完备的数据挖掘工具之一。

Weka 存储数据的格式是 ARFF（Attribute-Relation File Format）文件，是一种 ASCII 文本文件。使用 Weka 作为数据挖掘的工具，面临的第一个问题往往是我们的数据不是 ARFF 格式。幸好，Weka 还提供了对 CSV 文件的支持，而这种格式是被很多其他软件所支持的。此外，

Weka 还提供了通过 JDBC 访问数据库的功能。

Weka 作为一个公开的数据挖掘工作平台，集合了大量能承担数据挖掘任务的机器学习算法，包括对数据进行预处理、分类、回归、聚类、关联规则以及在新的交互式界面上的可视化。

Weka 项目旨在为研究人员和从业者的学习提供一个全面收集机器算法和数据预处理的工具。它允许用户快速尝试，并在新的数据集上比较不同的机器学习方法。它的模块化是建立在广泛的基础学习算法和工具的集合，可扩展的架构允许复杂的数据挖掘过程。它在学术界和企业界都取得了广泛的认可，并已成为数据挖掘研究的一种广泛认可。

6.2.3　KNIME

KNIME（Konstanz Information Miner）是一个用户友好的、智能的数据集成、数据处理、数据分析和数据勘探平台。KNIME 通过工作流来控制数据的集成、清洗、转换、过滤，再到统计、数据挖掘，最后是数据的可视化。它使用户有能力以可视化的方式创建数据流或数据通道，可选择性地运行一些或全部的分析步骤，方便后面研究结果、模型以及可交互的视图。

KNIME 由 Java 编写，其基于 Eclipse 并通过插件的方式来提供更多的功能。通过插件的文件，用户可以为文件、图片和时间序列加入处理模块，并可以集成到其他各种各样的开源项目中，例如，Weka 和 R 语言。

KNIME 被设计成一种模块化的、易于扩展的框架。它的处理单元和数据容器之间没有依赖性，这使得它们更加适应分布式环境及独立开发。另外，对 KNIME 进行扩展也是比较容易的事情。开发人员可以很轻松地扩展 KNIME 的各种类型的节点、视图等。

在 KNIME 中，数据分析流程由一系列节点及连接节点的边组成。待处理的数据或模型在节点之间进行传递。每个节点都有一个或多个输入端和输出端。数据或模型从节点的输入端进入，经节点处理后从节点的输出端输出。其端口间的连接关系有严格的约定，也就是说一个操作的输出端口只能连接其他固定几种操作的输入端口，否则是无法将这两个操作建立前后执行顺序的。从一定意义上讲，这样的约束可以帮助人们减少定义过程中的错误。为了处理大量数据，KNIME 允许只保留部分数据在内存中处理，以此来提高处理效率。节点是 KNIME 中主要的处理单元，并且 KNIME 提供了大量的节点。这些节点包含不同的功能，包括 I/O 操作、数据处理、数据转换以及数据挖掘、机器学习和可视化组件。

KNIME 提供了一个强大的和直观的用户界面，使新的模块或节点易于集成，并允许交互式探索分析结果或训练有素的模型。通过与强大的库，如 Weka 机器学习和 R 统计软件的集成相结合，可以构成不同数据分析任务的功能丰富的平台。

6.2.4　Orange

Orange 是由 C++和 Python 开发的基于组件的数据挖掘和机器学习软件套装，由斯洛文尼亚大学计算与信息学系的生物信息实验室 BioLab 进行开发。Orange 操作简单，但功能很强大，可以使用 Python 强大的扩展库资源。另外，其具有快速而又多功能的可视化编程前端，以便浏览数据分析和可视化。

Orange 使用一种专有的数据结构，扩展名为.tab，其实就是用 Tab 分隔每个数据的纯文本。Orange 也可以读取其他格式的数据文件，如 CSV，TXT 等。

Orange 是类似 KNIME 和 Weka 的数据挖掘工具，它的图形环境称为 Orange 画布（Orange

Canvas），用户可以在画布上放置分析控件，然后把控件连接起来即可组成挖掘流程。这里的控件和 KNIME 中的节点是类似的概念。每个控件执行特定的功能，但与 KNIME 中的节点不同，KNIME 节点的输入输出分为两种类型（模型和数据），而 Orange 的控件间可以传递多种不同的信号，例如，learners、classifiers、evaluation results、distance matrices 等。Orange 的控件不像 KNIME 的节点分得那么细，也就是说要完成同样的分析挖掘任务，在 Orange 里使用的控件数量可以比 KNIME 中的节点数少一些。Orange 的好处是使用更简单一些，但缺点是控制能力要比 KNIME 弱。

除了界面友好易于使用的优点，Orange 的强项在于提供了大量可视化方法，可以对数据和模型进行多种图形化展示，并能智能搜索合适的可视化形式，支持对数据的交互式探索。

6.2.5　R 语言

R 是用于统计分析、绘图的语言和操作环境。R 是统计领域广泛使用的 S 语言的一个分支，所以也可以当做 S 语言的一种实现。通常用 S 语言编写的代码都可以不做修改在 R 环境下运行。

R 是一个免费的自由软件，它有 UNIX、Linux、MacOS 和 Windows 版本，都是可以免费下载和使用的。可以在它的网站及其镜像中下载任何有关的安装程序、源代码、程序包及其源代码、文档资料。标准的安装文件自身就带有许多模块和内嵌统计函数，安装好后可以直接实现许多常用的统计功能。

R 是一种可编程的语言。作为一个开放的统计编程环境，R 语法通俗易懂，很容易学会和掌握。而且学会之后，使用者可以编制自己的函数来扩展现有的语言。大多数最新的统计方法和技术都可以在 R 中直接获得。

R 是一套完整的数据处理、计算和制图软件系统。其功能包括：数据存储和处理系统；数组运算工具（其向量、矩阵运算方面功能尤其强大）；完整连贯的统计分析工具；优秀的统计制图功能；可操纵数据的输入和输入；可实现分支、循环、用户可自定义功能。

R 所有的函数和数据集都保存在程序包里。只有当一个包被载入时，它的内容才可以被访问。一些常用、基本的程序包已经被收入了标准安装文件中，随着新的统计分析方法的出现，标准安装文件中所包含的程序包也随着版本的更新而不断变化。

R 具有很强的互动性。除了图形输出是在另外的窗口处，其他输入输出窗口都是在同一个窗口进行的，输入语法中如果出现错误会马上在窗口中得到提示，对以前输入过的命令有记忆功能，可以随时再现、编辑修改以满足用户的需要。输出的图形可以直接保存为 JPG、BMP、PNG 等图片格式，还可以直接保存为 PDF 文件。另外，R 和其他编程语言与数据库之间有很好的接口。

6.3　大数据挖掘平台

由于要挖掘的信息源中的数据复杂多样，而且以指数级增长、数据挖掘和处理同样要求具有高速性和高效性，这使得传统的集中式串行数据挖掘方法不再适用。因此增强数据挖掘算法处理大规模数据的能力，并提高运行速度和执行效率，已经成为一个不可忽视的问题。

下面详细介绍三种流行的大数据挖掘平台，分别是基于 Hadoop 的平台、基于云计算的平台和基于 Spark 的平台。

6.3.1　基于 Hadoop 的平台

2005 年秋，基于 Google Lab 开发的 MapReduce 和 Google File System 的启发，Apache Software Foundation 公司将 Hadoop 作为 Lucene 子项目 Nutch 的一部分正式引入。

Hadoop 是一个能够对大量数据进行分布式处理的软件框架。它是以一种可靠、高效、可伸缩的方式进行数据处理，并具有以下优点。

（1）可靠性。它假设计算元素和存储存在失败的可能，因此维护多个工作数据副本，确保能够针对失败的节点重新分布处理。

（2）高效性。它以并行的方式工作，通过并行处理加快处理速度。

（3）可伸缩性。它能够处理 PB 级数据。

（4）Hadoop 依赖于社区服务器。因此它的成本比较低，任何人都可以使用。

Hadoop 带有用 Java 语言编写的框架，因此运行在 Linux 平台上是非常理想的。Hadoop 上的应用程序也可以使用其他语言编写，如 C++。

Hadoop 的框架中最核心的设计是：HDFS（Hadoop Distributed File System）和 MapReduce。HDFS 是一个分布式文件系统，为海量的数据提供了存储，而 MapReduce 则是为海量的数据提供了计算。

1. HDFS

HDFS 采用了主从（Master/Slave）结构模型，一个 HDFS 集群是由一个 NameNode 和若干个 DataNode 组成的。其中 NameNode 作为主服务器，管理文件系统的命名空间和客户端对文件的访问操作；集群中的 DataNode 管理存储的数据。HDFS 允许用户以文件的形式存储数据。从内部来看，文件被分成若干个数据块，而且这若干个数据块存放在一组 DataNode 上。NameNode 执行文件系统的命名空间操作，例如，打开、关闭、重命名文件或目录等，它也负责数据块到具体 DataNode 的映射。DataNode 负责处理文件系统客户端的文件读写请求，并在 NameNode 的统一调度下进行数据块的创建、删除和复制工作。HDFS 的结构如图 6-7 所示。

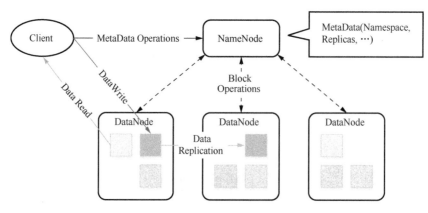

图 6-7　HDFS 示意图

HDFS 的主要目的是支持以流的形式访问写入的大型文件。如果客户机想将文件写到 HDFS 上，首先需要将该文件缓存到本地的临时存储。如果缓存的数据大于所需的 HDFS 块的大小，创建文件的请求将发送给 NameNode。NameNode 将以 DataNode 标识和目标块响应客户机。同时也通知将要保存文件块副本的 DataNode。当客户机开始将临时文件发送给第一个 DataNode 时，将立即通过管道方式将块内容转发给副本 DataNode。客户机也负责创建保存在相同 HDFS 名称空间中的校验和文件。在最后的文件块发送之后，NameNode 将文件创建提交到它的持久化元数据存储。

2. MapReduce

MapReduce 采用"分而治之"的思想，把对大规模数据集的操作，分发给一个主节点管理下的各个分节点共同完成，然后通过整合各个节点的中间结果，得到最终结果。简单地说，MapReduce 就是"任务的分解与结果的汇总"。

如图 6-8 所示，Hadoop 中用于执行 MapReduce 任务的机器角色有两个：一个是 JobTracker；另一个是 TaskTracker。JobTracker 是用于调度工作的，TaskTracker 是用于执行工作的。一个 Hadoop 集群中只有一台 JobTracker。MapReduce 流程示意图，如图 6-8 所示。主节点负责调度构成一个作业的所有任务，这些任务分布在不同的从节点上。主节点监控它们的执行情况，并且重新执行之前失败的任务；从节点仅负责由主节点指派的任务。当一个任务被提交时，JobTracker 接收到提交作业和配置信息之后，就会将配置信息等分发给从节点，同时调度任务并监控 TaskTracker 的执行。

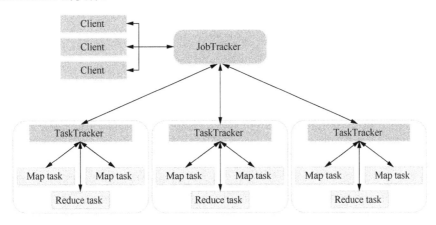

图 6-8　MapReduce 流程示意图

在分布式计算中，MapReduce 框架负责处理并行编程中分布式存储、工作调度、负载均衡、容错均衡、容错处理以及网络通信等复杂问题，把处理过程高度抽象为两个函数：map 和 reduce，map 负责把任务分解成多个任务，reduce 负责把分解后多任务处理的结果汇总起来。需要注意的是，用 MapReduce 来处理的数据集（或任务）必须具备这样的特点：待处理的数据集可以分解成许多小的数据集，而且每一个小数据集都可以完全并行地进行处理。

从上面的介绍可以看出，HDFS 和 MapReduce 共同组成了 Hadoop 分布式系统体系结构的核心。HDFS 在集群上实现了分布式文件系统，MapReduce 在集群上实现了分布式计算和任务处理。HDFS 在 MapReduce 任务处理过程中提供了文件操作和存储等支持，MapReduce 在 HDFS 的基础上实现了任务的分发、跟踪、执行等工作，并收集结果，二者相互作用，完成了 Hadoop 分布式集群的主要任务。

Hadoop 除了 HDFS，MapReduce 基本组件，还包含了一系列技术的子项目。这些子项目主要包括了 HBase、Hive、Pig、Zookeeper 和 sqoop 等。HBase 是类似 Google BigTable 的分布式 NoSQL 列数据库；Hive 是数据仓库工具；Pig 是大数据分析平台，为用户提供多种接口；

Zookeeper 是分布式锁设施；Sqoop 用于在 Hadoop 与传统的数据库间进行数据的传递。

到目前为止，Hadoop 技术受到了众多大型公司的青睐，同时在互联网领域也得到了广泛的运用。例如，Facebook 使用 1000 个节点的集群运行 Hadoop，存储日志数据，支持其上的数据分析和机器学习；百度用 Hadoop 处理每周 200TB 的数据，从而进行搜索日志分析和网页数据挖掘工作；中国移动研究院基于 Hadoop 开发了"大云"（Big Cloud）系统，不但用于相关数据挖掘分析，还对外提供服务；淘宝将 Hadoop 系统用于存储、处理电子商务交易的相关数据。

6.3.2　基于云计算的平台

云计算在当今社会已经成为一个非常普遍的词语。云计算平台实质上就是一个虚拟资源池，通过多个虚拟机和应用将资源按需分配给用户，提高资源利用率。基于云计算的并行数据挖掘平台的架构是利用了数据库分片的思想，将数据分片后存储在各个分节点中，再由一个中央单元来负责各个节点信息的汇总和维护。而各个分节点的算法是不固定的，也就是说不同的部分可以使用不同的算法，应用在并行分布式环境中，就更加灵活和高效，而这些是传统的数据挖掘平台所不具备的。

云计算模式具有以下几大特点。

（1）服务器规模巨大。云计算服务器的规模非常强大，云系统对信息处理、挖掘、统计具有超强能力。

（2）资源虚拟化。云计算的资源属于虚拟化，其超强的功能可以支持用户在不同地理位置、不同终端服务的请求。

（3）可靠性高。云计算的数据可靠性较高，在数据挖掘的过程中，会采用多副本、备份的措施来保障数据的可靠性和安全性。

（4）可扩展性。"云"的规模可以通过扩展、伸缩来满足用户的需求。

（5）价格低廉。云计算无需负担高的数据中心的管理成本，而且这不影响云计算的资源利用率。

因为软件即服务的模式很好地降低了数据挖掘技术的使用成本和使用技术门槛，使得云计算成为主流的大数据挖掘计算模式之一。部署软件不再是单机安装软件，而是在云计算平台上部署，用户无需购买软件只需通过网络浏览器就可以接受云服务，而且云计算平台可以自主按需调配资源满足用户的高性能、低成本的计算需求。

基于云计算的并行数据挖掘平台能够利用云计算的海量存储和并行计算能力，解决大数据的海量和高效性要求。目前基于云计算的并行数据挖掘平台的研究已经取得了一部分成果。

（1）何清等开发了一种基于云计算的并行分布式大数据挖掘平台 PDMiner（Parallel Distributed Miner），运用云计算的手段，实现数据预处理、关联规则分析以及分类、聚类等各种并行数据挖掘算法。在 PDMiner 中的并行数据计算实现了处理 TB 级的大规模数据集。PDMiner 并行分布式数据挖掘平台具有很好的加速比性能，在商用机器构建的并行平台上能够稳定运行。

（2）中国移动研究院研发了一种基于云计算平台 Hadoop 的并行数据挖掘工具，采用了云计算技术，让程序员很容易地开发和运行处理海量数据，实现了海量数据的存储、分析、处理、挖掘，向子系统提供可靠和高性能的数据。

（3）ASF（Apache Software Foundation）开发的一个全新的开源项目数据挖掘平台 Apache

Mahout，实现了"开发人员在 Apache 许可下免费使用"的目标，并且创建一些可伸缩的机器学习算法。Mahout 包含许多实现，具体有集群、分类、推荐过滤、频繁子项挖掘。Mahout 通过使用 Apache Hadoop 库可以有效地扩展到云中。

云计算虽然已经有了很多成功的应用，但是其技术尚未成熟。用云计算的方式来处理数据挖掘还存在很多的问题与挑战。

（1）基于云计算数据挖掘算法的并行性存在一些挑战。

（2）数据挖掘当中有很多不确定性，之所以说数据挖掘，实际上就是要克服不确定性带来的影响。

（3）数据挖掘的方法和结果具有不确定性。

（4）挖掘结果的评价也是不确定的。因为每一个用户所关注的最终挖掘目标不一样，这就导致了对挖掘结果的评价也有不确定性。

（5）软件、服务可信方面存在问题与挑战。在云计算环境下实现数据挖掘，就导致了数据挖掘云服务软件的可信性问题变得比较突出：首先，是服务的正确性；其次，是服务的安全性；再次，是服务的质量。

6.3.3　基于 Spark 的平台

Spark 由加州伯克利大学 AMP 实验室（Algorithms, Machines, and People Lab）以 Matei 为主的团队所开发，是一种可扩展的数据分析平台。Spark 是在 Scala 语言（一种多范式语言）中实现的，并且利用了该语言，为数据处理提供了独一无二的环境。Spark 启用了内存分布数据集，可以在 Hadoop 文件系统中并行运行，除了能够提供交互式查询，还可以优化迭代工作负载。

从需求角度来看，不断膨胀的信息行业数据量，使得本身软硬件受限的传统单机很难应对，因此亟待研发能对大量数据进行存储和分析处理的系统。另外，如 Google，Yahoo 等大型互联网公司因业务数据量增长非常快，强劲的需求促进了数据存储和计算分析系统技术的发展，同时公司对大数据处理技术的高效实时性要求越来越高，Spark 就是在这样一个需求导向的背景下出现。其设计的目的是快速处理多种场景下的大数据问题，高效挖掘大数据中的价值，从而为业务发展提供决策支持。

Spark 备受关注，主要有如下五个特点。

（1）轻量级快速处理。着眼大数据处理，速度往往被置于第一位，我们经常寻找能尽快处理数据的工具。Spark 允许 Hadoop 集群中的应用程序在内存中以 100 倍的速度运行，即使在磁盘上运行也能快 10 倍。Spark 通过减少磁盘 I/O 来达到性能提升，它们将中间处理数据全部放到了内存中。

（2）易于使用。Spark 支持多语言，如 Java、Scala 及 Python 等，这使得开发者可以在自己熟悉的语言环境下进行工作。它自带了 80 多个高等级操作符，允许在 shell 中进行交互式查询。

（3）支持复杂查询。在简单的 map 及 reduce 操作之外，Spark 还支持 SQL 查询、流式查询及复杂查询。同时，用户可以在同一个工作流中无缝地搭配这些能力。

（4）实时的流处理。对比 MapReduce 只能处理离线数据，Spark 支持实时的流计算。Spark 依赖 Spark Streaming 对数据进行实时的处理。

（5）可以与 Hadoop 和已存 Hadoop 数据整合。Spark 可以独立地运行，除了可以运行在当下的 YARN 集群管理，它还可以读取已有的任何 Hadoop 数据。这是个非常大的优势，它可以运行在任何 Hadoop 数据源上，例如，HBase，HDFS 等。这个特性让用户可以在合适的情况下轻易迁移已有 Hadoop 应用。

Spark 平台通过 Mesos 管理集群。Mesos 为分布式应用程序的资源共享和隔离提供了一个有效平台。Spark 的核心组件有 Spark SQL，Spark Streaming，Spark MLib 和 Spark GraphX。

1. Spark SQL

Spark SQL 是一个从 Spark 平台获取数据的渠道，除了为 Spark 用户提供高性能的 SQL on Hadoop 解决方案，它还为 Spark 带来了通用、高效、多元一体的结构化数据处理能力。

早期用户比较喜爱 Spark SQL 提供的从现有 Apache Hive 表以及流行的 Parquet 列式存储格式中读取数据的支持。而随着 Spark SQL 对其他格式支持的增加（如比较流行的数据格式 JSON 等），数据源能更加方便地进行数据格式转换后融合到 Spark 平台中。

2. Spark Streaming

Spark Streaming 是建立在 Spark 上的实时计算框架，通过它提供的丰富 API、基于内存的高速执行引擎，用户可以结合流式、批处理和交互试查询应用。其核心是弹性分布式数据集 RDD（Resilient Distributed Datasets），提供了比 MapReduce 更丰富的模型，可以快速在内存中对数据集进行多次迭代，以支持复杂的数据挖掘算法和图形计算算法。Spark Streaming 是一种构建在 Spark 上的实时计算框架，它扩展了 Spark 处理大规模流式数据的能力。

它的原理就是将流式计算分解成一系列短小的批处理作业——以 Spark 作为批处理的引擎，将 Spark Streaming 的输入数据按照批处理尺寸分成不同段的数据，再将每一段数据转换成 Spark 中的 RDD，然后将 Spark Streaming 中对 DStream（表示数据流的 RDD 序列）的转换操作变为针对 Spark 中对 RDD 的转换操作，将 RDD 经过操作变成中间结果保存在内存中。整个 Spark Streaming 提供了一套高效、可容错的、实时的、大规模的流式处理框架。

3. Spark MLlib

MLlib 是 ApacheSpark 的可扩展的机器学习库，其中包含多种算法，包括分类、回归、聚类、协同过滤、降维以及底层基本的优化元素。

MLlib 有几个特点：①容易使用。可以使用 Java，Scala 或 Python 快速编写应用程序。②性能良好。Spark 的迭代计算优势，使得 MLlib 运行速度快。在 Spark 官方首页中展示了 Logistic Regression 算法在 Spark 和 Hadoop 中运行的性能比较，结果表明 Spark 比 Hadoop 快了 100 倍以上。③易于部署。可以运行在现有的 Hadoop 集群上，也可以独立运行。④它还可以访问各种数据源，包括 HDFS，HBase 或其他 Hadoop 数据源。

4. Spark GraphX

GraphX 是用于绘图和执行绘图并行计算的软件库，它为 ETL（探索性分析和反复的绘图计算）提供了一套统一的工具。除了绘图操作技巧，它还提供了类似于 PageRank 的一般性绘图算法。因为 Spark 能很好地支持迭代计算，故处理效率优势明显。

Spark GraphX 的优势在于能够把表格和图进行互相转换，这一点可以带来非常多的优势，现在很多框架也在渐渐地往这方面发展，例如，GraphLib 已经实现了可以读取 Graph 和 Table 中的 Data，也可以读取 Text 中的 data（即文本中的内容）等。与此同时，由于 Spark GraphX

基于 Spark, 这也为 GraphX 增添了额外的很多优势, 例如, 和 MLlib, Spark SQL 协作等。

Spark 非常适合处理一些用例, 例如, 在游戏领域, 如果能从实时游戏事件的潜流中处理和发现模式, 并能够快速做出响应, 针对这种目的的例子包括玩家保留、定位广告、自动调整复杂度等。在电了商务领域, 实时交易的信息可以被传到像 K-means 这样的流聚集算法或者像 ALS 这样的协同过滤算法上。在金融或者安全领域, Spark 技术栈可以用于欺诈或者入侵检测系统或者基于风险的认证系统。总之, Spark 可以帮助用户简化处理那些需要处理大量实时或压缩数据的计算密集型任务和挑战。

6.4 大数据挖掘应用

通常情况下的大数据挖掘, 是为了挖掘出隐藏在大量原始数据中有趣的模式和关系, 这有助于在现实世界中做出有价值的预测或未来的观测。大数据挖掘已被广泛的应用, 它已经为各行各业带来了许多有益的服务。

6.4.1 社交媒体

在过去的十年中, 社交媒体对大数据时代的到来有着重要的贡献。大数据不仅为社会媒体的挖掘和应用提供了新的解决方案, 还带来了许多领域数据分析范式的转变。在这一背景下, 多学科作品连接的社会媒体和大数据背景下的多媒体计算, 成为目前比较热门的研究项目之一。

社交媒体的数据产生于大量的网络应用程序和网站中, 其中一些最流行应用和网站有 Facebook, Twitter, LinkedIn, YouTube, Instagram, Google, Tumblr, Flickr 和 WordPress 等。这些网站的快速增长, 让用户可以相互沟通、互动、分享和合作。这样的信息已经扩散到许多不同的领域, 如日常生活 (电子商务、旅游、爱好、友谊等)、教育、健康和工作。

1. 社交网络

社交网络是社交大数据的重要来源之一。具体而言, Twitter 每天产生超过 4 亿条推文。在社交网络中, 个体之间的相互作用, 提供了他们的喜好和关系等信息。这些网络已成为集体智能提取的重要工具。这些连接的网络可以使用图来表示, 将网络分析方法运用在图上可以提取有用的知识。

图是由一组顶点 (也称为节点) 和一组由节点之间连线形成的边组成。从一个社交网络中提取的信息可以很容易地表示为一个图, 其中的顶点代表用户, 边代表他们之间的关系。许多网络度量可以用来对这些网络进行社会分析。通常情况下, 在一个社会网络中的重要性或影响是通过中心性度量进行分析的。这些度量在大型网络中具有较高的计算复杂度。为了解决这个问题, 针对一个大型的图表分析, 第二代基于 MapReduce 的框架已经出现, 例如, Hama, Graph 和 GraphLab 等。

2. 文本分析

从社交媒体收集的非结构化内容的一个重要部分是文本。文本挖掘技术可以应用于自组织、导航、检索和大量的文本文档的摘要等方面。文本分析这个概念涵盖了许多主题和算法, 包括信息提取处理、信息检索、数据挖掘、机器学习等。信息提取技术试图从文本中提取实体和它们之间的关系，允许新的有意义的知识推理。无监督的机器学习方法可以应用到任何文本数据中，而不需要以前的手动过程。具体而言，聚类技术正在广泛研究在文本数据集中寻找隐藏的信息或模式这一领域。几乎所有分类技术，如决策树、关联规则、贝叶斯方法、最近邻分类器、支持向量机分类器、神经网络等，都已扩展应用到文本自动分类领域。

6.4.2　医学

近年来，随着医学水平的提高，在医疗机构中出现了越来越多的数字化系统，这些系统每天以惊人的速度产生并精确记录下海量且类型繁多的医疗数据。例如，医院数据库中的电子病例、病案、数字化医疗设备和仪器产生的医学影像，这些数据对于疾病的诊断、病情的分析、病理的研究都极具价值。将蕴含在它们中的丰富信息有效地分析和挖掘出来，用以提高医院的服务质量和医疗水平，是医院管理者和医务学术者越来越关心的问题。

1. 医学图像挖掘

医学图像（如 CT，MRI 等）是利用人体内不同器官和组织对 X 射线、超声波、光线等的散射、透射、反射和吸收的不同特性而形成的。它为对人体骨骼、内脏器官的疾病和损伤进行诊断、定位提供了有效的手段。

医学领域中越来越多地使用图像作为疾病诊断的工具。这些图像整理成影像档案，可以使用大数据挖掘技术来进行医学图像的分析，挖掘出一些难以觉察的病变原因，从而在很大程度上辅助医生诊断。

2. DNA 分析

人类基因组计划的开展产生了海量的基因组信息，如何区分序列上的外显子和内含子，成为基因工程中对基因进行识别和鉴定的关键环节之一。使用有效的数据挖掘方法从大量的生物数据中挖掘有价值的知识并提供决策支持成为必要的手段。目前已有大量研究者努力对数据分析进行定量研究，从已经存在的基因数据库中得到导致各种疾病的特定基因序列模式。一些分析研究的成果已经得到许多疾病和残疾基因，以及发现了新药物、新方法。

3. 临床决策支持系统

大数据分析技术使临床决策支持系统更加智能。例如，使用图像分析和识别技术，识别医疗影像数据，或者挖掘医疗文献数据建立医疗专家数据库，从而给医生提出诊疗建议。还可以使医疗流程中大部分的工作流向护理人员和助理医生，使医生从耗时过长的简单咨询工作中解脱出来，从而提高诊疗效率。

4. 公共医疗

大数据挖掘可以改善公众健康监控。公共卫生部门可以通过覆盖全国的患者电子病历数据库，快速检测传染病，进行全面的疫情监测，并通过集成疾病监测和响应程序，快速进行响应，这将带来很多好处，包括医疗索赔支出的减少，传染病感染率的下降等。通过提供准确和及时的公众健康咨询，大幅提高公众健康风险意识，降低传染病感染风险。

6.4.3　教育

随着大数据时代的来临，教育大数据深刻改变着教育理念和教育思维方式。新的时代，教育领域充满了大数据，如学生、教师的一言一行，学校里的一切事物，都可以转化为数据。当每个在校学生都是用计算机终端学习时，包括上课、读书、记笔记、做作业、进行实验、讨论问题、参加各种活动等，这些都将成为教育大数据的来源。

1. 教育管理

传统的教育决策制定形式常常是决策者不顾实际情况，以自己有限的理解、假想、推测依据直觉、冲动或趋势来制定政策。这种来自决策者主观臆断的决策，经常处于朝令夕改的尴尬境地，教育大数据正可以帮助解决这种不足。

大数据时代，教育者应该更加依赖于数据和分析，而不是直觉和经验；同样，教育大数据还将会改变领导力和管理的本质。服务管理、数据科学管理将取代传统的行政管理、经验管理。伴随着技术不断发展，教育数据挖掘与分析不断深入，不仅要着眼于已有的确定关系，更要探寻隐藏的因果关系。利用大数据技术可以深度挖掘教育数据中的隐藏信息，可以暴露教育过程中存在的问题，提供决策来优化教育管理。

2. 学生建模

传统教学模式通常都以学生的考试成绩判断学生是否优秀，忽视了学生自主发展的空间。例如，两个学生在物理考试中都取得了 92 分的成绩，从表面上看两个学生的分数是一样的，但是通过大数据分析可以发现，一个学生在学习过程中主要依靠的是逻辑思维能力，而另一个学生主要靠死记硬背取得高分，虽然分数相同，但是过程明显不同，在未来这两个人各自的发展可能也不尽相同。其中，以逻辑思维能力学习的学生在今后的学习中可能会更加顺畅，发展更加长远。而凭借记忆取得好成绩的学生思维能力不足，对今后的学习十分不利。所以，相同的成绩不一定具备相同的知识结构，成绩会掩盖一些不足的地方，会影响学生全面发展。

大数据可以采用了贝叶斯网络、序列模式挖掘、关联规则和逻辑回归等方法对学生特点和学习行为进行自动建模，之后通过对学生的行为、动机和学习策略等方面建立的模型来揭示其学习特征。大数据能够反映学生阶段性的自我认知，对个人成长具有指导性作用，帮助学生弥补能力方面的不足，能够更加全面地反映学生在发展过程中存在的问题和风险。

3. 个性化学习

虚拟学习平台的不断发展，促进了一种新型的大数据和大数据流。这些数据来自不同来源的虚拟学习环境，如学生和教师之间的通信以及学生的测试等。另外，学生可以使用智能手机访问学习内容。随着学习环境的改变，学生在任何地方都可以通过互联网访问他们的课程，使得学生可以自主、高效的学习。通过这些活动，创造了大量的数据，通过挖掘这些大数据获得有用的信息来开发和改善学习环境，帮助学生提高学习效果。

6.4.4 金融

金融服务业拥有丰富的数据，金融服务业的数据一方面通过传统的方式从内部渠道获取，如客户资料、交易信息；另一方面，由于互联网和社交媒体的崛起，也可以从外部渠道获取，例如，社交媒体、网络上的客户信息、市场动态信息、竞争对手信息和市场分析报告。但是，金融服务机构大数据挖掘比较滞后。主要由于监管、传统业务以及保密的原因，金融服务机构的结构呈现出封闭型的特点。例如，在资本市场，所有的运营者都致力于快速处理、分析和管理数据，然而许多重要的交易系统都有超过 20 年的历史，高度依赖于特定开发的电子表格。

　　金融服务行业对大数据挖掘有着迫切需要，例如，股价的预测离不开经济形势的判断，银行的业务创新离不开对客户的数据分析。通过大数据挖掘，金融服务业可以利用所有客户主体的信息来建立新的关系、依赖性和相关性，从而增强市场竞争能力，增加盈利和收入。

　　大数据挖掘在金融行业有很多成功应用。例如，阿里巴巴，它依托其电子商务业务，积累了包含每一个买家和每一个卖家行为轨迹的大量企业和个人的信息和数据，内容包括结构化和非结构性数据，即买家和卖家的性别、年龄、地址、身份证号、购物喜好、行为特征、店铺交易信息等，这些数据都已转变成阿里巴巴的资产。围绕海量数据，阿里巴巴可以发展多种业务，包括阿里小额贷款、金融保险以及未来的信用卡服务。例如，自 2010 年成立至 2014 年 3 月底，阿里小贷已为 70 余万家小微企业提供 1900 多亿元的信用贷款。阿里小贷效率高，可实时在线放贷，且坏账率维持在 1%左右。"我们希望更多地服务网商群体，如果现在我们把一些相对资质较差的贷款客户剔除，不良率马上就能下降。"上述阿里巴巴研究院专家认为，阿里小贷风险完全可控。这种高效放贷的基础，正是基于阿里巴巴平台上的交易大数据挖掘。

本 章 小 结

　　大数据挖掘就是从海量数据中提取或挖掘有效的、新颖的、潜在有用的、最终可理解的模式的非凡过程。

　　本章从大数据挖掘的特点和相关技术谈起，力图全面而清晰地展现大数据挖掘的发展过程和基本现状。通过对大数据挖掘的相关算法介绍和阐述，以期能更好地从相关技术的角度介绍大数据挖掘。

　　当然，大数据挖掘所包含的内容，标准和技术是非常多的，某些技术的实现也是非常复杂的，很难从某几点的介绍和阐述就能完全展现出一个技术层面的大数据挖掘。本章旨在提供大数据挖掘一个广泛而深入的概览，展示了大数据挖掘领域的相关算法、工具、平台和在某些领域中的应用。通过阅读本章，希望读者能够进一步了解大数据的无限魅力。

思 考 题

（1）大数据挖掘的特点有哪些？
（2）大数据挖掘与数据挖掘存在哪些不同点？
（3）大数据挖掘的挑战有哪些？
（4）比较 Apriori 算法与 FP-growth 算法。
（5）详细描述决策树算法的原理及其步骤。
（6）聚类分析中常用的距离计算公式有哪些？
（7）大数据挖掘的相关算法具有哪些特点？
（8）简要说明 3 种大数据挖掘工具的特点。
（9）选择一种大数据挖掘工具进行学习，体验大数据挖掘工具的强大功能。
（10）学习大数据挖掘平台，如 Hadoop 平台的搭建等。
（11）请举例说明大数据挖掘应用的广泛性。

第7章　大数据下的机器学习算法

随着科技和时代的发展，大数据逐渐成为学术界和产业界的热点，并且在很多技术和行业得到了广泛应用，从大规模数据库到商业智能和数据挖掘应用；从搜索引擎到推荐系统语音识别、翻译等，我们无时无刻地不被大数据的海洋所包裹着。而作为大数据时代的底层支撑，大数据算法的设计、分析和工程也涉及越来越多的方面，包括大规模并行计算、流算法、云技术等。由于大数据存在复杂、高维、多变等特性，同时数据规模也在逐年提升，我们更需要思考如何从真实、凌乱、无模式和复杂的大数据中挖掘出人类感兴趣的知识。传统的机器学习已经提出了许多性能优越的数据分类学习算法，并且在处理小规模数据时可以达到很好的性能。但是随着新技术的出现，现实中的数据集朝着大规模方向积累和发展，这就要求现有的挖掘或学习方法也必须适应这种情况，以高效地处理大规模数据，并最终获取有用的知识。

7.1　大数据特征选择

7.1.1　大数据特征选择的必要性

大规模数据集的含义主要体现在以下两个方面：一方面是指它所包含样本（或实例）的数量比较庞大，另一方面是指用于描述样本的特征（或属性）维数比较高。数据集的特征是数据分析处理的基本单元。例如，在文本分类或信息检索中，每篇文档可以看作一个样本，而文档中的词或短语则对应样本的特征；图像处理中的样本和特征分别为每幅图像及其像素；生物信息学中，基因通常被看做特征，而由这些基因组成的蛋白质则为样本。这些数据或样本都有一个共同的特点，即高维性。大数据高维性的特点给现有的挖掘或学习算法提出更高要求，并带来了一定的挑战性。原因是特征维数过高将导致算法中参数估计的准确率下降，进而直接影响学习算法的性能和效率。这就是所谓的"维灾难（Curse of Dimensionality）"，即在保证算法性能的情况下，数据每增加一个特征，所需要的数据样本数目就会翻倍。

通常情况下，大规模数据集包含了许多不相关的、冗余或无用的特征。这些冗余特征的出现，不仅增加特征空间的维数，降低学习的效率，而且还增加噪声数据的可能，从而干扰学习、挖掘算法的学习过程，并最终影响分类模型的构造。为了降低这种不利因素的影响，减少特征空间的维数，需要将不相关或冗余的特征从数据中剔除，以减少噪声数据的干扰，同时有效地提高学习算法的效率和性能，并避免样本数较少时出现的过拟合现象。特征选择技术正是解决上面这个问题的一种有效手段。

图 7-1 是特征选择的一个简单的流程图。一个好的特征选择能够提升模型的性能，更能帮助我们理解数据的特点、底层结构，这对进一步改善模型、算法都有着重要作用。

特征选择主要有两个功能。

（1）减少特征数量、降维，使模型泛化能力更强，减少过拟合。

（2）增强对特征和特征值之间的理解。

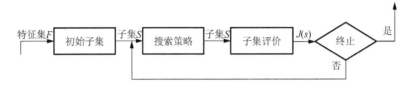

图 7-1　特征选择过程

面对一个数据集，一个特征选择方法，往往很难同时完成这两个目的。通常情况下，我们经常选择一种更能够简单方便地降低特征维度的算法来完成特征选择。接下来，介绍几种特征选择方法。

7.1.2　大数据特征选择方法

1. 去掉取值变化小的特征

假设某特征的特征值只有 0 和 1，并且在所有输入样本中，95%的特征取值都是 1，那就可以认为这个特征作用不大。如果 100%都是 1，那这个特征就没意义了。当特征值是离散型变量的时候这种方法才可以使用，如果是连续型变量，就需要将连续变量离散化之后才能使用这种方法。而且实际情况当中，一般不太会有 95%的特征值都一样的情况存在，所以这种方法虽然简单但效率很低。可以把它作为特征选择的预处理，先去掉那些取值变化小的特征，然后再从特征选择方法中选择合适的特征进一步进行选择。

2. 单变量特征选择

单变量特征选择能够对每一个特征进行测试，衡量该特征和响应变量之间的关系，根据得分去除不好的特征。对于回归和分类问题可以采用卡方检验等方式对特征进行测试。这种方法比较简单、易于运行和理解，通常对于理解数据有较好的效果；这种方法有 4 种常用衡量标准。

（1）皮尔森相关系数。皮尔森（Pearson）相关系数是一种最简单的，能帮助理解特征和响应变量之间关系的方法，该方法衡量变量之间的线性相关性，结果的取值区间为[-1,1]，-1 表示完全的负相关（这个变量下降，那个就会上升），+1 表示完全的正相关，0 表示没有线性相关。

皮尔森相关系数速度快、易于计算。经常在清洗数据并提取特征之后的第一时间进行，在 Scipy 中的 Pearson 相关系数方法中，能够同时计算相关系数和 p-value。

Pearson 相关系数的一个明显缺陷是，作为特征排序机制，它只对线性关系敏感。如果关系是非线性的，即便两个变量具有一一对应的关系，Pearson 相关性也可能会接近 0。

（2）互信息和最大信息系数。经典的互信息直接用于特征选择难度很大，因为它不属于度量方式，也没有办法归一化，在不同数据集上的结果无法做比较；同时对于连续变量的计算不是很方便（X 和 Y 都是集合，x，y 都是离散取值），通常变量需要先离散化，而互信息的结果对离散化的方式很敏感。Python 中 minepy 包中提供了最大信息系数（Maximal Information Coefficient, MIC）功能克服上述问题，可以直接调用处理数据。

$$I(X,Y) = \sum_{y \in Y} \sum_{x \in X} p(x,y) \log\left(\frac{p(x,y)}{p(x)p(y)}\right) \tag{7-1}$$

MIC 首先寻找一种最优的离散化方式，然后把互信息取值转换成一种度量方式，取值区间在[0,1]。但是 MIC 的统计能力存在一些争议，当零假设不成立时，MIC 的统计就会受到影响。

（3）距离相关系数。距离相关系数（Distance Correlation）是为了克服 Pearson 相关系数的弱点而设计的。在　些数据集中，即便 Pearson 相关系数是 0，我们也不能断定这两个变量是否独立（有可能是非线性相关的）；但如果距离相关系数是 0，那么我们就可以说这两个变量是独立的。

尽管有互信息和最大信息系数和距离相关系数存在，但当变量之间的关系接近线性相关的时候，Pearson 相关系数仍然是不可替代的。第一，Pearson 相关系数计算速度快，这在处理大规模数据的时候很重要。第二，Pearson 相关系数的取值区间是[-1,1]，而 MIC 和距离相关系数都是[0,1]。这个特点使得 Pearson 相关系数能够表征更丰富的关系，符号表示关系的正负，绝对值能够表示强度。当然，Pearson 相关性有效的前提是两个变量的变化关系是单调的。

（4）基于学习模型的特征排序。基于学习模型的特征排序（Model Based Ranking）的思路是直接使用机器学习算法，针对每个单独的特征和响应变量建立预测模型。Pearson 相关系数等价于线性回归里的标准化回归系数。假如某个特征和响应变量之间的关系是非线性的，可以用基于树的方法（决策树、随机森林）或者扩展的线性模型等。基于树的方法比较易于使用，因为它们对非线性关系的建模比较好，并且不需要太多的调试。但要注意过拟合问题，因此树的深度最好不要太大，也可以运用交叉验证。

3. 线性模型和正则化

单变量特征选择方法可以独立地衡量每个特征与响应变量之间的关系，另一种主流的特征选择方法是基于机器学习模型的方法。有些机器学习方法本身就具有对特征进行打分的机制，或者很容易将其运用到特征选择任务中，例如，回归模型、支持向量机、决策树、随机森林，等等。

越重要的特征在模型中对应的系数就会越大，而与输出变量越是无关的特征对应的系数就会越接近于 0。在噪音不多的数据，或者数据量远远大于特征数的数据上，如果特征之间相对来说是比较独立的，那么即便是运用最简单的线性回归模型也一样能取得较好的效果。

在很多实际的数据当中，往往存在多个互相关联的特征，这时候模型就会变得不稳定，数据中细微的变化就可能导致模型的巨大变化（模型的变化本质上是系数，或者叫参数，可以理解成 W），这会让模型的预测变得困难，这种现象也称为多重共线性。例如，假设我们有个数据集，它的真实模型应该是 $Y = X1 + X2$，当我们观察的时候，发现 $Y' = X1 + X2 + e$，e 是噪音。如果 $X1$ 和 $X2$ 之间存在线性关系，例如，$X1 \approx X2$，这个时候由于噪音 e 的存在，我们学到的模型可能就不是 $Y = X1 + X2$ 了，有可能是 $Y = 2X1$，或者 $Y = -X1 + 3X2$。

对于理解数据、数据的结构和特点来说，单变量特征选择是个非常好的选择。尽管可以用它对特征进行排序来优化模型，但不能用它发现冗余。同时，一些数据集线性模型的不稳定问题是单变量特征选择难以解决的问题。于是，我们引入了正则化模型。正则化就是把额外的约束或者惩罚项加到已有模型（损失函数）上，以防止过拟合并提高泛化能力。损失函数由原来的 $E(X,Y)$ 变为 $E(X,Y) + \text{alpha}\|w\|$，系数 w 是模型系数组成的向量，$\|\cdot\|$ 一般是 L1 或者 L2 范数，alpha 是一个可调的参数，控制着正则化的强度。当用在线性模型上时，L1 正则化和 L2 正则化也称为 Lasso 和 Ridge regression。下面详细介绍这两种正则化方法。

（1）L1 正则化（Lasso）。Lasso 将系数 w 的 L1 范数作为惩罚项加到损失函数上，由于正则项非零，这就迫使那些弱的特征所对应的系数变成 0。因此 L1 正则化往往会使学到的模型很稀疏（系数 w 经常为 0），这个特性使得 L1 正则化成为一种很好的特征选择方法。Python的机器学习库 Scikit-learn 为线性回归提供了 Lasso，为分类提供了 L1 逻辑回归。

　　然而，L1 正则化模型也会像非正则化线性模型一样也是不稳定的，如果特征集合中具有相关联的特征，当数据发生细微变化时也有可能导致很大的模型差异。

　　（2）L2 正则化（Ridge regression）。Ridge regression 将系数向量的 L2 范数添加到了损失函数中。由于 L2 惩罚项中系数是二次方的，这使得 L2 和 L1 有着诸多差异，最明显的一点就是，L2 正则化会让系数的取值变得平均。对于关联特征，这意味着它们能够获得更相近的对应系数。还是以 $Y = X1 + X2$ 为例，假设 $X1$ 和 $X2$ 具有很强的关联，如果用 L1 正则化，不论学到的模型是 $Y = X1 + X2$ 还是 $Y = 2X1$，惩罚都是一样的，都是 2alpha。但是对于 L2 来说，第一个模型的惩罚项是 2alpha，但第二个模型的是 4alpha。系数之和为常数时，若各系数相等则惩罚最小，可以看出 L2 让各个系数趋于相同。L2 正则化对于特征选择来说是一种稳定的模型，不像 L1 正则化那样，系数会因为细微的数据变化而波动。所以 L2 正则化和 L1 正则化提供的价值是不同的，L2 正则化对于特征理解来说更加有用：表示能力强的特征对应的系数是非零。不同的数据上线性回归得到的模型（系数）相差甚远，但对于 L2 正则化模型来说，结果中的系数非常稳定，都比较接近于 1，能够反映出数据的内在结构。

　　正则化的线性模型对于特征理解和特征选择来说是非常强大的工具。L1 正则化能够生成稀疏的模型，对于选择特征子集来说非常有用；相比起 L1 正则化，L2 正则化的表现更加稳定，由于有用的特征往往对应系数非零，因此 L2 正则化对于数据的理解来说很合适。由于响应变量和特征之间往往是非线性关系，可以采用基函数展开的方式将特征转换到一个更加合适的空间当中，在此基础上再考虑运用简单的线性模型。

　　4. 随机森林

　　随机森林具有准确率高、鲁棒性好、易于使用等优点，这使得它成为目前最流行的机器学习算法之一。随机森林提供了两种特征选择的方法：平均不纯度减少（Mean Decrease Impurity）和平均精确率减少（Mean Decrease Accuracy）。

　　1）平均不纯度减少

　　随机森林由多个决策树构成。决策树中的每一个节点都是关于某个特征的条件，是为了将数据集按照不同的响应变量一分为二。利用不纯度可以确定节点（最优条件）。对于分类问题，通常采用基尼不纯度或者信息增益；对于回归问题，通常采用的是方差或者最小二乘拟合。当训练决策树的时候，可以计算出每个特征减少了多少树的不纯度。对于一个决策树森林来说，可以算出每个特征平均减少了多少不纯度，并把平均减少的不纯度作为特征选择的值。

　　基于不纯度方法在使用的时候，要注意以下几方面。

　　（1）这种方法存在偏向，对具有更多类别的变量会更有利。

　　（2）对于存在关联的多个特征，其中任意一个都可以作为优秀的特征，并且一旦某个特征被选择之后，其他特征的重要度就会急剧下降。因为不纯度已经被选中特征降低，导致其他的特征对于不纯度降低的影响就会变小，这样一来，只有先前被选中的特征重要度很高，其他的关联特征重要度往往较低。但实际上这些特征对响应变量的作用是非常接近的，这一点跟 Lasso 是很相似的。特征随机选择方法稍微缓解了这个问题，但总的来说并没有完全解决。

在上面的例子中，我们可以看出 $X1$ 的重要度要比 $X2$ 的重要度高出 10 倍，但实际上它们的重要度是一样的。尽管用了 20 棵决策树来进行随机选择，但是还是会造成对于数据的误解。

需要注意，关联特征的打分存在的不稳定现象不仅是随机森林特有的，大多数基于模型的特征选择方法都存在这个现象。

2）平均精确率减少

主要思路是直接度量每个特征对模型精确率的影响，通过打乱每个特征的特征值顺序，来度量顺序变动对模型精确率的影响。对于不重要的变量来说，打乱顺序对模型的精确率影响不会太大，但是对于重要的变量来说，打乱顺序就会降低模型的精确率。

随机森林是得到广泛运用的特征选择方法，在一般情况下它需要很少的特征工程和参数调整，并且平均不纯度减少易获得的特点使得随机森林变得易于使用。但是，随机森林也有一定的缺陷，尤其是考虑对于特征与数据的理解。对于存在关联的多个特征，实际特征重要度高的特征可能会被计算得很低，这就造成了对于特征理解的误区；同时这种方法更偏向于具有更多特征的变量，在变量具有较多特征时该方法的准确度相对较高。只要在处理数据时注意这些特点，随机森林仍然是一种便捷的学习方法。

5. 顶层特征选择算法

顶层选择算法是建立在基于模型的特征选择方法基础之上的一种选择算法，例如，回归和支持向量机。它允许在不同的子集上建立模型，然后汇总最终确定特征得分。

1）稳定性选择

稳定性选择是一种基于二次抽样和选择算法相结合的方法，选择算法可以是回归、支持向量机（SVM）或其他类似的方法。它的主要思想是在不同的数据子集和特征子集上运行特征选择算法，不断重复，最终汇总特征选择结果。例如，可以统计某个特征被认为是重要特征的频率，即被选为重要特征的次数除以它所在的子集被测试的次数。理想情况下，重要特征的得分会接近 100%。稍微弱一点的特征得分会是非 0 数，而最无用的特征得分将会接近于 0。

稳定性选择对于克服过拟合和对数据理解来说都是很有帮助的，好的特征不会因为有相似的特征、关联特征而得分为 0，这跟 Lasso 是不同的。

2）递归特征消除

递归特征消除（Recursive Feature Elimination, RFE）的主要思想是反复地构建模型（如支持向量机或者回归模型），然后选出最好的或者最差的特征（可以根据系数来选），把选出来的特征放到一边，然后在剩余的特征上重复这个过程，直到所有特征都得到遍历。这个过程中特征被消除的次序就是特征的排序。因此，这是一种寻找最优特征子集的贪婪算法。RFE 的稳定性很大程度上取决于在迭代的时候底层用哪种模型。例如，假如 RFE 采用的是普通回归，没有经过正则化的回归是不稳定的，那么 RFE 就是不稳定的；假如采用的是 Ridge，而用 L2 正则化的回归是稳定的，那么 RFE 就是稳定的。

Sklearn 提供了 RFE 包，可以用于特征消除，还提供了 Sklearn 包里的 RFECV 函数，可以通过交叉验证来对特征进行排序。

特征选择在很多机器学习和数据挖掘场景中都是非常有用的。在使用它的时候要弄清自己的目标，然后找到适合的任务和方法。当选择最优特征以提升模型性能的时候，可以采用交叉验证的方法来验证某种方法是否比其他方法要好。当用特征选择的方法来理解数据的时候，要注意特征选择模型的稳定性，稳定性差的模型很容易导致错误的结论，如 Lasso。为了解决这样的问题，可以对数据进行二次采样，然后在子集上运行特征选择算法，如果在各个子集上的结果是一致的，那就可以说在这个数据集上得出来的结论是可信的，可以用这种特征选择模型的结果来理解数据。

7.2 大数据分类

物以类聚，人以群分，分类问题自古以来就存在于我们的生活中。同样，分类也是数据挖掘中一个重要的分支，在各方面都有着广泛的应用，如医学疾病判别、垃圾邮件过滤、垃圾短信拦截、客户分析等等。分类问题可以分为两类。

（1）归类：归类是指对离散数据的分类。例如，根据一个人的生活习惯判断这个人的性别，这里的类别只有两个，即{男，女}。

（2）预测：预测是指对连续数据的分类。例如，预测明天 8 点天气的湿度情况，天气的湿度在随时变化，8 点时的天气是一个具体值，它不属于某个有限集合空间。预测也称为回归分析，在金融领域有着广泛应用。

虽然对离散数据和连续数据的处理方式有所不同，它们之间可以相互转化，例如，我们可以根据比较的某个特征值判断，如果值大于 0.5 就认定为 1，小于等于 0.5 就认为是 0，这样就转化为连续处理方式；将天气湿度值分段处理也就转化为离散数据。

通常数据分类包括两个步骤。

（1）构造模型，利用训练数据集训练分类器。

（2）利用构建好的分类器模型对测试数据进行分类。

性能好的分类器具有很好的泛化能力，即它不仅在训练数据集上能达到很高的正确率，而且能在测试数据集上达到较高的正确率。如果一个分类器只是在训练数据上表现优秀，但在测试数据上表现糟糕，那么这个分类器就已经过拟合了，它只是把训练数据记录下来，并没有抓到整个数据空间的特征。

7.2.1 决策树分类

决策树（Decision Tree）是一个树结构（可以是二叉树或非二叉树），其每个非叶节点表示一个特征属性上的测试，每个分支代表这个特征属性在某个值域上的输出，而每个叶节点存放一个类别。使用决策树进行决策的过程就是从根节点开始，测试待分类项中相应的特征属性，并按照其值选择输出分支，直到到达叶节点，将叶节点存放的类别作为决策结果。

图 7-2 是一个决策树的示例，树的内部节点表示对某个属性的判断，该节点的分支是对应的判断结果；叶节点代表一个类标。

图 7-2 是预测一个人是否会购买计算机的决策树。利用这棵树，我们可以对新记录进行分类，从根节点（年龄）开始，如果某个人的年龄为中年，我们就直接判断这个人会买计算机，如果是青少年，则需要进一步判断是否是学生；如果是老年则需要进一步判断其信用等级，直到叶节点可以判定记录的类别。

决策树算法有一个好处，那就是它可以产生人能直接理解的规则，这是其他算法没有的特性；决策树的准确率也比较高，而且不需要了解背景知识就可以进行分类，是一个非常有效的算法。决策树算法有很多变种，包括 ID3、C4.5、C5.0、CART 等，但其基础都是类似的。下面来看看决策树算法的基本思想。

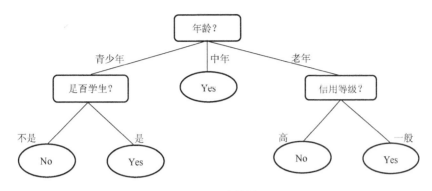

图 7-2　决策树

（1）输入：

① 数据记录 D，包含类标的训练数据集。

② 属性列表 attributeList，候选属性集，用于在内部节点中作判断的属性。

③ 属性选择方法 AttributeSelectionMethod()，选择最佳分类属性的方法。

（2）过程：

① 构造一个节点 N。

② 如果数据记录 D 中所有记录的类标都相同（记为 C 类），则将节点 N 作为叶节点，标记为 C，并返回节点 N。

③ 如果属性列表为空，则将节点 N 作为叶节点标记为 D 中类标最多的类，并返回节点 N。

④ 调用属性选择方法 AttributeSelectionMethod(D,attributeList) 选择最佳的分裂准则 splitCriterion 并将节点 N 标记为最佳分裂准则 splitCriterion。

⑤ 如果分裂属性取值是离散的，并且允许决策树进行多叉分裂，则从属性列表中减去分裂属性，attributeList = splitAttribute。

⑥ 对分裂属性的每一个取值 j，记 D 中满足 j 的记录集合为 D_j；如果 D_j 为空，则新建一个叶节点 F，标记为 D 中类标最多的类，并且把节点 F 挂在 N 下；否则递归调用决策树生成算法得到子树节点 N_j，将 N_j 挂在 N 下。

⑦ 返回节点 N。

（3）输出：一棵决策树。

决策树分类算法的时间复杂度是 $O(k*|D|*\log(|D|))$，k 为属性个数，$|D|$ 为记录集 D 的记录数。

构造决策树的关键性内容是进行属性选择度量，属性选择度量是一种选择分裂准则，属性选择方法总是选择最好的属性作为分裂属性，即让每个分支记录的类别尽可能纯。它将所有属性列表的属性进行按某个标准排序，从而选出最好的属性。属性选择度量算法有很多，一般使用自顶向下递归分治法，并采用不回溯的贪心策略。这里只介绍 ID3 算法。

ID3 算法的核心思想就是以信息增益度量属性选择，选择分裂后信息增益（Information Gain）最大的属性进行分裂。

设 D 为用类别对训练元组进行的划分，则 D 的熵表示为

$$\text{info}(D) = -\sum_{i=1}^{m} p_i \log_2(p_i) \tag{7-2}$$

熵表示的是不确定度的度量，如果某个数据集的类别的不确定程度越高，则其熵就越大。

其中 p_i 表示第 i 个类别在整个训练元组中出现的概率，可以用属于此类别元素的数量除以训练元组元素总数量作为估计。熵的实际意义表示是 D 中元组的类标号所需要的平均信息量。

现在我们假设将训练元组 D 按属性 A 进行划分，则 A 对 D 划分的期望信息为

$$\text{info}_A(D) = \sum_{j=1}^{v} \frac{|D_j|}{|D|} \text{info}(D_j) \tag{7-3}$$

而信息增益即为两者的差值：

$$\text{gain}(A) = \text{info}(D) - \text{info}_A(D) \tag{7-4}$$

ID3 算法就是在每次需要分裂时，计算每个属性的增益率，然后选择增益率最大的属性进行分裂。递归调用这个方法计算子节点的分裂属性，最终就可以得到整个决策树。

7.2.2 朴素贝叶斯分类

朴素贝叶斯算法（Naive Bayes）是一个典型的统计学习方法，主要理论基础就是一个贝叶斯公式，贝叶斯公式的基本定义如下：

$$P(Y_k|X) = \frac{P(XY_k)}{P(X)} = \frac{P(Y_k)P(X|Y_k)}{\sum_j P(Y_j)P(X|Y_j)} \tag{7-5}$$

这个公式虽然看上去简单，但它却能总结历史，预知未来。公式的右边是总结历史，公式的左边是预知未来，如果把 Y 看成类别，X 看成特征，$P(Y_k|X)$ 就是在已知特征 X 的情况下求 Y_k 类别的概率，而对 $P(Y_k|X)$ 的计算又全部转化到类别 Y_k 的特征分布上来。但是这种分类的基本假设是条件的独立性。

朴素贝叶斯分类器：

$$y = f(x) = \arg\max_{c_k} P(Y = c_k|X = x)$$

$$= \arg\max_{c_k} \frac{P(Y = c_k)\prod_j P(X^{(j)} = x^{(j)}|Y = c_k)}{\sum_k P(Y = c_k)\prod_j P(X^{(j)} = x^{(j)}|Y = c_k)} \tag{7-6}$$

当特征为 x 时，计算所有类别的条件概率，选取条件概率最大的类别作为待分类的类别。由于上述公式的分母对每个类别都是一样的，因此计算时式（7-6）变为

$$y = f(x) = \arg\max_{c_k} P(Y = c_k)\prod_j P(X^{(j)} = x^{(j)}|Y = c_k) \tag{7-7}$$

朴素贝叶斯的朴素体现在其对各个条件的独立性假设上，加上独立假设后，大大减少了参数假设空间。

整个朴素贝叶斯分类分为三个阶段。

第一阶段——准备工作阶段。这个阶段的任务是为朴素贝叶斯分类做必要的准备，主要工作是根据具体情况确定特征属性，并对每个特征属性进行适当划分，然后由人工对一部分待分类项进行分类，形成训练样本集合。这一阶段的输入是所有待分类数据，输出是特征属性和训练样本。这一阶段是整个朴素贝叶斯分类中唯一需要人工完成的阶段，其质量对整个过程将有重要影响，分类器的质量很大程度上由特征属性、特征属性划分及训练样本质量决定。

第二阶段——分类器训练阶段。这个阶段的任务就是生成分类器，主要工作是计算每个

类别在训练样本中的出现频率及每个特征属性划分对每个类别的条件概率估计，并将结果记录。其输入是特征属性和训练样本，输出是分类器。这一阶段是机械性阶段，根据前面讨论的公式可以由程序自动计算完成。

第三阶段——应用阶段。这个阶段的任务是使用分类器对待分类项进行分类，其输入是分类器和待分类项，输出是待分类项与类别的映射关系。这一阶段也是机械性阶段，由程序完成。

朴素贝叶斯模型发源于古典数学理论，有着坚实的数学基础，以及稳定的分类效率。同时，NBC 模型所需估计的参数很少，对缺失数据不太敏感，算法也比较简单。理论上，NBC 模型与其他分类方法相比具有最小的误差率。但是实际上并非总是如此，这是因为 NBC 模型假设属性之间相互独立，这个假设在实际应用中往往是不成立的，并给 NBC 模型的正确分类带来了一定影响。

在属性个数比较多或者属性之间相关性较大时，NBC 模型的分类效率比不上决策树模型。而在属性相关性较小时，NBC 模型的性能最为良好。

7.2.3　贝叶斯网络分类

在上面我们讨论了朴素贝叶斯分类，朴素贝叶斯分类有一个限制条件，就是特征属性必须有条件独立或基本独立。当这个条件成立时，朴素贝叶斯分类法的准确率是最高的，但不幸的是，现实中各个特征属性间往往并不条件独立，而是具有较强的相关性，这样就限制了朴素贝叶斯分类的能力。于是在贝叶斯分类的基础上，改进生成了更高级、应用范围更广的一种算法——贝叶斯网络（又称贝叶斯信念网络或信念网络）。

一个贝叶斯网络定义包括一个有向无环图（DAG）和一个条件概率表集合。DAG 中每一个节点表示一个随机变量，可以是可直接观测变量或隐藏变量，而有向边表示随机变量间的条件依赖；条件概率表中的每一个元素对应 DAG 中唯一的节点，存储此节点对于其所有直接前驱节点的联合条件概率。

贝叶斯网络有一条极为重要的性质，就是我们断言每一个节点在其直接前驱节点的值制定后，这个节点条件独立于其所有非直接前驱前辈节点。这个性质很类似 Markov 过程。其实，贝叶斯网络可以看作 Markov 链的非线性扩展。这条特性的重要意义在于明确了贝叶斯网络可以方便计算联合概率分布。一般情况下，多变量非独立联合条件概率分布有如下求取公式：

$$P(x_1, x_2, \cdots, x_n) = P(x_1) P(x_2 \mid x_1) P(x_3 \mid x_1, x_2) \cdots P(x_n \mid x_1, x_2, \cdots, x_{n-1}) \tag{7-8}$$

而在贝叶斯网络中，由于存在前述性质，任意随机变量组合的联合条件概率分布被化简成

$$P(x_1, x_2, \cdots, x_n) = \prod_{i=1}^{n} P(x_i \mid \text{Parents}(x_i)) \tag{7-9}$$

其中，Parents 表示 x_i 的直接前驱节点的联合，概率值可以从相应条件概率表中查到。

构造与训练贝叶斯网络分为以下两步。

（1）确定随机变量间的拓扑关系，形成 DAG。这一步通常需要不断迭代和改进才可以建立起一个好的拓扑结构。

（2）训练贝叶斯网络。这一步也就是要完成条件概率表的构造，如果每个随机变量的值都是可以直接观察的，那么这一步的训练是直观的，方法类似于朴素贝叶斯分类。但是通常

贝叶斯网络的中存在隐藏变量节点，那么训练方法就是比较复杂，例如，使用梯度下降法。

　　贝叶斯网络比朴素贝叶斯更复杂，而想构造和训练出一个好的贝叶斯网络更是异常艰难。但是贝叶斯网络是模拟人的认知思维推理模式，用一组条件概率函数以及有向无环图对不确定性的因果推理关系建模，因此其具有更高的实用价值。同时贝叶斯网络作为一种不确定性的因果推理模型，其应用范围非常广，在医疗诊断、信息检索、电子技术与工业工程等诸多方面发挥重要作用，而与其相关的一些问题也是近来的热点研究课题。例如，Google 就在诸多服务中使用了贝叶斯网络。

　　更好的数据往往比更好的算法更重要，提取好的特征也需要很大的工夫。如果数据集非常大，那么分类算法的选择可能对最后的分类性能影响并不大。

　　如果更注重于分类的正确率，那么就需要尝试多种分类器，根据交叉验证的结果来挑选性能最好的。感兴趣的读者可以去了解 Netflix Prize 和 Middle Earth，使用某种集成的方法来组合多个分类器。

7.2.4　支持向量机分类

　　支持向量机（Support Vector Machine，SVM）是一种用来进行模式识别，模式分类的机器学习算法。该算法的主要思想可以概括为两点，一是针对线性可分情况进行分析；二是对于线性不可分的情况，通过使用核函数，将低维线性不可分空间转化为高维线性可分空间，然后再进行分析。SVM 解决问题的方法大概有以下几步。

　　（1）把经过清洗的数据和其对应的分类标记交给算法进行训练。

　　（2）如果线性可分，那么直接找到超平面；如果线性不可分则映射到 $n+1$ 维空间找出超平面。

　　（3）得到超平面的表达式，也就是分类函数。

　　超平面是一个抽象的概念，在一维空间里就是一个点，用 $x+A=0$ 表示；二维空间就是一条线，用 $Ax+By+C=0$ 来表示；三维空间里就是一个面 $Ax+By+Cz+D=0$ 来表示；再高维的空间里面的超平面就很难想象了。下面分别介绍线性可分和线性不可分两种情况。

　　（1）线性可分。

　　如图 7-3 所示的情况，$H=w*x+b$（w,x 都是向量形式）。最佳的分类情况是当 margin=2/||w|| 的时候，也就是使得||w||最小。在线性可分的分类中必须遵循如下条件：样本数据代入公式，要保证会有分类情况出现。于是对公式分析得到限制条件：

$$\min \frac{1}{2}\|w\|^2 \text{ s.t., } y_i\left(w^{\mathrm{T}}x_i+b\right)\geq 1, \ i=1,\cdots,n \qquad (7\text{-}10)$$

式（7-10）就是最终的优化公式。接下来可以运用数学知识来完成优化得到分类。

　　（2）线性不可分。

　　如图 7-4 所示的情况，我们使用这样的一条曲线将 ab 这条线段进行分割。这时，就用到了在开始部分介绍的四个核函数。选择不同的核函数，可以生成不同的 SVM，常用的核函数有以下四种：①线性核函数 $K(x,y)=x\cdot y$；②多项式核函数 $K(x,y)=[(x\cdot y)+1]^\wedge d$；③径向基函数 $K(x,y)=\exp(-|x-y|^\wedge 2/d^\wedge 2)$；④二层神经网络核函数 $K(x,y)=\mathrm{tanz}(a(x\cdot y)+b)$。但有时为了数据的容错性和准确性，会加入惩罚因子 C 和 ε 阈值来保证分类的容错性。此时限制条件变为

$$\min \frac{1}{2}\|w\|^2 +C\sum_{i=1}^{R}\varepsilon_i, \text{ s.t., } y_i\left(w^{\mathrm{T}}x_i+b\right)\geq 1-\varepsilon_i, \ \varepsilon_i \geq 0 \qquad (7\text{-}11)$$

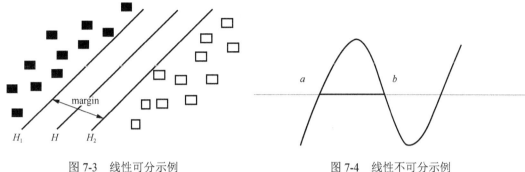

图 7-3　线性可分示例　　　　　　　　　　　图 7-4　线性不可分示例

通过上面介绍的四种常用的核函数，可以将线性不可分的情况转为线性可分情况进行问题的解决。

支持向量机方法是专门针对有限样本情况的，其目标是得到现有信息下的最优解而不仅仅是样本数趋于无穷大时的最优值；算法最终将转化成为一个二次型寻优问题，从理论上说，得到的将是全局最优点，解决了其他算法无法避免的局部极值问题；算法将实际问题通过非线性变换转换到高维的特征空间，在高维空间中构造线性判别函数来实现原空间中的非线性判别函数，特殊性质能保证机器有较好的推广能力，同时它巧妙地解决了维数问题，其算法复杂度与样本维数无关。在支持向量机方法中，只要定义不同的内积函数，就可以实现多项式逼近、贝叶斯分类器、径向基函数方法、多层感知器网络等许多现有学习算法。这使得 SVM 方法得到了广泛的重视，很多学者进行了积极的探索，有兴趣的同学可以自行查阅资料深入研究。

7.3　大数据聚类

与上面所介绍的分类技术不同，在机器学习中，聚类是一种无指导学习方法。也就是说，聚类分析是在预先不知道预划分类的情况下，根据信息相似度原则进行信息集聚的一种方法。聚类的目的是使得属于同一类别的个体之间的差别尽可能小，而不同类别上的个体间的差别尽可能大。因此，聚类的意义就在于将观察到的内容组织成类分层结构，把类似的事物组织在一起。通过聚类，人们能够识别密集的和稀疏的区域，从而发现全局的分布模式，以及数据属性之间的有趣关系。

数据聚类分析是一个正在蓬勃发展的领域。聚类技术主要是以统计方法、机器学习、神经网络等方法为基础。比较有代表性的聚类技术是基于几何距离的聚类方法，如欧氏距离、曼哈顿（Manhattan）距离、闵可夫斯基（Minkowski）距离等，还有一种比较常用的聚类技术是采用基于密度的方法，如 DBSCAN 算法。

所谓聚类问题，就是给定一个元素集合 D，其中每个元素具有 n 个可观察属性，使用某种算法将 D 划分成 k 个子集，要求每个子集内部的元素之间相异度尽可能低，而不同子集的元素相异度尽可能高。其中每个子集称为一个簇。要注意的是，与分类不同，分类有示例式学习，是有监督的学习，它要求分类前明确各个类别，并断言每个元素映射到一个类别。而聚类观察式学习，在聚类前可以不知道类别甚至不给定类别数量，是无监督学习的一种。

7.3.1　K-means 算法

K-means 算法是很典型的基于距离的聚类算法，采用距离作为相似性的评价指标，即认为两个对象的距离越近，其相似度就越大。该算法认为簇是由距离靠近的对象组成的，因此把得到紧凑且独立的簇作为最终目标。

要了解 K-means 算法，先要了解两个概念，一个是质心，另一个是距离。质心可以认为就是一个样本点，也可以认为是数据集中的一个数据点 P。它是具有相似性的一组数据的中心，即该组中每个数据点到 P 的距离都比到数据集中其他质心的距离近。k 个初始聚类质心的选取对聚类结果具有较大的影响，因为在该算法第一步中是随机地选取任意 k 个对象作为初始聚类的质心，初始地代表一个聚类结果，当然这个结果一般情况不是合理的，只是随便地将数据集进行了一次随机的划分，具体进行修正这个质心还需要进行多轮的计算来一步步逼近我们期望的聚类结果：具有相似性的对象聚集到一个组中，它们都具有共同的一个质心。另外，因为初始聚类质心选择的随机性，可能未必使最终的结果达到我们的期望，所以我们可以多次迭代，每次迭代都重新随机得到初始质心，直到最终的聚类结果能够满足我们的期望为止。

距离实际上是相似性的度量，其定义也有很多种，常见的有欧氏距离、曼哈顿距离、闵可夫斯基距离等。一个好的距离定义一般满足以下四个条件。

（1）$d(x, y) = d(y, x)$。

（2）若 $x \neq y$，则 $d(x, y) > 0$。

（3）若 $x = y$，则 $d(x, y) = 0$。

（4）$d(x, y) \leqslant d(x, z) + d(z, y)$。

因此 K-means 算法的计算过程如下。

（1）从 D 中随机取 k 个元素，分别作为 k 个簇的中心。

（2）分别计算剩下的元素到 k 个簇中心的相异度，并将它们划归到相异度最低的簇。

（3）根据聚类结果，重新计算 k 个簇的中心，计算方法是取簇中所有元素各自维度的算术平均数。

（4）将 D 中全部元素按照新的中心重新聚类。

（5）重复第 4 步，直到聚类结果不再变化。

（6）将结果输出。

那么如何定量计算两个可比较元素间的相异度。就表面理解，相异度是用来衡量两个物体差别的，例如，人类与章鱼的相异度明显大于人类与黑猩猩的相异度，这是我们能直观感受到的。但是，计算机没有这种直观的感受能力，我们必须对相异度在数学上进行定量定义。

设 $X = \{x_1, x_2, x_3, \cdots, x_n\}$，$Y = \{y_1, y_2, y_3, \cdots, y_n\}$，其中 X、Y 是两个元素项，分别具有 n 个可度量特征属性。则 X 和 Y 的相异度为 $d(X, Y) = f(X, Y) \rightarrow \mathbf{R}$，其中 $\mathbf{R}$ 为实数域。也就是说相异度是两个元素对实数域的一个映射，所映射的实数定量表示两个元素的相异度。下面介绍几个计算相异度的方法。

1）欧氏距离

考虑元素的所有特征属性都是标量的情况，例如，计算 $X = \{2, 1, 102\}$ 和 $Y = \{1, 3, 2\}$ 的相异度。一种很自然的想法是用两者的欧几里得距离来作为相异度，欧几里得距离的定义如下：

$$d(X,Y) = \sqrt{(x_1 - y_1)^2 + (x_2 - y_2)^2 + \cdots + (x_n - y_n)^2} \qquad (7\text{-}12)$$

其意义就是两个元素在欧氏空间中的集合距。因为其直观易懂且可解释性强，因此欧氏距离被广泛用于标识两个标量元素的相异度。将上面两个示例数据代入式（7-12），可得两者的欧氏距离为

$$d(X,Y) = \sqrt{(2-1)^2 + (1-3)^2 + (102-2)^2} = 100.025$$

2）曼哈顿距离和闵可夫斯基距离

除欧氏距离外，常用作度量标量相异度的还有曼哈顿距离和闵可夫斯基距离，两者定义如下。

曼哈顿距离：

$$d(X,Y) = |x_1 - y_1| + |x_2 - y_2| + \ldots + |x_n - y_n| \qquad (7\text{-}13)$$

闵可夫斯基距离：

$$d(X,Y) = \sqrt[p]{|x_1 - y_1|^p + |x_2 - y_2|^p + \ldots + |x_n - y_n|^p} \qquad (7\text{-}14)$$

欧氏距离和曼哈顿距离可以看作闵可夫斯基距离在 $p=2$ 和 $p=1$ 下的特例。

上面这样计算相异度的方法存在一些缺陷，就是取值范围大的属性对距离的影响高于取值范围小的属性。例如，上述例子中第三个属性的取值跨度远大于前两个，这样不利于反映真实的相异度，为了解决这个问题，一般要对属性值进行规格化。所谓规格化就是将各个属性值按比例映射到相同的取值区间，这样是为了平衡各个属性对距离的影响。通常将各个属性均映射到[0,1]区间，映射公式为

$$a_i' = \frac{a_i - \min(a_i)}{\max(a_i) - \min(a_i)} \qquad (7\text{-}15)$$

其中，$\max(a_i)$ 和 $\min(a_i)$ 表示所有元素项中第 i 个属性的最大值和最小值。例如，将示例中的元素规格化到[0,1]区间后，就变成了 $X' = \{1,0,1\}$，$Y' = \{0,1,0\}$，重新计算欧氏距离约为 1.732。

K-means 算法可以用 SAS 的 proc fastclus 实现，它的函数参数如下。

```
proc fastclus data=数据集 <seed=>|<maxc=>|<radius=>|<maxiter=>|<out=>;var 变量;
run;
```

选项 seed=用来指定作为类种子的数据集；
选项 maxc=指用户允许聚类分析生成的分类数目的最大值；
选项 radius=是更新聚类中的阈值；
选项 maxiter=为最大迭代次数；
选项 out=则是输出数据集；
var 语句用来指定进行聚类分析的变量。

其具体实现的过程如下。

```
List K_means(DataSet S, int k)
{
    List new_centrio_list=Select_init_centriole(S, k); // 创建初始的 k 个质心
                                                       // 点（随机）
    //当任意一个点的簇分配结果发生改变时
    do {
        centrio_list= ew_centrio_list;
```

```
//对每一个质心，计算质心与数据点的距离
foreach (s in S) {
    best_centri->distance=MAX;
    best_centri->class=Undefine;
    foreach (centri in centrio_list) {
        double distance=Calculate_distance(s, centri);
        // 将数据点分配到距离最近的簇
        if(best_centri->distance > distance) {
            best_centri->distance=distance;
            best_centri->class=centri->tag;
        }
    }
    category_list[best_centri->class].Add(s);
}
//计算簇中所有点的均值，并将均值作为质心
    new_centrio_list=Relocate_centriole(category_list, centrio_list, k);
} while(!Is_centrio_stable(new_centrio_list,centrio_list));
return category_list;
}
```

K-means 算法应用案例：NBA 三分球射手聚类。

在当今 NBA 联盟有着众多三分投射好手，但是同样作为三分射手，球员也有着不同的功能属性。这里我们就采用 K-means 算法对 2015～2016 赛季三分球命中率排名前 50 的三分高手进行聚类，试图将这些三分好手分成不同类别，如图 7-5 所示。

首先，我们从场均三分球投射次数（three_point_attempt_per_game）以及场均三分球命中次数（three_point_made_per_game）这两个维度进行分析观察。

实现代码如下。

```
proc fastclus data=nba maxc=5 maxiter=10 out=clus;var three_point_made_per_
game three_point_attempt_per_game;
    run;
```

聚类汇总						
聚类	频数	RMS 标准差	从种子到观测的最大距离	超出半径	最近的聚类	聚类质心间的距离
1	24	0.3595	0.9926		5	1.5590
2	7	0.4272	0.9172		4	1.6810
3	1	—	0		4	4.1126
4	2	0.6181	0.6181		2	1.6180
5	16	0.2965	0.6277		1	1.5590

聚类均值			
聚类	三分球命中个数	每场比赛三分球出手次数	three_point_FG
1	1.6973	2.9171	0.581844983
2	2.4585	6.0613	0.405606058
3	5.0886	11.2151	0.453727564
4	3.1016	7.6144	0.407333473
5	1.7510	4.3638	0.401255786

根据得到的数据画出"场均三分投篮对比图"（图 7-5）。

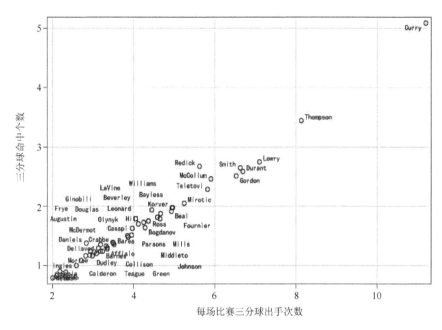

图 7-5　场均三分投篮对比图

样本中的 50 位当今 NBA 顶级三分射手中，三分命中率均在 40.1%以上。我们将所有球员分为 5 类，其中我们发现 Curry 自成一派（聚类 3），Thompson 和 Lowry 紧随其后（聚类 4）。这样我们就清晰地了解了这 50 位三分球射手的投篮效率，也让我们更好地分析他们各自的特点。

我们再从三分球命中率（three_point_FG）和两分球命中率（two_point_FG）的角度来分析聚类的结果。

实现代码如下。

```
proc fastclus data=nba maxc=5 maxiter=10 out=clus; var two_point_FG three_
point_FG;
   run;
```

聚类汇总						
聚类	频数	RMS 标准差	从种子到观测的最大距离	超出半径	最近的聚类	聚类质心间的距离
1	2	0.0119	0.0119		3	0.0802
2	11	0.0110	0.0250		6	0.0361
3	2	0.0198	0.0198		4	0.0521
4	8	0.0141	0.0285		2	0.0389
5	8	0.0163	0.0377		6	0.0424
6	19	0.0109	0.0309		2	0.0361

聚类均值		
聚类	两分球命中率	三分球命中率
1	0.4730	0.4795
2	0.5048	0.4005
3	0.5470	0.4485
4	0.5435	0.3965
5	0.4284	0.4053
6	0.4693	0.3941

根据得到的数据画出"投篮命中率对比图"（图7-6）。

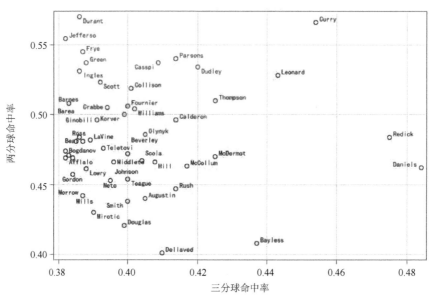

图 7-6　投篮命中率对比图

通过对三分命中率和两分命中率进行聚类分析将样本中50位顶级三分射手划分为6类。我们可以对这六组球员进行归纳。

（1）专职三分手：Riddick，Daniels。

（2）稳定得分点：Thompson，Calderon，Covor 等。

（3）高效进攻手：Curry，Leonard。

（4）高效锋线利器：Durant，Parsons 等。

（5）球队轮转球员：Smith，Rush 等。

（6）拥有大量球权的明星球员或稳定得分点：McCollum，Hill 等。

通过聚类处理50位顶级三分球射手的数据，我们可以更好地了解每一个球员的特长与不足。教练也可以根据各位球员的特点进行训练，增加赢得比赛的机会。

7.3.2　DBSCAN 算法

具有噪声的基于密度的聚类（Density-Based Spatial Clustering of Applications with Noise，DBSCAN）方法是一种基于密度的空间聚类算法。DBSCAN 算法可以利用类的高密度连通性，快速发现任意形状的类。其基本思想是：对于一个类中的对象，在给定的半径领域中所包含的对象不能少于某一给定的最小数目。DBSCAN 为了发现一个类，先从数据库对象集 D 中找到任意一个对象 P，并查找 D 中关于 R（对象半径）和 P_{min}（最小对象数）的从 P 密度可达的所有对象。如果 P 是核心对象，也就是说，半径为 R 的 P 的领域中包含的对象不少于 P_{min}，则根据算法，可以找到一个关于参数 R 和 P_{min} 的类。如果 P 是一个边界点，则半径为 R 的 P 领域包含的对象数小于 P_{min}，即没有对象从 P 密度可达，P 被暂时标注为噪声点，然后，DBSCAN 处理 D 中的下一个对象。

对于大数据来说，数据分布得一般比较分散，不太容易形成支持度较高的聚类。为了使得计算点密度的方法相对简单，我们常将数据空间分割成网格状，这样单元中点密度的计算可以转换成简单的计数，然后将点的个数当作单元的密度。这时可以指定一个数值，当某个单元格中点的个数大于该数值时，就说这个单元格是密集的。在 DBSCAN 算法中，聚类就是连通的密集单元格的集合。

在介绍 DBSCAN 之前，首先要了解一些该算法涉及的基本定义。

（1）ε 邻域：给定对象半径 ε 内的区域称为该对象的 ε 邻域。

（2）核心对象：如果给定对象 ε 邻域内的样本点数大于等于 Min*Pts*，则称该对象为核心对象。

（3）直接密度可达：给定一个对象集合 D，如果 p 在 q 的 ε 邻域内，且 q 是一个核心对象，则我们说对象 p 从对象 q 出发是直接密度可达的。

（4）密度可达：对于样本集合 D，如果存在一个对象链 $p_1, p_2, \cdots, p_n$，$p_1 = q$，$p_n = q$，对于 $p_i \in D(1 \le i \le n)$，p_{i+1} 是从 p_i 关于 ε 和 Min*Pts* 直接密度可达，则对象 p 是从对象 q 关于 ε 和 Min*Pts* 密度可达的。

（5）密度相连：如果存在对象 $o \in D$，使对象 p 和 q 都是从 o 关于 ε 和 Min*Pts* 密度可达的，那么对象 p 到 q 是关于 ε 和 Min*Pts* 密度相连的。

可以发现，密度可达是直接密度可达的传递闭包，并且这种关系是非对称的。只有核心对象之间相互密度可达，然而密度相连是对称关系。DBSCAN 目的是找到密度相连对象的最大集合。DBSCAN 算法基于一个事实，那就是一个聚类可以由其中的任何核心对象唯一确定。等价可以表述为，任意一个满足核心对象条件的数据对象 p，数据库 D 中所有从 p 密度可达的数据对象 o 所组成的集合构成了一个完整的聚类 C，且 p 属于 C。算法的具体聚类过程如下。

（1）扫描整个数据集，找到任意一个核心点，对该核心点进行扩充。

（2）寻找从该核心点出发的所有密度相连的数据点。

（3）遍历该核心点的邻域内的所有核心点，寻找与这些数据点密度相连的点，直到没有可以扩充的数据点为止。

（4）重新扫描数据集（不包括之前寻找到的簇中的任何数据点），寻找没有被聚类的核心点；再重复上面的步骤，直至对该核心点扩充到数据集中没有新的核心点为止。数据集中没有包含在任何簇中的数据点就构成异常点。

DBSCAN 聚类算法具有以下几个优点。

（1）为了进行聚类分析，不需要对输入数据的分布做任何假设，且得到的结果与数据记录输入到算法中的顺序无关。

（2）不需要用户指定对原数据表格进行的聚类分析具体在哪一个子空间中进行，这个算法可以自动发现存在聚类的最高维子空间。

（3）实际运行表明算法所需时间与要处理的总的记录条数呈线性关系。

（4）对于所处理的表格的数据量有较好的可扩展性，能较好地处理高维数据表格对象，能够发现任意形状的聚类，也能发现聚类挖掘的结果对异常数据的非敏感性。

7.3.3　层次聚类算法

层次聚类（Hierarchical Clustering）是通过计算不同类别数据点间的相似度来创建一棵有层次的嵌套聚类树。在聚类树中，不同类别的原始数据点是树的最底层，树的顶层是一个聚类的根节点。创建聚类树有自下而上凝聚和自上而下分裂两种方法，原理如图 7-7 所示。

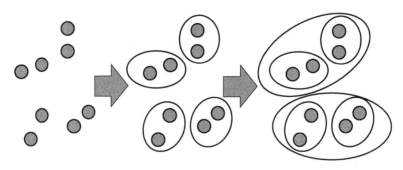

图 7-7　决策树

创建聚类树有两种方法，一个是凝聚的层次聚类法，另一个是分裂的层次聚类法，具体描述如下。

（1）凝聚的层次聚类：这种自底向上的策略首先将每个对象作为单独的一个簇，然后合并这些原子簇为越来越大的簇，直到所有的对象都在一个簇中，或者达到某个终止条件。

（2）分裂的层次聚类：这种自顶向下的策略与凝聚的层次聚类相反，它首先将所有的对象置于一个簇中。然后逐渐细分为越来越小的簇，直到每个对象在单独的一个簇中，或者达到一个终止条件。例如，达到了某个希望的簇数目或者两个簇之间的距离超过了某个阀值。

层次聚类方法尽管简单，但经常会遇到合并或分裂点选择困难的问题。合并或分裂点选择是非常关键的，因为一旦一组对象合并或分裂完成，合并或分裂点就不能被撤销了，下一步的处理将在新完成的簇上进行。这个严格规定是有用的，由于不用担心组合数目的不同选择，计算代价会比较小。但是，已经进行的处理不能被撤销，聚类之间也不能交换对象。如果在某一步没有很好地选择合并或分裂点，可能会导致低质量的聚类结果。而且，这种聚类不具有很好的可伸缩性。因为合并或分裂的决定需要检查和估算大量的对象或结果。

针对传统聚类方法的缺陷，改进层次方法的聚类质量的一个可行方向是将层次聚类和其他聚类技术集成。有两种方法可以改进层次聚类的结果。

（1）在每层划分中，仔细分析对象间的"联接"，例如，CURE 和 Chameleon 中的做法。

（2）综合层次凝聚和迭代的重定位方法。首先用自底向上的层次算法，然后用迭代的重定位来改进结果，例如，BIRCH 中的方法。

下面介绍一下 BIRCH 和 CURE 这两种改进算法，相对于传统的层次聚类，这两种算法得到了更广泛的应用。BIRCH 算法核心是聚类特征 CF 和聚类特征树结合，它克服了凝聚聚类算法的不可伸缩和不可撤销的缺点。另外 BIRCH 算法采用 CF 和 CF-Tree 来节省 I/O 和内存开销。

在 BIRCH 算法中用到了两个重要的知识——聚类特征（CF）和 CF-Tree。聚类特征 CF 是一个三元组 (N, LS, SS)，其中 N 表示子集内点的数目；LS 和 SS 是与数据点同维度的向量，LS 是线性和，SS 是平方和。例如，有一个 MinCluster 里包含 3 个数据点(1,2,3)，(4,5,6)，(7,8,9)，则分别得到；LS 和 SS 为

$N=3$，LS =(1+4+7,2+5+8,3+6+9)=(12,15,18)，SS =(1+16+49,4+25+64,9+36+81)=(66,98,126)。

CF-Tree 是一棵具有两个参数的平衡树，包含分值因子 β 和阈值 τ。这些分值因子不能单纯地理解为数据点，而是一个子簇。β 定义了非叶节点子女的最大数目，阈值 τ 限定了叶子节点中子簇的最大直径。

CF-tree 的构造过程如下：从根节点开始递归往下，计算当前条目与要插入的数据点的距

离；寻找最小距离的那个路径，直到找到与该节点最接近的叶子节点并比较计算出的距离是否小于阀值 τ；如果小于阀值 τ 则直接吸收，否则执行下面步骤判断当前条目所在的叶节点个数是否小于 L；如果是，则插入，否则分裂该叶节点。

BIRCH 算法分为四个阶段。

（1）扫描数据集，建立初始化的 CF 树，把稠密数据分成簇，稀疏数据作为孤立点对待。

（2）这个阶段是可选的，阶段（3）的全局或半全局聚类算法有着输入范围的要求，以达到速度与质量的要求，所以此阶段在阶段（1）的基础上，通过提升阀值来建立一个优化 CF 树。

（3）补救由于输入顺序和页面大小带来的分裂，使用全局/半全局算法对全部叶节点进行聚类。

（4）把阶段（3）的中心点作为种子，将数据点重新分配到最近的种子上，保证重复数据分到同一个簇中，同时添加簇标签。

CURE 算法是使用代表点的聚类方法，即通过多个点来表示一个簇来提高算法对任意簇的能力。该算法采用凝聚聚类，在最开始的时候，每个对象属于独立的簇。然后从最相似的对象进行合并，为了能够处理大数据，CURE 算法采用随机抽样和分割的技术来降低数据的量。CURE 采用多个对象代表一个簇，并通过收缩因子来调整簇的形状。消除异常值的影响分两个阶段完成，首先进行最相似对象合并；由于异常值的距离很大，所以其所在类的节点数量增长很慢，然后在聚类快要结束的时候，将增长慢的簇当中异常值去掉。CURE 聚类完成后只包含样本的数据，之后需要采取某种策略将非样本的数据加入到聚类中。

CURE 算法也分为四个阶段：从源数据集 D 中抽取随机样本 S，并将样本 S 划分成大小相等的分组；对每个划分进行局部聚类，通过随机取样去除孤立点（如果一个簇增长得太慢，就去掉它）；对局部的簇进行聚类，落在新形成的簇中的代表点根据用户定义的一个收缩因子，向簇中心移动；用相应的簇标记来标记数据。

除了以上聚类的算法，还有很多其他的算法。但是怎么判断聚类的好坏呢？聚类质量如何判断呢？聚类的质量评估包括以下三个方面。

（1）估计聚类的趋势。数据中必须存在非随机结构，聚类分析才有意义。

（2）确定数据集中的簇数。簇数太多样本会被划分成很多小簇；簇数太少，样本没被分开，没有意义。

（3）测试聚类的质量。可以用量化的方法来测试聚类的质量。

目前聚类分析广泛应用于商业、生物、地理、网络服务等多种领域。例如，聚类可以帮助市场分析人员从客户基本库中发现不同的客户群，并能用不同的购买模式来刻画不同的客户群的特征。聚类还可以从地球观测数据库中帮助识别具有相似土地使用情况的区域；以及可以帮助分类识别互联网上的文档以便进行信息发现，等等。

7.4　大数据关联分析

关联规则也是日常生活中认识客观事物中形成的一种认知模式。例如，我们使用搜索引擎时，搜索引擎会在用户输入查询词时推荐相关的查询词项；又例如，通过观察哪些商品经常被购买，可以帮助商店了解用户的购买行为，这样既帮助商家盈利又方便顾客购买。

在大数据中，我们称从大规模数据集中寻找物品间的隐含关系为关联分析（association

analysis）或者关联规则学习（association rule learning）。以上面提到的商店商品推荐为例，其中主要问题在于，寻找物品的不同组合是一项十分耗时的任务，所需的计算代价很高，蛮力搜索方法并不能解决这个问题，需要用更智能的方法在合理的时间范围内找到频繁项集，因此就需要关联分析算法来解决上述问题。

7.4.1　有趣关系

关系是指人与人之间、人与事物之间、事物与事物之间的相互联系。而关联分析正是在大数据中寻找有趣关系的任务。我们关注的有趣关系可以分为两种：频繁项集和关联规则。频繁项集是经常出现在一块儿的物品的集合，关联规则是暗示两种物品之间可能存在很强的关系。下面用一个例子来说明这两种概念的异同，表 7-1 给出了某个超市的购物记录。

表 7-1　超市购物记录表

购物记录	商品
1	牛奶、香烟
2	香烟、尿布、啤酒、巧克力
3	牛奶、尿布、啤酒、橙汁
4	香烟、牛奶、尿布、啤酒
5	香烟、牛奶、尿布、橙汁

频繁项集是指那些经常出现在一起的商品集合，表中的集合{啤酒,尿布,牛奶}就是频繁项集的一个例子。从这个数据集中也可以找到诸如尿布→啤酒的关联规则，即如果有人买了尿布，那么他很可能也会买啤酒。这就是广为人知的"啤酒与尿布"案例，乍看之下没有关联的两件物品，通过分析竟然存在这样有趣的关系。

我们用支持度和置信度来度量这些有趣的关系。一个项集的支持度被定义数据集中包含该项集的记录所占的比例。如表 7-1 中，{牛奶}的支持度为 4/5，{牛奶,尿布}的支持度为 3/5。支持度是针对项集来说的，因此可以定义一个最小支持度，而只保留满足最小值尺度的项集作为频繁项集。

置信度是针对关联规则来定义的。规则{尿布}→{啤酒}的可信度被定义为"支持度({尿布,啤酒})/支持度({尿布})"，由于{尿布,啤酒}的支持度为 3/5，尿布的支持度为 4/5，所以"尿布→啤酒"的置信度为 3/4。这意味着对于包含"尿布"的所有记录，我们的规则对其中 75% 的记录都适用。

7.4.2　Apriori 算法

发现元素项间不同的组合是个一项十分耗时的任务，不可避免需要大量昂贵的计算资源，这就需要一些更智能的方法在合理的时间范围内找到频繁项集。Apriori 算法是发现频繁项集的一种方法。Apriori 算法的两个输入参数分别是最小支持度和数据集。该算法首先会生成所有单个元素的项集列表，接着使用一种称为逐层搜索的迭代方法，k_x 项集用于搜索 $(k+1)_x$ 项集。首先，找出所有频繁 k_x 项集 L1，然后用 L1 寻找 L2，用 L2 寻找 L3，如此，直至不能找到频繁 k-项集为止。

在理解 Apriori 算法时首先要知道，如果一个子集是非频繁的，那么它的父集也一定是非频繁的。例如，如果 {啤酒,尿布} 是不频繁的，{啤酒,尿布,牛奶} 也是不频繁的。我们在使用频繁$(k+1)_x$项集 $L(k-1)$寻找频繁 k_x 项集 $L(k)$时包含两个过程，分别是连接和剪枝（如果通过连接和剪枝还不够，在后面还要根据支持度计数筛选掉不满足最小支持度数的候选集）。

所谓连接，就是 $L(k-1)$与其自身进行连接，产生候选项集 $C(k)$。$L(k-1)$中某个元素与其中另一个元素可以执行连接操作的前提是它们中有$(k-2)$个项是相同的，也就是只有一个项是不同的。例如，项集{I1,I2}与{I1,I5}连接之后产生的项集是{I1,I2,I5}，而项集{I1,I2}与{I3,I4}不能进行连接操作。

所谓剪枝，就是候选集 $C(k)$中的元素可以是频繁项集，也可以不是。但所有的频繁 k_x 项集一定包含在 $C(k)$中，所以 $C(k)$是 $L(k)$的一个父集。扫描事物集 D，计算 $C(k)$中每个候选项出现的次数，出现次数大于等于最小支持度与事务集 D 中事务总数乘积的项集便是频繁项集（这里的最小支持度指的是概率，实际中我们经常直接将最小支持度看成乘积后的结果），如此便可确定频繁 k-项集 $L(k)$了。

$C(k)$很大，计算量也会很大。因此需要进行剪枝，即压缩 $C(k)$，删除其中肯定不是频繁项集的元素。剪枝的依据是 Apriori 性质——如果一个子集是非频繁的，那么它的父集也一定是非频繁的。如此，如果一个候选$(k-1)$-子集不在 $L(k-1)$中，那么该候选 k_x 项集也不可能是频繁的，可以直接从 $C(k)$中删除。举个例子如图 7-8 就可以理解了。

（1）在数据库 TDB 中进行第一次扫描剪枝，统计各项的出现次数，并将小于阀值次数的项集删除得到 L1。

（2）对 L1 进行连接操作得到候选项集 C2。

（3）对 C2 进行第二次扫描剪枝，除去小于阀值次数的项集得到 L2。

（4）对 L2 进行连接操作，得到候选集 C3。

（5）对 C3 进行第三次扫描剪枝，得到频繁项集{B,C,E}，即为所需要的结果。

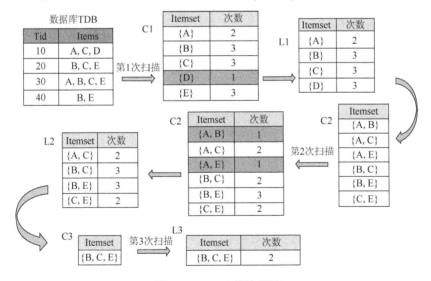

图 7-8　Apriori 算法举例

Apriori 算法是一个找到频繁项集的很好方法，它从单元素项集开始，通过组合满足最小支持度要求的项集来形成更大的集合。但是每次增加频繁项集的大小，Apriori 算法都会重新扫描整个数据集。当数据集很大时，就会显著降低频繁项集发现的速度。下面会介绍 FP-growth

算法，和 Apriori 算法相比，该算法只需要对数据库进行两次遍历，能够显著加快发现频繁项集的速度。

7.4.3　FP-growth 算法

FP-growth（Frequent Pattern）算法是基于 Apriori 构建的，但采用了高级的数据结构减少扫描次数，大大加快了算法速度。FP-growth 算法只需要对数据库进行两次扫描，而 Apriori 算法对于每个潜在的频繁项集都会扫描数据集判定给定模式是否频繁，因此 FP-growth 算法的速度要比 Apriori 算法快。但是频繁项集挖掘出来后，产生关联规则的步骤还是和 Apriori 是一样的。

FP-growth 算法发现频繁项集的基本过程如下。

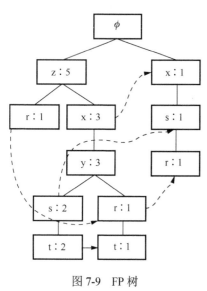

图 7-9　FP 树

（1）构建 FP 树。

（2）从 FP 树中挖掘频繁项集。

首先，先介绍一下什么是 FP 树。一棵 FP 树看上去与计算机科学中的其他树结构类似，但是它通过链接来连接相似元素，被连起来的元素项可以看成一个链表。图 7-9 给出了 FP 树的一个例子。

与搜索树不同的是，一个元素项可以在一棵 FP 树种出现多次。FP 树会存储项集的出现频率，而每个项集会以路径的方式存储在树中。存在相似元素的集合会共享树的一部分。只有当集合之间完全不同时，树才会分叉。树节点上给出集合中的单个元素及其在序列中的出现次数，路径会给出该序列的出现次数。相似项之间的链接称为节点链接，用于快速发现相似项的位置。举例说明，表 7-2 用来产生图 7-9 的 FP 树。

表 7-2　生成图 7-9 中 FP 树的事务数据样例

事务 ID	事务中的元素项
001	r, z, h, j, p
002	z, y, x, w, v, u, t, s
003	z
004	r, x, n, o, s
005	y, r, x, z, q, t, p
006	y, z, x, e, q, s, t, m

表 7-2 中，元素项 z 出现了 5 次，集合{r, z}出现了 1 次。于是可以得出结论，z 一定是自己本身或者和其他符号一起出现了 4 次。集合{t, s, y, x, z}出现了 2 次，集合{t, r, y, x, z}出现了 1 次，z 本身单独出现 1 次。就像这样，FP 树的解读方式是读取某个节点开始到根节点的路径。路径上的元素构成一个频繁项集，开始节点的值表示这个项集的支持度。根据图 7-10，我们可以快速读出项集{z}的支持度为 5，项集{t, s, y, x, z}的支持度为 2，项集{r, y, x, z}的支持度为 1，项集{r, s, x}的支持度为 1。FP 树中会多次出现相同的元素项，也是因为同一个元素会存在于多条路径，构成多个频繁项集。但是频繁项集的共享路径是会合并的，如表中的{t, s, y, x, z}和{t, r, y, x, z}。当我们设置一个最小阈值时，出现次数低于最小阈值的元素项将

被直接忽略。图 7-9 中将最小支持度设为 3，所以 q 和 p 没有在 FP 中出现。

FP-growth 算法的工作流程如下：首先构建 FP 树，然后利用它来挖掘频繁项集。为构建 FP 树，需要对原始数据集扫描两遍。第一遍对所有元素项的出现次数进行计数来统计出现的频率，而第二遍扫描中只考虑那些频繁元素。

有了 FP 树之后，就可以抽取频繁项集了。这里的思路与 Apriori 算法大致类似，首先从单元素项集合开始，然后在此基础上逐步构建更大的集合。从 FP 树中抽取频繁项集的三个基本步骤如下。

（1）从 FP 树中获得条件模式基。首先从头指针表中的每个频繁元素项开始，对每个元素项，获得其对应的条件模式基。条件模式基是以所查找元素项为结尾的路径集合。每一条路径其实都是一条前缀路径，也就是介于所查找元素项与根节点之间的所有内容。以图 7-9 的 FP 树为例，则每一个频繁元素项的所有前缀路径（条件模式基）如表 7-3 所示。

表 7-3　FP 树前缀路径

频繁项	前缀路径
z	{}: 5
r	{x, s}: 1, {z, x, y}: 1, {z}: 1
x	{z}: 3, {}: 1
y	{z, x}: 3
s	{z, x, y}: 2, {x}: 1
t	{z, x, y, s}: 2, {z, x, y, r}: 1

（2）利用条件模式基，构建条件 FP 树。对于每一个频繁项，都要创建一棵条件 FP 树。可以使用刚才发现的条件模式基作为输入数据，并通过相同的建树代码来构建这些树。例如，对于 r，即以 "{x, s}: 1, {z, x, y}: 1, {z}: 1" 为输入，获得 r 的条件 FP 树；对于 t，输入的则是对应的条件模式基 "{z, x, y, s}: 2, {z, x, y, r}: 1"。

（3）迭代重复步骤 1 步骤 2，直到树包含一个元素项为止。输入我们当前数据集的 FP 树（inTree，headerTable），初始化两个空列表，一个 preFix 表示前缀，另一个空列表 freqItemList 接收生成的频繁项集对 headerTable 中的每个元素 basePat（按计数值由小到大），递归至树包含一个元素项。

FP-growth 算法是一种用于发现数据集中频繁模式的有效方法。它利用 Apriori 原则，只对数据集扫描两次，因此 FP-growth 算法执行更快。FP-growth 算法还有一个 MapReduce 版本的实现，可以扩展到多台机器上运行。Google 使用该算法通过遍历大量文本来发现频繁共现词，感兴趣的同学可以查取相关资料了解。

关联分析是数据挖掘中比较重要的一环，尤其是关于频繁项集的分析问题。在计算机辅助进行的数据处理中，所有的频繁项集的问题都能用基于关系型数据库的统计方法进行分析，如果规模巨大则可以用分布式关系型数据库或者抽样数据进行分析。

同时关联分析在农业、军事、医学等很多领域有着广泛的应用，是帮助人们认识事物之间关联关系的重要手段，在建立专家系统或者知识库的过程中，有着不可替代的作用，请读者多练习与思考如何才能高效准确地找到数据之间的关联。

7.5　大数据并行算法

随着信息技术的快速发展，人们对计算系统的计算能力和数据处理能力的要求日益提高。随着计算问题规模和数据量的不断增大，人们发现，以传统的串行计算方式越来越难以满足实际应用问题对计算能力和计算速度的需求，为此出现了并行计算技术。

并行计算是指同时对多条指令、多个任务或多个数据进行处理的一种计算技术。实现这种计算方式的计算系统称为并行计算系统，它由一组处理单元组成。这组处理单元通过相互之间的通信与协作，以并行化的方式共同完成复杂的计算任务。实现并行计算的主要目的是，以并行化的计算方法，实现计算速度和计算能力的大幅提升，以解决传统的串行计算所难以完成的计算任务。

现代计算机的发展历程可分为两个明显不同的发展时代，串行计算时代和并行计算时代。并行计算技术是在单处理器计算能力面临发展瓶颈、无法继续取得突破后，才开始走上了快速发展的通道。并行计算时代的到来，使得计算技术获得了突破性的发展，大大提升了计算能力和计算规模。

大数据中的并行算法总体分为两种，基于 MapReduce 的并行算法和超越 MapReduce 的并行算法。在大数据分类和聚类学习当中，MapReduce 框架被用于并行化传统的机器学习算法以适应大数据处理的需求。很多人在 MapReduce 框架下，讨论如何设计高效的 MapReduce 算法，对当前一些基于 MapReduce 的机器学习和数据挖掘算法归纳总结，以便进行大数据的分析。

7.5.1　基于 MapReduce 的并行算法设计

MapReduce 是由 Google 公司的 Jeffrey Dean 和 Sanjay Ghemawat 开发的分布式编程模型，主要实现了两个主要功能：①Map()把一个函数应用于集合中的所有成员，然后返回一个基于这个处理的结果集；②Reduce()是把从两个或更多个 Map 中，通过多个线程，进程或者独立系统并行执行处理的结果集进行分类和归纳。MapReduce 作业运行流程如图 7-10 所示。主要包含以下五个步骤。

（1）在客户端启动一个作业。

（2）向 JobTracker 请求一个 Job ID。

（3）将运行作业所需要的资源文件复制到 HDFS（分布式文件系统）上，包括 MapReduce 程序打包的 JAR 文件、配置文件和客户端计算所得的输入划分信息。这些文件都存放在 JobTracker 专门为该作业创建的文件夹中。文件夹名为该作业的 Job ID。输入划分信息告诉了 JobTracker 应该为这个作业启动多少个 map 任务等信息。

（4）JobTracker 接收到作业后，将其放在一个作业队列里，等待作业调度器对其进行调度，当作业调度器根据自己的调度算法调度到该作业时，会根据输入划分信息为每个划分创建一个 map 任务，并将 map 任务分配给 TaskTracker 执行。对于 map 和 reduce 任务，TaskTracker 根据主机核的数量和内存的大小有固定数量的 map 槽和 reduce 槽。

（5）TaskTracker 每隔一段时间会给 JobTracker 发送一个"心跳"，告诉 JobTracker 它依然在运行，同时"心跳"中还携带着很多的信息，例如，当前 map 任务完成的进度等信息。当 JobTracker 收到作业的最后一个任务完成信息时，便把该作业设置成"成功"。当 JobClient 查询状态时，它将得知任务已完成，便显示一条消息给用户。

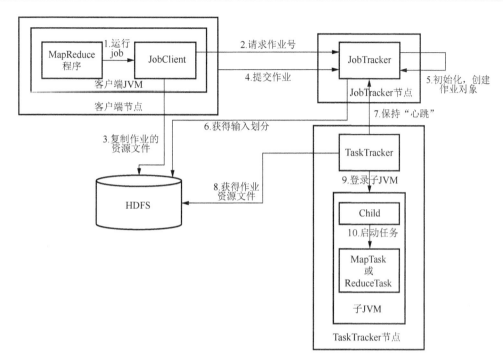

图 7-10　MapReduce 作业流程

以 K-means 聚类算法为例子，对其进行基于 MapReduce 框架的并行改进（图 7-12）。首先从数据集 D 中随机选择 K 个初始聚类中心 $C1=\{c_1,c_2,\cdots,c_k\}$；利用 MapReduce 模型，从 C1 中找出距离数据集 D 中的每个数据点 $d_j(1\leqslant j\leqslant|D|)$ 最近的聚类中心 $c_i(1\leqslant i\leqslant K)$，将 d_j 归于 c_i 代表的类，求出新的聚类中心 C2；如果 C1=C2 退出，否则用 C2 更新 C1，重复执行求新的聚类中心。算法框架如图 7-11 所示。

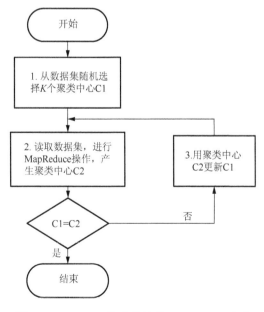

图 7-11　K-means 聚类算法的 MapReduce 改进

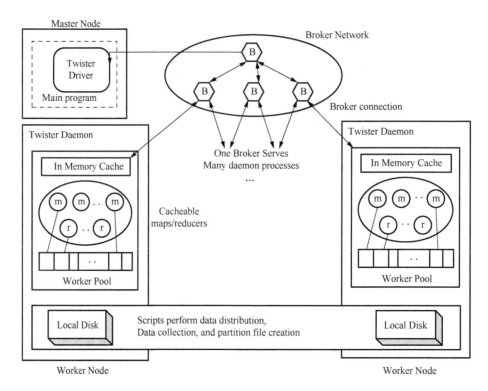

图 7-12　基于迭代处理平台的并行算法的架构

在求聚类中心的过程中，Map 操作是计算读取到的数据点离哪个聚类中心最近，将该数据点标记为属于此聚类中心；Reduce 操作是计算归属于同一个聚类中心的数据点的均值，将该均值作为新的聚类中心。

该算法使用了并行策略计算数据集中的所有数据点的类别归属，加快了聚类速度；但同时该算法要不断地从 HDFS 上读取数据集，进行 MapReduce 的迭代操作，而从 HDFS 上读取数据集和启动 MapReduce 操作是很耗时的操作。这是一个基本的算法，对于它的缺点有很多研究提出了改进方法，有兴趣的读者可以自行查阅资料。

7.5.2　超越 MapReduce 的并行算法设计

超越 MapReduce 的并行算法设计有很多种，但是现在流行且广泛应用的分别是基于迭代处理平台的并行算法和基于图处理平台的并行算法。下面将对这两种并行算法进行详细描述。

1. 基于迭代处理平台的并行算法

传统 MapReduce 的特点是一个 job 只有一个 map-reduce 对，map 完成之后将结果写入本地磁盘。所有的 map 任务都完成之后，reduce 才开始执行，需要网络 I/O 传输数据，reduce 执行完成之后将结果写入 HDFS。这样产生了很大的开销，并且运行速度很慢，于是 Twister 算法被提出，该算法修改了 MapReduce 算法，使其适应迭代计算的方向。大概思想如下。

（1）修改原有的 job 结构，使之能运行多个 map-reduce 对，这样就不用启动多个 job（迭代计算的循环体在 job 内发生，即 job 复用），job 复用可以大大迭代效率。

（2）map/reduce 静态数据缓存（常驻内存或者 cache 进磁盘），允许 map 任务可以快速进入计算，但是这必须要 scheduler 的配合，即计算 locality。

（3）reduce 之后进行处理，继而判断迭代是否结束，避免额外的任务消耗。

基于迭代处理平台的并行算法的架构如图 7-12 所示。

其中，Master Note(master)负责数据和任务的分发；Broker Network 是 Twister 的消息传递机制；Twister Daemon(slave)是 task 处理单元，处于 worker node 上。采用 Master/Slave 架构，两者之间用 Broker Network 通信，采用 Pub/Sub 消息传递机制服务以下四种需求。

（1）传递控制事件。

（2）Twister Driver 向 Twister Daemon 传递数据，主要是传递 variable 迭代数据供下一轮迭代。

（3）map/reduce 之间传递中间结果。

（4）reduce 完成之后将结果传回 Twister Driver。

Twister 在功能上基本上完成了对传统 MapReduce 的修改以适用于迭代计算，包括 job 复用、数据缓存、迭代结束条件判断等，但是在性能方面应该还有很多缺陷，需要在研究和学习中逐步改善。

2. 基于图处理平台的并行算法

许多实际计算机问题会涉及大型图，但是 MapReduce 不适合图的处理。因为并行处理需要多次迭代，这导致 MapReduce 的迭代影响到了整体的性能。因此研究出了一些基于图处理平台的并行算法，其中应用比较广的是 Google 提出的 Pregel 框架。

Pregel 在概念模型上遵循 BSP 模型，整个计算过程由若干顺序执行的超级步（Super Step）组成，系统从一个"超级步"迈向下一个"超级步"，直到达到算法的终止条件。Pregel 在编程模型上遵循以图节点为中心的模式，在超级步 S 中，每个图节点可以汇总从超级步 S-1 中其他节点传递过来的消息，改变图节点自身的状态，并向其他节点发送消息，这些消息经过同步后，会在超级步 S+1 中被其他节点接收并做出处理。用户只需要自定义一个针对图节点的计算函数 F(vertex)，用来实现上述的图节点计算功能，至于其他的任务，例如，任务分配、任务管理、系统容错等都交由 Pregel 系统来实现。

典型的 Pregel 计算由图信息输入、图初始化操作，以及由全局同步点分割开的连续执行的超级步组成，最后可将计算结果进行输出。Pregel 的计算模型如图 7-13 所示。

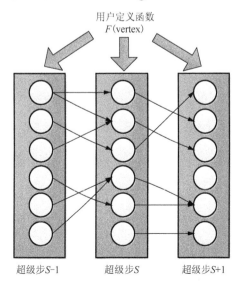

图 7-13　Pregel 计算模型

每个节点有两种状态：活跃与不活跃。刚开始计算的时候，每个节点都处于活跃状态，随着计算的进行，某些节点完成计算任务转为不活跃状态，如果处于不活跃状态的节点接收到新的消息，则再次转为活跃，如果图中所有的节点都处于不活跃状态，则计算任务完成，Pregel 输出计算结果。

本 章 小 结

大数据具有属性稀疏、超高维、高噪声、数据漂移、关系复杂等特点，导致传统机器学习算法难以有效处理和分析。要解决这些技术难点，需在研究机器学习理论和方法，包括数据抽样和属性选择等大数据处理的基本技术的同时，多加思考，设计适合大数据特点的数据挖掘算法，以实现超高维、高稀疏的大数据中的知识发现；研究适合大数据分布式处理的数据挖掘算法编程模型和分布式并行化执行机制，支持数据挖掘算法迭代、递归、集成、归并等复杂算法编程；在 Hadoop、CUDA 等并行计算平台上，设计和实现复杂度低、并行性高的分布式并行化机器学习与数据挖掘算法。将传统的机器学习方法与大数据的特点相结合，才能更好地解决当下甚至未来遇到的问题。

思 考 题

（1）简述 L1 正则化和 L2 正则化的区别。

（2）简述 Apriori 算法的思想，谈谈该算法的应用领域并举例。

（3）什么是聚类分析？聚类算法有哪几种？请选择一种详细描述其计算原理和步骤。

（4）实现 K-means 聚类算法的 MapReduce 改进。

（5）查阅资料了解更多的分类算法，并简单评估这些分类算法。

（6）查阅资料了解决策树分类中的 C4.5 算法。

（7）思考垃圾邮件的判别运用哪种大数据下的机器学习。

第8章 大数据可视化

身处大数据的时代，很多人在不断探索如何找出大数据所隐含的真知灼见。以前，人们常说信息就是力量，但如今，对数据进行分析、利用和挖掘才是力量之所在。

大数据可视化这种新鲜的视觉表达是应信息社会蓬勃发展而出现的。因为我们不仅要呈现世界，更重要的是通过呈现来处理更庞大的数据，归纳数据内在的模式、关联和结构。大数据可视化是位于科学、设计和艺术三学科的交叉领域，蕴藏着无线的可能性。

8.1 大数据可视化之美

数据可视化，可以增强数据的呈现效果，方便用户以更加直观的方式观察数据，进而发现数据中隐藏的信息。可视化应用领域十分广泛，主要涉及网络数据可视化、交通数据可视化、文本数据可视化、数据挖掘可视化、生物医药可视化、社交可视化等领域。依照 CARD 可视化模型，将数据可视化过程分为数据预处理、绘制、显示和交互这几个阶段。依照 SHNEIDERMAN 分类，可视化的数据分为一维数据、二维数据、三维数据、高维数据、时态数据、层次数据和网络数据。其中高维数据、层次数据、网络数据、时态数据是当前可视化的研究热点。

高维数据目前已经成为了计算机领域的研究热点，所谓高维数据是指每一个样本数据包含 $p(p \geqslant 4)$ 维空间特征。但是人类对于数据的理解主要集中在低维度的空间表示上，如果简单地从高维数据的抽象数据值上进行分析，则很难得到有用的信息。而且高维空间包含的元素相对于低维空间来说更加复杂，容易造成人们的分析混乱。将高维数据信息映射到二三维空间上，方便高维数据进行人与数据的交互，有助于对数据进行聚类以及分类。高维数据可视化的研究主要包含数据变化和数据呈现两个方面。

层次数据具有等级或层级关系。层次数据的可视化方法主要包括节点链接图和树图两种方式。其中树图（treemap）由一系列的嵌套环、块来展示层次数据。

为了能展示更多的节点内容，一些基于"焦点＋上下文"技术的交互方法被开发出来。包括"鱼眼"技术、几何变形、语义缩放、远离焦点的节点聚类技术等。

网络数据表现为更加自由、更加复杂的关系网络。分析网络数据的核心是挖掘关系网络中的重要结构性质，如节点相似性、关系传递性、网络中心性等，网络数据可视化方法应清晰表达个体间关系以及个体的聚类关系。主要布局策略包含节点链接法和相邻矩阵法。

数据可视化伴随着大数据时代的到来而兴起，可视化分析是大数据分析不可或缺的一种重要手段和工具，只有在真正理解可视化概念的本质后，才能更好地研究并应用其方法和原理，获得数据背后隐藏的价值。

8.1.1 数据可视化的基本概念

数据可视化领域的起源，可以追溯到 20 世纪 50 年代计算机图形学的早期。数据可视化技术的基本思想，是将数据库中每一个数据项作为单个图元元素表示，大量的数据集构成数据图像，同时将数据的各个属性值以多维数据的形式表示，可以从不同的维度观察数据，从而对数据进行更深入的观察和分析。通俗的理解，数据可视化就是用视觉形式向人们展示数据重要性的一种方法。下面先介绍研究数据时常见的几个概念。

（1）数据空间。由 n 维属性、m 个元素共同组成的数据集构成的多维信息空间。

（2）数据开发。利用一定的工具及算法对数据进行定量推演及计算。

（3）数据分析。对多维数据进行切片、块、旋转等动作剖析数据，从而可以多角度多侧面地观察数据。

（4）数据可视化。将大型数据集中的数据通过图形图像方式表示，并利用数据分析和开发工具发现其中未知信息。

数据可视化为实现信息的有效传达，应兼顾美学与功能，同时应直观地传达出关键的特征，便于挖掘数据背后隐藏的价值。

可视化技术应用标准应该包含以下 4 个方面。

（1）直观化。将数据直观、形象地呈现出来。

（2）关联化。突出的呈现出数据之间的关联性。

（3）艺术性。使数据的呈现更具有艺术性，更加符合审美规则。

（4）交互性。实现用户与数据的交互，方便用户控制数据。

8.1.2　大数据可视化的表现形式

有的信息如果通过单纯的数字和文字来传达，可能需要花费数分钟甚至几小时，甚至可能无法传达。但是通过颜色、布局、标记和其他元素的融合，图形却能够在几秒钟之内把这些信息传达给我们。

1. 地图

日本东京地铁系统包括东京地铁公司（Tokyo Meyro）和都营地铁公司（Toei）两大地铁运营系统，一共有 274 个站。算上东京更大片的铁路系统，东京一共有 882 个车站。要是没有地图的话，人们将很难了解这么多的站台信息。

2. 极区图

弗罗伦斯·南丁格尔（Florence Nightingale，1820 年 5 月 12 日～1910 年 8 月 13 日）是护理事业的创始人，也是现代护理教育的奠基人。南丁格尔是世界上第一个真正意义上的女护士，"5·12"国际护士节就是为了纪念她的，因为这一天是她的生日。与此同时，她也是皇家统计学会的第一位女性成员，是使用极坐标图的先驱。当向国会展示她的研究成果时，南丁格尔使用区块来解释克里米亚战争。她的区块显示了在 1854～1856 年间克里米亚战争中人们死亡的原因，如图 8-1 南丁格尔"极区图"所示。

南丁格尔"极区图"是统计学家对利用图形来展示数据进行的早期探索，南丁格尔的贡献，充分说明了数据可视化的价值，特别是在公共领域的价值。

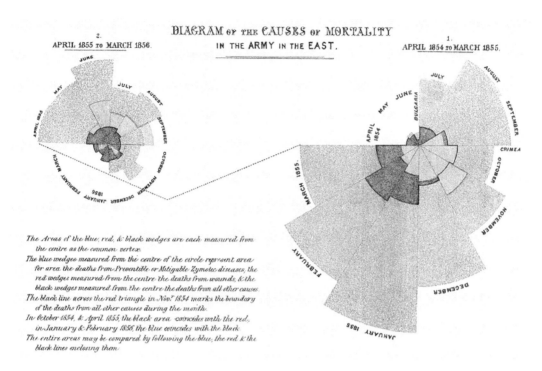

图 8-1　南丁格尔"极区图"

8.2　大数据可视化技术

可视化技术是指利用计算机科学技术，将计算产生的数据以更易理解的形式展示出来，使冗杂的数据变得直观形象。大数据时代利用数据的可视化技术可以有效提高海量数据的处理效率，挖掘数据隐藏的信息，给企业带来巨大的商业价值，如电信运营商挖掘出用户的使用习惯和消费偏好，实现精准营销和客户保有。

8.2.1　基于图形的可视化方法

大数据的复杂性和多样性意味着需对更多的多维数据进行处理和分析。基于图形的可视化方法将数据各个维度之间的关系在空间坐标系中以直观的方式表现出来，更便于数据特征的发现和信息传递。

1. 树状图

树状图通常用于表示层级、上下级、包含与被包含关系。其布局的用法与集群图几乎完全相同，如图 8-2 树状图所示。

树状图主要是把分类总单位摆在图上树枝顶部，然后根据需要，从总单位中分出几个单支，而这些分支，可以作为独立的单位，继续向下分类，以此类推。从树状图中，我们可以很清晰地看出分支和总单位的部分和整体关系，以及这些分枝之间的相互关系。

如果我们想处理的数据存在整体和部分的关系，即使在数据量很大的情况下，要想看清每个部分的具体情况，那么采用树状图会是一个很好的选择。

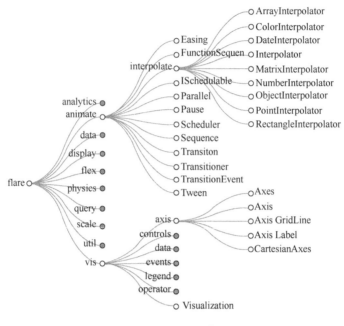

图 8-2　树状图[①]

2. 桑基图

桑基图是一种特定类型的流程图，始末端的分支宽度总和相等，一个数据从始至终的流程很清晰。图中延伸的分支宽度对应数据流量的大小，流量随着时间推移变化的情况，通常应用于能源、材料成分、金融等数据的可视化分析。

如图 8-3 所示，桑基图是一种特定类型的流程图，图中延伸的分支宽度对应数据流量的大小。始末端的分支宽度总和相等，即所有主支宽度的总和应与所有分支宽度的总和相等。桑基图典型应用于需要关注物质、能量、信息转化量的场景，如生产制造、节能减排等。

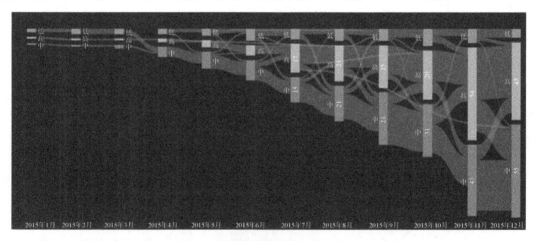

图 8-3　桑基图

3. 弦图

弦图用于表示数据间的关系和流量。外围不同颜色圆环表示数据节点，弧长表示数据量大小。内部不同颜色连接带，表示数据关系流向、数量级和位置信息，连接带颜色还可以表示第三维度信息。首尾宽度一致的连接带表示单向流量（从与连接带颜色相同的外围圆环流出），而首尾宽度不同的连接带表示双向流量。外层通过加入比例尺，还可以一目了然地发现数据流量所占比例。弦图包含的信息量大、视觉冲击力强和功能创新，但普及度较低，如图 8-4 所示。

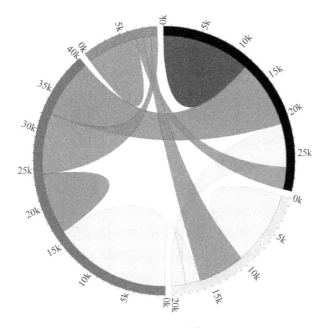

图 8-4　弦图①

4. 散点图

散点图将数据在空间坐标系中以点的形式呈现，通过观察散点的分布规律和趋势，发现变量之间的相关关系、相关方向（正相关、负相关）以及相关关系的强弱程度，进而选择相应的函数进行回归或者拟合，散点图主要包括以下四种。

（1）简单散点图，用于观察两变量之间的关系，如电信用户语音消费与流量消费之间的关系。

（2）矩阵散点图，用于挖掘多变量之间的两两关系；假设共有 n 个变量（$1,2,\cdots,n$），那么散点图矩阵对应 n 行 n 列，并且每个 X_{ij} 表示变量 X_i 对 X_j 的相互关系。

（3）重叠散点图，用于发现多变量与某一变量之间的关系。

（4）维散点图，用于发现变量在三维空间中的相互关系。

---

① 弦图来源：http://bl.ocks.org/mbostock/4062006。

5. 折线图

折线图主要应用于时间序列数据，描述相等时间间隔下连续数据随时间变化趋势，通常 x 表示时间，y 表示连续变量，如移动互联网用户数随时间的变化，移动用户各个月份 ARPU 值的变化等。

6. 条形图和柱形图

条形图用直条的长度表示数量或比例，并按时间、类别等一定顺序排列起来，主要用于表示数量、频数、频率等。条形图包括单式条形图和复式条形图，单式条形图表示一个群体数据的频数分布，复式条形图用于表示多个群体数量分布的比较。柱形图和条形图在本质上是相同的，只是在 x，y 坐标上分布不同，也就是说在延伸方向上，条形图水平延伸，而柱形图垂直延伸。在数据呈现方式上，条形图和柱形图的各个数据集采用不同颜色标注，以进行数据组之间的直观对比。

7. 分布图

分布图用于表示数据之间的分布规律，以及一个变量与另一个变量之间如何相互关联，如通过 P-P，Q-Q 分布图检验样本是否服从正态分布。

8. 箱式图

箱式图用于描述数据的分散情况，主要数据节点包括均值、中值等中心值的度量，标准偏差、方差等可变性度量。除基本描述统计量，箱式图还可以有效发现数据集中的异常值。

9. 饼图

饼图以二维或者三维的形式表示某一数据相对于数据总量的大小，用于数据之间比重的比较。如利用饼图来表示三大运营商 3G 市场份额的比例。

8.2.2　基于平行坐标法的可视化技术

大数据时代海量的非结构化数据如 Web 文档、用户评分数据、文档词频数据等都是高维数据，而平行坐标法可以实现高维数据的有效降维，将高维数据在二维直角坐标系中以更加直观的形式展示，便于挖掘数据表达的信息。平行坐标法的基本原理是将 n 维数据映射到二维空间的 n 个坐标纵轴，每两个坐标轴之间线段表示一个空间点，n 条折线与 n 条坐标轴的 n 个交点代表了数据的 n 维空间。如移动用户的月消费情况，消费记录主要包括本地通话费、长途通话费、漫游费、数据流量费、短信费、增值业务费用六个数据项，对应于六个坐标轴，平行坐标法表示如图 8-5 所示。

从图 8-5 的平行坐标图中，可以看出每一个数据项的分布规律和聚类特征。平行坐标法可以清楚直观地表示数据关系，相比较其他矢量图等可视化图标更为简单快捷，但是数据维度的显示会受到屏幕宽度的制约，随着数据维度的增加，纵轴间距会不断缩小，进而影响数据可视化效果。

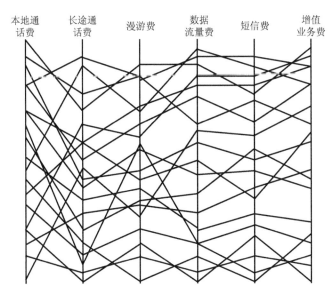

本地通话费　　长途通话费　　漫游费　　数据流量费　　短信费　　增值业务费

图 8-5　平行坐标轴的数据集表示（6 维，20 个数据项）

8.2.3　其他数据可视化技术

基于图标技术的基本原理是用图标来表示高维数据，也就是用图标特征来表示高维数据的属性；面向像素技术是将各个数据项对应的数据值映射成屏幕的像素，并用一个独立的窗口展示某一属性的数据值；基于层次的可视化技术适用于数据库系统中层次结构清晰的数据，如文件目录、组织结构，比较典型的有 *n*-Vision 技术等。

8.3　大数据可视化工具

传统的数据可视化工具仅仅将数据加以组合，通过不同的展现方式提供给用户，用于发现数据之间的关联信息。新型的数据可视化产品必须满足互联网爆发的大数据需求，必须快速地收集、筛选、分析、归纳、展现决策者所需要的信息，并根据新增的数据进行实时更新。因此，在大数据时代，数据可视化工具必须具有以下特性。

（1）实时性。数据可视化工具必须适应大数据时代数据量的爆炸式增长需求，必须快速地收集和分析数据，并对数据信息进行实时更新。

（2）简单操作。数据可视化工具满足快速开发、易于操作的特性，能满足互联网时代信息多变的特点。

（3）更丰富的展现。数据可视化工具需具有更丰富的展现方式，能充分满足数据展现的多维度要求。

（4）多种数据集成支持方式。数据的来源不仅仅局限于数据库，数据可视化工具将支持团队协作数据、数据仓库、文本等多种方式，并能够通过互联网进行展现。

为了进一步让读者了解如何选择适合的数据可视化产品，下面就来介绍一下全球备受欢迎的可视化工具。

8.3.1　R 语言在可视化中的应用

由新西兰奥克兰大学 Ross Ihaka 和 Rober Gentleman 开发的 R 语言是一个用于统计学计算和绘画的语言，它已超越流行的开源编程语言的意义，成为统计计算和图表呈现的软件环境，并且还处在不断发展的过程中，R 图表如图 8-6 所示。

如今，R 语言的核心开发团队完善了其核心产品，这将推动其进入一个令人激动的全新方向。无数的统计分析和挖掘人员利用 R 开发统计软件并实现数据分析。对数据挖掘人员的民意和市场调查表明，R 近年的普及率大幅增长。

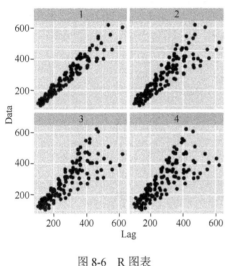

图 8-6　R 图表

R 语言最初的使用者主要是统计分析师，但后来用户扩充了不少。它的绘图函数能用短短几行代码便将图形画好。

Genentech 公司的高级统计科学家 Nicholas Lewin-Koh 描述 R"对于创建和开发生动、有趣图表的支撑能力丰富，基础 R 已经包含支撑包括协同图（coplot）、拼接图（mosaic plot）和双标图等多类图形的功能"。R 更能帮助用户创建强大的交互性图表和数据可视化。

R 语言是主要用于统计分析、绘图的语言和操作环境。虽然 R 主要用于统计分析或者开发统计相关的软件，但也用作矩阵计算。其分析速度可比美 GNU Octave 甚至商业软件 MATLAB。

R 语言的主要优势在于开源，在基础分发包之上，人们又做了很多扩展包，这些包使得统计学绘图和分析更加简单，例如：

（1）ggplot2，给予利兰·威尔金森图形语法的绘图系统，是一种统计学可视化框架；

（2）network，可创建带有点和边的网络图；

（3）ggmaps，基于谷歌地图、OpenStreetMap 及其他地图的空间数据可视化工具，它使用了 ggplot2；

（4）animation，可制作一系列的图像并将它们串联起来做成动画；

（5）protfolio，通过树图来可视化层次型数据。

这里只列举了一小部分。通过包管理器，用户可以查看并安装各种扩展包。通常，用 R 语言生成图形，然后用插画软件精致加工。如果在编码方面是新手，而且想通过编程来制作静态图形，R 语言都是很好的起点，R 图表的另一个例子如图 8-7 所示。

R 软件的首选界面是命令行界面，通过编写脚本来调用分析功能。如果缺乏编程技能，也可使用图形界面，例如，使用 R Commander[①]或 Rattle[②]，R 工作界面如图 8-8 所示。

---

① http://socserv.mcmaster.ca/jfox/Misc/Rcmdr/。

② http://rattle.togaware.com。

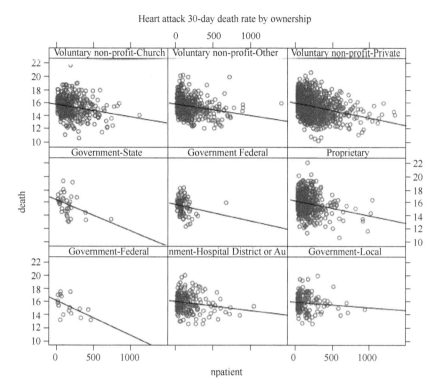

图 8-7　R 图表

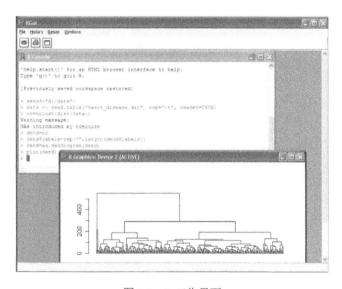

图 8-8　R 工作界面

8.3.2　D3 在可视化中的应用

　　D3 是数据驱动文件（Data-Driven Documents）的缩写，是最流行的可视化库之一，它被很多其他的表格插件所使用。它允许绑定任意数据到 DOM，然后将数据驱动转换应用到 Document 中，或使用 HTML\CSS 和 SVG 来渲染精彩的图表和分析图。D3 对网页标准的强调足以满足在所有主流浏览器上使用的可能性，使用户免于被其他类型架构所捆绑的苦恼，它可以将视觉效果很棒的组件和数据驱动方法结合在一起，如图 8-9 所示。

图 8-9　D3[①]

　　D3 支持的主流浏览器不包括 IE8 及以前的版本。D3 测试了 Firefox、Chrome、Safari、Opera 和 IE9。D3 的大部分组件可以在旧的浏览器运行。D3 核心库的最低运行要求是支持 JavaScript 和 W3C DOMAPI。对于 IE8，建议使用兼容性库，如 Aight 库。D3 采用的是 Selectors API 的第一级标准，考虑兼容性可以预加载 Sizzle 库。使用主流的浏览器可以支持 SVG 和 CSS3 的转场特效。D3 不是一个兼容的层，所以并不是所有的浏览器都支持这些标准。

　　D3 也可以通过一些自定义模块来根据需求增添需要的（非 DOM）特性，并在 WebWorker 上运行。如果使用 D3 去开发可视化展现作品，那么 D3 的资源库支持修改完代码后立即使用浏览器或者开发的软件客户端查看改动的效果，如图 8-10 所示。

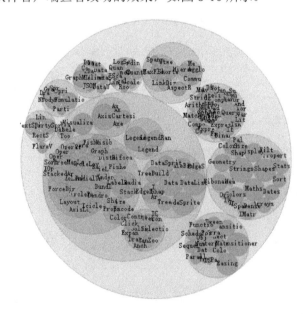

图 8-10　Circle Packing[②]

① https://d3js.org/。

② https://github.com/d3/d3/wiki/Gallery。

8.3.3　Python 在可视化中的应用

Python 是一款通用的编程语言，被广泛地应用于数据处理和 Web 应用。尽管 Python 在可视化方面的支持并不全面，但还是可以从 Matplotlib 入手进行学习。Matplotlib 是基于 Python 的绘图库，并提供了完整的 2D 和有限的 3D 图形支持，可以用来在跨平台互动环境中发布高质量的图片，还可以用于动画。

Seaborn 是一个 Python 中用于创建信息丰富和有吸引力的统计图形库。这个库是基于 Matplotlib 的。Seaborn 提供多种功能，如内置主题、调色板、函数和工具，来实现单因素、双因素、线性回归、数据矩阵、统计时间序列等的可视化，以便让开发者来进一步构建复杂的可视化。

举个例子，Circle Packing 如图 8-11 所示，从美学方面来看，这个图表还不够好。直接拿 Python 输出的图片用于印刷可能会比较勉强，尤其是在边缘处给人感觉比较粗糙。但不管怎样，这是数据探索阶段一个很不错的开始。或者你也可以先输出图片，然后再利用其他的图形编辑软件来润色或添加信息。

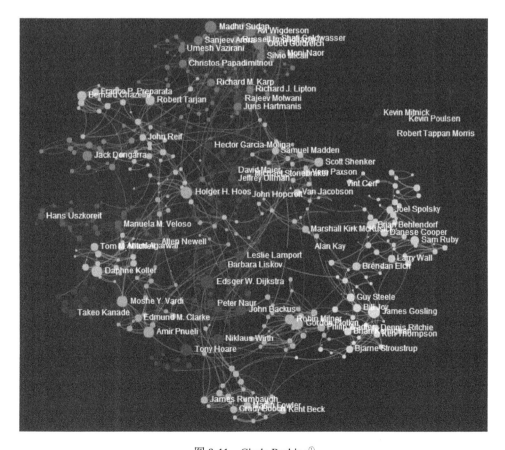

图 8-11　Circle Packing[①]

---

① https://github.com/d3/d3/wiki/Gallery。

8.4　大数据可视化案例

8.4.1　波士顿地铁数据可视化

这个项目的作者是来自伍斯特理工学院的 Michael Barry 和 Brian Card，项目来源于他们在大学期间一门课程的结业报告①。可视化项目中采用的数据是美国第四大地铁系统——波士顿地铁系统（MBTA）2014 年 2 月一整月的开源数据，数据中包含红色、橙色和蓝色四条线路列车运行时间表和列车的位置信息，以及每个站点乘客刷卡进入和刷卡付费离开的信息。作者尝试可视化这些信息，以帮助人们更好地理解地铁系统，理解如何使用地铁，以及地铁和人之间的交互。

第一部分，对地铁系统的探索，如图 8-12 所示，展示所有地铁列车在 2014 年 2 月 3 日一天的运行情况。纵向的每一列代表一个地铁站点，时间轴则是从上到下延伸，左侧标注具体的时间。图中不同颜色的线条分别代表红色线路（左侧）、蓝色线路（中间）和橙色线路（右侧）。图中每个线条代表一趟列车；线条越陡峭，表明本趟列车运行时间越长，运行越慢。

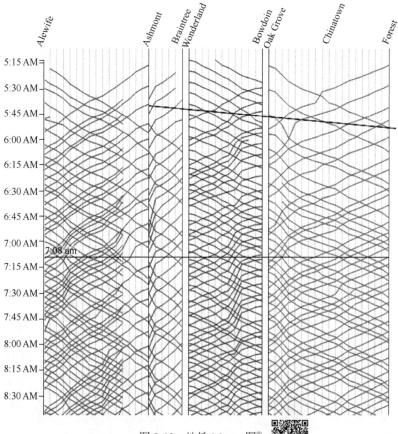

图 8-12　地铁 Marey 图②

① http://mbtaviz.github.io/。

② http://mbtaviz.github.io/。

第二部分，对人们如何使用地铁的探索。如图 8-13 所示，使用热力图的形式，展示一个月中地铁站点的平均进站和出站人数。图中每一行代表一周，可以看到周末和工作日地铁站客流量的对比。横向看每一天的客流情况，图中展示出一天中客流呈潮汐性变化趋势，早高峰和晚高峰是一天中客流量最大的两个时段。

第三部分，人和地铁直接的相互影响。图 8-14 展示了可视化探索线路拥堵状况和地铁列车延迟之间的关系。其中灰色的部分展示一周中进站人数的变化情况，彩色的部分展示列车和正常到站时间相比是否延迟（绿色代表快于预计到站时间，红色代表慢于预计到站时间）。通过此视图可以清晰地观察到客流量是造成列车延迟到站的一个原因。

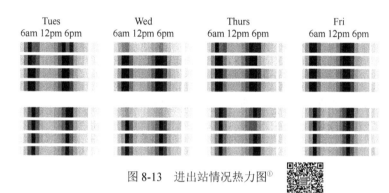

图 8-13　进出站情况热力图[①]

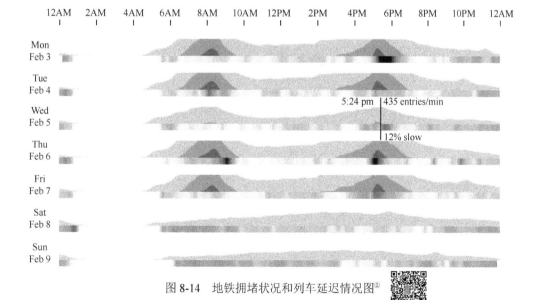

图 8-14　地铁拥堵状况和列车延迟情况图[②]

8.4.2　实时风场可视化

Wind Map[③]是一个交互式实时风场可视化作品，数据每小时更新一次，用户可以通过双击

---

① http://mbtaviz.github.io/。

② http://mbtaviz.github.io/。

③ http://hint.fm/wind/。

放大到更精细的分辨率，看到非常美妙的风场。将不可见转变为可见一直都是数据可视化的目标。知名的可视化博主 Andy Kirk，将 Wind Map 选为他眼中的标志性可视化作品之一，对该作品的评价是"这是对风的一次优雅得让人惊叹的刻画"。在 2012 年间美国受到飓风的强烈攻击时，这个可视化作品成为了一个分析工具。因此它不仅仅是对风的艺术表达，更是人们学习、讨论风的一个非常实用的工具。

8.4.3　GapMinder

GapMinder[①]是另一个耳熟能详的可视化作品，这得益于瑞士统计学家 Hans Rosling，同时也是 TED 上出名的演讲家，以他生动的叙事能力，借由 GapMinder 系统讲述了一个又一个关于世界人口、教育和健康的故事。能有什么比用数据讲出来的故事更具说服力呢？GapMinder 用简简单单的动态散点图就回答了世界发展的历史、现状和趋势。知名可视化博主 Robert Kosara 对该作品的评价是"Hans Rosling 展现数据，让数据生动有趣的手法使可视化大开眼界。如果没有他的表现和 GapMinder 出色的以简单图表展现数据的能力，又有谁知道原来数据不仅仅可以用于分析，更可以用于展现和信息传递呢？"在 TED 的舞台上，作为一个出色的传播者，Hans Rosling 能够完美地对观众讲述数据背后的故事。Gap Minder 可视化效果如图 8-15 所示。

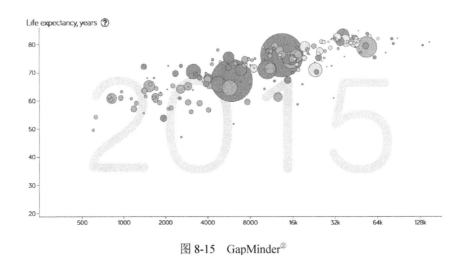

图 8-15　GapMinder[②]

8.4.4　死亡率与税收

死亡率与税收（death and taxes）是一张展现美国联邦超过 500 个部门项目财政预算的信息图，信息量涵盖之广让人叹为观止，如图 8-18 所示。从 2004 年至今，每年设计师 Bachman 都会发布最新的财政预算信息图，2014 年的信息图由 Time Plots 发布。

---

① https://www.gapminder.org/。

② https://www.gapminder.org/tools/#_chart-type=bubbles。

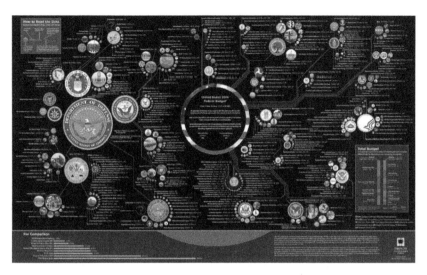

图 8-16　死亡率与税收[1]

8.4.5　社交关系图

如图 8-17 所示，My Map 是社会关系图的一个典型应用[2]。基于 60000 封电子邮件存档数据，用不同颜色深度的线条呈现了地址簿中用户和个体之间的关系，例如，回复、发送、抄送。My Map 允许在不同的关系组和时间段里挖掘信息，体现不同关系中短暂衰退和流向。My Map 从而成为名副其实的自画像、个人关系及社交的可视化反映。

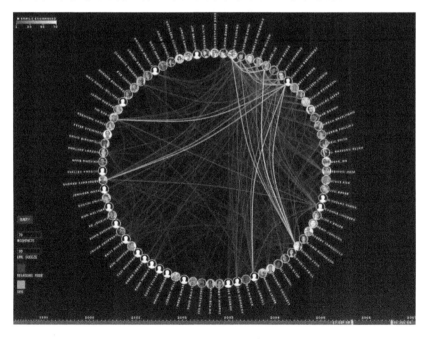

图 8-17　My Map[3]

---

① http://visual.ly/death-and-taxes-2014-us-federal-budget。

② http://christopherbaker.net/projects/mymap/。

③ http://christopherbaker.net/projects/mymap/。

8.5　大数据可视化的未来

8.5.1　数据可视化面临的挑战

伴随着大数据时代的到来，数据可视化日益受到关注，可视化技术也日益成熟。然而，数据可视化仍存在许多问题，且面临着巨大的挑战。大数据可视化存在以下问题。

（1）视觉噪声。在数据集中，大多数数据具有极强的相关性，无法将其分离作为独立的对象显示。

（2）信息丢失。减少可视数据集的方法可行，但会导致信息的丢失。

（3）大型图像感知。数据可视化不单单受限于设备的长度比及分辨率，也受限于现实世界的感受。

（4）高速图像变换。用户虽然能够观察数据，却不能对数据强度变化做出反应。

（5）高性能要求。静态可视化对性能要求不高，因为可视化速度较低，然而动态可视化对性能要求会比较高。

数据可视化面临的挑战主要指可视化分析过程中数据的呈现方式，包括可视化技术和信息可视化显示。目前，数据简约可视化研究中，高清晰显示、大屏幕显示、高可扩展数据投影、维度降解等技术都尝试从不同角度解决这个难题。

可感知的交互扩展性是大数据可视化面临的挑战之一。从大规模数据库中查询数据可能导致高延迟，使交互率降低。同时，在大数据应用程序中，大规模数据及高维数据使数据可视化变得十分困难。在超大规模的数据可视化分析中，我们可以构建更大、更清晰的视觉显示设备，但是人类的敏锐度制约了大屏幕显示的有效性。

由于人和机器的限制，在可预见的未来，大数据的可视化问题会是一个重要的挑战。

8.5.2　数据可视化技术的发展方向

数据可视化技术的发展方向分为以下三个方面。

（1）可视化技术与数据挖掘有着紧密的联系。数据可视化可以帮助人们洞察出数据背后隐藏的潜在信息，提高数据挖掘的效率，因此，可视化与数据挖掘紧密结合是可视化研究的一个重要发展方向。

（2）可视化技术与人机交互拥有着紧密的联系。实现用户与数据的交互，方便用户控制数据，更好地实现人机交互是人类一直追求的目标。因此，可视化与人机交互相结合是可视化研究的一个重要发展方向。

（3）可视化与大规模、高维度、非结构化数据有着紧密的联系。目前，我们身处于大数据时代，大规模、高维度、非结构化数据层出不穷，要将这样的数据以可视化形式完美地展示出来，并非易事。因此，可视化与大规模、高维度、非结构化数据结合是可视化研究的一个重要发展方向。

8.5.3　数据可视化未来的主要应用

数据可视化就其应用而言，范围极为广泛，如商业智能、政府决策、公共服务、市场营销、新闻传播、地理信息等。全球航班运行可视化系统可以通过将某一时段全球运行航班的飞行数据进行可视化展现，大众可以很清晰地得以了解全球航班整体分布与运行态势情况。

本 章 小 结

可视化既可以是静态的，也可以是动态的。交互式可视化通常引领着新的发现，并且比静态数据工具能够更好地进行工作。所以交互式可视化为大数据带来了无限前景。在可视化工具和网络（或者说是 Web 浏览器工具）之间互动的关联和更新技术助推了整个科学进程。基于 Web 的可视化使我们可以及时获取动态数据并实现实时可视化。

一些传统的大数据可视化工具的延伸并不具备实际应用性。针对不同的大数据应用，我们应该开发出更多新的方法。大数据分析和可视化，二者的整合也让大数据应用更好地为人们所用。此外能够有效帮助大数据可视化过程的沉浸式虚拟现实，也是我们处理高维度和抽象信息时强有力的新方法。

思 考 题

（1）简述什么是数据可视化、数据可视化系统的主要目的。

（2）随着大数据时代的日渐成熟，用于大数据可视化分析的应用软件系统正在不断涌现、不断发展。在大数据背景下，基于云计算模式，一些大数据可视化软件提供了基于 Web 的应用软件服务形式。请通过网络收索，回答什么是软件服务的 SaaS 模式。

（3）大数据魔镜网站（http://www.moojnn.com/）是以 Web 形式提供大数据可视化软件应用服务的专业网站，请通过网络收索，了解正在发展中的可视化数据分析网站——大数据魔镜。通过浏览了解，你对大数据魔镜网站的可视化数据分析能力的评价是什么？

（4）请使用 D3 绘制一个饼图。

（5）请使用 Python 绘制一个热图。

第9章 社交大数据

微信、微博、人人网、Facebook、Twitter 等社交网站的应用已经慢慢地改变了人们的交流方式。在社交网站中用户数量的剧增伴随着网上活动频率的增长，留下了许多反应用户行为的痕迹，而在这些行为痕迹的背后，隐含着巨大的商业价值。商家可以利用社交网络数据发现消费者的行为倾向，从而推出适合消费者的商品，并验证广告的投放效果。政府还可以通过在社交网络上进行大数据分析来实施舆情监控。

在社交网络过程中，每人每天都产生大量的数据，但这些数据并不像我们认为的那样枯燥，而是活生生的、复杂且有趣的。它不同于往常单纯的数字形式，而是图文并茂、声色结合。

但如同我们所看到的，这些海量的社交大数据并没有具体的可量化衡量标准，它们到底有什么意义？之间有怎样的关联？有多少可利用的价值？这些都是社交大数据值得深入挖掘与探讨的课题。

9.1 社交大数据

9.1.1 社交数据分析让社交网站更懂用户

社交数据分析工具是基于社交网站的海量数据而衍生出来的服务型产品，同时它们也为社交网站提供了巨大的参考价值。社交网站可以根据对社交数据的分析结果，进一步开发出适合用户需求的应用和功能，从而将用户黏着在自己的平台上。从这个意义上来说，社交网站通过对用户数据的挖掘与分析，完全有可能比用户自身更了解用户。

例如，通过 Facebook、人人网或者新浪微博，从用户手机中的通讯录、邮箱和记事本等 APP 中抓取数据，社交网络可以与用户的相关需求建立一种连接关系，它甚至可以主动向用户推送通知。例如，我的好友张某下周一将要过生日了，例如，我日历中安排了明天将要和一位朋友共进晚餐，例如，快到中午时，百度地图会提醒我附近有什么好吃的小餐馆。这些功能切切实实地将用户的线上社交与线下社交紧密地结合在了一起，更加方便了用户的社交行为。

事实上，数据分析帮助社交网站建立了一个良好的激励制度，用户发现自己越是在社交网站上分享自己的信息，社交网站就越能帮助用户方便自己的生活，那么用户就更加乐意运用社交网站去更多地发布、分享自己的社交信息或数据。于是，用户开始自愿贡献自己的数据，因为这样不仅能够帮助他人决策，也帮助了社交网站乃至营销机构更加了解自己的需求。最近经过改造推出的 QQ 圈子就是一个很好的例子。QQ 圈子运用了社交六度空间理论，通过对 QQ 用户的海量标签数据进行分析，将属于同一个圈子的好友呈现在用户面前。这些人当中，很多是失去联系的老朋友、中学乃至小学同学，而当用户选择将这些人加为好友的时候，根本无需修改备注名称，因为 QQ 圈子已经通过数据分析帮用户确定了这个好友的真实姓名。在大数据分析的基础上，类似这样方便用户生活的社交功能层出不穷。

社交数据体量巨大、类型繁多、价值密度低，及时性要求高，这些都给数据挖掘带来了巨大的挑战。然而，人工智能的发展使得数据分析水平不断提高，社交网络将会成为我们生活中越来越重要的组成部分，甚至可能扮演我们"私人秘书"的角色。

当然，深度的数据挖掘中最敏感的问题仍然是用户隐私的问题。社交网站从一诞生起就与这个问题相伴相生，随着大数据时代的到来，隐私问题显得越发重要。在未来挖掘社交数据的道路上，一方面要为用户提供更加精准便捷的良好服务，另一方面也要注重对用户隐私的保护。只有符合用户需求和用户安全的商业利益，才能成为可持续的商业利益。

9.1.2　大数据和社交网络

社会网络——通常由通过一些特定类型的相互依赖关系（例如，亲属关系、友谊、共同兴趣、信念或金融交换）链接的社会实体（例如，个人、公司、集体社会单位或组织），是大数据的典型例子。在网络中，社会实体作为他的亲属、朋友、合作者、共同作者、同学、同事、团队成员或商业伙伴连接到另一个实体。大数据挖掘和社交网络分析在计算上促进了这些大数据网络中的社会研究和人类——社会动态，以及设计和使用信息和通信技术来处理社会环境。

在当前大数据时代（包括大型社交网络数据），各种社交网站或服务（如 Facebook、Google+、LinkedIn、Twitter 和微博）得到广泛使用。例如，Facebook 用户可以创建个人资料，将其他 Facebook 用户添加为朋友，交换消息并加入共同兴趣用户组。（共同）朋友的数量可以从一个 Facebook 用户到另一个。用户 A 具有数百或数千个朋友并不罕见。注意，虽然许多 Facebook 用户通过他们的相互友谊被链接到一些其他 Facebook 用户，存在这种关系不是相互的情况。为了处理这些情况，Facebook 添加了"跟随"的功能，这允许用户订阅或跟随一些其他 Facebook 用户的公开帖子，而不需要将他们添加为朋友。因此，对于任何用户 C，如果他的许多朋友跟随某些个体用户或用户组，则用户 C 也可能对跟随相同的个体用户或用户组感兴趣。此外，"喜欢"按钮允许用户表达他们对诸如状态更新、评论，照片和广告内容的欣赏。作为具体示例，用户 D 可以加入公共共同兴趣用户群组与在该研讨会上具有共同兴趣的群组成员共享信息。此外，当用户 D 加入该组时，他的许多朋友也可能对加入该组也感兴趣。

类似地，LinkedIn 用户可以创建专业资料，建立与其他 LinkedIn 用户的连接，以及交换消息。此外，LinkedIn 用户还可以加入共同兴趣用户组并根据一些重叠类别（例如，同事、同学、朋友）标记他的连接（例如，第一度、第二度和第三度连接）。此外，LinkedIn 用户 E 可以查看另一个用户 F 的简档，向他发送消息，认可他的技能和/或推荐他。

作为另一个例子，Twitter 用户可以通过"跟随"他们阅读其他用户的 tweets。社会实体之间的关系大多是通过彼此之间（或订阅）来定义的。每个用户（社交实体）可以有多个关注者，并且同时关注多个用户。跟随者和跟随者之间的跟随/订阅关系与友谊关系不同（其中每对用户在他们建立友谊关系之前通常彼此相知）。相反，在跟随/订阅关系中，用户 H 可以跟随另一个用户 I，而用户 I 可能不亲自知道用户 H。我们使用→I 来表示用户 H 跟随用户 I 的跟随/订阅（即"跟随"）关系。

近年来，社交网站中的用户数量迅速增长。这些大量的用户在用户之间创建了更大量的关系或链接。考虑大数据的特性，许多传统的数据管理方法可能不适合处理大数据。需要新形式的技术来管理、查询、处理和分析大数据，以便实现数据挖掘和知识发现过程的优化，推动和激励大数据管理和数据科学中的研究和实践。在分布式环境中，通过高效的大数据管理可以支持广泛的数据科学活动，包括分析、网络安全、知识发现和数据挖掘。

为了实现对大数据的管理，如今许多应用和系统使用集群、云计算或网格计算，这些可以被认为是某些形式下的分布式计算。一旦实现对大数据的管理，就可以通过数据科学技术对其进行分析（例如，检查、清理、转换和建模）和挖掘。数据科学通常旨在开发系统或定量的数据挖掘和分析算法，用于挖掘和分析大数据。大数据分析包括来自广泛领域的各种技术，如云计算、知识发现和数据挖掘、机器学习、数学以及统计。

在过去几年中，在分布式计算环境中应用了各种方法来处理大数据。大数据相关的技术发展，为网络带来了巨大的并行处理能力，为人们提供了海量数据的处理方法。在社交网络上，用户生成的帖子提供丰富的数据与各种表达和情绪。社交媒体帖子涵盖了人类表达的整个范围，包括信息、情感、鼓励和意见。生成的帖子数量可以达到每小时数百万。现代的网络社交平台为研究提供了大量的数据和信息。在此之上，机器学习、数据挖掘算法的发展为分析、研究人们的情绪带来了可能。

延伸阅读——社交
大数据用途的多样化

9.2　社交大数据在国内社交网络中的应用

下面列举几类具体的大数据在社交网站中的应用。

（1）顾客倾向分析——预测未来顾客需求。人们不得不接受一个现实，进入互联网之后，每个人都将不可避免地留下自己的行为痕迹。顾客购买商品，需要去相应的网上商城进行浏览、搜索商品、询价、下单等操作。通过收集这些顾客数据并进行分析，可以帮助商家预测顾客需要什么类型的商品，或喜欢什么颜色的商品等，这在当前都已经可以实现。

人们分享的信息越多，商家可利用的信息也就越多。社交网络不仅方便了用户的沟通交流，同时也让商家更多地了解客户需求信息，可以有效地帮助商家预测市场需求状况。

顾客发表的评论、跟帖，上传图片、音乐、视频等行为，其背后都隐含着顾客的兴趣和消费倾向，从这些数据中可以找出顾客偏爱哪类商品，还可以从顾客的反馈中找出合理化建议。总而言之，商家可以借助这些数据，来发现顾客的需求，提前生产此类商品，更好地满足顾客体验度同时提高商品的销量，实现商家与顾客的双赢。

（2）关系分析——寻找人与人之间的关系。关系分析可以帮助人们发现彼此的朋友圈子，拓展交际范围，还能方便有共同兴趣的人进行交流。

（3）行为分析——发现人类共性与差异性。社交网络上有大量用户行为轨迹数据，对于研究人类行为的科学家而言，可以通过社交网络数据提取需要的数据并对数据进行分类，这些非格式化数据如照片、声音、文本等可以更好地帮助行为学家分析人类行为变化，并从中发现人类的行为特征，寻找到人类行为的共性与差异性。

对社交网络上的各种评论和意见进行分析，还可以有效地帮助政府进行舆情监控。分析这些舆情数据，可以发现社会对某个事件的关注度，还可以帮助政府发现潜在的社会问题，并据此采取相应的措施，以实现更加及时、更加人性化的管理。

9.2.1　在腾讯大数据中的应用

腾讯业务产品线众多，拥有海量的活跃用户，每天线上产生的数据超乎想象，必然会成为数据大户。特别是随着传统业务增长放缓，以及移动互联网时代的精细化运营，对于大数据分析和挖掘的重视程度高于以往任何时候，如何从大数据中获取高价值信息，已经成为大家关心的焦点问题。在这样的大背景下，为了公司各业务产品能够具有更加优质丰富的数据服务，近年来腾讯大数据平台得到了迅猛发展。

1. 腾讯大数据平台

腾讯大数据平台主要基于腾讯分布式数据仓库（Tencent distributed Data Warehouse，TDW）、腾讯实时计算平台（Tencent Real-time Computing，TRC）、数据实时收集与分发平台（Tencent Data Bank，TDBank）和 Gaia 几个核心模块，如图 9-1 所示。其中，TDW 用来做批量的离线计算，TRC 负责做流式的实时计算，TDBank 作为统一的数据采集入口，而底层的 Gaia 则负责整个集群的资源调度和管理。

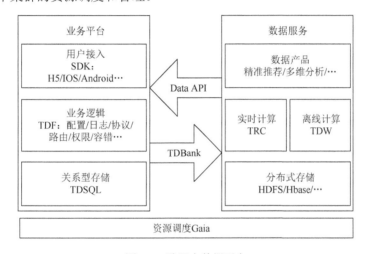

图 9-1　腾讯大数据平台

腾讯分布式数据仓库（TDW）支持百 PB 级数据的离线存储和计算，为业务提供海量、高效、稳定的大数据平台支撑和决策支持，如图 9-2 所示。基于开源软件 Hadoop 和 Hive 进行构建，并且根据公司数据量大、计算复杂等特定情况进行了大量优化和改造。

图 9-2　TDW 分布式数据仓库

数据实时收集与分发平台（TDBank）构建数据源和数据处理系统间的桥梁，将数据处理系统同数据源解耦，为离线计算 TDW 和在线计算 TRC 平台提供数据支持。从业务数据源端实时采集数据，并对数据进行预处理和分布式消息缓存后，按照消息订阅的方式，分发给后端的离线和在线处理系统。

TDBank 构建数据源和数据处理系统间的桥梁，将数据处理系统同数据源解耦，为离线计算 TDW 和在线计算 TRC 平台提供数据支持。从架构上来看，TDBank 可以划分为前端采集、消息接入、消息存储和消息分拣等模块。前端模块主要针对各种数据形式（普通文件、DB 增量/全量、Socket 消息、共享内存等）提供实时采集组件，提供了主动且实时的数据获取方式。中间模块则是具备日接入量万亿级的基于"发布-订阅"模型的分布式消息中间件，它起到了很好的缓存和缓冲作用，避免了因后端系统繁忙或故障从而导致的处理阻塞或消息丢失。针对不同应用场景，TDBank 提供数据的主动订阅模式，以及不同的数据分发支持（分发到 TDW 数据仓库、文件、DB、HBase、Socket 等）。整个数据通路透明化，只需简单配置，即可实现一点接入，整个大数据平台可用。

腾讯实时计算平台（TRC）作为海量数据处理的另一利器，专门为对时间敏感的业务提供海量数据实时处理服务。通过海量数据的实时采集、实时计算、实时感知外界变化，系统可以实现从事件发生，感知变化，到输出计算结果的整个过程在秒级完成。它基于在线消息流的实时计算模型，对海量数据进行实时采集、流式计算、实时存储、实时展示的全流程实时计算体系。

目前，TRC 日计算次数超过 2 万亿次，在腾讯已经有很多业务正在使用 TRC 提供的实时数据处理服务。例如，对于广点通广告推荐而言，用户在互联网上的行为能实时地影响其广告推送内容，在用户下一次刷新页面时，就提供给用户精准的广告；对于在线视频、新闻而言，用户的每一次收藏、点击、浏览行为，都能被快速地归入个人模型中，立刻修正视频和新闻推荐。

统一资源调度平台（Gaia）能够让应用开发者像使用一台超级计算机一样使用整个集群，极大地简化了开发者的资源管理逻辑。Gaia 基于 Yarn 的通用资源调度平台，提供高并发任务调度和资源管理，实现集群资源共享，具有很高的可伸缩性和可靠性，它不仅支持 MR 等离线业务，还可以支持实时计算，甚至在线服务业务。

基于以上几大基础平台的组合联动，可以打造出了很多的数据产品及服务，如上面提到的精准推荐就是其中之一，另外还有诸如实时多维分析、秒级监控、腾讯分析、信鸽等。除了一些相对成熟的平台，腾讯公司还在进行不断地尝试，针对新的需求进行更合理的技术探索，如更快速的交互式分析、针对复杂关系链的图式计算。此外，腾讯大数据平台的各种能力及服务，还将通过 TOD（Tencent Open Data）产品开放给外部第三方开发者。

2. 具体应用

（1）好友/群推荐。通过社交行为、用户标签以及活动地点感知用户状态以及社交需求，从新的社交圈子中挑选与用户匹配的好友/群进行推荐，帮助其快速融入，应用于用户主动加好友/群时及时推荐。

（2）广点通。基于腾讯大社交平台的独特基因，以海量用户为基础，以大数据洞察为核心，以智能定向推广为导向，广点通提供一站式网络推广营销平台。广点通应用大数据去了解每一位用户的喜好和需求，做到满足各个业务的个性化精准推荐需求。这种方法现已应用于红米手机促销中。

（3）用户行为研究。QQ 软件具备用户基数大、变量多、与社会热点话题结合的大数据优势，可以通过大数据计算技术与呈现技术开展全网用户行为研究，传播 QQ 大数据的社会价值。应用于分析春节人口迁徙报告，基于 QQ 用户位置变化轨迹，建立模型测算迁徙规模，分析人口迁徙方向及其影响因素。该报告两次登录央视，并引来凤凰新闻等媒体主动扩散报导。

（4）客户生命周期管理（CLM）。腾讯平台数据每周计算 3.5 亿 QQ 用户的 500 多个指标，建立预测、预警以及用户群特征分析模型，涵盖用户各个生命周期阶段。搭建 CLM 自动化系统可以实现用户信息采集、数学模型部署、活动精准投放、活动效果评估的全面自动化，同时为用户提供及时准确的个性化服务，提高生产效率。

（5）大数据应用畅想。

① 幸福指数：关注 QQ 用户幸福指数，做中国网民生活状态和社会运行状态的"晴雨表"。

② 舆情监控：通过对用户行为数据系统性地收集与分析，可以全面了解民众对民生问题的诉求，并能对突发事件进行及时监控与预警。

③ 中国城镇化进程研究：通过 QQ 用户 LBS 轨迹的变化跟踪计算，从人口迁移的角度观察和评估城镇化发展的动力——包括乡村的推力和城市的拉力。

④ 个人征信：在传统个人征信的基础数据上，增加结合腾讯大数据（包含社交数据、消费数据、地理位置数据、社交评论数据等），形成个人征信综合评分系统。

9.2.2　在微博大数据中的应用

1. 微博数据的应用研究

自 2009 年新浪推出国内首个微博平台以来，微博在国内的发展犹如雨后春笋，遍布大江南北。目前公众认知度较高、用户基数较大的微博平台主要是新浪微博、腾讯微博、搜狐微博和网易微博。此处仅以新浪微博为例，说明大数据在社交网站中的应用。

（1）根据用户信息，建立关系圈。通过基于大数据技术的应用，新浪微博挖掘其用户基本信息、教育信息、职业信息等和现实身份挂钩的个人资料，建立该用户的朋友圈和事业圈，并按整理后的用户资料及亲友相关信息提供朋友推荐。通过显示数据相同或相似的信息，微博用户可以维系甚至扩大其现实生活和虚拟世界两个范畴中的人际圈，这不仅有利于感情的联系和加深，还有利于个人事业的发展。新浪微博还依据用户填写的性取向、感情状况、标签信息、"赞"和收藏等表现其状态、偏好的数据，划分兴趣圈，并提供相关微博、微吧、微群和应用的推荐，推荐用户可能感兴趣的人或者现阶段微博热议的某些话题，真正实现"秀才不出门，能知天下事"。

（2）提取关键字，挖掘数据价值。新浪微博挖掘、提炼其海量数据中的有利价值，开发了风云榜、微数据、微报告以及餐客等应用，增强了微博平台的营销优势，提高了用户体验，增加了微博用户的流量，而第三方也可以通过挖掘微博应用的数据价值为企业提供决策参考的依据。例如，针对微博热词或者微博账号影响力，新浪微博可以使其按照一定规则排序，并提供风云榜排名，也可支持微博用户鉴定自我影响力和了解当前热门话题。但是不可忽视的是，新浪"微应用"中下载量最大的多是客户端、微博小工具和游戏等门类，而这类产品黏性不强，潜力不大。对于微博搜索、数据挖掘等比较实用的商业应用，在新浪微博平台上还不够成熟，仍有待于发展。

（3）微博搜索的使用。新浪微博现在开发了微博搜索功能，可以通过对微博作者、内容及标签的搜索来全面挖掘、提取用户关注的有用数据信息。鉴于微博用户、微博内容及其复杂性的持续增加，这样的搜索必然还是会面临数据量繁杂的困局，所以如何更好地解决这个问题仍需要大数据技术进一步发挥其作用。

2. 具体应用

1）微博气象服务

气象微博是一种常见的便民工具，人们透过微博来了解气象资讯，既方便又快捷，给人们的生活带来了很大的便利。桂林气象局在 2011 年开始进军微博平台，打造出了桂林"气象微博"，用户通过桂林气象微博可以对于气象方面的内容有一个全方位的掌控。同时在微博中，气象平台还可以与全国各地的粉丝进行交流沟通。另外，通过对粉丝数量的增长和沟通信息等数据进行分析，在这个过程中提高气象微博的服务质量。

首先，分析发现桂林气象微博特点，桂林气象微博粉丝增长相对稳定、近距离区域的关注程度较高、桂林气象微博受关注程度较高。进而挖掘气象微博服务的发展趋势，在气象微博内容上面加入多元化的元素，如增加旅游出行信息方面的板块、利用多样化的形式来丰富气象内容、加强防灾防震方面知识的宣传力度、增加与粉丝的互动频率、优化气象微博内部的团队结构。

微博作为目前新媒体的代表，其信息传递具有快速高效的特性。同时，微博在信息互动方面也有着传统渠道无法比拟的优势。在当前海量信息的时代，各类信息都在赛跑而利用好优势渠道是赢得公众信任的关键。使微博成为气象官方信息"社会化的引擎"是我们探索的急切任务。

微博的信息发布特点能满足气象、应急信息的高效、快速传播；其互动特性是电话、短信、网站等传统服务渠道无法相比的，能进一步加强气象部门与公众的沟通与交流，让人人参与气象，让每个用户都成为一个气象情报员，同时也能在普及气象科普知识，强化公众防灾意识等方面发挥重要作用；最后，信息可选择的特点应用于气象服务能较好地解决以往气象服务个性化的难题，真正做到气象服务以需求为导向，"以人为本、无微不至、无所不在"。

2）网剧传播

网络剧的兴盛是伴随着全媒体的大规模发展以及大数据的运用诞生的。随着大数据时代的到来，以微博为代表的社交媒体的广泛普及意味着电视剧从单向性的传播逐渐变为双向互动性的交流，这种传播机制与方式更能体现在网络化语境下的文化生产。微博对网剧制作的作用有如下几个方面。

（1）大数据分析下对网络文化的迎合。微博的搜索机制可以让网民在微博上找到与自己兴趣爱好相同的人，这种机制与话题的带入也让网络剧通过微博这个全民社交平台，基于大数据分析网民的收视习惯、剧情演员喜好来进行精准定位，以大众的爱好和需求为导向，从网络文化中提取剧情的关键元素。从"使用与满足"理论来讲，网剧的制作传播模式更倾向于受众，认为受众有一定的社会心理需求，所以利用大数据分析来极力满足观众的喜好。

（2）大数据分析下对网络群体的迎合。网络群体虽然在向高龄和低龄两个极端人群蔓延，但微博的受众群体依然以 18～30 岁为主，这群人不仅是网络文化的制造者，也是消费者，同时还是传播者。这就使得大数据通常以这个群体的收视口味为导向进行数据分析。不论是在明星启用还是在剧情设置上。显然，在海量信息化的网络时代当中，最能吸引这群年轻群体目光的一个重要元素便是"新奇"。

（3）大数据分析下对市场需求的分析运用。大数据分析下，网络 IP 剧应运而生，主要指由小说改编的电视网络剧。这些小说通常具有一定的人气和书粉，或者拥有一些新奇的情节和元素，通过视频网站联合影视发行公司改编投放到网络平台上，满足了观众对文本人物的幻想，是对文本文化的视觉升级。2015 年由南派三叔的小说《盗墓笔记》改编的网络剧在爱奇艺视频网站上播出，由于《盗墓笔记》在中国书市和网络文化中的影响力，播放首日便导致系统瘫痪，微博热搜排行榜也一直居高不下。大数据从微博中不仅可以获得受众的网络文化倾向，并且对网剧的拍摄、剪辑，甚至是营销传播，都有一定的影响和作用，这种市场化的制作方法在大数据的支持下更突显了现代影视的传播模式。因此，微博对网剧传播的作用可以概括为如下几个方面。

① 微博节点式的传播机制使得一条消息可以产生病毒式的蔓延传播效果，通过裂变从而产生无限制的复制和扩散。如果某一网剧引起了特定群体的兴趣，那么其粉丝可能会通过转发评论来分享，而粉丝的粉丝可也能会转发到自己的微博上，使得信息传播无限制的扩大。微博不同于朋友圈的个人社交，是一种完全开放的交流方式，完全陌生的两个人可能因为同一兴趣点而产生沟通交流，这就使得网民的参与度高、互动性强。网民可以更加随意地对剧集发表自己的意见，尤其是对于系列段子剧来说，突破了传统网剧单方向的传播模式，更加倾向于与网民的互动交流，从而不断完善改进。

② 微博碎片化的信息更符合当下快节奏的社会生活中人们观看信息的方式和特点。段子剧一般为 5~10 分钟，而剧情网剧一般也控制在 20 分钟左右，不同于传统电视剧的 45 分钟，这样的时间设置使得人们可以随时随地观看视频节目，不局限于固定的时间、地点。微博的传播机制显然更适合播放这种短剧。

③ 微博热搜排行榜高度集中话题。大 V 已经成为微博营销中的一个重要的链条环节，对于网络剧的推广已经成为必不可少的一项选择，通过网络大 V 集体制造话题来博取关注度。由于年轻受众群体在网络上更具自主传播者的特性，网剧宣传也经常通过一些活动来赢取观众的口碑，他们的推荐对于网剧传播具有重大的作用。

2016 年年初，有大批新的网络剧被立项拍摄，其中不乏精良的卫视电视剧团队的加入，这便意味着网络剧方兴未艾。网络剧虽然存在一定的缺陷，但由于与网络文化的紧密结合，使这种新生事物必定会随着媒体的发展而不断成长。同时，以微博为基础的大数据分析，也会随着网络剧的发展而更加被倚重。

3）分析高校学生行为

微博作为信息时代的重要社交工具，得到了高校学生的普遍欢迎。面向高校大学生微博使用行为特征，了解大学生在微博社交领域"想什么"和"干什么"及关注什么，从而更好地总结大学生微博社交行为规律，对于促进大学生社交网络行为管理和优化提升高校社交网络舆情应对具有重要实际意义。

图 9-3 所表示的数据实体采集属性，对大学生微博发布时间、发布内容、关注情况以及热点问题参与四大方面进行数据统计分析。发现高校学生微博使用行为规律，一是微博作为一种学习方式而存在，在数据分析的大学生用户群中，有众多关于学习分享的一些链接和评论。众多学习机构、大学教师、网络大 V 通过分享一定的专业知识和学习经验，使得大学生能够通过微博平台学习到一定的课内外知识，众多大学生对相关学习知识或是课程进行了及时转

发和分享。微博成为了大学生知识分享和学习的第二课堂。二是微博改变大学生社交生活，移动化趋势明显。伴随着微博的普及和微博行为习惯的养成，微博平台已然成为高校大学生群体获取外界信息和抒发个人情感的重要通道。移动化趋势明显，根据采集的微博来源分析，接近 50%的微博内容来自手机客户端，更多的微博大学生用户通过手机微博互动进行话题交互、情感交流、关系维护，微博已经成为大学生重要的社交工具。三是微博话题和线上情绪化特征明显，但未在线下行动体现。通过对个体微博内容的观察，大学生对校园或是社会事务的关心和关注通常以批评、愤怒式情绪化存在，尤以对各类规章制度形成一定的心理不满，体现一定的挑战式心理。但这并不表示在现实生活中具有实际的行动体现，这也构成了学生线上线下心理机制的矛盾性，也暗含了关注大学生成长需从线上线下交互式方式进行。

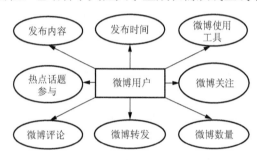

图 9-3　学生微博信息实体

利用社交大数据，面向微博舆情，高校管理部门可从以下四个方面展开应对机制。

（1）对舆情进行及时判断，制定应急预案。微博事件的舆情往往呈现突发式为主，围绕核心事件展开多方面的网络传播，随着传播量的扩大和人群的集中关注，事件呈现放大效应。应制定面向微博信息传播的应急预案。对参与微博事件的人员、事件缘由、传播渠道等因素做好有效梳理，确保紧急事件发生有章可循。

（2）对校园信息进行有效数据公开，营造参与式校务管理模式。微博舆情一定程度上有谣言的成分，但一般情况下也存在着现实待解决的问题。对于学校而言，应该全方位、多层次的解决微博舆情中反映的热点问题，推行官微创建、校务公开、加强学生的参与度，达到本质化解决的结果。

（3）掌握主动权，观察关注校园意见领袖。意见领袖强大的号召力和感染力是微博传播和转发的重要力量。应主动开展各种交流方法，强化国家和社会的各项规章制度，积极做好校园意见领袖的培训和引导工作。

（4）对传统课程进行有效改革，形成教学新模式。微博的互动学习机制使得课程教学方式发生了一定的变化，微教学、翻转课堂、MOOC 教学等新模式的出现使得传统课堂教学模式必须得到更新和改进，对课程教学方式进行有效改革进而改变课程的学习模式，也是适应微时代发展的教学教育新模式。

9.2.3　在淘宝大数据中的应用

随着零点的钟声敲响，在本该寂静的夜里，网络世界却因为"双十一网络购物节"异常火爆。支付宝推出信用支付服务"花呗"，首次在"双十一"大促针对性提高额度，真是"剁手族"的福音，也必将促进狂欢节交易额增长。大数据的应用越来越广泛，各种基础服务无不需要大数据的挖掘与应用。

1. 蚂蚁花呗额度

蚂蚁花呗是蚂蚁金服旗下一个配备消费额度的支付服务，使用该服务的用户在网购时可以采用先购物、先消费后付款的赊账方式。而对于消费额度的认定，并不是网购金额越多，消费额度越高。花呗消费额度是蚂蚁微贷通过复杂的大数据运算，结合风控模型，根据消费者的网购以及支付习惯等情况综合考虑判定的。额度的确认和消费者在网络购物的消费、支付方式、信用、账户等数据有关，并不是简单的直接对应。

2. 退货运费险

保险公司设计出了一套大数据智慧应用的解决方案。因为退货发生的概率，跟买家的习惯、卖家的习惯、商品的品种、商品的价值、淘宝的促销活动等都有关系。因此，使用以上种种数据，应用数据挖掘的方法，建立退货发生的概率模型，植入系统就可以在每一笔交易发生的时候，给出不同的保险费率，使保险费的收取，与退货发生的概率相匹配，这样运费险就不会亏损了。在此基础上，保险公司才有可能通过运费险扩大客户覆盖面。由严重亏损到成本控制得当并获取客户，靠的就是通过分析，挖掘大数据所提供的价值，从而吸引客户。可见，互联网保险产业也正纷纷拥抱大数据，中国的保险销售模式正在酝酿新的变革。

3. 大数据征信与风控服务

授信是指商业银行向非金融机构客户直接提供的资金，或者对客户在有关经济活动中可能产生的赔偿、支付责任做出的保证。而电商大数据也可作为金融授信的参考，阿里芝麻认证被认为是用户互联网信用的重要通行证，通过结合芝麻信用的评分体系，以及基于芝麻信用数据库中大量的用户网络交易及行为数据，对用户进行信用评估。芝麻信用也是作为阿里金控布局的主要部分，目前已与一些 P2P 和小微金融机构展开合作，国内领先的大数据风控平台服务商神州融通过对接芝麻信用等各家征信机构、电商平台等广泛的外部数据源，为小微金融机构一站式提供各类征信数据，也就是反映企业信用状况的称为企业信用信息，反映个人信用状况的称为个人信用信息；并在 Experian 运行多年的单机版风控系统基础上升级云端版本，将征信数据、反欺诈、自动风控决策一站式整合，形成贷前、贷中、贷后流程管理和决策系统，让微金融机构可以依靠大数据、机器学习与风控系统解决征信与风控难题。

9.2.4　在滴滴大数据中的应用

滴滴打车成立初衷是为了解决司机与乘客之间信息不对称的问题，通过移动互联网和大数据技术来打破信息的壁垒。大数据不仅是滴滴打车软件产品的心脏，也是滴滴商业模式的心脏。在滴滴运营过程中，即使出租车空驶率降低到 0，也无法满足早晚高峰乘客出行需求。以北京为例，出租车共计 10.6 万辆，但却有 2000 万常住人口，1000 万流动人口。这就需要通过各种社会资源来解决问题，单单依靠打车软件或者产品无法解决这样的问题。

通过采用大数据技术，滴滴打车可以更好地为用户提供用车服务。例如，通过滴滴大数据分析系统，可以发现很多人居住地和工作地都比较接近、收入水平相当、行业属性相近。这些人往往都会使用出租车或专车。如果能够将需求合并，显然无论是帮助乘客提供低成本出行，还是节省社会资源都很有价值。更有趣的是，如果增加了社交属性。人们可以结交新的朋友，出行会变得更有乐趣。

同样，通过大数据可以满足车主和用户的需求。提高他们的用车体验。例如，某一个时刻在中关村，同时出现很多订单，周围有很多司机。滴滴打车要做的决策是将订单发送给合适的司机，因为司机在任何时刻都只能听到同时爆发订单中的一个。所以匹配要准确，那么背后的推荐算法要准确，匹配效率要高；计算要快，推送要及时；这还不够，滴滴在推送订单到这位司机之前，还会先预测他对订单感兴趣的程度。其中不仅要计算司机的个人特征，还要结合其决策体系，将司机的喜好是对小费、长短途，还是对方向敏感等静态特征和司机与订单之间的位置关系、时间关系等动态特征进行综合分析。滴滴在大数据上最终选择了开源技术，基础层面是数据平台，主要是大数据计算和存储，用的是业内比较成熟的开源系统Hadoop。在完成大数据基础平台开发的基础之上，通过引入时下流行的机器学习，让滴滴打车的推车服务更上一层楼。

滴滴打车现在每天涌入的数据接近10TB。通过不断搜集用户标准数据特征，优化机器学习模型。例如，推送给司机订单，司机是否抢单，这就是一个天然的标注。而通过这些标注，就可以优化学习体系。同样通过社交软件大数据方面的应用，滴滴打车为乘客提供了很多新的想象空间。

大数据是滴滴的心脏，目前滴滴在以下几个方面已在尝试应用大数据。

（1）供需匹配。每一次乘客发起乘车需求之后，对于订单发给附近哪些司机，多个司机抢单之后如何快速筛选最适合这类问题，滴滴已设计了一套完整的匹配算法。这些匹配算法是基于海量数据的分析并不断完善，算法是否精准决定着用户体验以及整体效率。

（2）精准营销。滴滴的快速成长，与结合微信的红包营销密不可分。滴滴红包已是一套非常复杂的营销体系，给哪些人赠送代金券，赠送多少代金券，赠送专车券、快车券，还是顺风车券，这些都是由基于海量数据分析的算法决定的。

（3）供需预测。基于不同城市海量的历史订单记录用户位置数据、车辆位置数据，滴滴正在越来越全面地掌握着城市的交通数据。基于这些数据，滴滴可以从数据中发现城市交通规律、预测用车需求特征、预测城市的运力，进而给司机、出行市民、交通规划部门提供建议。

（4）用户画像。滴滴计划将所掌握的乘客数据与腾讯个人征信系统打通，这样类似乘客爽单这样的不良行为记录将影响到个人征信。反过来如果没有类似行为，则可以获得更高的征信评分。征信系统还可以与腾讯互联网金融电商诸多业务联动起来，例如，以后用户可以用QQ信用直接乘车。

（5）自动计费。未来滴滴可以基于智能路线导航，根据出发地和目的地、路程等待时长、交通状况天气等因素，来实现自动计费。这样乘客乘车完毕后可直接下车，滴滴后台扣费即可，避免司机和乘客互相确认支付的等待时间，以及司机绕路之类的不良行为。

以上每一点都是大数据应用的前提，都需要强大的数据分析能力，而这必须通过计算集群实现。

9.2.5　在百度大数据中的应用

1. 百度大数据引擎

百度坚信技术改变互联网，互联网可以改造传统行业。为了助力传统行业快速进入这个大数据的时代，充分发掘和利用大数据的价值，百度对外发布大数据引擎，向外界提供大数据存储、分析及挖掘的技术能力，这也是全球首个开放的大数据引擎。

如图 9-4 所示，百度大数据引擎主要包含三大组件：开放云、数据工厂和百度大脑。开放云可以将企业原本价值密度低、结构多样的小数据汇聚成可虚拟化、可检索的大数据，解决数据存储和计算瓶颈；数据工厂对这些数据加工、处理、检索，把数据关联起来，从中挖掘出一定的价值；百度大脑是建立在百度深度学习和大规模机器学习基础上，最终实现更具前瞻性的智能数据分析及预测功能，以实现数据智能，支持科学决策与创造。百度积极开放输出百度大脑的能力，一方面助力国家在人工智能、大数据等技术上的整体提升；另一方面也帮助行业转型升级，提升企业的核心竞争力。

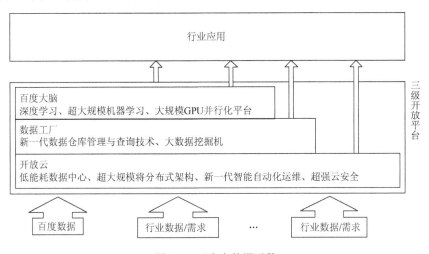

图 9-4　百度大数据引擎

这三大组件作为 3 级开放平台支撑百度核心业务及其拓展业务，也将作为独立或整体的开放平台，给各行各业提供支持和服务，支持百度的核心商业应用及社会企业的新兴商业模式。

2. 大数据预测

百度基于海量的数据处理能力，利用机器学习和深度学习等手段建立模型，可以实现公众生活的预测业务。目前，百度预测产品已经推出了景点舒适度预测和城市旅游预测、高考预测、世界杯预测等服务。

以世界杯预测为例，在 2014 年巴西世界杯的四分之一决赛前，百度、谷歌、微软和高盛分别对 4 强结果进行了预测。结果显示，百度、微软结果预测完全正确，而谷歌则预测正确 3 支晋级球队；在小组赛阶段的预测，谷歌缺席，微软、高盛的准确率也低于百度。总体来看，无论是小组赛还是淘汰赛，百度的世界杯结果预测中均领先于其他公司。最终，百度又成功预测了德国队夺冠，如图 9-5 所示。

图 9-5　百度世界杯预测

预测准确度来自百度对大数据的强大分析能力和超大规模机器学习模型。在对体育数据的研究过程中，百度的科学家发现类似章鱼保罗的赛事预测完全有可能借助大数据的分析能力完成。因此，百度收集了 2010～2013 年全世界范围内所有国家队及俱乐部的赛事数据，构建了赛事预测模型，并通过对多源异构数据的综合分析，综合考虑球队实力、近期状态、主场效应、博彩数据和大赛能力5个维度的数据。最终实现了对2014年巴西世界杯的成功预测。

3. 百度迁徙大数据

百度公司在2014年春运期间，运用大数据做成的中国人口迁徙图，真实反映了百度公司对大数据技术的处理运用能力。"百度地图春节人口迁徙大数据"是百度公司在2014年春运期间推出的一项技术品牌项目，于2014年1月26日0:00正式上线。"百度迁徙"利用大数据技术，对其拥有的基于地理位置的服务（LBS）大数据进行计算分析，并采用创新的可视化呈现方式，在业界首次实现了全程、动态、即时、直观地展现中国春节前后人口大迁徙的轨迹与特征。在功能上，"百度迁徙"以区域和时间为两个维度，可用于观察当前及过往时间段内，全国总体迁徙情况，以及各省（自治区）、市地区的迁徙情况，直观地确定迁入人口的来源和迁出人口的去向。

"百度迁徙"的LBS大数据来自于百度地图LBS开放平台，该平台为数十万款APP提供免费、优质的定位服务，是中国LBS数据源最广的数据和技术服务平台。"百度迁徙"的数据其实并非完全精准的，只是一个粗略定位数据的统计，"直线模式"就可以证明并非实时定位的数据，那么百度只需要调用春运路程的起点与终点数据即可以收集一个用户的信息。

作为一项创新项目，"百度迁徙"可以通过对大数据的创新应用服务于政府部门帮助其科学决策，赋予社会学等科学研究以新的观察视角和方法，同时为公众创造近距离接触大数据的机会，科普数据价值。大数据解读就可以分析到人口流动趋势、交通拥堵情况等细节，为城市管理提供支撑平台。北京等人口规模巨大的城市人口管理、物资供应、车辆监控、拥堵程度及城市轨道交通客流密度监控、高铁的安全监控等，诸多社会生活方面都离不开基于位置的大数据服务。"百度迁徙"的另一个价值是商圈分析，例如，北京中关村的商圈，通过轨迹分析可以看到一些购物中心人非常多，一些购物中心的人流量并不是很大，这些数据可以帮助优化商圈，更好地配置资源。此外，百度迁徙的技术还可以做驾车导航轨迹的挖掘。例如，从百度公司总部到国家会议中心有三条路，这三条路的驾驶时间不一样。其中两条基本驾驶时间是20分钟，一条是18分钟，通过对迁徙数据进行对比分析后，可以帮助用户找出最优出行道路，避开拥堵。

9.3 大数据与Facebook：人们情绪的分析

9.3.1 用大数据分析人们对品牌的情绪

意见几乎是所有人类活动的核心，是我们行为的关键影响因素。我们对现实的信念和看法，以及我们做出的选择，在很大程度上取决于其他人如何看待和评价这个世界。因此，当我们需要作出决定时，我们经常寻求他人的意见。这不仅适用于个人，也适用于组织。意见及其相关概念，如情绪、评价、态度和情感等是情感分析和观点挖掘的研究对象。在这里用基于Facebook数据分析客户对不同品牌的情绪时所做的工作为例子进行说明。

1. 数据提取

Facebook的API接口用于搜集Facebook上的评论和信息。Facebook网站数据采用JSON的格式进行存放，通过API的URL，将Facebook上分页的评论信息进行整理并存储到本地的以"|"分隔的CSV文件中。

2. 文本清理

将文本块中字符转换为小写，并从数据中清除标点、数字、特殊字符和 url 字符串。

3. 停止字删除

常用单词在分析中提供的价值十分少，这些常用的单词称为停用单词，这些停用词需要从文本块中过滤掉。在自然语言处理中没有单个通用的停用词列表，不同的工具和语言有单独的列表。停止字删除的一种方法是，将一个自定义的停用词列表通过一个可配置的变量传递给 Spark 程序。然后程序对文本进行标记化，将标记化单词与停止单词列表匹配，如果列表中存在停止单词，则将其从文本中删除。或者，确定单词在整个文档中出现的总次数。出现最多的词将是可以从文档中删除的停用词。

4. N-gram 生成

N-gram 是来自给定文档的 n 项连续序列。通常使用类型 2 或 3（即两字母或三字母）的 n 元语法进行分析。对于给定用户的分组大小，程序从左到右将每行划分为分组大小的序列。然后为每行计算 n 元语法的出现频率。采用社交适配器接收到 HDFS 位置的输入数据（去限制格式），通过 Spark 应用程序读取到 RDD（弹性分布式数据集）中。RDD 的内容按顺序发送到处理器。输出的输入数据中的唯一键作为定界字段，保存在文本文件中。这个文件将成为情绪分析程序的输入。

5. 情绪分析

情绪分析所采用的方法是使用 CRAN 的 R 情绪包。R 情绪包基于主体性字典（是可扩展的）来计算情绪。对于来自社交媒体网站的英文文本，字典是相当重要的。字典目前由 6518 字组成，其中 2324 字是正的，4175 字是负的，其余的具有双重性质。根据需要，字典可以扩展为包括更多的单词，如表情符号，和为支持的其他语言创建的新字典。字典中的词也具有与它们相关联的极性（强或弱主体性）。

算法首先确定极性和类别（从字典中），并为句子中的单词分配分数。然后通过除以其相应类别中词的总数进一步将得分标准化，然后确定结果的对数绝对值。例如，考虑一个词"庆祝"，字典中这个词属于正类别，其极性强。由于极性强，其初始分数被分配 0.5，同时也是具有强极性单词的默认值。初始分数进一步除以正字词的总数 2324，值为 0.0002151463。现在确定该值的对数的绝对值，其被认为是词"庆祝"的最终得分（abs（ln（0.0002151463））= 8.444192）。

对每个句子中的所有单词重复相同的过程，并且确定所有这些单词的最终分数。然后基于它们的类别来添加最终分数，即将类别为肯定的所有单词的分数加在一起作为肯定分数。对于类别为负的所有单词，确定类似的负分数。该算法进一步规范了每个句子的整体正面和负面得分。这是通过计算两个算法常数（正和负分数各一个）来完成的。常数是基于正/负字的总数除以字典中的字的总数来计算的，然后将该值的 log 的绝对值计算为常数。这些常数分别被添加到每个句子的正得分和负得分。一旦计算归一化分数，就为每个句子确定最佳拟合。将正得分除以负得分，并将结果四舍五入为最低整数值，由此获得的值被称为最佳拟合。如果最佳拟合大于 1，那么它是一个肯定的语句；如果值小于 1，那么它是一个负语句；如果该值等于 1，那么它是一个中性语句。对于必须计算情感的数据集中所有的句子应用相同的处理。

6. 分析的精确度计算

基于上述逻辑为每个 Facebook 帖子计算极性作为正和负。验证实际极性后为正极性（a_+）和负极性（a_-）。与预测相匹配的正极性可以表示为 m_+；与预测相匹配的负极性表示为 m_-。品牌分析的总体准确度百分比计算如下：

$$准确度 = \frac{m_+ + m_-}{a_+ + a_-} \times 100 \tag{9-1}$$

根据上述方法，对 Facebook 上的 6 种品牌情绪进行运算的结果如表 9-1 和图 9-6 所示。

表 9-1　各种品牌的准确度预测

品牌	预测准确度
B1	53.33
B2	69.50
B3	77.78
B4	52.38
B5	76.06
B6	76.67

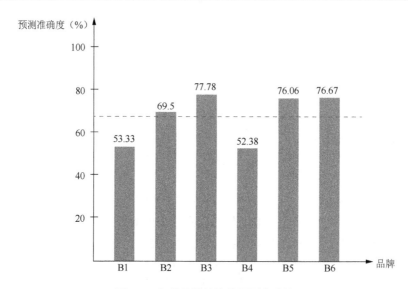

图 9-6　各种品牌的情绪预测准确性

随着社交网站（如 Facebook）使用量的大幅增加，开源技术的进步使企业能够捕获用户对于品牌的情绪，这是挖掘非结构化情感信息的常用方法之一。通过清除和预处理的迭代过程进一步细化，消除来自数据源的离群值和噪声，从而进一步提高计算的准确性。

9.3.2　关于人们在 Facebook 上怀旧情绪的分析

怀旧，反映了对过去的留恋，表现在很多方面：有时，我们将其称为心态——如同，我怀念；有时，作为一种感觉——我感觉怀旧；有时我们使用怀旧来处理"在当前"的情绪或感觉。例如，我们回忆过去的假期，对现在感觉更好。怀旧可以在内部或外部激活。在内部，一个人可以唤起怀旧的感觉。另外，外部刺激可以唤起怀旧，例如歌曲、广告或品牌。

以前对于怀旧情绪的研究利用小样本，本质上是临时的，采用研究技术，例如，调查、实验、焦点小组和民族志。怀旧研究已经检查了对引起怀旧的特定刺激的反应，例如，图片或音乐。理想的情况下，在尽可能自然的环境中探索怀旧是有意义的。然而，直到在线社交媒体如 Facebook 的出现，这种情况变得不那么实际了。现今 Facebook 用户生成的帖子，提供了丰富的数据与各种情绪的表达。社交媒体帖子涵盖了人类表达的整个范围，包括情感、信息、意见。生成的帖子数量可以达到每小时数百万，这些都可以作为大数据的来源。

从社交媒体网站（如 Facebook）中获取大数据，可以通过研究消费者表达式提供额外的信息。图 9-7 显示 2012 年 5 月 4 日至 2012 年 9 月 12 日期间每天的怀旧指数。数据来自 Davalos 等利用的怀旧数据集的分析结果。使用 Facebook Graph API 程序对从 Facebook 获得的数据执行各种操作。数据集包括使用怀旧的单词短语的公共帖子，例如，"你记得什么时候""记忆力衰退""闪回""回到时间""好的旧日""我怀念那些日子""怀旧""回忆""重生""重温过去""让人想起""那些天""当我们年轻时"。图 9-7 总结了 Facebook 上的怀旧表达和讨论，这些帖子根据一年中的时间、节日、活动的峰值而有所不同。纵向检查怀旧表达的发生率将难以使用心理学研究的旧技术。因此，机器学习技术和大数据的检查可以建立、补充和增强在心理研究中通过传统技术获得的信息。

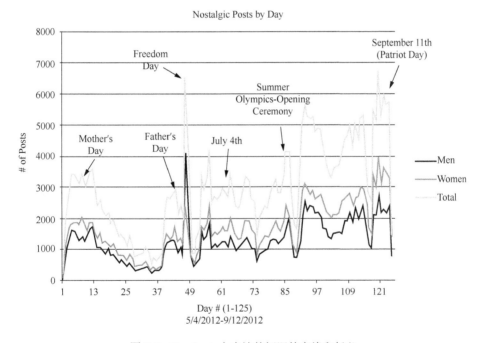

图 9-7 Facebook 上表达的怀旧的高峰和低谷

一种常用的文本挖掘方法是语言获得和词汇计数（Linguistic Inquiry and Word Count，LIWC）。LIWC 分析可用于分析文本，以确定作者的不同情绪、思维风格、社会关注和语法类别。这些词被映射到捕捉人们的社会和心理状态的语言类别。关键词和短语分析可以通过频率秩或通过诸如 TFIDF（术语频率-逆文档频率）的特殊术语来识别，其测量术语的相对信息值不仅仅是频率。这是一种基于以下假设的加权：文档中出现的术语越频繁，该术语代表的内容越明确。然而，出现术语的文档越多，术语提供的区别越少。例如，单词"the"在文档中出现许多次，并且很可能在所有文档中都出现；而"抑郁"一词很可能只发生在与抑郁有关的文件中。

　　另一个有用的方法是奇异值分解（SVD），它是一种类似于主成分分析的维数降低技术，用于对术语进行排名。通过这些措施，可以进行其他形式的分析，例如，聚类分析以识别聚类在一起的术语，短语或文档。例如，我们可以确定哪些术语聚集在一起用于怀旧文档，或检查文档是否基于抑郁症的阶段聚集在一起。分析相关术语的出现具有高于偶然的频率，这有助于理解术语之间的关系。N元语法分析可以识别一个特殊情况的搭配——n项的连续序列。除了这些技术之外，还可以使用聚类分析。

　　另一个有效的文本挖掘工具是主题建模，它标识文档集合中的主题。主题模型是一种统计模型。我们假设一个文档是关于一个或一组特定主题，我们期望某些单词基于主题或多或少地出现在文档中。例如，"学校"和"教师"在关于教育的文件中将更频繁地出现，而"药物"和"治疗"将出现在关于医疗的文件中。诸如"the"和"and"之类的术语将同样出现在两者中，并且基于它们的 SVD 或 TF-IDF 得分忽略这些术语。主题建模可以用于确定人们从诸如网络恐怖主义、保健、艾美奖或总统选举等广泛主题所讨论的内容。因此文本挖掘可以有效地探索、发现和识别一般主题。

　　当在线社交媒体中检查特定类型的内容（例如，怀旧情绪、情绪或抑郁症）发生时，需要一种更加集中的方法。对此有效的工具是关键词的词典或字典，然后使用词典来识别包含词典中的单词的所有文本文档（在 Facebook 的情况下是用户帖子）。最近 Davalos 等使用 13个怀旧关键词和短语开发了一个怀旧的词典，并作为 Facebook 对话怀旧表达的重要证据。他们还采用聚类分析发现与政治、生活故事、历史事件、灵性、欣赏生活、浪漫主义和乐趣有关的怀旧渴望的主题。怀旧的帖子通过使用 LIWC 程序进行分析，可以发现更多的反思和情感，并且同时包含积极和消极的情绪，这和人们在怀旧时喜忧参半的性质是一致的。

9.4　大数据和 Twitter：实例分析

9.4.1　分析用户消费习惯

　　消费者偏好是当今世界许多国家背后的推动力，企业和政府侧重于满足其服务的客户和成员的需求。然而，理解和系统化这样的偏好并不是一个微不足道的过程，个体的偏好并不是单独存在于真空中，而是位于特定的时间、地点和环境中。对于这些偏好的理解可以在很多领域的规划和设计中使用，甚至起到至关重要的作用，对于信息系统尤其是如此。

　　使用数据科学可以发现消费者的这些偏好，其中包括网站上的消费者评论、报纸论坛中的评论、社交媒体上的个人资料或 Twitter 上的推文等。关键在于将可以使用的大量原始非结构化数据，进行语境化以理解数据，并在接下来将其转化为可以使用和操作的信息。通过对语句的分析可以了解用户的偏好，建立消费者偏好模型（CPMM），进而可以对信息进行排名和分类，最终将信息用于不同部分的系统和服务。

　　消费者对价值对象的渴望是促使消费者寻找商品和服务的主要驱动力，它可以是心理或物理的。在营销界，最显著的是 Holbrook 的消费者价值类型学，其中一个对象可取性的判断是基于比较和经验——它着重于个人在价值交换期间适应本研究所考虑的情况，即消费者群体在服务上表达他们的经验时所持有的价值观。

　　Holbrook 模型学在基础上包含三个消费者的价值维度：外在/内在、自我/对象和主动/被动。

　　自然语言处理（NLP）是一个研究方法，用来探索如何使用计算机来理解和操纵自然语言文本，并用在其他领域。如机器翻译、文本处理和摘要、人工智能和专家系统及其他。NLP研究人员旨在收集有关人类如何理解和使用语言的知识，以便开发适当的工具和技术，使计算机系统能够理解和操作自然语言以执行所需的任务。

对于当代的计算技术，需要用大量的原始数据来"教"NLP工具如何处理自然语言。这种被称为训练集的数据，可以来自各种各样的兴趣源，例如，新闻文章、百科全书条目。

2016年1月，以美国五家大型航空公司的Twitter资讯提供的为期三天的数据为例，我们通过分析这一时刻的Twitter数据，来分析用户对于这些航空公司的评价和态度。这项数据收集发生在100年来最大规模的冬季暴风雪期间，拖延了成千上万的航班和美国东部数百万旅客。

Twitter被选中是因为几个关键因素。

（1）这是一个开放论坛，其中邮件被归类为公共的，任何人都可以阅读。

（2）它是对话式的，用户和企业能够进行近乎实时的讨论。这样的对话不能通过正常的商业实践来访问，而Twitter提供了对这种关系的可见性，通过Twitter可以实现商家和客户实时需求讨论，以便商家能够更好地满足这些需求。

（3）它提供了一个令人难以置信的丰富数据集。除了文本本身，每个推文的元数据包括用户位置、个人的追随者数量、推文的提及次数等。这些信息对于发现消费过程的完整图像是至关重要的。

在United Airlines（UA），American Airlines（AA），Delta Airlines（DA），JetBlue Airlines（JA）和Spirit Airlines（SA）上的初始数据收集见表9-2。UA和AA是世界级的大型航空公司。JA是一个高档的服务东部海岸和横向交通航空公司，SA是一个低端的大众化的航空公司。

一个值得注意的重要数据是来自UA的推文数量的大幅下降：45.2%的下降可归因于一个独特的情况：很多游客放弃了网上交谈。在诸如严重暴风雨的特定时期，航空公司提供优惠券，允许旅客在不产生正常费用的情况下更改其预订。UA的优惠只能在与客户服务代表交谈时口头使用，而DA，AA和JA的优惠券都可以在其各自的网站上使用。UA不允许消费者在网上自助服务，在暴风雨期间它们的服务系统遭遇瓶颈、堵塞的电话线和多个技术问题导致了游客选择在机场而不是网上进行求助，使得推文数据减少。

数据处理是必要的，以消除重复的数据，如转发其他用户重新发布的推文，这些通常作为支持原始来源的广泛手段。转播是社区态度和兴趣的强烈信号，因此通过CPMM收集和分类是有意义的。然而，在实例化的最后阶段使用它们来表示推文的重要性，而在早期阶段，尽可能从数据中清除它们。

SA应该从最终数据集中删除，因为与其他航空公司相比，该公司账户的低活跃度没有产生足够的推文进行有效处理。总共，从原始数据源56660个中挑选了29431个单独的推文，产率为59.2%。航空公司的最终推文数如表9-2所示。

表9-2 航空公司总共的推文数目

航空公司	初始推文	最终推文
American Airlines	14509	10233
Delta Airlines	8308	5497
JetBlue Airlines	11551	3549
Spirit Airlines	413	349
United Airlines	17879	9813

使用 Holbrook 的消费者价值类型作为基础，创建一个分类法，然后使用来自牛津英语词典的每个关键术语的同义词进行扩展，因为原始文本一般由国际英语用户撰写。这形成了消费者价值类的核心字典。

每个航空公司的元数据经过预处理，然后通过 Python 脚本运行推文本身，以将它们与 Holbrook 消费者价值类核心字典进行比较。通过 Holbrook 消费者价值类核心字典中关键字的情绪极性进行后续情绪分析。

可以看出，词汇的使用导致可用推文的数量增加，但它也提供了次级的细化，通过它我们可以确信一个术语与消费者价值和价值相关术语的从词汇。

四家航空公司的每个单独的数据集被分成 8 个子集，根据消费者价值，每个子集与 Holbrook 的特定值相关。使用 NTLK 的 Python 脚本执行每个推文的情绪分析，提供其情绪是积极、消极还是中立的，图 9-8 中的纵轴自上而下分别表示：精神状态、尊重程度、道德标准、状态、美学角度、卓越模型、娱乐、效率。

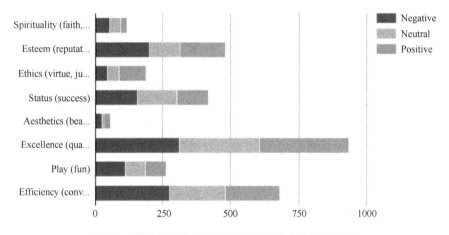

图 9-8　推文和每个消费者对于达美航空公司的情绪

Hashtags 是以#开头的文本，为推文提供了大量的上下文，如同表情符号。Handles 是以@符号开头的加用户名的短语。

通过 Python 处理来自四个主要航空公司的源数据，以发现最常见的 Hashtags，Handles 和转发。此信息通过为基于共享 Hashtags，Handles 和转发的数量的特定推文提供权重来进行定量测量。例如，AA 是四家中唯一没有@Hopper（一个非官方的飞机票查询网站）的应用程序，Hopper 利用大数据来跟踪何时是购买机票并获得最低价格的最佳时间。

暴雪对航空公司的影响：受到暴雪影响城市的人们在 Twitter 上提及航空公司的次数最多。特别是，JA 在其枢纽 JFK（纽约机场简写）的服务因暴雪受到严重影响。这一点由于所有航空公司中单个机场被提及次数最多（349）而清楚地显示出来。所有与 JA 相关的推文占推文总数的 10%（表 9-3）。

表 9-3　航空公司的机场代码

Airline	IATA Airport Code	Mentions
American Airlines	CLT(Charlotte)	188
Delta Airlines	ATL(Atlanta)	134
JetBlue Airlines	JFK(New York City)	349
United Airlines	EWR(Newark)	304

　　使用消费者偏好元模型（CPMM）不仅能够捕获表示消费者偏好的推文，而且能够对其进行分类和排序并获取其相关的上下文和标签。Twitter 上获取的用户对于航空公司的偏好可以进行更广范围的扩展以进一步研究相关的可能性，并且根据数据集的相关性，使得能够创建用于表示系统要求的目标模型，并预测用户偏好。

9.4.2　预测热门股票走势

延伸阅读——猜测
公民选举结果

　　现如今，我们并不缺少对股市预测的动机，股票的走势对于体现经济特征十分重要，当然对于大部分炒股的人而言，预知股票的走势就可以获得更多的利益。传统经济理论认为，在完美市场中价格的运动应遵循随机行走，并且不可能准确地预测大于 50%的价格。现在，研究人员寻求在社交媒体上挖掘和分析大数据的能力，旨在揭示社交网络和股票市场之间的关系。社交网络由多个节点和连接这些节点的一个或多个特定链路组成。节点通常表示人或组织，这是传统数据挖掘中的数据实例。链接表示它们之间存在的各种关系，例如，友谊、亲属关系和贸易关系。不同于传统的数据挖掘只关注不同的数据实例，社会网络分析同样关注链接。通过挖掘链接，我们可以获得更丰富和更准确的实例信息。

　　作为市场经济的一个重要特征，股市从诞生之日起影响着数千名投资者。高风险和高回报是股票市场的基本特征。因此，投资者总是关注股市分析，试图预测股市的趋势。几十年过去了，一些分析方法随着股市的出现和发展逐渐改善，如道琼斯理论、艾略特波原理和烛台图。然而，严格地说，这些方法只是分析工具。它可能不能直接准确地预测股票市场的动态。股市受政治、经济等因素影响，如市场操纵。它的内在规律非常复杂，周期变化可能是一年甚至几年。因此，它需要通过分析大量数据来获取特征。

　　Twitter 不仅是一个优秀的实时社交网络工具，还包含了丰富的信息来源。平均来说，Twitter 用户每天生成一亿四千万条推文，其内容涉及各种主题。可以作为公众的晴雨表，也可以根据群众发表的言论对电影票房等进行预估。

　　Twitter 和其他类似的服务提供了各种 API 来获得相关的数据。Twitter 用的第三方接口库 jtwitter.jar 提供的 Twitter 接口类是使用最多的。该类中函数 getFriendsTimeline()可以获取用户和他的朋友在 24 小时内最近的 20 条信息。

　　API 代表应用程序编程接口。访问 Twitter 数据最常用的方式是通过 TEST API。使用获取的安全令牌，程序可以向 Twitter 发送指定的请求数据，例如，用户的家庭时间或用户自己的状态，或者为特定的用户发送请求。向 Twitter API 发送的请求的响应结果，并用格式化的方式打印给用户。REST API 可以满足大部分 Twitter 程序的需求。

　　Twitter API 力图根据用户特定请求以特定格式返回相应的数据。Twitter 旨在收紧其 API，以确保与 Twitter 集成的许多应用程序中的用户体验更加平滑和一致。最重要的是，Twitter 希望与推文交互的体验是相同的，无论用户是在 Twitter.com 上，在官方 Twitter 应用程序上，还是在许多第三方 Twitter 客户端中的任何一个。

　　Twitter 目前支持以下四种类型的数据返回格式：XML，JSON，RSS 和 Atom。通过 API 和数据流，我们可以使用 Python 程序代码下载包含情感关键词的、来自不同用户的百万条推文数据。

　　在研究 Twitter 和股票走势之间的关系时，可以将 Twitter 上用户的不同情绪和股票中走势的关系进行简化。通过分析 Twitter 上用户的情绪变化趋势，与股票的走势进行相关对比，从而寻求之间的关系。通过使用 Twitter API，我们从 2015 年 11 月 9 日到 11 月 20 日截取了两周的推文内容。通过对情绪进行简单分类，我们搜索并获取了 6 种常见情绪在 Twitter 中的频率。表 9-4 显示了这一时期每种情绪的出现频率和时间。

表 9-4　6 个位置的振荡模型频率

	11/9	11/10	11/11	11/12	11/13	11/16	11/17	11/18	11/19	11/20
快乐	2402	2344	2655	2807	2306	2141	2265	2566	2748	2546
悲伤	402	447	442	438	328	413	442	451	490	440
愤怒	256	495	475	513	515	583	406	547	474	399
害怕	248	267	289	265	294	223	280	317	275	254
反感	78	116	94	112	91	80	103	85	94	128
惊喜	243	331	245	304	256	313	315	355	373	319

同时，我们还检索了同一时期纳斯达克市场收盘价，并研究 Twitter 用户的情绪变化与股票收盘价之间的关系。为了比较上述数据与实际股票收益结果之间的相关程度，这里我们参考相关系数的概念。相关系数测量两个变量之间的关联强度。最常见的相关系数，称为皮尔逊乘积相关系数，它测量变量之间的线性关联的强度。

$$\rho_{xy} = \frac{\text{cov}(x, y)}{\sigma_x \sigma_y} \tag{9-2}$$

其中，cov 是协方差，σ_x 是 X 的标准偏差。

相关系数从 $-1 \sim 1$。值为 1 意味着线性方程描述了 X 和 Y 之间的关系，其中所有数据点位于 Y 随着 X 增加而增加的线上。值 -1 表示所有数据点位于 Y 随着 X 增加而减小。值为 0 意味着变量之间没有线性相关。表 9-5 显示了情绪模型与股票市场的相关性。

表 9-5　情绪模型与股票市场的相关性

快乐	悲伤	愤怒	害怕	反感	惊喜
0.417094	0.629954	0.49384	0.03579	0.220709	0.232233

图 9-9 显示了情绪词与纳斯达克综合指数在 2015 年 11 月 19 日至 2015 年 11 月 20 日期间的关系。结果表明，快乐、悲伤和愤怒等较高频率的情绪词在 Twitter 与股票结果有更强的相关性。它也表明，这种类型的情绪可能更容易诱使人们做出决定，如改变投资方向。

经过分析和比较整体市场趋势指标与随机调查抽样 Twitter 用户情绪变化，可以研究几个流行的技术公司股票的实际表现与他们的随从用户的群体情绪变化。我们选择了 Twitter、谷歌、Facebook、可口可乐和麦当劳五个最受欢迎的公司在不同阶段相关的股票符号筛选。另外，愉快的情绪词汇更为广泛，而且和股票之间表现出相对强的相关性。快乐词的出现与相应股价的相关性在表 9-6 中给出了说明。

表 9-6　快乐词的出现与价格之间的关系

股票符号	相应股价
GOOD	0.58705339
TWTR	-0.9402767
FB	0.54521667
KO	0.505694
MCD	-0.22666

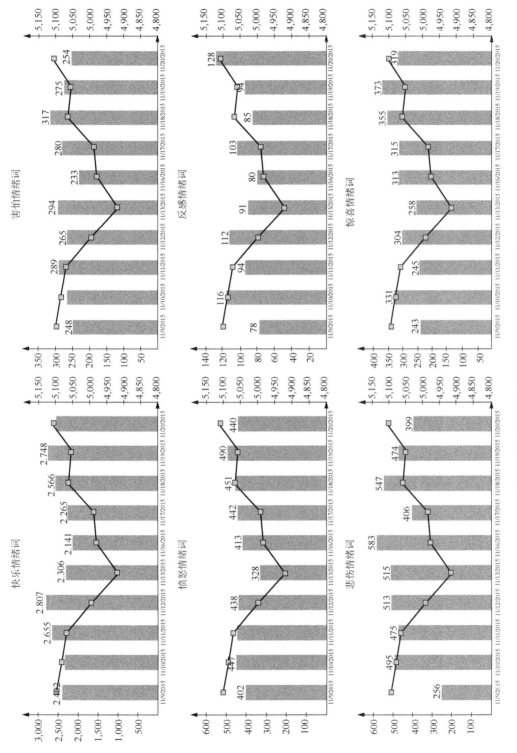

图 9-9　情绪词与纳斯达克综合指数之间的关系

通过上面的数据可以很清楚地看出，Twitter 公司对 Twitter 用户群的关注度更加广泛，而他们公司的股价的负相关系数非常高。另外，技术公司股票变化和 Twitter 用户情绪反应之间的相关系数高于整体市场的表现。

我们研究了当前社会网络对人们生活的影响，同时对社会网络的大数据资源进行了初步判断并预测股市。从获得的数据可以看出以下几方面。

（1）情绪相关词在股市的整体趋势上具有一定程度的相关性。但它没有达到预期，可以用作预测股市的方法。但同时，快乐、悲伤和愤怒的情绪词表现出相对强的相关性。特别悲伤的词汇对股票市场的影响明显高于其他类别。原因可能是，当人们心情不好时，很容易做出投资倾向调整行动。

（2）当针对每个股票，技术公司的相应关联出现一般高于整个市场的整体表现。受到各家公司关注的程度也有显著差异。Twitter 公司在其自己的社交网络中显示出比其他公司的关注度更高。表现出强负相关系数的原因可能是当时某些主要公司新闻的发生，造成一定程度的股票价格波动。

相关研究在当前的条件下仍具有一些局限性。

（1）由于股票价格的快速变化，以及 Twitter 用户更新推文的程度。数据要求的及时性非常高。虽然计算机的信息处理速度也将在很大程度上取决于可以在短时间内接收的推文总数。

（2）本书中的数据与所选日期 11 月 9 日到 20 日有关。可以断定，如果仔细研究社会网络的信息和股票价格波动的相关性，可以大大提高数据时间的准确性。

为了提高预测的准确性未来可以进行的工作。

首先，为了确保搜索结果倾向于具有更高的社会影响力，我们应该限制某些用户中的 Twitter 用户关注范围和关注者的数量。

其次，应该扩展数据搜索的定义范围。在搜索半个月数据时，相对不稳定的波动率可能较大。例如，像 Twitter 这样的公司表现出强烈的负相关。增加数据分析的样本数可以大大提高预测的准确性。

最后，提高理解文本上下文的能力，而不是简单地搜索每个关键字的频率。它可以更好地提高分析用户的情绪变化的效率。

思　考　题

（1）大数据平台的基本架构有哪些？

（2）你还能想到哪些大数据在国内社交网络中的应用？

（3）试寻找大数据在滴滴中的应用都运用哪些理论知识？

（4）请说出采用大数据分析时所需要的几个步骤？

（5）分析人们的购物习惯可以应用在哪些领域？

（6）关于使用大数据分析民众选举结果，除了文中所描述的原因，还有哪些原因会影响民众的选举行为？

（7）预测股票变动中，会影响分析结果的原因都有哪些？

第10章 交通大数据

随着交通系统的快速发展，交通已经成为人类生活中必不可少的部分。交通是指机动车、非机动车、道路上的行人或者人流移动（如地铁交换）所形成的流动或通道。交通可能发生在城市区域、陆地、海洋、空中甚至是地下。伴随着全球快速增加的人口，城市中车辆数目迅速膨胀，在为人们生活带来便利的同时也滋生了一系列问题。交通拥堵、失衡的运输能力和频繁发生的交通事故已经成为当代城市的道路网络中最主要的问题。有研究称大约 40%的人平均每天在路上至少花费 1 小时。因此，如何有效地改善交通状况已经成为当今社会备受瞩目的问题。随着移动设备的广泛普及和全球定位系统（Global Position System, GPS）技术的发展，交通数据的获取变得越来越容易，这为进行数据驱动的交通分析提供了空前的机会。本章将介绍交通数据分类及相应的数据处理方法，并详细介绍几个优秀的交通数据应用案例。

10.1 交通数据分类及其相关分析

随着传感、计算和网络技术的快速发展，社会媒体和移动设备在近年来经历了快速的发展，实时地产生了数量巨大的社会信号。这些社会信号来自司机的 GPS 坐标和移动社交媒体的账单记录、空间记录、时间和情绪信息，这为社会交通研究建立了基础。不同的交通数据类型要求不同的分析方法。现实获取的数据通常都是原始的、错误的，而且包含不确定的、异常的、丢失的值或者是不匹配的名目。原始数据必须为分析做处理。

交通数据涉及来自手机、交通车辆或者道路两旁安装的传感器所生成的数据集。交通数据的来源包括车辆 GPS 数据、人类移动的 GPS 位置信息或者单位站点记录、监视设备的视频图像技术记录。传感器的工作模式类别如表 10-1 所示。接下来我们将具体介绍几类交通数据及其相关分析，以及交通数据处理。

表 10-1 传感器工作模式类别

分类	说明	举例
基于位置	当进入监控范围就会记录物体的位置	在交叉路口，当行人走过视频监控设备时，该设备捕获到行人的位置和移动方向
基于活动	当一个物体执行某一特定的活动时，相关的信息就会被记录	GSM 用户的位置会在打电话的时候自动记录
基于设备	物体携带的设备会主动地记录和送回位置和其他信息	携带 GPS 设备的出租车每 20s 向数据中心发送一次信号

10.1.1 社会信号数据

社会信号数据通常具有规模大、空间覆盖率广、监测时间长、实时性的特点。社会信号数据的出现极大地增强了我们对人类移动规律的理解。Song 等借助移动手机数据发现无论人们的出行距离、年龄和性别如何，移动规律都是高度可预测的。这个发现奠定了发展精确预测人类移动规律模型的理论基础。其他类型的信息也可以和轨迹一起使用，包括移动方向、方向变化、移动速度和速度变化。

在人类移动规律研究领域的巨大进展为将社会信号数据应用在交通上提供了强有力的工具。借助人类移动规律模型，可以推导出 OD 矩阵（用以表征从源区域 Origin 到目的区域 Destination 的交通流量）。因此，借助现存的交通分配方法就可以预测出道路上的交通流。

随着高时空分辨率的不断突破，GPS 数据被广泛应用在估测行车时间和检测道路上的交通拥堵状况等方面。GPS 轨迹数据是交通数据最常见的形式。一条轨迹包含时间信息和空间信息，时间信息记录移动的时间轴，空间信息记录每个时间点的位置。利用北京出租车 GPS 数据，Wang 等利用三维张量对在不同时间片内行驶在不同路段上的不同出租车司机的行驶时间进行建模并提出了一个估测任何一条道路上的行驶时间的实时模型。对于实际应用，在交通信息平台上展示的实时交通流信息通常是从出租车 GPS 数据中推导得出的。

出租车 GPS 数据也被用来检测交通异常，建立出租车共享平台和开发出租车叫车软件。Pan 等利用三个月的出租车 GPS 数据和一个从微博上收集到的博文数据集建立了一个交通异常的拥堵检测系统。

不同于之前的方法，他们根据出租车司机对线路的选择行为来辨识异常情况。他们发现随着乘客不舒适度的增加，累积的行车距离会减少 40%甚至更多，尽管这种不舒适度仍然保持在较低水平。当今，出租车叫车软件已经被广泛采用，而且对人们的出行生活产生了巨大的影响。这样的例子包括美国的优步、中国的滴滴打车和快的打车。这些出租车叫车软件都是基于实时的出租车 GPS 数据。表 10-2 为常见的交通轨迹和事件日志数据分类以及相关实例。

表 10-2 交通轨迹和事件日志数据实例

数据	数据	属性	数据类型			代表数据集
			数值特性	范畴特性	文本特性	
轨迹	船舶轨迹	时间	√			传播交通数据
		位置	√			
		船舶类型		√		
		目的地			√	
		速度	√			
	飞机轨迹	位置	√			法国飞行数据
		飞行水平面	√			
		时间	√			
		速度	√			
		飞机编号			√	
	汽车轨迹	时间	√			北京出租车 GPS 数据，深圳
		位置	√			
		方向		√		
		方向变化		√	√	
		速度	√			
		加速度	√			
		上客/下客		√		
	列车/地铁轨迹	时间	√			波士顿地铁数据
		位置	√			
		站点			√	

数据	属性	数据类型			代表数据集
		数值特性	范畴特性	文本特性	
轨迹	行人轨迹	时间 ✓ 位置 ✓ 速度 ✓			人类移动轨迹
	混合轨迹	对象类型 位置 ✓ 速度 ✓ 方向 时间 ✓	✓ ✓		交点计数数据
事件报告	隧道事件	状态事件 无状态事件 ✓ 视频	✓		事件检测系统 （IDS）数据
	高速公路 事件	位置 ✓ 时间日期 ✓ 天气状况 涉事车辆 事件类型	✓ ✓	✓	新加坡交通 事件
	地铁事件	时间 ✓ 站点 进站/出站	✓	✓	深圳地铁刷卡 记录

10.1.2　移动手机数据

移动手机数据相对较低的时空分辨率使其并不适于估测道路上的行车时间，但是它们的高渗透率和记录期长的特点使其成为分析 OD 行为的最佳选择。Wang 等利用移动手机数据来估测旧金山湾地区和波士顿地区的短时行程的起点和终点。当然也存在一些基于移动手机数据的实际交通应用。在 2010 年上海世界博览会期间，一个基于移动手机数据的交通预测系统被用来预估道路上的车流量、地铁的乘客流量和上海的实时拥堵状况。同时实时交通信息被发布在网站、电视、广播和便携设备（如移动手机和车载导航仪）上，来帮助出行者在城市组织大事件中更好地组织路线。

10.1.3　刷卡数据

在公共交通系统中，成百万上千万的乘客利用他们手中的公共交通卡不断地生成数量巨大的实时社会信号。这些社会信号记录了乘客的时空信息，而且已经被用来研究和改善公共交通系统。基于 2013 年一个工作日记录的超过 500 万次乘客出行的地铁刷卡数据，He 等分析了北京地铁网络的乘客流量分布并提出了一个拥堵避免选路模型。该模型通过调整只有小部分目标乘客的路线来降低地铁的拥堵状况。

10.1.4　社交网络数据

借用移动通讯设备，人们可以在无处不在的社交网站中发布身边的交通状况（交通事故、拥堵），例如，推特、微博和微信。因此，这些社交服务已经变成收集交通状态信息的新渠道。不仅如此，来自这些网站的社交网络数据可能包含能帮助我们了解一个交通事件如何形成的信息。最近很多工作都已经将社会媒体信息应用在交通和运输分析中。有学者利用自然语言处理和语义分析技术从微博中提取出交通信息。Schulz 等使用语义 Web 技术，自然语言处理方法和机器学习技术以及微博消息来发现小规模车辆事故。借助来自天涯社区的在线聊天信息，Wang 等使用自然语言处理方法和数据挖掘技术来检测交通拥堵。他们发现人们在遭遇交通拥堵时的话题可以为相关权威部门提供数据支持并做出有效的决定。

除了之前提到的数据类型，其他的多元数据可以由轨迹、事件日志或者特殊传感器记录得到，包括速度、方向和加速度。表 10-3 总结了现有数据的来源及其相关属性。

表 10-3　数据的来源和特性

数据	属性和数据类型	实例
网络日志	数值特性：时间； 范畴特性：用户编号、登录地址； 文本特性：评论	百度等
人类移动	数值特性：时间、GPS 坐标、WiFi 坐标、速度、加速度、重力 范畴特性：基站编号、服务类型； 文本特性：地址	移动手机、WiFi 等
社交网络	数值特性：时间、GPS 坐标； 范畴特性：用户编号、地址； 文本特性：博文（推特、微博、微信等），手机短信，网络社交媒体	Facebook、推特、微博、优步等

10.1.5　交通数据处理

在数据分析之前需要一系列的数据处理操作，包括数据清洁、数据映射、数据组织和数据聚类。

1. 数据清洁

原始数据的错误、异常值和冲突值必须被清理。典型的数据清洁操作包含三个阶段：审计数据发现差距，选择转换来修正差距，将转换应用到数据集。

第一阶段发现原始数据的错误。Rahm 等列举出了在原始数据的主要问题，包括单值性、参照完整性、拼写错误、信息冗余和冲突值。发现原始数据错误的传统方法包括数据归档和数据挖掘。

第二阶段中，数据转换操作会根据数据源规模和数据清洁度来进行选择和设计。这个阶段可以完全手动或自动完成。例如，用户可以通过写用户脚本来控制整个清洁流程或使用 ETL（萃取/转换/装载）工具来转换数据。

第三阶段执行数据集的转换并用清洁后的数据替换废数据。在交通可视化系统中，清洁数据需要做更深入的处理来适应分析任务。

2. 数据映射

原始交通数据记录是离散样本点，而且可能不能映射到城市的道路网络中。地图映射，也就是将一系列观测到的用户位置对应到数字地图的道路网络上，是数据预处理中不可缺少的一个步骤。现有的地图映射算法可以被划分成以下四类：基于几何学的、基于拓扑学的、基于概率学的和其他先进技术算法，如表 10-4 所示。

表 10-4 现有的地图映射算法

类别	特征
几何	二级匹配
	基于段
概率	粒子滤波
	能够协调不准确的位置
	能够确定潜在的正确路径
	多假设道路跟踪
拓扑	基于权重
改进	继承 MMA
	互动投票
	隐马尔可夫模型为基础

3. 数据组织

预处理之后的数据需要被组织在数据库或数据仓库中。一个良好的数据库应该支持查询结果的迭代查询和可视化，而且应该和移动物体的数据，如轨迹，保持一致。索引法分为两类。第一类包括多维索引方法，例如，3D R-Tree，ST R-Tree 和 H R-Tree。第二种包括如下的索引法：将空间划分成网格并为每个网格建立时间索引，像 SETI 和 MTSB-Tree。数据立方体是另一种对数据查询提供快速响应的标准数据结构。近年来，Nanocubes 已经研制出支持在空间区域对时间和聚集查询的快速索引。几种相关的数据库，如 PostGis（PostgreSQL 的扩展）和 MySQL Spatial（MySQL 的扩展）提供空间数据的空间扩展。

4. 数据聚类

交通数据集通常包括空间和时间特性而且跨越大范围的时间空间。数据聚类可以有效地减小数据规模，为随后的分析提供便利。交通数据基础的聚类操作是空间 S、时间 T、方向 D 和属性相关聚类 A。它们之间的组合生成不同类型的聚类，分别是 S×T 聚类、S×T×A 聚类、S×S×T×T 聚类、S×T×D 聚类和 S×S 聚类。S 聚类主要是通过计算区域中每个网格内的数据点密度来完成。T 聚类通过整合每个时间间隔内的数据点来完成，显示数据随着时间轴的变化。和时间聚类相一致的最常见的可视化形式是时间直方图。S×T 聚类只是计算连续时间间隔中的密度。时变密度可以通过动画密度地图可视化。S×T×A 聚类首先组合基于定期采样网格的空间记录然后对每个网格的时间属性进行聚类。S×S×T×T 聚类是基于开始位置、结束位置、开始时间和结束时间的聚类组合。它计算了在一个时间段内从一个地方向另一个地方移动的实体数量。S×T×D 聚类将具有相同开始位置和结束位置的轨迹或运动组合。不同的聚类策略满足不同分析任务的要求。

10.2　交通情况监测

交通监测重点调查交通事故。交通检测系统使用的数据集要么是事故记录，要么是非事故记录。对于后者，可以从原始数据中提取出事故数据。我们将从交通事故数据集应用和监测交通情况方面分别介绍几个案例，来进一步了解交通数据在交通情况监测方面的应用。

10.2.1 交通事故数据集应用

1. 事件集群管理器

全国的交通管理中心（Traffic Management Center, TMC）每天生成数百个交通事件的详细日志。这些日志包括关于事故的时间和位置、涉及的车辆的数量、车道关闭情况、天气、道路状况和事故严重性等数据。虽然交通领域强调存储此类事件数据应当按照指定的标准，却很少有工作着重于设计适当的可视化分析工作来探索数据，提取有意义的数据并呈现结果。

探索这些数据量丰富的日志以便收集任何有重要意义的信息可能是一个艰巨的任务。由于其多元性质，事件数据的本质难以探索。在不使用统计方法的情况下，推断事件数据的因果关系和趋势可能是有问题的。许多当前的工具仅面向地理空间分析或者非地理空间分析，并且不完全涵盖事件数据的所有方面。此外，这些工具对于未经训练的用户来说通常太复杂，或者在它们的设计中是刚性的，并且仅允许有限的功能。

如此艰巨的挑战导致许多国家的运输部门（Departments of Transportation, DOT）被迫聘用专门的 IT 人员来帮助执行数据挖掘请求，更糟的是，他们放弃了对数据进行任何有意义的探索。对于县市级别的交通运输部门，问题同时来源于低预算和资源短缺。即使预算充足，专家必须经常做详细的数据要求，等待工作人员生成查询、返回数据、审查结果，然后修改请求，并重新开始以上的过程。这个缓慢的过程通常令人沮丧，而且不能提供一个真正探索数据、提出问题的操作，通常不能产生有意义的结论。显然，国家、州和地方层面的交通专业人员需要更好的工具，使他们能够以高效和有效的方式完成复杂的分析数据挖掘。这些工具需要使用户更容易地发现通常不明显的趋势和模式。

事件集群管理器（Incident Cluster Explorer，ICE）是一个研究交通事故数据集的应用案例。该应用中整合了地理空间可视化（地图）、直方图、2D 绘图和主控程序（Primary Control Program, PCP）。事件在地图上被可视化为两个模式：图标模式（对点进行着色）和热图模式（描述密度分布）。交通系统正在以一种前所未有的方式被监测，从而产生大量详细的交通和事故数据库。虽然交通领域强调指定存储此类事件数据的标准，却很少有工作着重于设计适当的分析来探索数据，提取有意义的数据并呈现结果。显然分析这些大规模多变量的地理空间数据集是一项非常重要的任务，因此本节提出一个新颖的基于网页的可视化分析工具 ICE，来提供复杂但用户友好的交通事件数据集的分析。交互式地图、直方图、二维图和平行坐标图被集成在一起，允许用户同时与多个可视化形式之间的交互并查看它们之间的关系。通过丰富的过滤器集，用户可以创建自定义条件来过滤数据并专注于较小的数据集。由于数据的多元性质，逐个特征的框架已经被扩展来量化不同领域之间的关系的强度。

ICE 应用程序作为一个新颖的、基于网络的视觉分析工具被提出。它可以提供复杂、用户友好的交通事件数据集分析。该工具为用户提供了一套直观的功能，包括数据过滤、地理空间可视化、统计排名功能和多维数据探索功能。ICE 进一步将这些强大的功能集成在一起，这样用户不仅能够与该工具进行有效的交互，还能查看不同功能之间的关系。

ICE 应用程序的逐个特征框架根据许多标准引入有趣的分布和关系：相关系数、分布的均匀性、异常值的数量等。该框架是独特的，因为当前文献中的大多数排序标准仅适合于数值变量。然而，交通事件数据集主要由分类变量组成。

ICE 遵循通用的设计指南"概述第一，缩放和过滤，然后按需细化"。屏幕空间划分为三个：左边是控制面板，其中包含过滤器和排名面板。过滤器面板包含一组丰富的过滤器，允许用户缩小数据集范围。评级小组采用主机特征的思想框架，允许用户对变量进行排名并了解在不同标准下变量之间的关系。右侧的主要区域水平分为两个可调整大小的部分。默认情况下，右上角部分专用于地图，具有两种显示模式：图标模式和热土模式。图标模式是在地图上将每个事件绘制成一个圆圈，热图模式是在地图上使用热图算法绘制彩色区域。右下角部分放置一个传统的数据表格视图和二个可视化组件：直方图、二维图和平行坐标图。直方图显示数据集中所选变量的分布。二维图在散点分布模式和网格模式中可视化一组选定的变量。平行坐标图提供了多元变量分布和关系的概览。为了提高灵活性，用户还可以在右上角和右下角拖拽和移动组件。ICE 的一个显著特点是把所有看起来独立的组件联系在一起。使用屏幕左侧的组件过滤数据集也会立即影响到所有其他组件。在一个组件中选择一个或一组事件时，在其他组件中也会标亮相同的部分。当查看直方图时，用户在地图上选择一个点的集群，这些数据点就会在直方图中立即标亮。相似地，当点击直方图的一个区域，地图上相应的数据点就会被标亮。ICE 提供了对交通事故数据集复杂但用户友好的分析。互动地图、直方图、二维图和平行坐标图是被整合在一起，以允许用户同时交互并看到它们之间关系的多重可视化。用户可以创建自定义条件过滤数据，专注于较小的数据集。因为数据的多变量的性质，逐个特征框架已被采纳并进一步扩大，来量化描述不同领域的数据的关系强度。ICE 应用案例帮助交通专业人士花费更少的时间和精力来处理纯力学和经济学提出的数据问题，并让他们有机会决定要解决哪一个问题，寻找新的答案，并从这些庞大的数据源获得知识。

2. Traffic Origins

交通事故，例如，道路交通事故和车辆故障是出行不确定性的主要来源，但是人们对它们造成交通繁忙的机制尚未完全理解。交通管理控制器负责路由修复和清理，帮助工作人员清除事故，并且经常被使用在时间压力大和信息不完全的情况中。为了辅助他们进行决策，并帮助他们了解过去的交通事故如何影响交通，Anwar 等提出 Traffic Origins，它是一种简单的方法来可视化道路事故对拥塞的影响。他们用一个扩展的圆圈标记事件位置，以揭示底层的交通流图，当事故被清除时，圆圈消失。图 10-1 表示使用 Traffic Origins 标出的交通事件。当事故发生时，其位置由扩展的圆圈标记，它表示附近的交通状况。这种表现方式不仅使我们观察到即将到来的事件，而且还使我们能够观察交通事故对附近车辆流量的影响，以及多个事故可能在道路网络上产生的级联效应。在 Traffic Origins 中，我们使用新加坡的道路事故和交通流数据进行案例分析来说明该系统在解析交通事故原因方面的有效性。

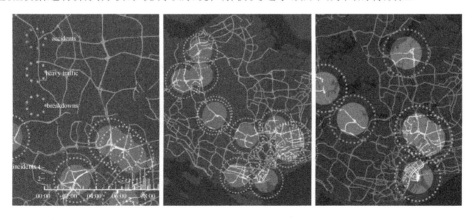

图 10-1　Traffic Origins 系统界面图

与交通事故管理相关的数据量之大使研究者很难隔离交通事故和车辆故障对拥塞的影

响。有研究表明，这些事件的影响是非线性的，很难预测，因为多个事件经常连续发生。这个问题对城市交通管理控制人员非常重要，因为城市交通管理人员和工作人员负责实时路线修理以清除事故，疏散群众，他们想知道这样的中断如何影响他们的日常通勤。

良好的可视化效果可以促进用户对数据的深入探索和理解。已经有研究表明，美学上令人愉快的可视化界面更有效，这就是为什么 Traffic Origins 在视觉形式和用户体验上强调美学和简单。可视化方法虽然简单但是直观，足以被专家用户和外行人理解，有利于向公众沟通交通管理控制器所面临的困难和复杂的日常任务。参展者的反馈强调了美学在吸引他们的注意力并鼓励他们进一步探索可视化的重要性。

在宏观层面上，Traffic Origins 允许用户观察一天内交通事件如何变化。重大交通事故集中在早上和傍晚高峰时间，清晨和傍晚的事故和车辆故障在工作日均匀分布。

在微观层面上，Traffic Origins 让用户有机会观察交通事故和拥堵之间的视觉关系。当道路事故发生时，路段从绿色变为红色并再次变为绿色，并且随后由陆路交通管理局（Land Transport Authority, LTA）的交通管理中心派遣的清理队清除，这是常见的。偶尔也会出现中央商务区的一系列无关的交通事故级联并导致电网锁定，这种情况在上午高峰期特别容易出现。有趣的是，当在高速公路上发生事故和故障时，两个方向均发生减速，这表明对面车道的司机减速以查看事故。

Traffic Origins 是一种突出交通事故对拥塞影响的可视化技术，通过使用一个扩展的圆圈来提醒人们注意道路事故。这个圆圈揭示了事故发生之前的道路网络状态，从而使用户能够看到事故的前因后果。

10.2.2　监测交通情况

1. T-Watcher

现如今，车辆移动模式可以由轨迹数据捕获。移动模式对于交通分析学家了解移动物体的行为，特别是在交通管理中的行为，是非常重要的。监测和分析轨迹数据可用于推断移动规律，并支持专家对于可靠信息的交通分析。例如，交通部门的专家可以弄清为什么拥堵发生的越加频繁，并找到有效的方法来缓解现代城市的交通负荷。了解交通情况和道路网络中的车辆状态的有效方法就是监测和分析出租车上配备的 GPS 生成的轨迹数据。出租车可以当作移动传感器来持续探测城市的交通流量，评估全市交通情况。我们可以假设从这些 GPS 数据提取的出租车停靠和出行的信息对于交通分析员也是有价值的，以便分析拥塞、在高峰时间提供路线建议，并且检测移动行为发生时的变化。

然而，轨迹数据分析现在面临一些技术挑战。因为轨迹数据包含空间和时间属性，并且通常规模巨大且维度高。因此，大规模轨迹数据分析是一个非常具有挑战性的任务。例如，白天行为可能与夜间行为不同，而工作日与周末和节假日不同。因此，人类分析师需要空间感和区域感，这对于机器来说是难以实现的。在数据分析中利用人的固有空间感和地方感，以及相关经验是至关重要的。轨迹数据的视觉分析显示出巨大的潜力，因为它们可以直观地呈现轨迹数据并提供丰富的交互，允许用户探索数据。历史数据对分析人员也非常有帮助，因为人类需要提示，例如视觉线索或过去信息的视觉显示。交通分析人员需要一个新的视觉分析系统，不仅直观地显示大型数据，而且显示复杂的特征和隐藏模式。

　　为了应对挑战并帮助理解轨迹数据以改善交通分析，Pu 等开发了一个交互式视觉分析系统 T-Watcher，通过获取有车辆的地区和道路的出租车轨迹数据来监控和分析大城市的复杂交通情况，如图 10-2 所示。开发的可视化系统使用户能够在三个不同维度调查轨迹，包括在区域中、在道路上或单个车辆。复杂的指纹识别方法可以很好地探索轨迹的空间、时间和多维视角。它可以提供更多的统计信息，并将数字信息转换为视觉提示，如形状、颜色和大小等。因此，用户可以容易地分析空间情况（道路网络内部）随时间的任何变化，或分析道路段上的交通状况的时间变化，或者利用历史数据跟踪单个车辆的即时状态。在 T-Watcher 中，用户可以感知不同属性之间的相关性，过滤掉噪声和不相关的轨迹，用于进一步调查有趣的案例。分析人员可以交互式地逐步优化设置以改进结果。

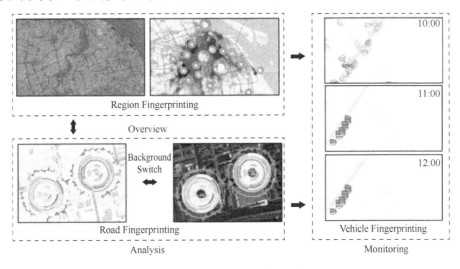

图 10-2　T-Watcher 系统界面

　　T-Watcher 是一个用来监测和分析大城市复杂交通状况的交互式可视化分析系统。监测任务利用三个视图来完成：区域视图、道路视图和车辆视图。每个视图对应一个特别设计的指纹以允许用户完成专门的任务。

　　T-Watcher 在一个人口超过 1000 万的中国城市 8 个月内非连续运行 92 天的 15000 台出租车中进行实验，对实际出租车 GPS 数据集进行指纹设计。实验表明，T-Watcher 能够有效地发现交通流量的规律模式和异常。T-Watcher 中使用的数据是从中国上海 GPS 收集的轨迹数据。数据记录了大约 7700 辆出租车的轨迹，追踪数据的采样率从 20 秒到几分钟不等。每个 GPS 记录包含汽车 ID、出租车的纬度和经度、日期、以秒为单位的时间、出租车的状态（装载/空闲）以及出租车的速度和方向。T-Watcher 采用基于加权的地图匹配算法和插值算法来校准 GPS 轨迹数据集中的错误和低采样率车辆。在 T-Watcher 的算法设计中，首先集成了车辆 GPS 采样数据和数字道路网络数据，以识别车辆行驶的道路和该道路上的车辆位置。每个道路段的统计信息可以被预估。

　　T-Watcher 系统是通过使用 "DaVincci" 代码包实现的，这是一个基于图标的集群可视化。该系统具有三个主要部分：区域指纹、道路指纹和车辆指纹。整个系统设计为通过呈现瞬时值和显示长时间段演变的历史数据来显示空间时间变化。图 10-2 显示了系统的流程图。用户首先从区域指纹开始。将流量数据加载到系统进行分析后，显示流量和统计信息的概述。用户可以自由探索任何有趣的区域，并检查任何生成的指纹的详细信息。之后，用户可以选择一些有趣的路段进行进一步调查。

道路指纹代表相关信息，例如，速度、时间和通过的出租车数量。如果对区域中的道路段感兴趣，则用户可以选择将即时值的车辆指纹可视化，以便分析任何通过的出租车的空间和时间属性。所有视图均支持用户交互式探索。

规模是可视化的巨大挑战。对于大规模轨迹数据，可视化受到视觉混乱和渲染效率问题的影响。为了解决可扩展性问题，T-Watcher 系统遵循原则：概述第一，缩放和过滤，然后细节需求。该系统主要由三个部分组成：区域视图、道路视图和车辆视图。区域视图提供了在一定时间段内不同数据属性分布的良好概览。概述描述了查询结果的抽象，为用户提供了调查他们感兴趣问题的入口。道路视图和车辆视图基于用户在概览中的交互显示查询结果。道路视图揭示了平均值和历史信息之间的相关性，然后用户可以检查空间上的时间分布来探讨它们的空间演化。T-Watcher 引入了一种新颖的视觉结构，称为细胞字形，用于即时车辆指纹识别，可以同时显示具有历史知识的实时数据。通过与上述视觉显示交互探索交通数据，用户能够识别交通和出租车之间的相关性。

人类移动具有清晰的模式。可以通过应用数据集来验证 T-Watcher 的设计，进一步调查预期的流量模式。研究者还发现了一些隐藏的信息和意想不到的模式，是出租车轨迹数据中的一个匿名错误和不寻常的出租车终端时间，通过使用指纹设计改变了几个属性，相信这可以帮助数据挖掘专家探索交通数据。该方法提供了快速的可视化过程和用户友好的界面。

由于系统是基于可视分析思想开发的，因此在这里使用一些传统的系统评估指标可能不正确。T-Watcher 准确性相对较高，因为它利用人类分析师的智慧做出决定。分析人员可以在丰富的用户交互数据的帮助下以迭代方式细化或重新调整其结果，以便他们可以通过逐步改进参数来获得满意的结果。数据预处理的时间成本相当高，但查询响应时间对于过滤技术是可以接受的。系统可以应用于更大的数据集，并以合理的成本获得大致相同的结果，因为系统瓶颈是数据预处理，可视化处理时间成本低于设计者的预期。

总的来说，交互式视觉分析系统 T-Watcher，可以用于通过出租车轨迹数据监控和分析大城市的复杂交通情况。已经制定了几种新的综合交通指纹设计。研究者还设计了一种称为单元字形的新型视觉结构，以便将瞬时情况与统计信息进行比较。系统由三个主要模块（区域指纹、道路指纹和车辆指纹）组成。区域指纹允许用户调查城市中重要热点的整体统计信息，并提出一些有趣的位置供进一步探索。道路指纹通过常规数据显示地理和统计信息。最后，车辆指纹提供具有历史信息的实时数据，这极大地改善了监测效果。由于数据量过大，可以应用预处理方法，如聚合，以减少要可视化的数据规模。

2. 交通拥堵可视分析系统

交通堵塞是现代城市中的严重问题。它们带来相当大的经济损失，增加出行时间和加重污染。政府花费大量资金试图监测和缓解交通拥堵，因为交通拥堵的复杂性导致实现很困难。复杂性之一是不可预测性，有时交通拥堵发生，有时不发生。另一个复杂性是交通堵塞是动态的和相互关联的。例如，交通堵塞可以从一条道路传播到其他道路。由于这些复杂性，对交通堵塞的全自动分析是困难的，需要相当多的经验和知识。Wang 等提出了交通堵塞的可视化分析系统。通过设置道路速度的阈值来自动检测交通堵塞。该系统集成了五个视图：空间视图提供了交通堵塞的概览，道路速度视图显示每条道路的速度模式，图表列表视图显示传播图的列表，图形投影图显示了传播图的拓扑关系，多面滤波器视图提供用于查询传播图的动态查询工具。图 10-3 为该系统界面图，包括五个视图：①空间视图；②道路速度视图；③图列表视图；④多面滤波器视图；⑤图投影图。该视觉分析系统用于研究交通堵塞及其传播的模式，结合了自动计算和人类知识。研究者首先从 GPS 轨迹提取交通堵塞，从中构造传播图。然后研究者设计一个可视界面来探讨交通堵塞模式和交通堵塞的传播。

传统交通堵塞检测方法基于路边传感器，如感应环路或雷达，并且只监测几个关键点。基于 GPS 的方法在理论上可以监控完整的道路网络。这使我们能够更好地研究交通堵塞传播。此外，该方法也不需要安装昂贵的路边设备。以前的基于 GPS 的交通堵塞检测方法或者仅仅研究单独的堵塞，给出道路网络的交通信息是分散的，或者不能将交通堵塞归因于特定道路。如今，研究者可以从 GPS 轨迹数据导出道路交通堵塞数据集，并通过构建传播图构造检测到的交通堵塞。

相关研究人员提出一个基于 GPS 轨迹的城市交通拥堵的视觉分析交互系统。对于这些轨迹，研究者开发了提取和导出交通堵塞信息的策略。在清洁轨迹之后，它们与道路网络匹配。随后，计算每个路段上的交通速度，并自动检测交通堵塞事件。空间和时间相关的事件被连接在所谓的交通堵塞传播图中。这些图形形成对交通堵塞及其在时间和空间中的传播的高级描述。系统提供多个视图，用于视觉探索和分析整个大城市的交通状况，传播图的水平和路段级别。

在如图 10-3 所示的可视界面中，系统允许用户进行多层次的探索，从一条道路的交通模式到整个城市的交通拥堵状况，支持各种过滤技术来查询特定类型的传播图，允许用户对它们进行比较。

系统使用 GPS 轨迹数据和道路网数据作为输入，计算和分析交通堵塞。GPS 轨迹数据包含许多轨迹。每个轨迹由一个采样点列表组成。每个采样点具有位置记录（2D 数据的经度、纬度），时间戳时间，速度量值速度，移动方向扭曲，以及可选的一组属性。这些采样点按时间升序排序。两个连续采样点之间的每个部分称为轨迹段。

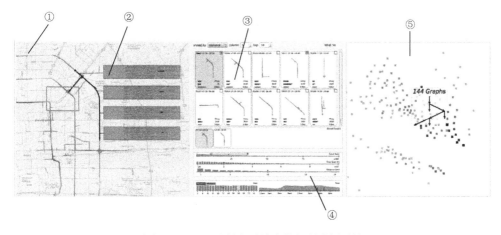

图 10-3　用于分析交通堵塞的视觉分析系统

道路网络由节点和路径组成。每个节点具有空间位置。它可以是交叉点或形状点。每个方式包含定义空间位置和路径形状的节点有序列表。方式可以是单向街道或双向街道。

系统使用的 GPS 数据集是在北京市记录的一个真实的出租车数据集。数据集包含 28519 辆出租车的 GPS 轨迹。根据政府报告估计，它们占北京所有持牌出租车的 43%，占北京四环交通流量的 7%。该数据集跨越 24 天，从 2009 年 3 月 2 日至 25 日。它包含 379107927 个采样点，数据大小为 34.5GB。唯一的属性是布尔类型的乘客状态，指示出租车中是否有乘客。采样率为每 30s 一个点。然而，60%的采样点丢失，因此，两个连续点之间经常具有超过 3min 的时间差。

使用的道路网络数据集来自 Open-StreetMap 的 jXAPI 的查询。提取空间范围从 116.109E～116.673E 和从 39.743N～40.119N 的所有道路。这包含 40.9MB 的数据，包含 169171 个节点和 35422 条道路。

系统中的预处理步骤需要许多参数。它们对于产生可用的交通堵塞数据进而用于进一步的视觉探索是重要的。目前主要基于分布、经验和与手动标记数据进行比较分析和灵敏度分析。此外，系统的视觉界面为用户提供了所提取的交通堵塞数据的视觉反馈。当用户对结果不满意时，他们可以使用不同的参数重做之前处理的最后两个步骤。

通过提出交互式视觉分析系统，可以分析现实的大规模道路网络中的交通堵塞。在数据驱动方法是从传感器错误中清除 GPS 轨迹，并修复道路网络中的明显误差。使用清洁后的数据，可以准确地将驾驶轨迹映射到道路网络，随后计算道路速度。在估计每个路段的自由流速之后，会根据相对低速检测自动检测道路上的交通堵塞事件。这些事件在传播图中的连接展示出了交通堵塞如何在空间中向邻近道路及时传播。基于自动计算结果，利用检测到的交通拥塞信息，建立用于某段道路上或地图的空间视图甚至其他更高级别的应用的可进行交互时探索的可视界面传播图。通过有效过滤空间、时间、大小和拓扑结构来支持数据分析，并通过按大小和相似性排序提供图形的结构可视化。最后，通过案例研究可以证明系统的有效性，同时系统可以为用户提供从多个层面和视角的洞察。

10.3　预测人类移动行为

在 10.2 节中我们对交通数据在交通情况监测方面有了一定了解，接下来本节将重点介绍交通数据在预测人类移动行为方面的应用，包括人类移动性分析与概述，人类移动性研究的数据基础与方法，人类活动模式与移动行为预测，以及使用异构数据源预测人类移动性，最后介绍了人类移动性研究与预测的挑战与展望。

10.3.1　人类移动性分析与概述

人类社会中个体和群体在地理空间的移动过程反映着纷繁复杂的区域人地关系。对这一移动过程特性的研究形成了地理学、社会学、物理学、流行病学、城市规划与管理等学科共同关注的主题——Human mobility。我们可以将 Human mobility 译为"人类移动性"，表示人类个体或群体在地理空间中具有特定意义的"移动（movement）"所隐含的社会系统要符合时空分布与演化规律。基于大数据研究个体或群体行为，发现活动中蕴含的空间认知规律及空间行为和交互模式，建立以人为本的地理信息服务，进而支持个体或群体时空行为决策，已成为地理信息科学研究的前沿问题。人类移动性在许多方面都具有重要的研究价值，例如，在城市空间中，人在不同地点间的移动直接导致交通网络上的各种复杂的流动现象，只有掌握了人类移动规律，才能合理规划交通设施，进而预防和控制交通拥堵。人类个体或群体在地理空间的移动是具有多种表现形式的。交通运输工具的位置变化、随身携带设备的位移过程、频率及规模等都是个体或群体空间移动特征的真实写照。随着传感器技术、无线通信和网络技术的成熟，手机通话、无线上网、车载 GPS、智能卡（公交卡、银行卡）、监控摄像网络等被大量使用。一方面，人们的生活变得更加快捷、舒适、高效；另一方面，它们也在悄然颠覆着人类的生活方式。在科技与人类博弈的过程中，双方都在被对方深刻地改变着。这一过程就好比杠杆，一端是科技试图通过支点撬动人类的生活方式，另一端是生活方式的变化也不断刺激着科技的创新。在这场充满创新、反馈和博弈的杠杆游戏中，其关键的支点正是人类的行为模式，它不仅是人类活动的表象特征，同时也是科技创新的动力。例如，人类出行模式的两端是"交通科技、交通规划"和居民出行方式。

人类移动性预测更是具有广泛应用价值的重要研究问题，从传染病的演化和疾病的传播，到城市规划与管理，或是到理解社会网络的形成机制。大数据时代的到来使得基于个体粒度的海量时空轨迹获取人类移动模式成为可能，来自不同领域的学者基于手机通话数据、公交卡刷卡记录、社交网站签到数据、出租车轨迹、银行刷卡记录等进行了人类移动模式的研究。在这个数据爆发的时代，一方面，复杂网络科学兴起，为探索各种复杂系统的拓扑结构、演化机理提供了崭新的理论与方法；另一方面，基于各种大数据，学术界对人类出行特性有了更深的认识，建立了更精确、更高效的人类出行预测模型。与此同时，移动轨迹处理技术、时空数据表达与挖掘技术的发展和物理学、计算机科学、地理学以及复杂性科学等多学科理论方法的交叉也为人类移动性研究提供了有力支撑，促进了移动行为特征分析的定量化，并可以应用于交通、公共卫生等领域。

10.3.2　人类移动性研究的数据基础与方法

长期以来，人类移动性研究多基于观察、访问、调查问卷和出行日志等信息获取方式，信息获取成本高、样本量小、时间跨度短，且易受到问卷设计和主观判断的影响，依靠传统的活动日志调查等手段获取个人数据，精度低且缺少对时空活动轨迹的连续和完整的描述，难以大规模、长时间地观测和记录人的空间移动行为。随着传统的交通传感器的广泛应用、新的交通传感技术的不断涌现以及在网络环境下智能移动设备的普及，使得用户获取无处不在的位置服务成为可能，用于人类移动性研究的数据包括志愿者定位数据、装备卫星导航定位设备的浮动车行驶轨迹数据、手机终端定位与通信记录、社交网络签到数据、公交 IC 卡刷卡记录和公共自行车租赁记录等。GPS 定位器能够精确提供乘客的上下客位置、方向、时间、速度以及出租车载客状态等数据，这些数据蕴含着城市交通的动态变化信息，引起了学术界的广泛关注，并催生了许多关于智能交通服务的研究。通过高频的手机 GPS 定位获取居民出行轨迹，设计基于规则的轨迹数据处理算法，自动提取出行信息，对区域内居民活动特征进行分析。基于智能卡的公共交通自动计费系统的广泛应用产生了大量的基于个体的微观时空数据，这种数据不仅记录了持卡者的出行行为，同时也在个体维度揭示了城市空间的使用模式。作为一种新兴的城市大数据，智能卡数据（Smart Card Data, SCD）在公共交通的各个层面都发挥着无可替代的作用，包括支持远期规划、服务中期应用以及分析和评价公共交通系统的即时运行状态。利用各种信息资源进行数据挖掘，分析获取 OD 流成为了新的研究方向。

这些数据量大、维数高、变化快，是典型的大数据。交通数据正在呈爆炸式增长，我们也真正进入到了交通大数据的时代，交通管理和控制也变得越来越数据化。这些智能设备也详细记录了个体在真实世界中的活动轨迹，如实反映了人们的生活与行为模式。轨迹数据不仅记录了人在时间序列上的位置，也隐喻了人与社会的交互、人在地域上的活动，乃至人与人之间的关系等社会属性。单一对象的活动反映了个体自身的行为特征，群体的活动反映了该群体共同的行为特征，而同一城市大量移动对象的活动，则反映了该城市总体的社会活动特征。轨迹中蕴含的知识也是目前智慧城市、城市遥感等认识城市行为、优化城市决策不可或缺的因素。通过轨迹数据挖掘发现隐含的知识，探求深层次的城市动力学机制，也是解决城市交通、城市环境、突发事件应急等重大社会问题的有效手段。基于原始数据，可以进行数据预处理并提取海量的轨迹，其中每条轨迹对应于一个个体。对于手机和签到数据而言，电话号码和用户名就分别对应着用户唯一的一条轨迹。对于出租车和公交卡数据，一条轨迹对应个体的一次出行，在整个数据集中，可以有多条轨迹对应于同一个人。在基于签到数据获取的轨迹中，通常包含每个停留点对应的活动信息，如就餐、购物等。从而可以更好地理解人的行为规律。

统计物理学、数据挖掘、复杂网络等学科的交叉为人类移动性研究提供了理论方法支撑。不同学科由于关注的研究内容不同，所采用的研究方法也不同，使得人类移动性的研究方法呈现多样化特点，如统计物理学方法、复杂网络分析方法、空间交互理论方法、数据挖掘方法等。传统的预测方法大多基于马尔可夫模型。然而该模型利用历史位置序列信息的能力有限，并且预测的位置只能是历史位置中出现过的，具有较大的局限性。20世纪90年代以来，伴随着计算机技术、网络技术以及以 GPS、遥感（Remote Sensing, RS）与地理信息系统（Geographical Information System, GIS）为代表的"3S 技术"的迅猛发展及应用，空间数据的获取变得较为简单，并且获取的空间数据数量巨大、速度较快，然而却仍然给人知识贫乏的感觉。因此，从空间数据库中挖掘有用知识引起了国内外学者的广泛思考与关注，这也成为空间数据挖掘产生的背景。数据挖掘方法与统计物理学方法不同，数据挖掘方法侧重于从数据驱动的角度出发获取模式或规律。针对海量人类移动数据，数据挖掘方法可以发挥其挖掘模式或规律的长处。以决策树算法为例，它是数据挖掘中一种主要的数据分类方法，它可以从一组无规则、无次序的样本中推理出影响因素的分类规则。交通领域中，决策树算法正逐渐地被广泛使用。通过轨迹数据挖掘人类的活动模式，结合一些辅助信息可以预测用户轨迹，例如，可以把个人轨迹与群体活动轨迹相结合，使用动态贝叶斯网络来预测群体轨迹。

10.3.3　人类活动模式与移动行为预测

大量的人群在生活和交往中因为共同的目的、动机，互相影响而形成特定的人群集合。对群体行为进行研究能够获得相对普适性的研究结果，该结果有助于分析人群的整体特性，可为宏观决策的制定提供帮助。城市居民出行是城市居民为满足某种出行需求，从 A 地到 B 地，采用一种或多种交通方式，移动距离超过 300m（即时间花费超过 5min）的移动过程。居民活动特征包括出行次数、出行目的、出行方式分布、出行时间分布和出行空间分布等，是城市规划、交通管理和居民行为研究的重要参考依据。

人群过度聚集势必会带来多方面的问题，典型的问题有安全隐患和公共服务短缺等，那么有没有可能预测人群活动的趋势，提前发现存在的隐患呢？答案是肯定的。

人类移动行为预测，一直是行为地理学和时间地理学关注的热点。长期以来，相关研究一直认为人的行为是不可预测的。但是，有一些学者的研究发现，个体行为看似随机无序的背后具有高度的时空规律性，甚至推断出人类活动行为具有 93%的可预测性，此后人类活动预测的相关研究陆续开展起来。轨迹中的锚点、出行范围和形状，体现着用户的活动区域、工作性质和生活模式等信息。在了解活动模式的基础上，可进行个体移动行为的预测，预测人类出行或活动对于个性化推荐和交通管理具有十分重要的作用。基于定位技术的出行调查方式，能较为准确地获取用户的时空位置信息，但无法直接得到出行起点、出行目的、交通方式等具体出行信息。因此，对轨迹数据的后期处理和分析是该调查方式的重点和难点。基于用户和车辆的基于位置服务（Location Based Service, LBS）的定位数据，可以分析人车出行的个体和群体特征并进行交通行为预测。交通部门可预测不同时间点不同道路的车流量，进而进行智能的车辆调度，或应用潮汐车道，用户则可以根据预测结果选择拥堵几率更低的道路，百度基于地图应用的 LBS 预测涵盖范围更广。春运期间预测人们的迁徙趋势指导火车线和航线的设置，节假日预测景点的人流量指导人们的景区选择，平时还有百度热力图来告诉用户城市商圈、动物园等地点的人流情况，指导用户出行选择和商家的选点选址。预测群体出行行为，目前百度地图已经做到了可以提前两周预测某个城市的人数大概规模，而将这一成熟的预测算法用于交通后，结合交通部的其他大数据，便可以预测出群体出行的态势，对其可能出行的时间、出行路线、出行方式等进行预测，从而为城市车辆调度提供决策帮助。通过轨迹中上下客位置的密度分布与时间间隔，不仅能发现上下车的热点区域，还能发现 OD 流的移动方向，从而分析人群的移动规律，进行社区结构的划分。在了解人类活动模式的基础上可进行移动行为的预测，利用聚类分析技术，挖掘城市居民日常出行行为的时空分布模式，并由挖掘到的结果得出居民日常出行行为的时空分布规律。人类活动轨迹数据可以展示城市人口的动态分布，并揭示一些地理现象，发现城市热点区域。对于一些人类活动模式研究的直接应用也是进行移动行为的预测。例如，有学者利用出租车轨迹数据预测了给定条件下的上客点的位置，使用出租车轨迹数据通过计算乘客等候时间的概率分布预测出某时某地等候出租车的时间，具有较高的精度。还有学者根据出租车轨迹预测出一个区域每个时间段的乘客数量。

　　手机数据也开始用于人类移动行为预测的研究，比如利用手机数据研究日本的手机用户的旅行规律；根据手机数据猜测了手机用户的活动位置；有国外学者使用葡萄牙 10 万手机用户的数据发掘了用户的活动模式；通过手机数据研究了爱沙尼亚的季节性旅游的游客活动模式等。在基于预测的推荐应用方面，微软亚洲研究院的应用研究者利用手机软件和采集数据分析游客旅游行为，预测用户的偏好和兴趣，为游客提供了行程安排和交通推荐服务，还可以考虑社会应激理论，以及群体领导者导致的偏好漂移影响，从而提出面向群体的个性化推荐技术。

　　预测领域之所以能够催生大量优秀工作，可以总结如下。

　　（1）大数据基础，即以城市多源大数据为基础，催生越来越多的原来看似"不可能"的工作。人类移动的轨迹大数据需要在短时间内完成对新产生数据的分析处理，数据来源和形式各不相同，价值巨大，同时价值密度低。随着大数据技术迅速发展，人们掌握了越来越多、越来越有效的"工具"把深藏于海量数据中的"宝藏"发掘出来。

　　在城市管理和新形态城市构建体系中，以 2014 年 12 月 31 日的上海外滩事件为例，该事件给中国政府和社会拉响警钟，迫使政府利用信息技术手段对"大人流，大车流"进行科学管理，而"大人流，大车流"工作的核心就是轨迹预测。维克托·迈尔·舍恩伯格是最早洞见大数据时代发展趋势的数据科学家之一，在《大数据时代：生活、工作与思维的大变革》著作中指出，大数据的方式出现了 3 个变化。

　　第一，人们处理的数据从样本数据变成全部数据。

　　第二，由于是全样本数据，人们不得不接受数据的混杂性，而放弃对精确性的追求。

　　第三，人类通过对大数据的处理，放弃对因果关系的渴求，转而关注相互联系。

这代表着以大数据为基础，从低质量、粗粒度的轨迹数据中挖掘人群或其他移动物体未来的运动趋势和过去运动的潜在关系是可行且必将成为研究的趋势。

（2）技术前沿性，轨迹预测工作是一项极具挑战性的任务。依靠前沿的技术手段作为强有力的"工具"，推动了信息时代背景下大部分工作的开展。还有应用的多样性，消费需求是社会生产力发生发展的永恒内在动力，对美好城市生活的应用需求也驱动了一批又一批的杰出研究工作和应用产品的诞生。

10.3.4　人类移动性研究及预测的挑战及展望

移动轨迹预测是绘制未来美好城市生活蓝图的重要"工具"。虽然目前在这个领域涌现了许许多多优秀的研究学者和工作，然而想要取得更准确的预测结果，以及从研究理论的绘图纸上真正打造出可用可行的工具，我们仍然面临着艰巨的挑战。

延伸阅读——使用异构
数据源预测人类移动性

1. 数据海量性

大数据是轨迹预测工作的基础，时空精细化程度越来越高的移动目标轨迹与其他实时数据具有多源异构性和动态性，对数据的存储、管理、处理提出了挑战。人类移动性研究一方面需要借助大规模数据集的并行处理技术和并行计算环境来提升数据处理效率、降低计算成本。另一方面还需尽可能融合多种类型数据，使得人类移动性分析更加全面。在驱动轨迹数据采集、整合、挖掘和分析发展的同时也带来了存储管理数据的负担、快速处理数据的压力和高效计算能力的挑战，数据体量大、信息碎片化、结构化程度差，时空多维度依赖性强等特点都对现有的数据处理、分析技术提出了更高要求。轨迹预测工作在特定应用场景下非常讲求高效性和实时性，对实时到来的数据进行快速处理得到预测结果，进而支持管理和决策，如果不能保证快速处理当前新产生的数据并产生结果，将会导致人流和车流的管理和决策的滞后，严重时甚至发生因措施采取不及时造成的人群或车流拥堵、对冲惨案。大数据计算中普遍采用分布式并行计算的方式，但是目前时空分布式计算技术还不够完善，如难以支持复杂的算法逻辑，因此大数据计算技术还有很长的路要走。

2. 数据质量低

数据作为轨迹预测工作的主要基础数据，其质量的优劣直接影响预测准确度精准与否。首先，数据的稀疏性需要引起高度重视，大数据与数据的稀疏性并不矛盾，由于位置采集设备本身误差或信号传输误差造成不可用的错误数据，城市人群在时间和空间上的不均匀分布导致部分区域轨迹数量稀疏甚至缺失，以及设备采集在时间和空间上的不连续性等诸多原因，导致看似庞大的轨迹数据在多维（时间和空间，甚至在某些应用中会被划分成更高维度）划分后出现严重的稀疏性现象。例如，尽管我们可以获取社交网站的、总量巨大的签到位置数据，然而具体到某个个体，其签到轨迹十分稀疏，这对数据的精细化分析提出了挑战。轨迹数据还面临着其他诸如数据错误、采样率不一致、数据异常等问题。因此，提高轨迹数据质量工作任重而道远。其次，由于获取的数据只能反映部分人群的移动行为特征（例如，社交网站签到数据一般只覆盖年轻人），因此利用各类数据获取的研究成果是否存在偏斜、是否具有代表性也常被质疑。并且，面对海量的异构数据，如何有针对性地发展与利用数据挖掘方法，如何进行深度学习、机器学习，从而能够从各种轨迹与出行活动数据中提取隐含的知识，是人类移动性研究的永恒挑战。

3. 轨迹数据的研究方向及展示平台

目前，针对人类活动轨迹数据的研究虽然取得若干突破性的成果，但仍存在一些不足，同时也是相关研究未来的方向。地理学、物理学、计算机科学和复杂网络科学等领域的学者从不同的角度出发探索人类移动模式及其内在机理。虽然研究的问题因学科性质不同而各有侧重，但研究方法更趋向于从大数据的应用和分析着手。因此，学科间研究方法的交叉和融合将成为未来发展的趋势，以推动人类移动性在理论方法和应用技术层面的不断创新。由于轨迹数据表达形式、产生机理与传统空间数据不同，带来的时空耦合、高维、空间关系复杂、数据量大等特征需要更为高级的理论和方法，同时需要合理设计算法，提高运算效率，支持实时数据分析反馈。目前的研究在分析相似用户轨迹和活动模式时，轨迹的几何特征与语义信息的结合存在不足。在传统分析与建模方法的基础上，面对前所未有的多源异构数据，还需要发展更多新方法。在大数据分析中，半监督学习、集成学习、迁移学习和概率图模型等技术尤为重要。此外，目前已到了需要重新思考"大数据＋简单模型"的时候，而学术界和工业界十分推崇的深度学习也许能帮助我们从大数据中发掘出更多有价值的信息。现有的研究是先从历史轨迹中推断出规律性的活动，然后依据静态的模式进行下一个位置的判断。人类行为的复杂性决定了人的移动是一个受多种因素综合影响的自适应过程。进一步的研究除应考虑动态的上下文环境、人的社会关系等对人的活动趋向的影响，更应考虑个人的偏好和兴趣特征等因素，发展新的模型和算法以提高预测的精度。轨迹数据的用户隐私问题，导致各类轨迹数据获取困难，数据共享不足。如何在保护用户隐私的前提下，尽可能地详细记录人类活动信息，为研究提供更多数据的问题值得关注。此外，人类移动性的研究一方面应当结合实际问题的领域背景知识，另一方面应当充分利用相关背景数据，如此既有利于解决实际问题，又有利于深入理解人类的移动行为特征。

当前研究在人类活动轨迹数据的可视化方面需要改善，产生更为直观、动态、实时更新显示的可视化效果。尽管已经有较多文献介绍了人类移动模式的应用，但目前，对于人类移动模式的应用，在实践中尚未见到成熟的应用系统，如何将量化的人类移动模式作为输入参数，在交通、公共卫生等系统中起到优化和决策支持作用需要更为深入的研究。

10.4 其他应用

通过前面的章节我们了解到交通数据在交通情况监测和人类移动行为预测方面的应用，其在道路规划和模式发现和聚类方面也有不少优秀的应用案例，我们节选出最新的几个案例进行详细介绍。

交通的路线规划和设计是一个广泛应用大数据的场景，例如，传统的公交线路规划往往需要在前期投入大量的人力进行 OD 调查和数据收集。但目前，特别是在公交卡普及后可以看到，对于 OD 流量数据完全可以从公交一卡通中采集到相关的交通流量和流向数据，包括同一张卡每天的行走路线和换乘次数等详细信息。对于一个上千万人口的大城市而言，每天的流量数据都会相当大，单一分析一天的数据可能没有相关的价值，而分析一个周期的数据趋势变化则会相当有价值。并且结合交通流量流向数据的变化趋势，就可以很好地帮助公交部门进行公共交通运营线路的调整，换乘站的设计等很多内容。或许这个方法很早就有人想到，但是在公交卡没有普及或海量数据处理和计算能力没有跟上的时候确实很难实际操作，而在大数据时代，则是完全可以落实了。现在的智慧交通应用往往已经能够很全面地进行整个大城市环境下的交通状况监控，并发布相应的道路状况信息。在 GPS 导航中往往也可以实时地看到相应的拥堵路况等信息，从而方便驾驶者选择新的路线。但是这仍然是一种事后分析和处理的机制，一个好的智能导航和交通流诱导系统一定是基于大量的实时数据分析，为每个车辆规划最好的导航路线，而不是在事后进行处理。智能交通中的交通流分配和诱导等模型很复杂，而且面对大量的实时数据采集，根据模型进行实时分析和计算，给出有价值的结果，这个在原有的信息技术下确实很难解决。随着物联网和车联网、分布式计算、基于大数据的实时流处理等各种技术的不断尝试，智能的交通导航和趋势分析预测将逐步成为可能。

1. 线路规划应用简述

近些年，随着城市智能交通系统与规划研究的快速发展，路径算法作为其中的一项关键技术，能够有效地帮助出租车司机规划载客行驶路径。在智能手机、WiFi 等相关设备应用普及的大环境下，移动对象轨迹记录数据产生、积累，并通过应用的方式服务于人们日常生活中，通过分析研究移动对象的轨迹记录数据，发现、收集并提取所蕴含知识规律使得通过挖掘轨迹数据来实现移动推荐系统（Mobile Recommender System, MRS）等信息服务。2013 年，社会上出租车行业内已经开始兴起了"快的打车""滴滴打车"等手机打车软件。出租车推荐点最优路径搜索平台，是百度地图两点间路线查询功能上的拓展，旨在为广大用户提供免费公开的功能更为丰富的多载客点目的地最优在线路线搜索服务。实时交通数据采集商 INRIX-Traffic 的口号是"永不迟到"，通过记录每位用户在行驶过程中的实时数据，如行驶车速、所在位置等信息并进行数据汇总分析，而后计算出最佳线路，让用户能够避开拥堵。

出租车 GPS 数据不仅融合了驾驶员的路径选择特征，也融合了 OD 对间交通需求情况和居民出行分布状况。以上平台软件可以根据司机的日收入、出租车的载客行驶距离、载客行驶的时间比例，发现新乘客的平均时间等对司机进行排名，观察排名靠前的司机的驾车行为或行驶路线，可以挖掘出较好的路径规划策略。作为最熟悉城市交通网络特性的出租车司机，排名越靠前的司机，他们越能了解道路各时段状况及交通路网规律，因此能选择更为合理有效的行车路径使自己够更快地抵达目的地。对出租车轨迹数据经过计算处理及知识挖掘后，一方面，可得到路段行程时间、路段平均速度和道路拥塞程度等参数，并获知司机所选取的路线以及寻客措施等信息，进而提供城市实时交通流分布和城市道路状况信息，帮助乘客了解出行信息，帮助司机推荐导航路线，改善出租车的运营管理。另一方面，对 GPS 数据的深层挖掘，还可以获得寻客策略及路径推荐等知识，如出租车应该去有需求的最近的区域寻找新的乘客。收益排名靠前的司机一般选择具有相似时空特征的区域。一些学者使用网格分解和朴素贝叶斯分类器预测了不同区域的空驶出租车，协助乘客寻找出租车，帮助指导司机到高需求、低空驶的地方去载客；还有学者把出租车离开现行路段的概率模拟为非齐次泊松过程，用该模型估计在不同的地点和时间等候出租车的时间，推荐给乘客。城市交通路网交错复杂，交通情况多变，任意 OD 对间存在多条可选路线，具体路线选择由具体交通情况和乘客意愿确定。在车辆行驶途中，驾驶人员能够通过在导航系统中存储的地图数据实时规划最优路径，也能够根据动态路径反馈系统，并将最优路径规划算法与静态地图相结合，得到最佳动态最优路径。路径规划预测的目的是最终使每条路线上的交通都畅通，达到负载均衡。但是如果多数人都按照推荐的路线行车，则推荐的路线反而变得拥堵，真正可行的方法是不仅考虑当前的路况，还要考虑人们对路线的选择情况，达到人、车、路的实时协调控制，让驾驶员自行博弈、选择路线。

天津公交制定了以"智能"为目标的发展方向，在"互联网+公交"思路的指导下，公交部门初步建成了以信息查询、实时调度、数据分析为主要职能的大数据应用平台。通过应用"互联网+"技术手段，天津公交实现了车辆实时数据与乘客实时出行需求的无缝对接，其特有的"一键查车""到站提醒"让市民公交出行变得智能、轻松。智能查询的实现，依托了天津公交运用"互联网+"建立的运营调度指挥系统以及由此形成的大数据库。在公交集团运营调度指挥中心看到，该系统已实现对每一部运营车辆的实时监控，精确地对每一位驾驶员下达实时调度指令。目前，通过"掌上公交"应用，乘客与公交车辆已经建立了需求与供给的直接关系，但乘客的出行需求只能体现为现有线路的需求，对于线路规划乘客需求与公交供给方面的信息交互仍然是不对等的。公交集团采取"互联网+通勤快车"的形式，直接面向全市乘客征集出行需求。通过对市民出行需求的大数据集中分析，首次实现了"互联网+大数据+公交线路规划"的直接融合，实现乘客需求与公交线路供给的面对面衔接。这带给市民的，将是公交"快线-干线-普线-支线"层级式线网的建设成果，将为市民带来"出门有站，到站有车，快速准点"的乘车体验。

运营企业集合出行者出行需求信息后，根据得到的出行需求，统计有同样出行需求的出行者数量，满足最低人数要求的话，可根据相应工作地点和居住地点之间的道路交通情况、公交专用道设置率、快速路利用情况等综合考虑，规划设计出一条最优路线，确定车型配置以及配置公交车辆数，在合适地点设置公交起始的停靠站点，路线规划设计弹性很大，路线不能全部追求最短路径，而应该首要保障运营成本最低和最短运行时间，保证乘客尽可能以最小的出行成本到达目的地。路线规划设计完之后，运营企业根据乘客需到达目的地的时间和车辆运行的时间，合理设计出行时刻表。交通云将数据采集和信息服务融合在一起，为诱导等服务提供了信息计算的基础。以路网中采集到的数据为基础，云平台中心可对车联网产生的大量数据进行处理分析与融合，快速判断出路况并通过广播、电子地图等媒体向用户实时发布，为其提供最优路径诱导信息和实时交通状态信息，以提高其出行效率。

2. 利用大规模的出租车轨迹数据规划夜间双向公交线路

公共交通是一种大众化经济化的出行方式，有助于减轻交通拥堵，减少燃料消耗及二氧化碳的排放，有利于城市的可持续化发展，大多数城市的交通运输体系对于白天的公交线路都有很好的规划。但在晚间，大多数公共汽车系统停止服务，出租车便作为城市内的唯一选择，为了向市民提供经济节约与环境友好型的交通方式，许多城市开始着手规划夜间的双向公交行驶路线。

以往，公交线路的规划依赖于人工调查来了解人们的出行模式，尽管这种方式是可操作的，但是非常的耗时耗力，而且，在这个城市快速发展的时代，这种方法也不能够很好地适应交通路网的频繁变化。随着 GPS 设备和无线通信技术在出租车上的广泛应用，出租车轨迹数据包含着乘客何时何地上下车等大量丰富的数据，人们便可以从这些海量数据中，收集并获取，对于某一行程出租车所采取的路线信息，得知每次行程的起始目的地（OD）对，可以为了解人们的行为趋势提供更有价值的信息。

学者将现有的挖掘出租车 GPS 轨迹数据的工作分为三类：社会动态挖掘、交通动态挖掘和操作动态挖掘。社会动态挖掘被定义为研究城市人口的集体行为和观察城市人们受不同需求和外部因素（如天气和交通）影响时的行为特征。对社会动态的深刻理解对于城市基础设施的管理、设计、维护和发展都是至关重要的。在社会动态挖掘中，一般使用出租车 GPS 轨迹挖掘的常见研究问题包括：人们在一天中经常去哪里，城市周围"最热"的地点是什么，这些热点的"功能"是什么，城市的不同区域有多么强烈的联系等。人们将主要通过公路网络在城市周围移动，社会动态挖掘旨在了解人们的行为模式，交通动态挖掘是研究人口通过城市道路网络的流动。大多数工作旨在揭示交通异常值的根本原因，预测对提供实时交通预测有用的交通状况和为司机预估行程时间。操作动态挖掘是指对出租车司机操作方式的一般研究和分析。目的是学习出租车司机对城市的认知，并检测异常或有效的驾驶行为。对于后两类的挖掘中，主要是使用出租车行程轨迹，即接送和下车地点的 OD 对，在操作动态挖掘中，学者需要利用充分的轨迹数据，因此获取司机所采取的路线是至关重要的。学者已经挖掘这些轨迹，以对快速找到新的乘客或出租车的策略提出建议，推荐导航路线以快速到达目的，设计灵活的公交线路，并建议驾驶路线实现动态出租车乘车共享。此外，新的轨迹可以与大量的历史轨迹进行比较，以自动检测异常行为，在出租车 GPS 轨迹数据挖掘之前，可能需要数据清理和修整，因为数据可能有噪声。

有些研究目标是为单个方向找到给定 OD 对的最佳总线路。由于规划路线的不对称乘客流，获得的单向最佳路线通常不是在两个方向上最好的路线。然而，在实际的公共汽车路线规划中，公共汽车通常在两个方向上在相同的路线上行驶，以方便乘客使用公共交通服务（容易记住公交路线和公交站）。因此，理想的是规划能够在两个方向上实现最大乘客数量的双向总线路线。

利用大量的出租车 GPS 数据来探究夜间公交路线的设计问题可以被分解为两个子问题：一是需要明确哪些地点可以作为候选的公交站点，这些候选的公交站点往往是有大量出租车乘客上下车记录的地方，公交站点应该尽量均匀地分布在城市的热点区域，以方便人们的出行；二是选择连接公交的起始位置，途经的公交站点直到目的地的双向公交路线，所选路线是期望在给定的公交运行时间、频率和总行程时间的情况下，在两个方向上负载最大的乘客数量。幸运的是，出租车 GPS 轨迹包含关于所有出租车行程的量化空间和时间信息。通过挖掘出租车轨迹数据，便可以获知对于出租车乘客来说哪些是热点区域，以及在特定的时间段内，有多少潜在的乘客会沿着某一路线出行。因此，双向的夜间公交线路规划问题变成了在给定的时间条件限制下，那些可作为公交路线的路径所承载的乘客数量的比较。学者先利用聚类和划分"热点"区域来确定候选的公交站点；然后，提出了建立和修剪有向公交线路图的规则。基于图，学者又提出了一种新的启发式算法，命名为基于双向概率扩展（Bidirectional Probability Extension, BPS）算法，以选择最佳双向交通线路来实现预期在两个方向上的最大乘客数量。

通过利用出租车 GPS 轨迹来研究双向夜间公交路线设计问题的动机是为了充分利用普遍的传感设备、通信和计算技术来满足城市可持续发展的需求。今后，学者认为可以在以下几个方面来进行更深层次的研究：第一，研究最佳的公交车路线设计可以利用更多现实的假设，如对于公共汽车站识别时，地理位置上接近的网格单元可能由于物理障碍而不能行走；对于双向公交路线选择，在实际设计中应排除或改变单向路线；第二，还应探讨以最佳方式设计多条夜间公交路线的问题；第三，希望开发出利用出租车 GPS 轨迹数据的实用系统，实现一系列无处不在的智能交通服务。

3. 路线多样性的可视化分析

交通规划和路线设计是智能交通系统（Intelligent Transport System, ITS）的基本组成部分。由数据驱动的交通管理和规划已经被证明对于交通管理的科学性是可以达到令人满意的效果的，将人力纳入分析过程可以进一步提高效率，如可视化的辅助路线推荐系统。

驾驶路线指引是 GPS 导航系统或在线地图的一个关键特征，并且每天被人们使用。一旦用户选择行程的源、目的地和出发时间，此系统便可以基于诸如距离和行程时间的各种标准自动地生成一个驾驶路径并向用户建议。最近微软已经开发了一个智能驾驶方向服务，称为 T-drive，以提供在给定的出发时间到目的地的最快路线。T-drive 是基于对出租车司机的观察，因为出租车司机更了解城市的交通，因此能够选择可以避免拥塞并在最短时间内到达给定目的地的路线。为了发现出租车司机所采用的路线，需要记录和分析了大量出租车的轨迹数据。T-drive 的真实系统原型是基于北京 3 万架出租车在 3 个月内的轨迹数据。此系统的显示结果是非常好的，平均来说，此系统所建议的路径可以节省 16% 的行程时间。

然而，在现实世界中，出租车司机可能有多种方式到达同一目的地，这也被称为路线多样性。驾驶员根据交通，道路状况或客户喜好选择路线，并且行程时间还取决于驾驶员的技能和对区域的熟悉程度，此外交通状况可能随时间而改变。如果更多的人采取 T-drive 建议的路线，可能会导致拥堵，使那些推荐路线不再是最优的。因此，通过显示具有关于路线多样性的详细统计信息，可以帮助推荐更好的驾驶路线并帮助监视真实交通状况。路线多样性也是交通管理和城市规划的一个关键问题。有一些源\目的地对比其他源\目的地存在更少的路线，这使得一些道路成为瓶颈，因为对于司机来说可以选择的线路较少。了解不同的路线和一些不同源\目的地对线路的重要性将大大有助于运输管理和城市规划，给定路网数据，人们可以计算任何给定源\目的地对的线路多样性。然而，结果可能与从出租车轨迹导出的实际多样性非常不同，一些路线可能不切实际或阻塞，因为熟悉某个区域的驾驶员会避开它们。所以，从实际轨迹数据分析路线多样性是十分重要的。

基于上述分析，学者提出了轨迹可视化方法来检查多样性存在的地区并且还开发了对于不同路线相关的现实世界轨迹和统计多样性分析的可视化系统。此系统提供了直观的方式于比较和评估不同的路线，旨在揭示一个城市的全球多样性，一些完善的可视化技术，如热图和力有向图布局被集成到此系统中。通过案例研究，此可视化方式显示了高度多样性的源\目的地对行程，以及出租车司机在不同时间的不同路线选择，并且进一步分析了交通状况，以发现某些瓶颈条件发生的时间段。

此系统有三个主要组成部分：全局视图、行程视图和道路视图。全局视图显示了城市中所有重要热点的整体多样性，并给出了一些有趣的源\目的地对以及其进一步探索的位置。行程视图显示具有所选源/目的地对的地理和统计信息的轨迹，允许用户在不同时间分析不同的路线和性能。道路视图显示了给定道路的所有行程的统计信息，包括每次行程的速度，时间和距离。用户首先从全局视图开始，将待分析的轨迹发送到系统中之后，在全局视图中会显示交通流和多样性的概述，用户可以自由地探索任何有趣的地点并选择一个作为源，然后从源开始的行程的所有目的地以及每个源\目的地对的相应路线多样性将得到显示。之后，用户可以选择一些有趣的目的地进行更进一步探索。当源和目的地位置都固定时，从源到目的地的所有轨迹和相关的统计信息，包括每个路线的行进速度、时间和距离将显示在行程视图中，如果对轨迹中的道路段感兴趣，则用户可以打开道路视图以分析经过该道路段的所有轨迹。所有视图均支持用户交互式互动探索，并且所有视图都连接在一起，用户可以通过刷新一个视图，然后其他视图将相应地更改，例如，如果用户在全局视图中选择一个行程，则行程视图将被更新来表示该行程的轨迹和统计。如图 10-4 所示为通过刷新城市中心区域的轨迹选择视图（大多数条和轨迹相关联的红色区域表示严重拥塞）。

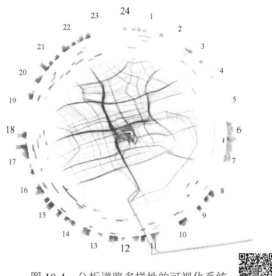

图 10-4　分析道路多样性的可视化系统

　　检测此系统所使用的研究数据是中国上海 1 万多辆出租车的轨迹数据。每个 GPS 记录包含出租车的纬度和经度、日期、以秒为单位的时间、出租车的状态（占用\空置）以及出租车的速度。在通过地图匹配算法对数据进行清理后，能够获得超过 4000 辆出租车的有效轨迹数据。预处理后，此系统便可以支持交互式实时可视显示信息以及和用户交互，高级视觉分析技术与直观的用户交互相结合，允许用户交互地探索数据并分析路线多样性的空间和时间模式。同时也证明了此系统对于多样性探测，交通监测和路线建议的有效性。

　　此种可视化方法也可以用于分析其他时间空间数据，并且学者认为未来的工作可以在以下方面展开。首先，此可视化系统可能无法适用于非常大的数据集，当在一个区域中存在太多的轨迹时，视觉混乱将成为很严重的问题。因此，可以计划在此系统中集成一些先进的杂波减少方法。其次，目前此系统只显示每次旅行的时间，然而，路由多样性与季节和天气等其

延伸阅读——模式
发现和聚类

他因素之间可能存在相关性，例如，一些路线在恶劣天气或冬天可能不是优选的。因此，还需要显示每次旅行的日期和天气状况的信息。交通分析是一个非常复杂的问题，它可能受到诸如社交聚会、道路建设和车祸等事件的强烈影响。所以，还可以将这些因素考虑进来，并进一步推荐不寻常或紧急情况的路线。最后，还需要进行正式的用户研究，并从相关领域专家那里获得反馈，以进一步改进此系统。

本 章 小 结

　　在当今的信息时代，信息之间交互传递，孕育出了巨大的社会价值和商业价值。大数据时代的到来为公共交通运输事业带来了新的发展契机。在本章中，我们概述了大数据在交通领域的应用，并且在交通监测、人类移动性预测以及交通线路规划等方面都给出了具体的应用案例，充分展示了在大数据时代下交通方面的智慧管理和智能应用。通过收集数据、进行交通流量统计、对同时段不同区域拥堵原因做出分析，可为道路规划的制定提供参考。将各部门的数据进行准确提炼和构建交通预测模型，可以有效模拟未来交通的运行状态，检测交

通规划方案的可行性，避免盲目地进行交通规划。大数据具有信息集成优势和组合效率，可以解决各交通管理部门信息分散、数据碎片化的难题，同时通过构建集成平台，实现交通信息动态化管理，进而提高交通运行效率。

日前，国内各大城市都在积极探讨利用大数据实现智慧公共交通服务的建设，如镇江智能公交、昆山智能公交等。国外各大城市为了提高人们出行的效率，利用交通大数据提供的交通状况缓解交通拥堵问题，例如，伦敦市利用大数据技术提高交通效率。另外，关于货运交通大数据应用方面，IBM 与宁波政府合作建立了宁波智慧物流平台，为企业提供了可感知的供应链平台，对整个供应链环节进行智能分析与优化服务。

大数据可能带来的巨大价值正逐渐被人们所认可，各行各业都在利用大数据进行更科学的建设，智能交通也需要将信息技术、数据传输技术、计算机等各种先进技术有效地集成运用于智能交通管理系统来发挥全方位的作用。因此，当各类交通数据铺天盖地涌来时，如何整合数据、挖掘数据背后的价值并付诸快速的行动是关键所在。各相关部门也要充分重视利用大数据分析技术，来提高交通管理者采集、分析、应用数据的能力。大数据在智慧交通中的应用也必须重视人与物的需求问题，在利用大数据技术优化路径、智能调度的基础上，挖掘出隐藏在人们背后的真正的心理需求、货物运输差异化需求，从而利用智能化交通为人们生活提供更优质的服务。

思　考　题

（1）请详细阐述交通大数据的特点，以及其对数据处理产生的影响。

（2）基于交通大数据的应用案例中的方法和传统交通分析方法相比的显著特征有哪些？

（3）请分析交通数据处理和其他大数据处理的差异。

（4）调研几个基于社交交通数据的应用案例。

（5）哪些技术方法可以解决或改善交通大数据的高维度多变量以及不稳定性。

第 11 章　医疗大数据

在未来学家的眼里，大数据正是"第三次浪潮的华彩乐章"，如今大数据确实已经开始发挥作用。美国于 2012 年 3 月 22 日宣布投资 2 亿美元拉动大数据相关产业发展，并将"大数据战略"上升至国家战略。奥巴马政府将大数据定义为"未来的新石油"。众所周知，石油这一重要能源在一个国家的诸多行业均发挥着重要作用，奥巴马如此定义可见其对大数据的重视程度，因此美国公布医疗健康大数据，让其发挥作用也就不足为奇。

大数据处理在医疗行业的应用包含诸多方向，如临床操作的比较效果研究、临床决策支持系统、医疗数据透明度、远程患者监控、对患者档案的先进分析、定价环节的自动化系统、基于卫生经济学和疗效研究、研发阶段的预测建模、提高临床试验设计、临床实验数据分析、个性化治疗、疾病模式的分析、新商业模式的汇总患者临床记录和医疗保险数据集、网络平台和社区。

11.1　医疗大数据简介

11.1.1　医疗大数据的来源

医疗大数据的来源主要包括四类：①制药企业/生命科学。药物研发是相当密集型的过程，对于中小型的企业，其数据量也在 TB 以上的。美国哈佛医学院个人基因组项目负责人詹森·鲍比表明 2015 年已经拥有 5000 万人个人基因图谱，而一个基因组序列文件大小约为 750MB。在生命科学领域，随着计算能力和基因测序能力逐步增强，这一数字将继续大幅强大。②临床医疗/实验室数据。临床和实验室数据整合在一起，使得医疗机构的数据增长非常快，一张普通 CT 图像含有大约 150MB 的数据，一个标准的病理图则接近 5GB。如果将这些数据量乘以人口数量和平均寿命，仅一个社区医院累积的数据量，就可达数 TB 甚至数 PB 量级。③费用报销/利用率。患者就医过程中产生的费用信息、报销信息、新农合基金使用情况等。④健康管理/社交网络。随着移动设备和移动互联网的飞速发展，便携化的生理设备正在普及，如果个体健康信息都能连入互联网，由此产生的数据量不可估量。

11.1.2　医疗大数据特点

医疗大数据除了包含了大数据 5 个"V"的特点，还有多态性、时效性、不完整性、冗余性、隐私性等特点。多态性指医师对患者的描述具有主观性而难以达到标准化；时效性指数据仅在一段时间内有用；不完整性指医疗分析对患者的状态描述有偏差和缺失；冗余性指医疗数据存在大量重复或无关的信息；隐私性指用户的医疗健康数据具有高度的隐私性，泄露信息会造成严重后果。

11.1.3　大数据对医疗的影响

大数据的快速发展带动了数字化、移动设备、云计算和社交网络、基因组学、生物传感器、先进成像技术的发展，而这些领域也都与医疗密不可分。在疾病诊疗方面与居民健康方面，居民可以通过健康云平台中采集到的健康数据，随时了解自身的健康程度。同时，居民通过专家在线咨询系统所提供的专业服务，了解身体中存在的健康隐患及未来可能会发生的疾病风险，做到防患于未然。对于医疗卫生机构，通过对远程监控系统产生的数据分析，医院可以缩短住院时间、减少急诊量，实现提高家庭护理比例和门诊医生预约量的目标。同时，综合以往大规模数据进行分析和管理，提高医疗卫生服务水平和效率，为患者提供更优化的体贴式服务。

在公共卫生管理方面，公共卫生部门通过在每个定点区域成立的卫生信息化平台和居民健康信息数据库中的数据对公共卫生状况进行连续整合和分析，对疫情及传染病进行实时监控和快速响应，这些都将减少医疗索赔支出、降低传染病感染率的发生，并快速提高了疾病预报和预警的能力，防止疫情爆发。同时，通过信息平台还能准确和及时地提供公众健康咨询，大幅提高公众健康风险意识，改善区域内公共卫生状况。

在决策支持方面，信息系统被广泛使用后，每天都产生大量的数据，而这些数据不再单纯是对医疗过程的记录，通过进一步挖掘及使用后均能产生更大的意义。依照这些数据的性质可以分为医院领导和临床使用两个层面。在医院领导层面上，可以通过大数据分析技术找到医院质量不足的环节和医疗资源分配不合理的地方，从而帮助领导者做出更准确的决策。在临床使用层面上，利用大数据技术对电子病历中的数字化信息进行分析处理，既能够让医生的诊疗有迹可循，还可以发现最有效的临床路径，从而及时为医生提供最佳的诊疗建议。这样既节约了医院的医疗资源，也为患者降低了医疗成本，大大缓解老百姓就医难、就医贵的现状。

通过医疗大数据的分析，可以分析出哪些是医疗的潜在用户，哪些用户对医疗的需求量大。例如，普通消费者的健康意识提高以后，就增加了消费者对医疗的付费意愿（图 11-1）。

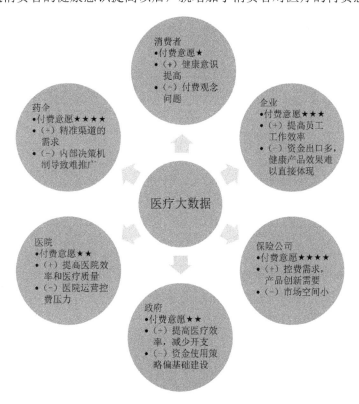

图 11-1　付费方选择与分析

11.2　基于大数据的临床决策分析

医疗行业正面临着巨大的需求和前所未有的挑战。成本压力迫使提供者和支付者接受循证医学。同时，由于遗传学、生物医学和计算技术的进步，针对患者个人的特点可以制定有效的个性化药物和治疗方法。如今，我们迎来了开放信息的时代，医疗健康的利益相关者可以抓住这个前途广阔的机遇。尽管医疗行业数据量丰富，但医疗行业现在仍然在为提供基于价值的个性化护理而努力。因此，目前的问题是医疗行业的大数据计划可以像其他行业那样发生转型吗？为了促进卫生保健行业的大数据革命，需要将不同来源的大量数据汇总并将其合成为实时可信的信息，这是一个长期持久的挑战。巧妙地使用复杂的数据是探索医疗行业中这一机遇的关键，医疗大数据的发展可以降低成本，加快患者的康复并拯救数百万人的生命。这些复杂数据集可能与其他一些行业中的复杂的、不连通的数据集密切相关。医疗大数据的发展可以降低成本，加快患者的康复并拯救百万人的生命。这一章将阐述医疗行业大数据革命的力量，以及大数据对创造新价值方式的影响。

11.2.1　基于大数据的临床决策支持系统的架构

基于大数据的临床决策支持系统的总体框架从下往上依次是支撑层、大数据分析层、应用层。

（1）支撑层，由临床数据中心和临床知识库构成。临床数据中心汇集临床诊疗数据（包括患者主诉、查体、临床辅助检查结果等），为系统提供数据来源支撑。临床知识库包括疾病临床治疗指南、临床相关业务术语等，为系统提供大数据分析时的业务规则支撑。

（2）大数据分析层，利用大数据挖掘分析技术，对根据临床数据中心进行挖掘分析，再根据临床知识库设定的业务规则下，触发临床干预，实现临床决策支持应用。

（3）应用层，包括重复检验检查提示、治疗安全警示、药物过敏警示、疗效评估、智能分析诊疗方案、预测病情进展等一系列智能的人机互动应用。

11.2.2　基于大数据的临床决策支持系统的功能应用

基于大数据的临床决策系统可以应用于重复检验检查提示、治疗安全警示、药物过敏警示、治疗评估、智能分析诊疗方案、预测病情进展等领域。

1. 重复检验检查提示

医生对患者开出检验检查医嘱，系统将会比对上一次做该项检验检查项目的时间，如发现间隔的时间小于系统设定的"重复周期"，将给予及时提示。

以大肠癌治疗为例，系统通过重复检验检查提示，避免患者在短期内接受多次放射线检查，以免进一步损害患者的身体免疫力。

2. 治疗安全警示

结合实际医疗行为，治疗安全审查的范围可以包括：西医药物相互作用审查、中草药配伍禁忌审查、西药与中成药之间配伍禁忌审查、患者药物禁忌审查、检查/检验相关的禁忌审查、治疗相关的禁忌审查。

3. 药物过敏警示

利用系统后台的过敏类药品知识库体系和系统前台的药物过敏提示功能，辅助医护人员对患者进行安全用药、合理用药。药物过敏判断因素涉及特定的过敏类药品（例如，青霉素），患者是否存在家族过敏史，患者是否属于特殊人群（包括孕妇、哺乳期妇女、少儿与老人等），患者是否具有过敏性体质。

以心血管疾病治疗为例，常用药物包括倍他乐克、地高辛、胺碘酮、利多卡因、硝酸酯类药物等，而他汀类药物禁用于孕妇、哺乳期妇女及计划妊娠的妇女，地高辛禁用于（室性心动过速）、心室颤动患者，胺碘酮禁用于甲状腺功能障碍、碘过敏者等患者，利多卡因禁用于局部麻醉药过敏者，硝酸酯类药物禁用于青光眼患者、眼内压增高者、有机硝化物过敏等患者。当对该类患者制定治疗方案时，系统将自动对该类药物进行药物过敏警示。

4. 疗效评估

利用大数据挖掘分析技术，对疾病的不同治疗方案进行疗效跟踪评估，挑选出疗效好、副反应小、费用低、成本-效果最佳的治疗方案。

以大肠癌疗效评估为例，以生存期和生活质量为临床疗效评价指标，利用大数据挖掘技术，建立以生存期和生活质量为综合评价指标的疗效评价体系，在控制临床分期、患者年龄、性别等混杂因素的影响下，对不同治疗方案的疗效进行评估，选择生存期延长和生活质量改善的方案。

5. 智能分析诊疗方案

系统可以根据患者的疾病临床分期、临床检验指标、生理、心理状况等特征，通过大数据分析技术，为其选择类似匹配病例有效的治疗方案，制定符合患者个性化的治疗方案。

以心力衰竭治疗为例，系统在大量的心力衰竭患者病例治疗的临床资料基础上，利用大数据挖掘技术，将患者根据不同生理、心理、社会等特征划分为不同亚族人群，分析出适合不同特征亚族人群的治疗方案。当新的患者进入临床治疗环节中，系统根据该患者特征情况，若将其判别为 C 亚族人群，则为其选择 Z 治疗方案，辅助临床医生进行治疗方案制定。

11.2.3　大数据在临床决策中的价值

"大数据"的商业价值已得到赞赏，并被各个部门所利用。然而，大数据在医疗系统中的概念是新的，与其他行业相比，医疗行业在使用大数据方面显着落后。为什么医疗健康行业利用大数据分析的时间如此晚？一些阻力影响了传统方法的变革。首先，部分阻力来自医疗保健提供者，他们习惯了独立地依赖他们自己的临床判断能力，很少采取基于大数据的手段。还有部分阻力源于医疗保健系统的性质，大多数医疗健康的利益相关者对信息技术的投资不足，导致使用的信息系统较旧，在标准化和合并数据等方面的能力有限。此外，人们对隐私的重视影响了不同提供商或设施间的数据共享。缺乏在单一医院或制药公司中整合数据、传达结果的程序往往会导致重要信息在某个集团内被污染，这也是阻止医疗行业大数据改革的因素。

1. 医疗行业的大数据达到临界点

2012年，全球医疗健康数据增长到500 PB。据估计，这一数据将在2020年增长至25000PB，八年时间增长 50 倍。医疗保健数据在复杂性和多样性方面也有所增加。目前，大约 85%的信息是由医学成像、视频和社交媒体的非结构化数据组成的。几个趋势的趋同使得卫生行业到达一个临界点，在这里大数据可以在创新中发挥重要作用。

2. 对更好数据的需求

在过去二十年中，美国医疗费用的快速增长导致付款人和提供者都专注于降低护理成本。他们在这方面的努力导致酬劳现象发生了变化。在按服务收费制度下，医生的酬劳只与治疗量有关，而忽略患者的治疗结果或对治疗的反应，这是多年来形成的一种做法。为了降低医疗费用并鼓励大家理智地使用资源，风险共享模型随之出现并且开始慢慢取代了按服务收费的政策。在这个新的系统中，医生的酬劳是基于患者的结果或总成本控制的。这些酬劳政策的变化为医疗健康的利益相关者提供了必要的激励，利于大数据的汇编和交换。

在临床环境中，相对临时、主观决策的标准医学实践被循证医学所取代。循证医学的实践依赖于通过聚合单个数据集导出的大数据算法。循证医学已经开始被许多利益相关者所接受。健康和人类服务部也开始"解锁数据"，为临床医生提供临床决策支持。人们相信，数据将赋予消费者权力，并为研究人员和开发商开拓新的机会。

此外，健康和人类服务部门向专业人员和医院提供了各种激励，来促使他们使用电子健康记录技术并共享患者信息。2005 年，30%的办公室医生和医院使用电子病历。到 2011 年，这一数字上升到 50%以上的医生和近 75%的医院。到目前为止，45%的美国医院参加当地或区域卫生信息交流。因此，在健康和人类服务部的电子健康记录计划以及美国复苏与再投资法案下的国家卫生信息交流合作协议计划影响下，已经产生了大量的数据。

3. 技术进步

许多传统障碍，如安全编译、存储和共享信息等，经过科学技术的进步被逐步克服。与过去不同，电子病历系统现在更便宜，且适用于较大规模的操作，从而实现更平滑的数据交换。新计划的一个重要贡献是保护患者隐私，这在医疗健康环境中至关重要，尤其是在健康保险可携性和责任法案方面。一些计算机系统的重要特征之一就是能够检查跨所有数据池的信息，这个数据池可以提供比任何单独数据集更多的见解。

4. 政府机构担任催化剂作用

近年来，许多国家见证了政府赞助的大数据倡议的一系列活动。这些活动增加了医疗的透明度，并大大有利于患者。在美国，联邦政府通过几项政策和举措来鼓励医院、医生使用医疗健康数据。

11.2.4 促进数据解锁的示例

1. 遗产健康奖

美国医院协会的调查结果显示，美国每年有超过 7100 万人被收入医院，医疗支出异常巨大。在 2006 年，超过 300 亿美元用于不必要的住院治疗。遗产提供者认为有必要识别有住院风险的患者，并确保适当的治疗，避免不必要的住院和数十亿美元的花费。为了实现这一目标，必须开发一个突破性算法，使用历史索赔数据，识别将在未来几年内进入医院的患者，以防止不必要的住院。因此，遗产提供者网络举行了激励性竞争，以确定一个最好的团队来制定这一突破性的算法，帮助卫生保健提供者开发新的护理计划和战略，在紧急情况发生之前提供给患者。

2. 护理质量差的处罚——30 天内再次住院

再次入院，不管是计划内还是计划外的，与初次入院相关还是无关，这都反映了护理质量差，是支付者的重大成本。根据医疗保险支付咨询委员会提供的数据，每年有近 200 万医疗保险受益人，在 30 天内再次住院。2012 年 10 月 1 日，医疗保险和医疗补助服务中心制定了"医院减少就医计划"，对医院超额再入院的经济处罚进行评估。为了促进国家的医院产生更好的结果，医疗保险和医疗补助服务中心制定了惩罚措施。根据最近的报告，美国共有 2610 家医院，患者出院 30 天内再入院率过高。

3. 通用电气公司头部健康挑战

通用电气公司和美国国家足球联盟联手促进对脑震荡的研究，诊断和治疗早期轻度创伤性脑损伤，并通过发起头部健康倡议来保护大脑。该倡议旨在提高运动员、军队和整个社会成员的安全。头部健康倡议是一个为期五年的开放创新计划，以改善轻度创伤性脑损伤的了解和诊断、防止脑损伤、发现先进材料以减轻运动中的碰撞、映射脑成像生物标记物。

这个四年投资 4000 万美元的研究和开发计划旨在确定关键的磁共振成像（MRI）生物标记物，来改善轻度创伤性脑损伤患者的诊断、结果预测和治疗管理。该研究将由一个咨询委员会指导，该委员会由各医疗机构的医疗专业人员组成。这个项目的成功与否取决于共享和管理巨大的数据资源。

11.3　基于大数据的医疗数据系统分析

11.3.1　大数据在医疗信息化行业的应用研究

在国内，大数据在医疗方面的应用还处在研究阶段，随着对大数据理解的加深，各医疗机构都意识到了医疗大数据的价值及挖掘这些价值的迫切性，然而由于各种现实原因，例如，资金短缺、传统的医疗信息化系统的投资还未见回报等，大数据在医疗方面仍然处于纸上谈兵的状态。

国外医疗大数据也处于起步阶段。国际组织曾经对美国和加拿大 333 家医疗组织及 10 家其他机构进行考察，调查结果显示，2013 年，医疗领域累积的数据量是 2011 年数据量的 1.85 倍，然而高达 77% 的医务人员评价各自组织在数据管理方面的能力为 C 等级。除此之外，只有 34% 的报告证明他们能从电子健康记录（E 册）中得到有用的数据来救助患者，却有 43% 报告证明他们无法收集到足够的数据辅助他们救助患者。同时，SAS 的一份报告指出，在它们调查的 461 个医疗机构中，74% 的机构表示它们现在拥有的大数据是非结构化的，现有的信息化系统无法对其进行有效处理，因而可知道，北美的医疗信息化程度还需要更长时间的准备才能进行医疗大数据的管理使用工作。

在大数据在医疗行业的现实应用中，还有很多问题需要解决，包括如何提高医务人员对大数据的认识，让他们乐于接受大数据所带来的挑战；如何在现有的、数据高度结构化的医疗系统中处理非结构化数据并将其应用到决策分析上；如何处理不同来源的数据让它们协同合作。基于大数据的智慧医疗系统的建立，能显著地提高医疗机构的信息化水平，为医院、患者带来更多的利益。

由此可见，虽然现在大数据在医疗上的应用体系还不够成熟，但基于大数据医疗信息系统的研究，有理论依据和现实需要，医疗机构和患者将成为直接受益者。

11.3.2 医疗健康数据来源

医院信息系统是医疗数据的重要来源。医院信息系统包括电子病例系统、实验室信息系统、医学影像存档与通信系统、放射信息管理系统、临床决策支持系统等。

除此之外，各种健康设备可以帮助收集用户的生命体征信息，例如，心电数据、血氧浓度、呼吸、血压、体温、脉搏、运动量等。社交网络和搜索引擎也包含了潜在的人口健康信息。

11.3.3 医疗大数据体系结构

医疗大数据体系结构可以分为医疗大数据应用服务层、医疗大数据应用管理支撑层、医疗大数据分析层、医疗大数据存储处理层、医疗大数据资源层（图 11-2）。

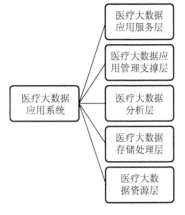

图 11-2　面向医疗领域的大数据应用系统

1. 医疗大数据资源层

医疗健康大数据由于其业务的复杂性，所涉及的资源种类繁多、结构复杂，研究对多源异构数据源的对接技术，研发多源异构数据源采集平台，通过融合处理，构建覆盖诊疗数据、药品数据、健康数据、气象环境数据、行业知识的医疗大数据资源层。

医疗健康大数据由于其业务的复杂性，所涉及的资源种类繁多、结构复杂，主要包括以下几方面。

（1）诊疗数据，包括门诊诊断数据、住院数据、处方数据、检验检查报告等。这类数据主要来源于区域医疗系统、社区医疗系统、医疗机构系统等，这类数据大多是结构化的，但在某些数据字段（如出院小结、诊断说明等）是非结构化的文本信息。

（2）药品数据，来源于公开的医药监管部门，数据通常是结构化的或局部非结构化，通常需要保存很长时间。

（3）健康数据，居民健康数据通过数据交换的方式从区域医疗信息平台、医院、卫生部门信息中心、第三方机构等单位获取。通常是流式的更新数据，并且数据已经高度结构化。

（4）医疗知识库，主要来源于权威数据源的专业公共知识库或者通过对医疗大数据分析而建立起来的自有知识库。

（5）外源数据，主要指国家卫生标准、药品、环境、气象等数据，均可从网上公开获取，经相关专家确认后再使用；对于不能直接从网上获取的，则通过权威机构开放数据服务后获得。对上述的多源数据进行汇集后，还需进行有效地融合处理才能进行有序组织，形成医疗大数据核心资源。

2. 医疗大数据存储处理层

医疗大数据研发针对大数据采集、处理、存储的存储处理层（见图11-3）。采用分布式计算框架，实现对不同计算框架的统一资源调度管理。针对不同的数据源、数据格式、数据逻辑关系，存储处理层支持实时数据库、关系数据库、NoSQL 数据存储、HDFS 文件存储等多种专用的存储服务和系统，为数据的高效存储和有效管理提供保障，同时提供统一的数据存取和管理功能。医疗人数据在逻辑、存储、访问应用上都具有特殊性。具体来说，医疗大数据来源多样，例如，医疗信息通常由区域医疗、社区医疗系统提供，是格式化数据，数据每日更新；健康监护数据需要面对海量的并发监护采集数据，单个数据量较小但数量巨大且并发，需要快速、即时的处理。

影像数据的数据量巨大，但数量相对较少。不同的数据需要采用不同的处理方法，以提高处理的效率。框架中设计了多框架融合计算调度引擎，在其之上分别提供离线批处理计算、在线实时分析计算、流式计算等多种计算框架的集成调用。多框架融合管理引擎通过对集群资源的统一管理，将 CPU、内存通过虚拟化手段形成资源池，所有计算框架对资源的需求都需要通过向多框架融合管理引擎申请而获得，不同用户申请的资源都是逻辑隔离的。所有被申请的资源都会受到多框架融合管理引擎的监管，当资源失效或者负载过高时，可以对资源进行动态的分配和调整，以提高利用效率。

3. 医疗大数据分析层

医疗大数据分析层在存储处理层的基础上，分析层将构建医疗健康大数据应用服务的挖掘分析工具及知识库。分析层将着重解决两个层面的分析工作，一是面向医疗大数据应用服务的分析挖掘，将传统的通用数据挖掘工具进行优化改造及并行化实现，在医疗领域本体的支持下，为医疗大数据应用服务提供专用的分析模型库；二是在医疗大数据挖掘利用的基础上，辅以领域知识构建技术，建立生物医学本体知识库模型（图 11-4）。

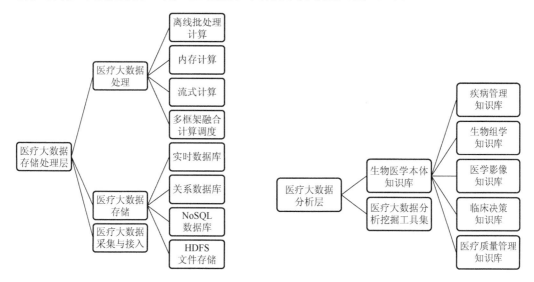

图 11-3　医疗大数据存储处理层　　　　　图 11-4　医疗大数据分析层

（1）面向医疗大数据的分析挖掘。采用特异群组挖掘、热点识别模型、多标记分类、直推式分类、效用序列模式挖掘、相关性分析、时序演变分析、比例失调分析和通用医学统计分析算法分析医疗大数据，在不牺牲挖掘效率和挖掘质量的情况下通过分布式计算等技术手段，从算法并行优化的角度提高计算效率。

采用布隆过滤器、哈希等技术，解决算法优化时可能出现的数据维度灾难问题，实现数据的快速查找和比对，降低计算内存消耗。

采用包括最小描述长度原则，主动学习等策略在内的自适应挖掘结果评估算法，建立结果评估算法。

（2）生物医学本体知识库模型。构建生物学和临床医学融合的生物医学本体知识库，使之能与临床电子病历应用集成为多本体融合模型。知识库不仅包括来自临床医学病种、疾病治疗、药物的知识本体模型，还将通过映射技术，与公共生物学知识本体建立关联规则，支撑临床数据挖掘和主题知识库的建立。

以疾病为中心，依据单病种国际疾病防治指南、国家疾病防治指南、国家疾病标准（WST）的疾病模型建立疾病治疗疗效评估和健康风险评估规则，根据医疗大数据中的诊疗信息和健康信息，通过应用基于知识共享的工程化管理方法对临床指南、疾病、药品等本体模型的内容进行研究，对医疗健康相关语义知识进行抽取，建立临床本体知识库模型。

采集并整合公共生物学本体，形成相应的本体模型，通过本体匹配、集成和关联规则技术，形成整合生物学和临床医学的本体知识规则库架构和服务系统，构建生物医学本体体系，通过融合临床诊疗数据、生物组学数据、基础文献数据为医疗大数据服务提供支持。

4. 医疗大数据应用管理支撑层

医疗大数据应用管理支撑层分为数据安全服务、数据管理服务、运营安全服务、数据服务总线。应用管理支撑层将为实现平台对外的标准化服务注册、封装、调用、开发提供医疗大数据应用支撑管理平台，为相互逻辑隔离、独立运行的数据提供方和数据使用方创建交互环境。应用支撑管理层包括以下四部分功能支撑：①医疗大数据服务总线，为大数据应用服务提供服务查询、服务注册、服务调用、回调服务监听支撑；②医疗大数据数据安全服务，为应用服务提供动态数据、数据加密、数据访问审核审批等服务支撑；③医疗大数据管理服务，为通用分析服务提供数据访问控制、数据资源目录管理、大数据分析任务的托管运行服务以及托管运行任务的查看和访问服务支撑；④运营管理服务系统，对大数据应用支撑平台上运行的分析服务提供公共服务资源发现、查找、调用、回调的支撑，并提供对分析服务运行状态的监管监控功能。

5. 医疗大数据应用服务层

医疗大数据应用服务层分为居民、医生、科研、卫生管理部门。基于大数据采集、存储处理能力的支撑，可以开展面向居民、公共卫生、医生、科研人员和医疗管理机构医疗健康需求的一系列应用服务。通对过医疗健康数据资源采集、存储处理、分析以及应用管理，设计了针对居民、医生、科研和卫生管理等用户角色的健康预警与宣教、临床决策支持、疾病模式分析、规范性用药评价、药品不良反应等医疗健康大数据分析的应用服务。面向居民提供基于大数据的居民健康指导应用服务，为居民的慢性病干预、改善生活习惯提供个性化健康保健指导，促进居民健康自我管理；面向医生提供基于大数据的临床决策应用服务，提高医生诊疗水平；面向科研人员提供基于大数据的科学研究模式和队列人群，提高研究效率与效果；面向卫生管理机构提供基于大数据的管理决策支持系统，提高疾病监测、慢病管理等方面的卫生管理水平。

11.4　基于大数据的远程患者监控

延伸阅读——远程
医疗的概念

11.4.1　远程医疗的应用领域

远程医疗的应用范围十分广泛，目前主要应用于以下几个方面。

1. 医学信息共享

网络的发展为信息资源的共享和及时交换提供了可能。今天，专家学者已经可以随时通过互联网进行学术交流，听取同行的意见，展开关于某一课题的讨论等。很多医学热点问题常常可以迅速反映到互联网上，建立专门的讨论组，如关于克隆问题的讨论组等。人们可以在这些网站上看到这些问题的最新情况。此外，一些医学机构利用本身的资源，在网络上推出专业性数据库，以促进医学交流。医学工作者可以通过电话等通信设施访问这些数据库，获得所需要的文献、数据等。例如，国家医学图书馆（National Library of Medicine，NLM）是美国一个著名的关于远程医疗的网点，它专门搜集和索引 MEDLNIE 和 HSTAR 数据库中的关于远程医疗的文献，提供较权威的数据和资料。又如由 NHI 的国家科研信息中心资助的 PhysioNet 提供了大量免费的生理参数信号及相关软件，为复杂生理参数信号的研究提供服务。

2. 远程咨询

远程咨询是交互式的医学图像和信息共享，患者所在地的医生做出最初诊断，异地专家提供"二次意见"以证实本地诊断或帮助本地医生做出正确的结论。咨询过程中，两边的用户都可以看到对方并实时交谈、发送图像或文件到远程节点，也可以通过白板同时浏览或评注诊断质量的视频，可以离线捕获、压缩传递到远程节点进行回放。例如，美国的乡村远程咨询网，四个州的每个乡村诊所装备了两个 56Kbit/s 的帧中继连接器和一个 PictureTel 公司基于个人计算机远程视频会议系统，包括一个数字话筒、一个传真机、一个数字摄像机、X 线数字化仪和一个监视器。利用这个系统，远程诊所的医生可以咨询华盛顿大学医学中心或设在西雅图的其他主要医疗中心的医学专家。

3. 远程诊断

远程诊断医生利用双向式通信网络，获取异地患者的有关医学信息，做出针对性诊断，并将结果反馈给患者。远程诊断区别于远程咨询的方面主要在于它在获取、压缩、处理、传输和显示过程中，图像质量不应有大的损失。远程诊断可以是同步的（交互的）或异步的。同步式远程诊断系统有点类似于视频会议和需要文档共享的远程咨询，但它要求更高的通信带宽以支持交互式图像传输及实时高品质的诊断视频。异步远程诊断基于"保存-转交"结构，图像、视频、音频及文本被聚集在多媒体电子邮件里传递给专家，当他们方便时再诊断。一旦诊断完成，结果传回提交的医生。当有外伤时，远程诊断可以用在紧急情况下决定对患者采取什么措施。例如，外伤专家可以根据 X 线 CT 图像做出紧急通知，决定是否把远方医院急救室的患者转移到更大的外伤医疗中心。又如心电专家可以通过心电检测波形建议远方心电监护室的医护人员对患者采取什么样的医疗措施。目前应用较广泛远程诊断系统有远程病理学系统、远程放射学系统、远程皮肤科诊断系统、远程牙科诊断系统、远程心脏病系统、远程内窥镜系统和远程精神系统等。

4. 远程手术

计算机辅助手术是目前医学领域中一个新的研究方向，它是图像处理、信号传递、精密机械和外科手术的结合。外科医生利用 CT、MR、DAS、PET 等获取患者病变区三维重建图像，进行术中显示，根据手术的进程，控制术中的引导系统，利用精密机械手或机器人进行手术操作。当患者情况危急而时间上又不允许将患者转移至更好的医疗机构时，专家可以通过可视系统，监视并引导患者的主治医师进行手术，也可以将手术现场远程传输至医学院，供学生参观学习。

5. 远程教育

远程教育是通过远程网提供教育材料，根据医学远程教育的要求，需要支持文档和图像共享的视频会议系统，如上面提到的远程手术现场可以传输至医学院，供学生参考学习。或者做成视频节目，是教学不可多得的好材料。有些场合需要点对点或点对多点通信，取决于是否需要知道（一对一或一对多），在线讨论、离线继续教育等。

远程医疗的应用领域还涉及医学咨询、护理、研究及管理等多个方面。可以预测，建立在信息技术基础上的远程医疗，其应用将会逐步覆盖医疗保健的整个领域。美国未来学家阿尔文托多年以前曾经预言"未来医疗活动中，医生将面对计算机，根据屏幕显示地从远方传来的患者的各种信息对患者进行诊断和治疗"，这种局面已经到来。预计全球远程医学将在今后不太长时间里，取得更大进展。

11.4.2　大数据在远程医疗产业中的应用

2013 年是大数据走入我国医疗卫生信息化的元年。我国的远程医疗大数据主要涉及几大类别：一是有关制药企业及医疗设施数据；二是医疗实验室和电子病历数据；三是远程医疗音频视频数据；四是医疗费用支出和报销数据；五是可穿戴设备及日常健康管理数据。远程医疗依靠数据实现对用户或病患的身体健康状况的预测或疾病的诊断。随着医疗卫生信息化的发展，医疗数据量急剧增加，在海量数据下传统的数据库技术制约了数据的利用率和应用价值。大数据技术能为远程医疗行业的数据进行存储、检索、处理和分析。升级现有的远程医疗服务体系，发展覆盖病前、病中及病后的全面健康管理服务，是应对我国医疗体制改革、慢性病防控和健康促进所面临挑战的极具前景的方向。随着远程医疗政策的不断出台和完善以及远程医疗技术的不断发展，大数据在远程医疗产业发展中将具有更多的应用，且扮演更加重要的角色。

大数据有助于病患选择符合自己需求的医疗机构和远程医疗服务体系，允许患者依靠庞大的健康公开数据库选择合适的医疗机构，以此保证在一定的成本下达到最优的治疗效果，从而解决了传统医疗模式下病患因信息不对称无法选择合适的医院而导致花费高成本却无法得到有效治疗的困境。

大数据有助于实现对病患的远程会诊。医疗远程会诊系统，以及车载远程会诊系统和便携式远程会诊系统可以便捷地与外地专家沟通交流，同时通过电子病历及医学影像资料等数据实时共享，进行诊断服务。

大数据有助于患者在家看病或去社区医疗机构就近看病。大数据时代，患者在自己家里或就近的社区就可以接受远程医疗服务，这样可以免去往返的交通成本，节约了大量时间和精力，也照顾到了每个患者的个性需求。患者可以将相关体征数据、饮食记录等传输给医生，医生便可以为其诊断和不断调整方案。大数据技术使得医生在处理海量医疗数据信息时变得更快捷、精确，远程医疗的效率和准确性提升将因大数据技术的完善而变得更切实际。

大数据有助于对慢性患者实现远程健康监测。针对糖尿病等慢性病的监护系统包含可穿戴、便携式智能生理参数监测设备，可以对患者的生理参数进行实时监测，纳入电子病历，采用大数据分析手段，在专家对数据监控下跟踪治疗，从而实现对患者的健康监测。慢性病监测系统可以采集患者的各项数据，将分析结果反馈给监控设备以便发现患者是否正在遵从医嘱，从而确定今后的用药及治疗方案。

11.4.3　大数据推动远程医疗发展存在的问题

大数据的发展对于推动远程医疗具有重要作用，但是在实践发展过程中也存在一系列问题，主要表现在以下几个方面。

（1）医疗数据资源共享和相互承认制度还很不完善。目前我国传统医疗体系一大缺陷是各大医院间不能及时地进行医疗信息共享，这就导致患者转院时要重新进行一系列的检查，费时费力费钱，有时各种诊断检查数据医院间互相也不认可，同时由于我国医疗体系归各级政府所有，较为分散，因此整合起来非常困难，没有形成一个有效的信息整合共享平台。

（2）数据存储和响应能力不足，很多数据还没有电子化。目前，医疗数据来源日趋多样化，但仍有很多数据被记录在纸和图片等介质上，有的还锁在档案室或医生办公室的抽屉里。当海量非结构化医疗数据不断产生时，现有的存储系统已经无法满足大数据应用的需要。

（3）医疗信息化观念缺失，掌握大数据远程医疗的人才匮乏。我国很多地区医疗信息化水平较低，很大程度上和医疗信息化教育观念缺失有关。人才是发展大数据远程医疗的核心，现在普遍缺乏既懂远程医疗又懂信息化和大数据的高水平复合人才，很多医疗机构人才流动频繁，不利于推动医疗信息化发展。

（4）受利益驱动影响，远程医疗数据泄露存在风险并难以保障。大数据技术为医疗行业发展和解决病患医疗问题开启了新的纪元，但运用新技术的同时也存在一些隐患。一些企业私自分析远程医疗用户数据，并以此来牟取利益，有的甚至还是暴利，受利益的引诱，远程医疗数据的泄露风险难以完全保障，大数据应用的规范和标准及监管措施还不健全，亟需加快组织制定。

11.4.4　运用大数据推动远程医疗发展的前景展望

随着大数据技术和标准的不断完善，以及远程医疗产业标准的制定和规则的完善，大数据推动远程医疗产业发展的困难必将逐步得到解决，运用大数据推动远程医疗产业发展的前景将十分可观。

（1）未来将出现远程医疗大数据中心，极大地提升医疗诊断数据的存储和处理能力。随着医疗数据的不断膨胀，未来将出现 PB 级大容量的大数据存储中心，表达格式也可以囊括文本、数字、图片、图像、音频、视频等所有类型，以前纸质或图片上的信息将有望全部实现电子化，海量数据存储系统同时具备相应等级的扩展能力，同时可以有效地管理文件系统层累积的元数据。

（2）未来将出现服务全生命周期的远程医疗大数据平台。医疗大数据的发展将可以把我们从出生到死亡的所有健康和诊疗数据都记录下来，电子化并被远程医疗系统加以利用。而且未来的远程医疗大数据服务平台将是一个有效的信息整合和共享平台，数据在不同的医疗机构之间将获得承认，B2B 模式下的远程医疗信息能够在患者需要会诊的医院之间进行流通，提高目前医疗条件和技术条件下信息交互的及时性和准确性，为远程医疗搭建了更好的大数据基础平台，并将极大地推动医疗健康领域人工智能的跨越式发展。

（3）未来将出现一批既懂大数据又懂医疗的信息技术人才。随着国内医疗信息化教育的普及，医疗机构信息化水平的不断提升，以及收入水平的不断提升，将有力地促进医疗和大数据人才的培养，一批远程医疗大数据的复合人才将逐步涌现，医疗信息技术职业人才培训体系将不断得到完善，医院也将更加积极地做好信息化人才规划，培养既能满足用户需求又能有效管理信息化建设项目的人才，着重培养精通大数据、信息技术和管理信息系统的复合人才。而高度信息化的医疗机构将反过来促进大数据医疗职业人才的发展，减少人才频繁流动的矛盾，形成知识积累，更有利于远程医疗大数据产业的发展。

（4）未来的大数据远程医疗将解决医疗领域很多难题。未来大数据远程医疗的发展将解决医疗领域的很多难题，例如，通过大数据监测数据来防控医生的过度医疗、避免副作用很强甚至大过疗效的医疗，测算药品的安全程度，针对特殊患者的大数据分析来比较多种疗法对于特殊病的疗效从而选择最佳治疗方法。未来大数据远程医疗和其他更多学科的交叉应用将会产生更多令人震撼的成果，例如，通过和社交媒体的交融来治疗自闭症，通过和体育运动结合起来治疗运动损伤等。

（5）未来大数据远程医疗将成为常态，隐私将获得法律保护和人们的自觉维护。随着信息化社会的高度发展，大数据使用规范的法律法规的出台以及打击滥用隐私数据犯罪的惩罚越来越严厉，远程医疗数据隐私将获得法律的保护，人们也会形成自觉维护医疗数据隐私的氛围。同时，随着可穿戴设备和各类保健智能硬件的普及，人类基因技术的不断提升以及人们保健意识的不断提高，针对全生命周期的大数据远程医疗诊断正在成为将来的生活常态。人们将通过远程医疗大数据实时地关注自己的健康，却不需要为此而奔波劳累，只需要像看钟表一样看看自己身体状态的实时数据就可以了。

本 章 小 结

大数据技术与医疗卫生服务快速融合，沉淀在"海量"医疗健康数据中的医疗健康信息正在逐步"落地"到相应需求的个人、公共卫生管理部门以及医疗科研等角色中，推进产业快速发展。医疗大数据应用的研发和管理已经成为个人和部门及时、高效和经济地获取医疗健康信息和知识、调配公共医疗资源、预警疾病风险因素、获得更加健康的生活方式指导、提升医疗服务水平和增强国家基础研究水平的迫切需求。

思 考 题

（1）医疗大数据的特点有哪些？
（2）医疗健康数据的来源有哪些？
（3）远程医疗的应用领域有哪些？
（4）大数据在推动远程医疗的发展中存在哪些问题？

第 12 章　金融大数据

随着大数据技术的日益成熟，大数据的应用也越来越广泛，人们几乎每天都能够看到大数据的一些新奇应用，它可以帮助人们获得真正有用的价值。很多行业都会受到大数据分析能力的影响，其中大数据在金融行业的应用尤为突出。利用大数据这一资源和工具，并对其进行深入挖掘不仅会给金融领域的业务模式带来改变，而且也可能会因此发现新的商业机会和重构新的商业模式。据统计每天都有超过 70 亿的股票交易量，在这些数字中大约有 2/3 的交易量是基于数学模型的计算机算法来分析的，这不仅实现了利益最大化，而且也尽可能地减少了损失。大数据应用在金融业的方方面面，包括合规管理、客户数据、机构与网络之间的交易和风险管理。金融业的子行业也十分丰富，包括资产管理、银行业（其中包括商业和零售等两种）、资本市场和保险。如今，随着数字设备和接口使用的不断普及，大规模的数据正在不断呈现在我们面前。越来越多的金融服务企业和机构开始发掘、捕获和利用这些数据的潜在商业价值，并且开始寻求在不违反知识产权或是数据隐私权的相关法律的前提下，如何更大限度地收集、聚合和利用它们自身和商业可用的数据。

数据显示，中国大数据 IT 应用投资规模以五大行业最高，其中以互联网行业占比最高，占大数据 IT 应用投资规模的 28.9%，其次是电信领域（19.9%），第三为金融领域（17.5%），政府和医疗分别为第四和第五。

根据国际知名咨询公司麦肯锡的报告显示：在大数据应用综合价值潜力方面，信息技术、金融保险、政府及批发贸易四大行业潜力最高。具体到行业内每家公司的数据量来看，信息、金融保险、计算机及电子设备、公用事业四类的数据量最大。

银行作为金融类企业中的重要部分，大数据应用广泛。国内不少银行已经开始尝试通过大数据来驱动业务运营，如中信银行信用卡中心使用大数据技术实现了实时营销，光大银行建立了社交网络信息数据库，招商银行则利用大数据发展小微贷款。总的来看银行大数据应用可以分为四大方面：客户画像、运营优化、精准营销、风险管控。

其中风险管控包括中小企业贷款风险评估和欺诈交易识别等手段。银行可通过企业的产量、流通、销售、财务等相关信息结合大数据挖掘方法进行贷款风险分析，量化企业的信用额度，更有效地开展中小企业贷款。同时，银行还可进行实时欺诈交易识别和反洗钱分析。利用持卡人基本信息、卡基本信息、交易历史、客户历史行为模式、正在发生行为模式（如转账）等，结合智能规则引擎（如从一个不经常出现的国家为一个特有用户转账或从一个不熟悉的位置进行在线交易）进行实时的交易反欺诈分析。如 IBM 金融犯罪管理解决方案帮助银行利用大数据有效地预防与管理金融犯罪，摩根大通银行则利用大数据技术追踪盗取客户账号或侵入自动柜员机（ATM）系统的罪犯。

如何做好银行信贷风控，运用大数据、数据挖掘、机器学习、反欺诈等技术进行批量化处理成为了一个有意义的尝试。大数据固然重要，同时我们也不应忽视小数据，将那些与客户有关的小数据，与大数据模型结合，对做好信贷风控往往能产生更好的效果。那么大数据在信贷市场分析方面有哪些优势呢？

首先，大数据解决了小微企业和信贷机构的信息不对称问题，提高了双方互信。在融资提供者和借款人之间，大数据起到了很好的媒介作用，通过数据这一客观资料来解决信贷提供者的调查和审批过程，并让小微企业获得了更好的数据化资信能力。

那么为什么大数据能够解决，而传统的信贷机制解决不了？一方面，存在银行金融机构信贷投放标准和小微企业借款人所能提供的标准之间的错位；另一方面，也存在对小微企业天生不良率高，服务成本大，违约可能性大的误区。

就第一点而言，商业银行作为传统的社会资金融通主体，在进行授信业务审核时，往往需要借款人提供标准化的企业和商户的运营资料，例如，财务报表、利润表、资产负债、现金流水，以及其他有效抵押品作为违约的保障。这些常规的企业财务资料，对大中型企业并不是什么难事，除非是伪造和改动，一般而言都能符合银行前端的信贷审核标准，并按照贷前、贷中、贷后的程序一直往下走。但是，小微企业运营时间较短，企业财务制度不完善，也没有专门的资产管理能力，一般是提供不了这么翔实的数据。这里就存在一个银行所需要的标准和小微企业所能提供的标准之间的错位。

就第二点而言，在利率市场化未开启之前，阿里小贷为代表的互联网金融没有成熟之前，银行业一直存在着对小微信贷的误区，认为其成本过高、风险过大。事实却并不是这样，小微企业的风险主要集中于经济周期，风险也主要是由于缺乏良好的信用记录（银行信用资质难以获得）而导致的融资成本过高，近而挤压利润空间的风险。从阿里小贷的不良率来看，截至2013年6月末，不良率为0.84%，低于商业银行的平均不良率水平。这充分说明，小微企业并不是没有建立良好信用记录的能力，通过大数据管理完全可以实现小微企业的良好信用记录。

其次，大数据的动态管理和监测，拉平了贷前、贷中、贷后的业务流程，提高了集约化管理的效率，便于灵活调整、及时处理信贷风险。

大数据结合互联网，让传统信贷突破了信用机制的约束和借贷双方之间的距离隔阂，用大数据的方法和平台运作的方式，实现了信贷的扁平化。大数据在互联网金融领域已经开始了扩散，提高金融的透明度，建立集约化的流程化动态管理，提高资金与需求的精细化匹配，并最终建立良好的信用生态。大数据是一种推动金融自身优化、改良的革命性工具，而信贷扁平化，则是金融服务效率提升的体现。

长远而言，未来的金融服务市场，比拼的就是这种后端的信用管理和效率评估能力，因为用户的风险、需求、变化都需要通过一套标准化的核心风控体系来提炼用户的信用行为，在提高效率的情况下可以对用户个人进行个性化的自主利率管理和定价，在风险管理、资产保全以及用户产品设计上都可以更为灵活，提高了金融服务效率的同时也降低了金融服务成本，提高了盈利的空间。

大数据在金融行业的应用起步比互联网行业稍晚，其应用深度和广度还有很大的扩展空间。金融行业的大数据应用依然有很多的障碍需要克服，例如，银行企业内各业务的数据孤岛效应严重、大数据人才相对缺乏以及缺乏银行之外的外部数据的整合等问题。可喜的是，金融行业尤其是以银行的中高层对大数据渴望和重视度非常高，相信在未来的两三年内，在互联网和移动互联网的驱动下，金融行业的大数据应用将迎来突破性的发展。

大数据金融作为一个综合性的概念，在未来的发展中，企业坐拥数据将不再局限于单一业务，第三方支付、信息化金融机构以及互联网金融门户都将融入到大数据金融服务平台中，大数据金融服务将在各家机构各显神通的基础上，实现多元业务的融合。

通过对现状的归纳，对大数据金融的未来发展可以得出如下观点。

（1）电商金融化，实现信息流和金融流的融合。电商金融化是电商企业在电子商务平台的长期发展中，数据积累和信用记录运用的必然趋势，是商业信用对接银行信用的表现。电商以网购起家，通过数据、流量获得销售，再通过销售积累数据、流量，聚集黏性，数据的结构化和层次化明显，对信息流的反应敏锐。

电商金融化的发展目前可以分为两个阶段，第一阶段为电商完成第三方支付，对传统的银行才具有的支付和信用功能的创新和替代；第二阶段为电商羽翼渐丰，开始寻求同银行的信贷合作，代表例子为京东商城的供应链金融模式。如今电商金融化可以说并未发展完善进入下一阶段，但是发展方向出现分歧。一方是以阿里巴巴为代表的金融平台，在获取银行牌照之前，以资产证券化、信托计划等方式筹集资金；另一方是以苏宁云商为代表的金融平台，直指民营银行牌照，希望在成立银行后，将信息流和资金流收归己用。从本质上来说，二者殊途同归，都是在掌握商品流、信息流的情况下，高效、低成本地获得资金流，从而建立自身完整生态圈，对生态圈内商户提供一条龙服务，提高商户黏性，提升竞争对手进入壁垒，期待在激烈的互联网金融竞争时代拥有一席之地。

（2）金融机构积极搭建数据平台，强化用户体验。在电商跨界金融的冲击波之下，以银行为代表的金融机构并没有坐以待毙，银行借道电商，打响反击战。银行步入电商领域的成绩以及基因融合是否良好暂且不论，单从数据拥有量来说，大型商业银行的数据均在大数据级别，尤其在金融数据方面有着电商无法比拟的优势。

自 2012 年开始，多家银行，如建行、交行、工行等都积极部署自己的电商平台，期待在留住老客户及扩展客户数量数据同时，使客户数据立体化，并利用立体数据进行差异化服务，了解客户消费习惯，预测客户行为，进行管理交易、信贷风险和合规方面的风险控制。

另外，数据管理和运用成为银行业面临的比数据收集更严峻和迫切的课题。各商业银行已经在此项上有所动作。中国民生银行在 2013 年开始建设数据标准和大数据基础平台，2014年建设实时的数据集成平台，2015 年建立完备的企业数据服务，支持智能化的服务；交通银行则采用智能语音云产品对信用卡中心每天收集的海量语音数据进行分析处理，收集关于客户的身份、偏好、服务质量以及市场动态等方面的信息等。

（3）大数据金融实现大数据产业链分工。毋庸置疑，大数据对我们时代的改变将越来越深刻。无论是 IBM、CISCO 这样的老牌 IT 公司，还是在 Hadoop 生态圈中的专注于大数据的IT 新秀都在短短的几年之内抢占了大数据产业链的各大环节。未来谁能够引领大数据技术，中国的制造商是否可以在大数据爆发性增长来到时抢占一席之地？处于各个数据环节的企业如何能够从大数据的经营中获得金融灵感，建立符合自身特质的服务平台？

12.1　摩根大通信贷市场分析

12.1.1　摩根大通信贷市场介绍

摩根大通集团（JPMorgan Chase & Co., NYSE：JPM），总部位于美国纽约市，于 2000 年由大通曼哈顿银行及 J.P.摩根公司合并而成。2011 年 10 月，摩根大通的资产规模超越美国银行成为美国最大的金融服务机构。摩根大通的业务遍及 50 多个国家，包括投资银行、金融交易处理、投资管理、商业金融服务、个人银行等。摩根大通自 1921 年开始其在华业务。在中国，摩根大通为客户提供广泛的金融服务，涵盖众多领域。

信贷市场是信贷工具的交易市场，是商品经济发展的产物。在商品经济条件下，随着商品流通的发展，生产日益扩大和社会化，社会资本的迅速转移，多种融资形式和信用工具的运用和流通，导致信贷市场的形成，而商品经济持续、稳定协调发展，又离不开完备的信贷市场体系的支持。

众所周知，银行要给一个客户做贷款，一般前提是该客户在银行有较长时间的结算关系，有一定的账户流水。更重要的是通过日常企业财务到银行柜台办理各种业务透露出来的一些信息，进一步获知企业的运作情况以及资金需求，传统上一般不和陌生客户打交道。当企业符合一定条件，银行才开始介入授信放款，包括主动向客户营销信贷产品或客户主动申请贷款。

作为金融服务机构的巨头，摩根大通信贷市场的运作成为各大金融机构关注的焦点。其中最受关注的是如何做好银行信贷风控。

固定收益研究与分析人员长期以来都在为客户寻找更直观与精准的数据分析与呈现方式。使用传统的分析技术例如，在线图表、表格、共享文档等方式来呈现与分析庞大的信贷市场数据是极其复杂且耗时的工作。从这些海量的数据中寻找并完成特定报表是非常困难的，并且查找逻辑时往往出现大量不相关的数据。时至今日，互联网毫无疑问是查找、传输市场数据的必要途径。但要更快速有效地为客户提供价值，金融机构需要更直观的数据呈现与浏览方式。

像摩根大通银行这样的大型机构需要不断创新的数据分析手段来应对爆炸式增长的数据，并且要给予客户最简洁直观的数据呈现方式，只有二者不可或缺，才能在竞争激烈的金融市场上树立自己的品牌。

摩根大通利用 Datawatch Panopticon 创造了非常直观易懂，且能够实时更新、紧跟市场动态的"信贷市场动态图"。这个工具使得用户能在定制化的面板中，以颜色、大小、近似值等方式呈现和分析数据，帮助用户轻松的分析趋势、发现规律、作出决策。

信贷市场动态图以一组特定颜色、大大小小的方块分别代表公司债券市场的诸多基本信息。图表根据不同行业划分区块，每个区块内的方块代表本行业所发的债券。方块大小代表债券的发行量，颜色代表此债券的表现。通过此图可帮助投资者一目了然地看到哪些行业，哪些债券受到追捧，以及这些债券的发行量是否满足自己的投资需要。点击各个方块，则可看到相应债券的详细信息，如债券评级，哪些分析员负责研究此债券，以及他们的直线电话，并且附有详细研究报告的链接等。

在采用 Datawatch Panopticon 之前，摩根大通的客户需要从文本报告的无数报表中来寻找公司的债券信息。但由于庞大的市场规模以及海量的债券数据，客户很难从大量的信息中提取最需要的部分，因而错过了不少难得的投资时机。

摩根大通在固定收益研究方面是市场领导者。使用 Datawatch Panopticon 方案后，摩根大通的市场竞争力继续增强，并不断地改进现有"信贷市场动态图"，以帮助客户更快、更好地实现投资需要。

通过使用 Datawatch Panopticon 解决方案，摩根大通用最新、最直观的表现方式呈现出现有的大量的数据信息。一目了然的鸟瞰图可帮助客户快速了解最新趋势，单击单个方块可以继续深入研究债券的详细研究成果。此方案的使用帮助摩根大通获得了"最佳固定收益在线研究奖"。

　　摩根大通欧洲投资组合与指数总监 Lee Mcginty 表示："Datawatch Panopticon 帮助我们极大地增强了对信贷市场数据的分析能力,是我们获得这个全欧洲第一的奖项不可或缺的一部分。"

12.1.2　金融科技助力摩根大通

　　2016 年 9 月 19 日,老牌国际投行高盛集团已经开始自居为"高科技公司"。同时,"最优秀银行家"的摩根大通也将公司定义为一家科技公司。随着"科技+"时代的到来,金融科技(Fintech)正在渗透传统金融机构,传统和创新的博弈使得金融领域不得不为这股颠覆式力量提前做好准备。显然,金融科技势必将助力摩根大通。

　　据悉,摩根大通已经将区块链与企业实际业务相结合,致力于提升跨境转账的效率。听起来高深莫测的区块链并不是全新的概念。Abhijit Gupta 称"实际上这只是四五项成熟技术的结合,例如,密码学(cryptography)、分布式数据库技术等。但它们的确是第一次走到一起,并将对行业产生颠覆式的革新。"然而,金融科技的含义远不止区块链这一概念。

　　相比"互联网金融""金融科技"这个词更聚焦于以大数据、云计算、移动互联等代表的新一轮信息技术的应用与普及,并强调它们对于提升金融效率和优化金融服务的重要作用。从 Fintech 的定义也不难看出,虽然是"金融+科技",但金融科技的落脚点在科技,偏重技术属性,强调利用大数据、云计算、区块链等在金融服务和产品上的应用。

　　眼下,各大银行正在借鉴区块链技术,在一定范围内构建私链体系。一方面满足合规性和监管要求,另一方面希望打造一个统一的账本和结算系统,降低交易成本,提高运营效率。以高盛、花旗、德意志银行、汇丰、摩根大通等为首的全球超过 40 家大型银行加入的初创公司 R3CEV 领导的区块链联盟就是其中的代表。

　　除此之外,美国摩根大通银行近有消息称要与网络贷款平台(大数据贷款服务公司)OnDeck 合作,把大部分小额短期贷款业务移交给 OnDeck 处理。这场金融科技(Fintech)与传统大型银行的合作,引起了人们的广泛关注。

　　OnDeck 是一家为中小企业提供在线借贷服务的平台,它开拓了中小企业获得融资的渠道,从根本上改变了企业信用评估的方式。银行一般是通过考评客户的个人信用率来决定是否提供贷款的,但是 OnDeck 则通过软件收集企业运营的实时信息来评估企业的健康情况。他们通过分析银行和潜在投资者不常注意到的数据,来评估企业主个人信用以外的借贷风险。随着业务的增长,OnDeck 收集到了越来越多的借贷申请人数据,大数据将会帮助他们实现更好的评估模型。作为一家在线贷款服务商,OnDeck 依托先进的数据分析平台快速识别商户的信用记录及商业信息,及时做出贷款决策,这远远超越了传统银行贷款业务往往需要数天乃至数周才能完成的工作。

　　与此同时,美国网贷平台 OnDeck 宣布也将与第三方平台 Orchard 就数据分析和处理方面进行合作。OnDeck 的首席财务官 Howard Katzenberg 表示,"我们一直在不断地寻求提高我们的数据报告和分析能力,以便更好地服务我们的投资者。Orchard 将通过高质量的数据处理工具帮助我们和投资者更好地跟踪和检测贷款组合的表现"。

　　金融科技的整体颠覆力量更加不容忽视。眼下,老牌投行已经越发向"科技公司"靠拢。例如,一家名叫 Kensho 的金融数据服务商得到了高盛 1500 万美元的投资。Kensho 正在研发一种针对专业投资者的大规模数据处理分析平台,它将能够取代现有各大投行分析师的工作,可以快速、大量地进行各种数据处理分析工作,并能实时回答投资者所提出的复杂的金融问题。

"金融科技"这一全新理念的提出，不仅对摩根大通是一个冲击，同时也引发了众多银行企业的思考。目前，网易金融、京东金融这样的金融科技公司正在依托互联网巨头的行业研发和数据运营能力，通过场景化、数据化、平台化的策略，生成标准化的大数据风控接口能力，以传统金融机构渗透不足、覆盖不充分的目标群体为主要的用户市场，进行针对性的突破。一旦这些巨头开始发力金融科技，通过大数据风控输出自身的产业化能力，那么无疑将产生平台级的万亿市场，这个市场将成为一个新的互联网行业格局高地。

12.1.3　金融大数据面临的挑战

数据是银行业的核心资产，然而传统银行机构获得数据主要用作记录功能，并未进行深加工，借助大数据激活这些原始数据，能拓宽客户群体，提升银行业运营效率。全球顶尖的麦肯锡咨询公司研究表明，银行甚至只需要更好地挖掘和利用现有的数据，就可以把贷款客户增加一倍，贷款损失减少 1/4。

商业银行借助于传统业务积累了大量价值高的历史数据，如客户基本信息、交易明细及资产负债情况，借助大数据分析挖掘能产生巨大的商业空间。经验告诉我们，银行往往借助柜台业务和电子银行渠道开展营销管理工作，但由于银行拥有的客户信息不全面或客户样本量过少，往往导致客户营销管理工作成效不及预期，随着大数据时代的来临，在"样本=总体"的背景下，人类对金融风险的识别、量化与控制比以往任何时代更精确，对风险的驾驭能力也变得更强大。银行业可以借助大数据，与第三方大数据平台合作，拓展数据渠道与来源，挖掘出客户数据的全景图，如客户消费数据、浏览记录，再对客户群体（消费习惯、风险偏好等）进行聚类分析，有效鉴别出优质客户、潜在客户与流失客户，定位于每个客户的需求，通过个性化营销，提高客户的忠诚度。如招商银行通过客户生命周期管理构建客户流失预警模型，对流失率等级前 20%客户发售高收益理财产品予以挽留，使得金卡和金葵花卡客户流失率分别降低了 15%和 7%。

另外，大数据技术加剧银行业竞争。由于互联网金融的快速发展及金融监管环境的不断宽松，客观上弱化了银行业的进入壁垒，互联网金融凭借其优异的客户体验、便捷、低成本及适当的创新，充分释放了人们的金融需求，凭借其旺盛的生命力获得了快速发展，商业银行由于组织规模过于庞大，无法充分发挥自身潜力，反而处于劣势。电商平台依托自身平台优势逐步蚕食银行业传统的零售业务，推出各自的理财产品，导致银行客户存款分流，银行的融资能力主导地位受到一定程度挑战，将会加剧银行业竞争。

12.2　瑞士银行集合风险分析

瑞士银行集团是现今瑞士最大的银行，也是全球屈指可数的金融机构之一。可以毫不夸张地说，瑞士庞大的银行产业和全球金融中心的地位，实际上主要是靠瑞士银行集团来支撑的。

瑞士银行集团近几年的成功，与它对风险的严格管理和控制密不可分，有分析家形容现在的瑞士银行集团对待风险"就像白发老太太一样谨慎小心"。

在业务取舍上，瑞士银行集团宁愿选择利润率偏低但收益稳定的业务，在客户取舍上，瑞士银行集团重点拓展高净值（HNW）客户，即不止是关注客户的交易规模，也同样关注它们为公司带来的利润，所以它重点发展私人银行业务，以较少的资本滚动了庞大的资产，而且保持了较高的回报率。有资料反映，近几年瑞士银行集团的低风险私人银行业务利润已经与投资银行业务并驾齐驱，占到公司总利润的 40%。

瑞士银行集团风险管理成功的一大诀窍是套期保值产品的开发和运用。它聘任了大批套期保值业务专家，开发了一批有套期保值功能的金融衍生产品，广泛运用于各种具有风险的业务之中。

在金融分析家的印象中，瑞士银行集团的风险管理高度集中，而且极其保守。瑞士银行集团不助长任何对风险的偏好。很多分析家还认为："瑞士联合银行集团是风险的局外人"。什么地方有风吹草动，它就不会卷入或将其头寸套期保值甚至不建立任何业务关系。

正是由于瑞士银行集团对风险的谨慎态度，保证了它在全球经济并不甚景气、欧洲银行效益普遍不佳的大环境下取得了优异的成绩。

12.2.1　集合风险分析

市场波动性的增加，意味着金融服务公司必须洞察全天候的风险，进行充分的风险分析。运用 Datawatch 数据可视化软件，基金管理人可以监控风险限额的使用情况，并借助外部风险引擎，分析风险数据。仪表板可以帮助用户找到问题、发现机会，它比任何传统的报告系统都更快、更有效。

Datawatch 作为一家金融服务公司，除了努力满足并超越客户、员工和股东的需求，还需要更合适的工具，以便能够迅速、容易、经济地做出更好的业务决策。下面简单介绍 Datawatch 与其他工具结合使用进行风险分析的一个案例。

该银行需要在任意时间点都能为交易员提供能显示 VaR 的仪表分析盘（包括实时的和历史的数据），希望对所有的办公室、个体和产品组合进行分析集合的风险并且允许各个职位的工作人员可以深度研究其中的细节，并且能在一个仪表分析盘内部直接链接到交易系统与现有的 IT 基础设备进行交互。了解了该银行的需求并进行分析后，Datawatch 团队把 Datawatch 可视化嵌入到现存的优先交易系统中（Java 环境），在 Datawatch 顾问团队支持下，由客户管理的第三方开发完成。此次实施该解决方案共历时 120 天，完成后提高了该银行办公的合作效率，且交易员和经理之间更容易实现结果共享；风险经理能够按需查看 VaR 数据，计算风险的大小。另外，也可预防风险，Datawatch 的实时技术帮助该银行直观地监测数据流、数据队列和交易效率。

该银行的首席风险控制官对产品的评价是"我们已经在我们的交易系统里做了一个可持续的投资并且这个系统现在很好地为我们工作。我们决定把 Datawatch 工具用 SDK 直接嵌入我们的系统。现在我们拥有一个完全无缝的用户界面，而可视化成为我们理解我们数据的主要能力"。

12.2.2　大数据分析信用风险

大数据是指无法在可承受的时间范围内用常规软件工具进行捕捉、管理和处理的数据集合。银行在长期经营过程中，已经积累了有关客户资金及交易行为的海量信息数据，为银行信用风险管理变革开启了一扇全新的大门。而之所以说利用大数据分析信用风险是大势所趋，主要有以下几方面原因。

一是真正实现贷后风险监测与预警。对借款企业账户信息、资金流向、关联方信息、网络信息、政府部门公开信息的深度挖掘，可以接近还原企业经营风险状态，为前瞻性动态监测借款企业风险提供了可探索的路径。

二是实现银行信贷前中后台信息的贯通。大数据分析需要处理有关借款企业的海量信息数据,将原本分割的银行前中后台信息进行有效整合贯通,吸纳在信贷业务条线之外的其他碎片化信息,运用先进技术手段进行过滤与整合,进而分析预测借款企业的信用风险。

三是为贷款前台营销和授信审批提供有效指导。经过大数据分析处理后的结果,可以为前台营销提供指导。基于数据之间的显著性分析,企业具备相同特征的信息,发生违约风险的可能性就越大。这样一来,前台营销可以对借款企业进行更为有效的筛选。也基于相同原理,在对借款企业授信过程中,可以更有效地把控企业风险总额,而非不切实际的授信。

四是有效提升信贷经营与风险控制的效率。基于大数据分析,可以有效提升贷前调查的效率。原本对贷款风险评估具备重大影响的信息,可以部分通过对借款企业过去账户信息、征信信息、网络信息等而获得,从而减少了贷前调查的时间,促使客户经理有针对性地开展现场调查。通过机器和大数法则来替代人工经验判断,可以进一步精简从事贷款授信审批人员。而在贷后管理过程中,广泛采用模型进行数据分析,可以有效提升风险监测的效率和前瞻性,并为前台营销提供方向性指导。

12.2.3　大数据对金融数据的处理

大数据按照信息处理环节可以分为数据采集、数据清理、数据存储和管理、数据分析、数据解读、数据显化以及产业应用六个环节。而在各个环节中,已经有不同的公司在这个领域抢占先机。

在数据采集中,Google、Cisco 这些传统的 IT 公司早已经开始部署数据收集的工作。在中国,淘宝、腾讯、百度等公司已经收集并存储大量的用户习惯及用户消费行为数据。在未来,会有更为专业的数据收集公司针对各行业的特定需求,专门设计行业数据收集系统。

在数理清理中,当大量庞杂无序的数据收集之后,如何将有用的数据筛选出来,完成数据的清理工作并传递到下一环节,这是随着大数据产业分工的不断细化而需求越来越高的环节。除了 Intel 等老牌 IT 企业外,Informatica、Teradata 等专业的数据处理公司呈现了更大的活力。在中国,华傲数据等类似厂商也开始不断涌现。

从数据存储和管理中,数据的存储、管理是数据处理的两个细分环节。这两个细分环节之间的关系极为紧密。数据管理的方式决定了数据的存储格式,而数据如何存储又限制了数据分析的深度和广度。由于相关性极高,通常由一个厂商统筹设计这两个细分环节将更为有效。从厂商占位角度来分析,IBM、Oracle 等老牌的数据存储提供商有明显的既有优势,他们在原有的存储业务之上进行相应的深度拓展,轻松占据了较大的市场份额。

在数据分析中,传统的数据处理公司 SAS 及 SPSS 在数据分析方面有明显的优势。然而,基于开源软件基础构架 Hadoop 的数据分析公司最近几年呈现爆发性增长。例如,成立于 2008 年的 Cloudera 公司,帮助企业管理和分析基于开源 Hadoop 产品的数据。由于能够帮助客户完成定制化的数据分析需求,Cloudera 拥有了大批的知名企业用户,如 Expedia,摩根大通等公司,仅仅五年,其市值估计已达到 7 亿美元。

在数据的解读中,将大数据分析的数据层面的结果还原为具体的行业问题。SAP、SAS 等数据分析公司在其已有的业务之上加入行业知识成为此环节竞争的佼佼者。同时,因大数据的发展而应运而生的 WibiData 等专业的数据还原公司也开始蓬勃发展。

在数据显化这一环节中,大数据真正开始帮助管理实践。通过对数据的分析和具象化,将大数据推导出的结论量化计算，同时应用到行业中去。这一环节需要行业专精人员，通过大数据给出的推论，结合行业的具体实践制定出真正能够改变行业现状的计划。

从各个数据环节的梳理中，企业在寻求进行数据环节的卡位。大数据服务平台，顾名思义，将以人数据为依托。无法挤入数据的环节，将难以形成适合自己企业路径的大数据服务平台。以银行为例，银行之所以积极进入电商的圈子，本质来说是挤入数据采集环节的路径。在大数据服务平台的继续发展中，可以预见到，会有数据处理环节的企业不断加入，竞争会愈演愈烈。后入企业必须首先找到企业在数据处理中的着力点。

在大数据的未来发展中，建立数据交易平台，在相关法律法规允许的情况下，数据能够在统一的平台上进行搜索比价和交易，这不仅是企业在主营业务外的数据增值行为，也为解决封闭数据、数据割裂提供了有效的解决方法，实现了有关机构之间的协同合作，更符合"数据即是资产"的精神。

12.3　民生银行新核心业务平台分析

从图 12-1 可以看出民生银行的新核心业务平台，底层由云技术基础平台作为支持，上面分别采用大数据平台、移动互联平台以及敏捷开发平台等几个重要的新平台作为其主要的技术开发平台，在产业链金融平台、金融合作联盟平台和智能化服务平台等平台对数据进行智能化地分析，并由交叉/协同销售平台、移动办公通信平台和 ERP 分析与决策平台等平台对数据进行精细化加工，建立了自动化、高能效、虚拟化和标准化的云部署平台。从广泛的来源获取、量度、建模、处理、分析大容量多类型数据，通过云平台对大数据进行智能分析与加工后，向前台提供服务与反馈，通过反馈来预测客户的需求并用于业务决策与支持，整合如今日益互联互通的多种服务渠道，更好地实现以客户为中心的服务模式与体验。民生银行的新核心业务平台，融合手机银行等移动应用，及时在各方面互联互通的流程、服务、系统间共享数据，为银行的整个业务提供了一个更好的数据与技术的支持。

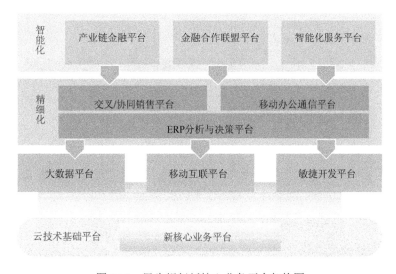

图 12-1　民生银行新核心业务平台架构图

12.3.1　技术支持

在大数据潮流兴起之前，多数银行的交易系统是构建在关系型数据库之上的。在关系型数据库中，数据的访问模式包含大量的磁盘寻址，那么读取大量数据集所花的时间势必会很长。因此，当用户数量增加，那么银行想要提高效率就只能增加服务器对应的 CPU、内存等硬件配置，采用垂直扩张的方式，才满足业务性能需求。此外，在银行整个体系中十分重要的非交易系统（如营销体系、客户管理体系、风险控制体系等）早期也大多是基于关系型数据库构建数据分析体系的。

随着大数据推动着新的分布式技术体系以及开源技术体系快速发展与成熟，对数据处理分析的方式也更多样化，处理效率变得更高，处理过程变得更智能，消耗的成本也将会更低。

在技术方面，民生银行认为 Hadoop 是一个构建大数据平台的合适选择。Hadoop 不仅是个大数据基础技术平台，而且能够融汇银行内部和外部可获取的各类数据资源。在 Hadoop 平台搭建完成后，银行在多年信息化历程中积累了大量的历史数据，包括结构化数据，如客户基本信息、资产信息、交易信息；非结构化数据，如语音、图片、文档等存储在不同系统上的不同种类的数据就都可以将其存储在 HDFS 文件系统上或者是 Hadoop 支持的其他存储系统。这样，民生银行就可以将数据进行集中管理，减少数据的冗余，将银行内外各类信息更好地集中处理。

基于业务发展和机房现状，民生银行在现有的生产环境中构建了三套 Hadoop 集群，对不同集群按照应用特点进行分工定位，包括在线存储集群（提供在线查询如电子回单、历史数据等查询）、计算集群（提供批量加工计算）和灾备集群（两地三中心，对重要数据进行灾备）。

对于每一个 Hadoop 集群，从图 12-2 可以看出大致分为两大层：底层由 Sqoop、Kafka、MS-Flume 等形成工具层来支撑上层存储计算层；上层存储计算层大致分为三个部分，TDH-Hadoop 批处理平台对数据进行批处理操作，用 SequoiaDB 分布式数据库存储数据以及采用 Storm 进行实时计算，全程依靠 ZooKeeper 提供基础服务。

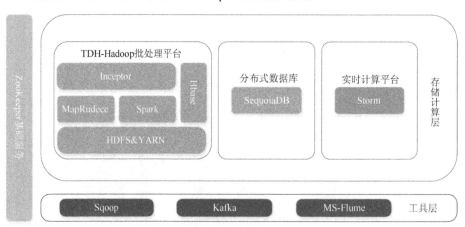

图 12-2　民生银行大数据平台架构图

12.3.2　新一代数据分析体系

近年来各家银行均构建了基于信息系统的业务场景，积累了大量高价值数据，但是受限于多种因素，银行业当前数据的实际利用率并不高。在大数据时代，民生银行能够充分发挥银行业在数据挖掘和使用上的天然优势,将20年来积累的大量高价值数据更好地应用于营销、运营以及风险控制等领域,在可接受成本下,提高数据使用的效率并且使得决策更加智能化,实现精细化管理。

从时效性上来看,移动互联和大数据的发展使得信息单元越来越小,传递越来越快,数据时效性越来越高,民生银行利用大数据的这一优点,将所有的非交易系统从批处理逐渐发展成准实时,再由准实时逐步转化为实时处理。这一转变即使对同样的数据分析结果都将会产生截然不同的影响。

从智能自动化上来看,由于智能手机的不断发展,现如今银行越来越多的业务从线下厅堂柜台逐步向线上迁移。在此业务需求下,民生银行本着信息系统实现业务流程自动化和智能化的理念,设计出了一整套新一代大数据技术体系来支持模型计算,从图12-3中可以看出,整个数据分析体系底层提供数据存储与联机查询功能,在此数据基础上进行统计分析,数据的分析结果用于数据的探索以及对今后业务发展和客户发展的预测,进而产生决策支持,最后采用机器学习对数据进行深度分析力求实现自然语言理解等人工智能的要求。下面详细介绍这个技术体系结构的各个模块。

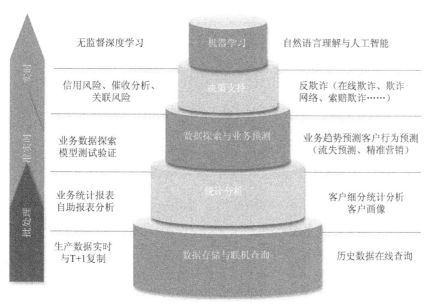

图 12-3　民生银行新一代数据分析体系图

（1）提供数据存储与联机查询,实现民生银行历史数据的在线查询以及对于生产数据能够实时的 T+1 的复制。

（2）统计分析,在获取大量数据的基础之上进行统计分析,创建业务统计报表并且实现自助报表的分析,为今后业务模型的构建提供基础。此外,对银行的每个客户进行细分统计分析,根据客户的一些特征来刻画客户画像,为今后的客户行为预测提供基础。

（3）数据探索与业务预测。一方面,根据报表的分析结果进行业务数据探索,构建业务模型,利用数据对模型进行测试与验证。另一方面,根据客户画像对今后的业务趋势进行预测,对客户行为进行预测,包括流失预测、发展预测等,尽力对每一位客户做到精准营销。

（4）决策支持,对当前业务进行催收分析、信用风险、关联风险等评估,对在线欺诈、网络欺诈、索赔欺诈等一系列欺诈行为能够做到反欺诈，为民生银行提供更好的决策支持。

（5）机器学习，利用无监督深度学习、机器学习等一系列人工智能的相关算法对大量数据进一步地深度分析力求实现自然语言理解等要求。

12.3.3 大数据应用场景

民生银行在营销、运营、风险控制等场景下，依据专家知识对数据指标做出加工规则和决策判断，结合大数据应用计算机进行决策。民生银行大数据平台项目主要分为以下两类（如图 12-4 所示）。

图 12-4 民生银行大数据应用于非交易系统

（1）简单计算查询，主要是解决由于当前数据过大而导致的存储与处理等一系列的问题。民生银行在此之前将多年积累的大量用户数据都存储在磁带库上，查询难度非常大，在处理部分监管或者纠察事件时，经常需要追查历史磁带库的数据。在这种传统存储体系下，不仅需要耗费很长时间，而且对于紧急事件的处理不及时可能会造成更大损失。然而在大数据时代，这些问题通过新的大数据技术体系就能够很好地解决。现如今，民生银行在非交易型系统上建立的大数据简单计算查询已有：集中监控平台、应用日志归档分析、人民币冠字号查询、历史数据平台、影像平台等。主要是提供不同类别数据的存储与查询等服务。

（2）高级分析挖掘，将大数据技术引入结合计算算法对数据进行分析，让计算机代替人工进行决策。民生银行在非交易型系统上建立的大数据高级分析挖掘已有外部数据平台、非现场审计、零售及小微决策支持系统、手机银行资产汇集及查询、移动运营数据平台等。其中，例如，移动运营数据平台，该平台主要是对民生银行所有的移动端（包括手机银行、直销银行等）的用户行为数据、地理位置数据等进行完整采集和分析，通过移动运营数据平台，民生银行可以及时了解移动客户端使用状况，开展用户行为分析，对用户行为预测并且进行产品迭代更新和移动端产品运营；再例如，手机银行资产汇集及查询平台，主要是基于大数据计算与查询能力来实现手机银行客户画像、催收分析、理财产品推荐、风险评分等功能，根据不同产品需求为每一位客户量身打造不同的业务体验；又如外部数据平台，该平台将所有第三方数据（结构化、非结构化）进行统一管理，统一分析加工，为全行应用系统提供集中统一的数据服务；而零售及小微决策支持系统，主要是对客户基础信息、授信准入及政策合规指标等风险要素进行收集整合便于对这些数据分析，并且根据这些风险要素建立垂直搜索引擎，为前台业务人员提供查询功能，进一步与外部电商数据、核心企业 ERP 数据、社交网络等外部数据进行对接，在客户全景搜索、即席分析、互联网金融、自动化审批、欺诈交易防范、信贷检查等方面发挥越来越重要的作用。

总的来说，在大数据时代，民生银行充分重视挖掘"大数据"价值，将多部门重叠的信息进行整合，努力打破当前一定程度存在的"信息孤岛"格局，实现数据源采集口径统一，实现信息的交叉提供，更加精准地实现数据筛选，降低获客成本，借助"大数据"分析数据流向，使分散的数据形成数据流、价值流，形成客户信息数据仓库，充分利用数据挖掘实现精准营销，利用数据挖掘确定客户偏好，尤其在产品购买、服务渠道等方面，借助大数据实现挖掘新客户、增加老客户黏性、提升客户忠诚度等能力，增强获客能力。

12.3.4 面临的挑战

在大数据时代的冲击下，尽管不少银行已经开始尝试采用大数据技术来为自己未来的发展开拓一条有利的途径，但是如何更好地利用这些数据仍然是一个问题。接下来分析几个在应用大数据时所面临的挑战。

（1）数据管理。如何管理所获取的大量数据，如何将这些数据组织好从而获取有用的信息也将是个问题。例如，即使存储不再是问题，但是需要通过查找所有大量的非结构化的数据得到一个交易决策也将是一件十分困难且耗时的事情。此外，管理是动态的，所以通过一种算法来分析当前市场数据并不准确，也许现在的规则和 6 个月之前的规则会完全不同。

（2）受限于一些监管规则。国内外都会有一些对银行的监管制度和规则。而这些规则和制度有时会影响银行更好地去利用大数据做一些分析工作，一部分大数据分析可能会被视为违规操作。

（3）有缺陷的结果。当涉及分析大数据，如果企业不理解数据，或者曲解它，那么它会有产生不可靠结果的风险。其中一个最大的风险是对于有缺陷的结果进行存储以及结合非结构化数据的后续分析。此外，在没有完全了解大数据什么能做和什么不能做的前提下就过早地定论会导致不管获取的数据是否有效且对结果造成过度解释。

（4）数据的安全与隐私。随着数据盗窃的日益猖獗，据统计，越大的数据遭遇黑客攻击的概率就越大。所以，银行需要确保客户及其个人信息的安全免受外部威胁，同时要保护银行的敏感信息免受内部威胁，这对于银行来说是个不小的挑战。

12.4 阿里信贷金融模式分析

阿里的各类信贷模式和阿里巴巴集团的相关业务类型密切相关。阿里巴巴集团的主要业务为电子商务类业务，包括 B2B 业务（阿里巴巴）、B2C 业务（天猫）、C2C 业务（淘宝）、交易结算（支付宝）、后台数据与计算支持服务（云计算）、阿里金融等，涉及电子商务、支付与结算、数据与计算、信贷等业务。基于上述业务，阿里巴巴集团逐步推出了阿里信用贷款、天猫和淘宝信用贷款、天猫和淘宝订单贷款、虚拟信用卡（支付宝信用支付）等信贷业务。

对于小微企业的信贷，阿里巴巴采取特殊的"平台+小额贷款公司"的模式（图 12-5），对其电子商务平台上的商户进行信贷投放。其中"平台"是指电商平台（阿里巴巴、淘宝、天猫），"小贷"是指阿里旗下成立的小额贷款公司，分别在浙江和重庆两地成立小额贷款公司，其注册资本合计 16 亿元，可从商业银行融入 8 亿元，阿里小贷的贷款规模共计 24 亿元。依托其电子商务平台即阿里巴巴、淘宝、天猫以及支付宝平台上长期以来积累的海量底层数据，这些数据囊括了买家对产品的质量与物流的评价与得分、店铺评分、退换货次数、投诉纠纷情况、交易量以及交易金额等信息，再凭借大数据平台、新型的微贷技术，通过数十种数据模型和场景对这些庞大的数据进行深度挖掘、分析，从而形成阿里巴巴小微企业信息数据库与小微企业征信体系。至此，阿里巴巴已经可以准确掌握每一个商户的经营状况与资信状况。最后，由阿里巴巴旗下的两家小贷公司——重庆小贷公司与浙江小贷公司根据已掌握的商户的有效信息来进行贷款的发放。这整个过程的操作，从商户的贷款申请到阿里巴巴的贷款审核直至最后贷款的发放基本上全在线上完成，非常简单、快捷。

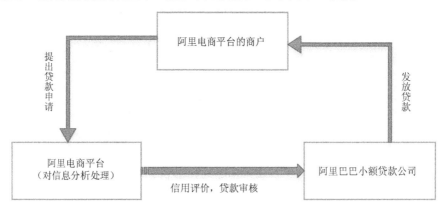

图 12-5　阿里信贷模式（小微企业）

此外，阿里集团针对支付宝用户（主要是针对个人用户），推出支付宝信用支付业务（即"蚂蚁花呗"）。通过对用户的个人信息、行为偏好、人脉关系、履行能力、信用历史、网购活跃度、支付习惯等综合情况，形成芝麻信用评分，并且根据评分给用户发放一定的消费额度，在淘宝、天猫等支持支付宝支付的平台享受"这月买，下月还"的消费体验。用户根据不同的信用评分可获得天数不等的免息期，授信额度也是根据消费水平发放的。

12.4.1　阿里巴巴大数据平台支持

阿里巴巴电商平台上本身拥有长期以来积累的海量数据，这些数据在未经任何处理前是毫无规律的，没有价值可言的，只有对这些数据进行深度挖掘、提炼、整合，同时通过十多种数据建模对这些原始的海量数据进行有效分析，把看似无关联的庞杂的数据转变为对平台上商户经营状况与资信条件的准确把控的有用信息，从而最终形成对阿里巴巴有巨大价值的信息，真正实现数据信息的商业价值化。大数据平台是阿里巴巴小微企业信贷模式乃至整个阿里巴巴互联网金融运行的强大基础。

阿里巴巴海量的数据主要来源于以下三个方面。

（1）电商平台数据，依托三大电子商务平台即阿里里巴巴（B2B）、天猫（B2C）、淘宝（C2C）以及支付宝（支付平台）上每一次电商活动产生的各种数据，包括上下游交易情况、客户与物流数据、店铺与商品服务的评价、投诉纠纷情形、相关资格认证信息、近期店铺交易动态、实时经营信息、平台工具的运用程度等。这是最主要的数据。

（2）贷款申请数据，在客户提交贷款申请时，需要提交自身的各项数据，包括企业相关的信息、家庭情况、配偶信息、学历、收入、住房贷款等信息。

（3）外部数据，涵盖了海关、税收、水电网络使用量、话费以及央行信息系统的数据，还包括对平台外部的网络信息进行采集和整合，如小微企业在社交网络平台的与客户的互动数据、搜索引擎数据等，达到增强数据的维度，进一步完善大数据平台的目的。

阿里金融依托阿里巴巴庞大的交易数据库和云计算能力，将淘宝网、支付宝、阿里巴巴 B2B 的数据资源完全打通，小企业的交易记录、好评程度、产品质量、投诉纠纷率等上百项指标都可以输入信贷评估系统，作为向企业贷款的依据。

阿里巴巴数据平台事业部的服务器上，已攒下了超过 100PB 已处理过的海量数据，包括交易、金融、SNS、地图、生活服务等多种数据类型。众多的小微企业，在企业贷款时，银行要求提供房产、购车证明、用资产做抵押，而阿里金融则能够借助技术手段，把碎片化的信息还原成对企业的信用认识、建立信用评价体统进行信用贷款。大数据能够让金融机构更全面动态化地了解小微企业的发展情况以及其信用情况，解决双方信息不对称的问题。另外，金融大数据平台也在降低贷款成本、缩短流程与时间、进行贷款产品开发及监督风险等方面提供了很好的渠道。

12.4.2　阿里信贷金融模式的优势

基于大数据平台的阿里信贷金融模式具有以下优势。

（1）创新的微贷技术。阿里金融依托阿里巴巴庞大的交易数据库和云计算能力，将淘宝网、支付宝、阿里巴巴 B2B 的数据资源完全打通，小企业的交易记录、好评程度、产品质量、投诉纠纷率等上百项指标都可以输入信贷评估系统，作为向企业贷款的依据。

贷款人可以通过登录阿里金融的网页进行贷款申请，提交贷款申请表和企业的相关证明文件，然后工作人员会通过视频对话的形式与贷款人进行面对面的审核调查，通过之后即可放贷。全部流程均在网上进行，整个流程只需 2～3 天，成本极低，对于单笔利润微薄的小微贷款来说非常适合。

（2）健全的征信体系。阿里巴巴拥有电商平台积累的海量数据，它不但了解企业的资金往来，而且还掌握企业的销售情况、订单数量、产品的仓储与流动周转、投诉纠纷情况等企业经营过程的种种细节，而通过大数据平台、云计算的应用，可实现对数据深度挖掘与分析，从而最终建立完善的小微企业征信系统。

为全面、真实地反映小微企业的信用状况，阿里巴巴会对在其平台上注册并获得认证的信息、客户的交易数据及平台交易的表现信息等进行细致分析，同时所有这些相关的信息都会在数据库中进行定量化。阿里巴巴还引进了当下世界最流行最科学的心理测试体系对小微企业经营者进行心理分析，判断他的情商、性格特质，并将此测试结果进行定量，然后相应的互联网行为模型充分运用这些数据信息对贷款者的经营行为进行分析，最终对每个客户进行评级分层。另外，企业评级系统还会采集应用客户在平台外部网络上留下的数据信息，连同客户的上下游的相关评价等信息，并辅以调整因素如行业、政策数据进行系统数据评级的完善。阿里巴巴与外部的第三方机构合作，获取并掌握客户过海关的相关税务数据信息，最终实现对客户 360 度全方位的最真实最准确的评价。

（3）精准的营销方式。传统商业银行的贷款成本很高，业务开展比较被动，一般都是由企业发起贷款请求，银行再去做进一步工作，这样不仅会消耗银行和企业的很多精力，而且会消耗不少时间。而阿里通过自己的标准化动态数据库和搜索技术，可以随时洞察企业的资金需求情况，自动筛选出最需要资金的小风险客户，主动向其定向营销。这种方式也减少了信息不对称导致的企业逆向选择发生的可能性。

另外，这种营销模式节约了大量的广告费用和市场开拓费用，在对客户评估时，还可以加强客户的资信准确度。

（4）相对丰富的风险控制手段。小微贷款离不开贷后的跟踪管理工作，阿里金融同样制定了一套完备的风险应对措施。首先，阿里金融可以做到对客户的全天候全视角监控，这是传统金融机构无法做到的。客户的任何一点经营状况如买家对产品的质量与物流的评价与得分、退换货次数、投诉纠纷情况、交易量以及交易金额等信息，甚至是在线时间减少都可以被系统获悉，甚至是客户的上下游、消费者和竞争对手的变化等可能影响贷款偿还的信息都能被及时捕捉，从而方便采取相应的风控手段。即使出现恶意拖欠贷款，阿里小贷也可以采取冻结保证金、封锁店铺等具有震慑力的手段进行处理。

12.4.3 阿里信贷金融模式所面临的风险

电商小额贷款公司的信贷模式同样面临着种种风险，由于其资金来源有一部分是来自银行的贷款，故而存在一定程度的流动性风险。但根据阿里金融相关人士披露，其放贷资金除自有注册资金以及少量银行贷款，大部分来自于资产证券化，因此其面临的流动性风险并非其面临的风险的主要部分，下面详细介绍阿里金融所面对的各种主要风险。

1. 信用风险

信用风险是小贷公司都会面临的主要风险。虽然阿里巴巴小额贷款公司利用数据及平台优势降低了信用风险，但是阿里金融小贷业务整体仍存在超过1%的不良贷款率。所以其处理信用风险仍然任重道远。

首先，信用风险的贷前识别上仍需提高，即使再出色的线上数据分析也不能完全规避信用风险。第一，市场存在大量不确定因素，尤其是对于电子商务这一高速发展的领域，一旦市场动向与线上小微企业的预期不符，小微企业对抗风险能力差的特点就显现出来，容易资不抵债，造成信用违约。第二是财务分析，传统银行从财务因素分析风险，掌握企业的各类财务报表数据，而对于互联网贷款，拿到这些数据相对困难。事实上，缺少这部分数据的辅助，阿里金融的信用风险识别能力会受到削弱。

其次是信用风险的计量与监测经验不足，尽管阿里金融采用多种模型来计量客户的违约风险，但是其与商业银行相比在历史违约数据积累上有较大劣势，另外在分析违约概率上也仍然缺乏丰富经验。同样对于风险监测，阿里金融的经验仍不算丰富，并不直接控制企业的银行账户，因而对风险的动态捕捉能力有待提高。

最后是对信用风险的控制能力有限，由于阿里金融主要提供信用贷款，缺少合格抵押品，导致违约风险缺少缓释途径。

2. 网络系统的风险

网络系统风险是操作风险的一种，对于依靠技术优势整合优化资源的阿里巴巴小额贷款公司来说，该风险特别重要。

对于阿里金融而言，其大量线上审核，自动化审核，依赖线上大数据平台的运作方式也面临着网络系统的风险。事实上，对于电商小额贷款公司而言，主要面临两大类网络系统风险。其一是电商小额贷款公司所依托的电商平台所面临的网络系统安全问题，其二是电商小额贷款公司自身的网络系统安全问题。

第一，电商小额贷款公司在依托强大的电商平台获取优势的同时，也必然面临相关的一系列风险，电商平台的网络系统安全风险就是其中之一。由于互联网网络具有开放性，电商平台存在的安全漏洞也有被侵入破坏的可能。2013 年下半年乌克兰内政部网站就遭到了黑客的攻击，大型政府网站都难以抵御恶意攻击，电商平台的安全性自然也存在威胁。黑客侵入攻击，一来可能造成网站瘫痪，信息无法及时更新，出现信息缺失，使数据的积累受到影响；二来数据库可能受到篡改，使信息的真实有效性受到破坏。另外，即使不受到外来攻击，电商系统本身也并非完全安全，由于设备损耗，系统故障，以及突发事件造成的系统崩溃，这些都使电商平台的正常运转面临网络系统风险。一旦电商平台无法正常运转，那么依托于电商平台系统的数据收集与整理就会受到影响，间接增加电商小额贷款公司的运营风险。以阿里巴巴旗下的淘宝网为例，2013 年 9 月 17 日，淘宝网系统就出现了故障，卖家无法正常更新产品详情页面，还造成了卖家商品张冠李戴的现象，虽然可以提取数据恢复到前一晚的情况，但淘宝卖家当天的努力就全部作废了。可见，对于电商平台的网络系统风险，也应当重视。

第二，电商小额贷款公司在日常运营过程中，也更多依赖于网络的运转以及线上的数据处理。如果其系统受到入侵或者系统出现故障，就可能影响业务的正常处理，例如，贷款审批难以及时完成或者过低估计借款人的信用风险为以后的贷款回收留下隐患等。这些都会使电商小额贷款公司面临较大风险，造成不必要的损失。

综上，网络系统风险是阿里巴巴小额贷款公司不能回避的重要风险，其以数据为本，善于运用网络的特点决定了其作为电商小额贷款公司更要重视网络系统的安全性，这样才能降低风险，保证公司的正常运转。

3. 其他操作风险

操作风险通常是指由于不完善或有问题的内部操作过程、人员、系统或外部事件等各类因素导致的直接或间接损失的风险。除了网络系统风险，阿里巴巴小额贷款公司也面临各种操作风险的挑战。

首先是内部流程因素，阿里小贷公司只是一家民营的小贷公司，并非商业银行，其发展历史也不长，虽然可以借鉴其他商业银行的内部流程管理经验，但是如何建立一套适合自身的内部流程，避免因流程管控失误造成损失，仍需继续摸索。

其次是人员因素，阿里小贷的多数信贷操作完全依赖系统，这从客观上减少了内部操作失误造成损失的可能性，但是有些操作必须人工完成，例如，阿里巴巴信用贷款仍需实地考察。存在人工处理就难免会有能力不足造成的工作失误或者无意误操作带来损失的可能。同时，内部人欺诈的问题也值得重视，这对于阿里小贷而言也特别反映在内部人数据泄露上。例如，2014 年初就发生了阿里金融旗下支付宝前员工李某涉嫌私自下载支付宝用户资料，销售 2010 年之前的部分非敏感交易内容。这无疑是电商小额贷款公司应当特别重视的。

最后是外部事件因素，阿里巴巴小额贷款公司获得如今的发展，很大程度上在于国家金融监管部门对于小贷公司及互联网金融的监管不如银行类金融机构等严格，存在监管套利空间。一旦国家出台更为严格的监管规定，则阿里小贷公司如何适应这一新形势，显然是其所不能不面对的挑战。因此监管规定的变化将给阿里巴巴小额贷款公司带来巨大的风险。

本 章 小 结

大数据技术的进步，使得金融大数据走进我们的生活。它有着传统金融难以比拟的优势。在大数据金融时代，客户已被高度数据化。随着大数据技术的进步，使成千上万的客户都能被精准细分与定位，真正实现以客户为中心。金融企业的服务将是高度个性化的，能充分满足客户的个性需求。

本章讲述了大数据在金融领域的几个应用，体现了大数据与金融企业的完美结合。通过介绍大数据在几大代表性金融企业多个方面的应用，以期能更好地从应用的角度介绍大数据与金融的结合。当然，金融大数据所包含的内容，应用实例是非常多的，某些技术的实现也是非常复杂的，很难从某几点的介绍和阐述就能完全展现出金融大数据的巨大优势。

通过阅读本章，可以大体上了解大数据在金融企业的一些应用，了解应用过程中所使用到的一些基本技术。

随着网络技术和移动通信技术的普及，近年来我国的互联网金融发展迅猛，而大数据金融将是互联网金融新发展趋势。金融大数据作为一个综合性的概念，在未来的发展中，企业坐拥数据将不再局限于单一业务。第三方支付、信息化金融机构以及互联网金融门户都将融入到大数据金融服务平台中，大数据金融服务将在各家机构各显神通的基础上，实现多元业务的融合。未来互联网金融的发展靠数据和流量驱动，互联网金融公司逐渐降低的资金成本，配合数据、技术和流量优势，可以很好地服务到传统金融机构覆盖不到或者没有能力服务的人群。这个市场的存量和增量都很大，整个互联网金融仍然处于发展初期，未来十年将是其发展的黄金十年，而大数据和金融的结合也会越来越紧密。

思 考 题

（1）归纳大数据在金融行业有哪些具体应用场景。
（2）通过了解大数据在金融行业的应用案例，分析大数据能为金融行业带来哪些价值。
（3）试分析金融大数据与传统金融模式的区别和优缺点。
（4）思考大数据在金融行业的应用案例中可能会用到哪些技术。
（5）思考大数据会对我们的生活产生怎样的影响。

第13章　大数据教育

作为人类知识传承与发展革新的重要手段，教育自然不可能缺席本次信息互联革命。大数据和互联网技术之所以能成为本次教育变革的重要推动力，本质上是因为互联网技术带来的产业形态变化，使信息交流、技术合作成为生产力的要素和产业价值的核心。传统学校教育由于地理隔离与价值认知的落后，造成教育资源的重复占用和教学效率低下。而传统的在线式教育，只是传统学校教育的"网页广告"，欠缺交互式教学的手段与刺激自主探究的吸引力。

根据《中国基础教育大数据发展蓝皮书（2015）》编委会面向全国教育信息化领域的研究者、管理者、一线教师等进行的一项调查，全国共有 28 个省市的 757 人参与了该项调查，其中有 96.17%认为大数据在教育领域的应用（下面简称大数据教育）能够促进教育改革发展，如图 13-1 所示。

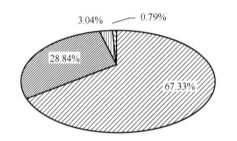

3.04%　　0.79%

☑67.33%，非常有价值，能大力助推和引领教育改革

☑28.84%，比较有价值，能在一定程度上促进教育改革发展

▥3.04%，价值一般，能起到作用

▨0.79%，没什么价值，起不到任何作用

28.84%　　67.33%

图 13-1　大数据在教育中的作用

2015 年 9 月 5 日，我国国务院发布《促进大数据发展行动纲要》，提出教育文化大数据，完善教育管理公共服务平台，推动教育基础数据的伴随式收集和全国互通共享。建立各阶段适龄入学人口基础数据库、学生基础数据库和终身电子学籍档案，实现学生学籍档案在不同教育阶段的纵向贯通。推动形成覆盖全国、协同服务、全网互通的教育资源云服务体系。探索发挥大数据对变革教育方式、促进教育公平、提升教育质量的支撑作用。大数据教育已经上升到了国家战略的层面。

13.1　大数据教育简介

1. 大数据教育的定义

首先，"大数据"一词是个相对的概念，是相对于"小数据"而言，其强调的是各领域的数据交叉融合以及数据的生长和流动。

大数据的核心价值是分析应用以及利用趋势走向对未来进行预测。大数据采集的应该是全样本的、全时段的数据。

教育中的大数据（下面简称教育大数据）是指整个教育相关活动过程中所产生的以及根据教育需要采集到的，一切用于教育发展并可创造巨大潜在价值的数据集合，是一种信息资产。教育大数据要能服务教育发展，具有教育目的性，而非盲目地囊括一切数据。

大数据教育分为两层意思：一是教育的现代化；二是教育大数据可以作为教育现代化的重要手段。归结起来，大数据教育就是以数据采集分析技术为重要辅助手段的现代化教育。

2. 教育大数据的结构和特征

随着互联网技术的发展，越来越多样化的教育方式产生了大量结构化和非结构化的数据。

在传统的学校教育中，作为改进学校教学质量最为显著的指标和依据，教育系统里产生了大量结构化的数据。通常，这些数据主要包括入学率、成绩、出勤率、升学率、辍学率等。对于具体的传统课堂教学来说，一些数据能反应教学效果，例如，学生识字的准确率、作业的正确率、参与课堂问题的举手次数、时间长度以及正确率，师生互动的频率与时长。进一步具体来说，例如，每个学生回答同一个问题所用的时长，不同学生在同一问题上所用时长的区别，不同学生回答问题准确率的区别，这些具体的数据经过收集、整理、分类、统计、分析就成为教育大数据。

另外，近年来，互联网技术加速了网络在线教育的发展，越来越多的大规模开放式网络课程出现在人们的视野中，产生了大量非结构化的数据，同时也使教育领域中的大数据获得了更为广阔的采集和应用空间。和传统教育的数据相比，这些互联网方式产生的数据是以持续、全面的方式对自然状态以及动态实时的更多样化的数据进行采集。丰富的数据能给研究者创造出比过去更多的探究学生学习环境的新机会。目前，研究大量尚未结构化的数据逐渐成为了大数据教育研究的趋势。

根据数据流动的过程，整个过程分为数据采集、数据处理和数据的分析呈现（图 13-2）。

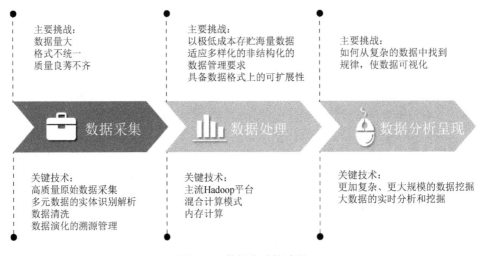

图 13-2　数据流动的过程

首先是数据采集。传统意义上的数据采集是指从传感器和其他待测设备等模拟和数字被测单元中自动采集非电量或者电量信号，送到上位机中进行分析、处理。在互联网飞速发展的今天，慕课、微课等互联网教育吸引了大量的学习者上网学习，对这些在线教育网站的后台数据的采集也成为教育数据非常重要的一部分。对教育数据的采集是建设教育大数据的基础性和先导性工作。为了较好地保证教育数据的可持续性采集，实践过程中需要注意：提前设计规划、有清晰的边界、保持规范性和连续性、采集粒度要尽可能小、要符合道德伦理等问题。与传统教育相比，教育数据采集的重心将向非结构化的、过程性的数据转变，具有难测量、隐性化等特点，同时加强教育大数据与其他领域大数据（医疗、经济、交通等）的融合和关联度，进一步增强大数据在教育中应用的科学性。从整体来看，与其他领域的大数据相比，教育大数据的采集呈现高度复杂性。（具体可参考第 2 章的内容）

其次是教育数据处理与清洗。数据处理与清洗的基本目的是从大量的、可能是杂乱无章的、存在坏值或格式不统一、难以理解的数据中抽取并推导出对于某些特定的人们来说是有价值、有意义的数据。教育中存在大量的复杂数据、异构数据，如果不预先对数据进行处理，将会给数据的分析带来很多麻烦。（参考第 2 章的内容）

最后，教育数据分析和呈现。教育是个复杂的系统，严格意义上来讲教育领域的大数据不存在清晰的、固定的分析流程和分析方法。教育大数据的分析既要综合运用传统的数据分析方法与工具，又要合理采用专门针对大数据处理的新方法与新工具，对不同维度的数据进行联合的、统一的分析，发现数据间的规律，从而给出可视化的结果。与其他领域相比，大数据在教育中的应用需要高度的创造性，不仅注重相关关系，也强调因果关系。（参考第 5~8 章的内容）

3. 大数据教育的目的和作用

不可否认，我国教育现代化在推进过程中仍面临诸多现实难题，教育公平、教育质量、招生就业、管理体制等问题尤为突出。大数据在教育领域的应用将改变传统思维方式，有机会破解传统教育的六大难题（图 13-3），助推教育的全方位变革与创新发展。

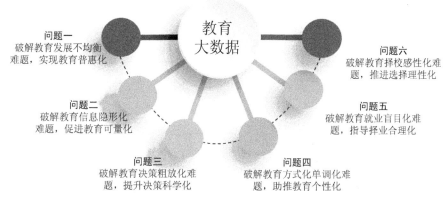

图 13-3　教育大数据解决六大难题

（1）破解教育发展不均衡难题，实现教育普惠化。区域教育均衡发展不仅是发展中国家面临的难题，发达国家同样也存在教育均衡发展问题。作为世界上最大的发展中国家，我国教育环境异常复杂，城乡之间、校际之间存在严重的资源结构性失衡问题。在传统发展模式中，由于缺乏信息获取途径以及有效的数据分析手段，容易忽视学生个性差异，出现资源供需偏差，很难实现真正的因材施教，而大数据时代的到来，将大力推进区域和校际教育的均衡发展，让教育资源的分配更加公平。

科学的发展需要有科学的路径指引，区域和校际教育公平均衡发展科学路径的研究制定需要有全面客观的数据做支撑。而传统教育数据是在阶段性、周期性的评估中获得的，是在师生知情或者有准备的情况下获得的，带有很强的刻意性和压迫性，一定程度上不能客观真实地反映教育状况。随着教育信息化的推进，教育资源公共服务平台和教育管理公共服务平台的建设完善，以及各级各类教育教学平台的建成，将汇聚大量教育资源和教育管理信息，形成有效支持教学和管理的教育大数据。

同时利用先进数据采集技术能够获取在学习过程中产生的动态数据，反映真实的教学过程，比传统教育数据更加全面、有效。相关教育机构能够通过数据及时准确地了解教育教学情况，有助于教育政策更加科学合理地制定。教育大数据反映的不仅仅是教育现象，还蕴藏着大量有价值的教育教学信息，对这些数据的挖掘、分析、建模，能够更准确地把握区域教育发展现状、预测未来发展趋势，使区域教育均衡发展由主观经验总结走向客观数据分析，从而从多方面减小教育资源的分配不均，实现教育普惠化。

（2）破解教育信息隐形化难题，促进教育可量化。原来的教育信息大都是隐形的，难以搜集、汇聚、分析和公开，随着信息技术的发展，越来越多的教育过程变得可量化。大数据教育的兴起正是依托于信息化基础设施的不断完善，以及云计算、物联网、可穿戴设备等现代信息技术的发展以及广泛应用，这些关键技术的采集了教育各个阶段产生的海量数据，使得大数据教育真正成为"有源"之水，而非仅仅停留在表面的概念。例如，借助信息技术，学生的兴趣点、学习难点等以往只能凭借教师经验才能确定的东西，现在利用学习软件实现了从"非量化"到"可量化"。

事实上，这种"可量化"体现在教育的各个环节，包括教学过程的可量化、校园管理的可量化、教育评估的可量化等多个方面。我们以教育质量评估为例，"教育大数据"使单独进行过程性评价的测量和评估变为可能。在课堂教学中，作业的正确率、学生的出勤率、师生互动的时长与频率等多方面发展的表现率数据均可通过采集、整理、统计、分析，形成新的过程性教育质量评价手段，对于科研的过程能够以同样的方式实现对具体过程的考核。

（3）破解教育决策粗放化难题，提升决策科学化。如何有效利用教育数据科学地制定教育政策是教育领域长期以来探索的重大课题之一。传统教育在决策时过分依赖于经验主义、直觉甚至主流趋势，而往往缺乏有效的数据的支撑。纵观我国的新课程改革历程，虽然在教学方法、课程内容等方面取得了进步，但实际的改革效果远达不到预期。其重要的原因之一就是忽视教育数据在课程改革诸多决策上的重要性，使改革更趋向于理性思辨和经验决策。

在信息爆发的时代，以"大数据驱动决策"将成为大数据背景下提高教育决策绩效的一个新视角，大数据将始终贯穿在教育决策制定的每个环节。美国教育部发布的《通过教育数据挖掘和学习分析促进教与学》报告指出，在教育领域利用数据挖掘技术和学习分析技术，构建相关教育领域相关模型，探索教育变量之间的关系，为教育教学决策提供有效支持，将成为未来教育的发展趋势。大数据除了可以对各级各类教育单位的人员信息、学校办学条件、教育经费、运维服务管理等数据进行统计与分析，还可以基于各级各类教育机构长期的数据积累，整合社会人口分布、经济社会发展、地理环境等，从各类跨行业操作级的应用系统中提取有用的数据，通过数据统计、指标展现、横向对比、趋势分析等技术方法将数据转化为知识，为各级管理人员的决策提供科学的数据支持。

（4）破解教育方式化单调化难题，助推教育个性化。通过多年的教育改革，我国各级各类学校的教学方式有了的改观，一些老师开始尝试项目式学习、基于问题的学习、探究式学习、计算机支持的协作学习等新型学习模式来提高教学质量。但是，就整体而言，信息技术仍未改变我国传统以教师为中心的授课模式。大数据能够改变工业时代的流水线人才培养模式，通过驱动教师的个性化"教"及学生的个性化"学"，最终为每个学生提供最适合的个性化教育。

教育系统产生的大数据可以帮助教师选择更适合学生的教学内容，记录学生的学习情况，挖掘学生的学习习惯、兴趣、偏好等，教师只需要一台可以接入互联网的计算机或移动终端设备，便可以真正认识每一位学生的特点。在教育领域广泛应用大数据，可以看见并"跟踪"学生，进而了解他们学习细节，例如，在哪个阶段遇到困难，他们重复访问的页面，他们可能"难以理解"的环节，他们偏爱的学习方式，他们学习效果最佳的时间段等。通过分析每个学生的学习轨迹，教师在教学还未正式开始前，就已经能够比较精准地分析出教学过程中的难点问题，进而针对性地进行备课，不仅大大节省了时间成本并且提高了效率。

随着互联网的发展，各种在线学习平台越来越多地进入人们的视野。在线学习平台通过集成教育数据挖掘与学习分析技术，能够持续采集学习者的学习行为数据，并进行智能分析，依据学习者模型推送适合的学习资源，进行个性化的学习评价，提供准确的诊断结果，给出适合学习者的个性化学习建议。大数据技术使得学习行为的记录更加精细化，可以准确记录到每位用户使用学习资源的过程细节，例如，什么时候点击的、停留了多长时间、答对了多少题、资源的回访率等信息。这些过程数据，一方面可用于学习资源质量的精准分析，进而优化学习资源的设计与开发；另一方面学生可以对自己某一段时期内的学习情况包括学习爱好、业余活动等非结构化学习行为进行分析和预测，以便尽早通过这些预测做出最适合学生自身发展的决策，更好地开展适应性学习、自我导向学习。

（5）破解教育就业盲目化难题，指导择业合理化。若择校是人生教育的起步环节，那么就业就是验证教育成效的最终环节。人才供需矛盾、教育资源信息不对称等因素导致近年来大学生就业面临着较为严峻的形势。"毕业即失业"虽是一句调侃，但在一定程度上反映出我国高校大学生就业难的困境。导致该现象的关键问题是大多数大学生缺乏职业规划及求职信息的准确判断，容易陷入盲目求职的"困境"。教育系统中生成的大量数据能够帮助各级政府、企业为广大毕业生提供全面、及时、合理而又符合个性化要求的就业指导，帮助学生快速而又理性选择合适的就业方向和职位。

美国在利用大数据促进学生就业方面做了积极的尝试。基于多年的就业统计数据，美国劳工部门推出了"一站式就业服务"（Careeronestop）系统，该系统通过对全美历年行业薪资、教育培训、就业信息等数据的采集整合、分析处理，为公众提供了一个可以发现职业（Explore Careers）、薪资收入（Salary+Benefits）、教育培训（Education+Training）、查找就业信息（Job Search）等功能的"一站式"服务网站。这种"一站式"服务背后正是利用了大数据技术，对教育、人力资源等多个领域的数据信息进行关联分析后逐步生成的。

以其中的"薪资收入"（Salary+Benefits）为例，如果你是一名刚毕业的大学生，可以先依据专业情况查找一下自己有可能从事的行业，然后对比一下这些行业的薪资水平，从中找出一个薪资较为满意的行业。另外，你还需要对每个的城市生活成本进行了解，然后才能决定哪个城市适合你工作和定居。同时，你也要考虑最坏的情况，万一去了这个城市之后，由于各方面原因导致失业，这时候你也应该考虑一下该地区失业保险是否理想到足以维持你的最低生活水平。如果你选择好了将来要工作生活的城市，并且找到了一份比较理想的工作，这时你可能会想着给自己再充一下电，为以后的职业生涯打下牢固的基础，这时你会想要了解一下该地区的培训教育情况，而这些信息都可以在美国这个"一站式"就业服务网站上找到。

（6）破解教育择校感性化难题，推进选择理性化。在我国，由于长期教学资源分配不均衡导致了"择校"问题，已经成为影响中国教育发展的一个难题。长久以来"择校"问题得不到有效的解决。同时，该现象已经变相地形成一条"产业链"，这条产业链包括学校周边地区的房价、商铺以及复杂的"择校关系网"。择校现象衍生出的"天价"学区房、"天价"择校费正是教育资源分配不均派生出来的产物。学区房现象本质上是教育资源分配不均的问题。优质的教育资源少，分配不均衡、不合理，使"名校"效应更突出，周边的学区房价格随之飞涨。大数据的出现无疑为解决教学资源分配不均提供了新的思路和方法。

除了由于教育资源分配不均，教学资源信息不对称也给学生和家长在择校方面带来了不少困难。在我国，这种问题的一个突出表现反映在高考志愿填报方面，由于缺乏对全国各高校师资力量、专业排名、就业率、入学率、学费支出、奖学金、助学金等情况的了解，往往会出现选择的专业不适合、火爆的专业就业"供大于求"等现象。事实上，就全世界范围来看，很多国家普遍存在择校难这一共性问题。近年来，随着教育数据开放化、透明化的步伐的加快，英美等国家也纷纷抓住机会，利用大数据技术对全国各级教育资源等进行整合分析，并推出统一的教育资源平台，寻求从根本上解决择校难问题的方法。例如，英国推出了"Find the Best University"和"Findthe Best School"项目；美国推出了"Navigator Colleges"项目"Search Public Schools and Private Schools"项目；荷兰更是通过开放教育数据接口 Open Education Data API，推出了多款数据工具，如 schooltip.net、10000scholen.nl、scholenvinden.nl 等网站和 App 应用。这些项目和应用背后都以大数据技术作为支撑，其本质就是以多个维度对全国各级学校海量数据的整合分析，最后以友好的、可视化的方式呈现给家长和学生，帮助他们根据需要找到最适合的学校，让择校不再难。

在我国，一些企业和公司也做了这方面的探索。百度公司利用大数据技术，通过对历年高考期间搜索的关键词、大学排名、专业排名等数据与实时更新的数据进行深度数据挖掘分析，从报考热度和报考难度两个维度率先推出了全国多所大学的"大学报告图谱"。同时，依据专业热度和难度，针对全国各个高校的不同专业推出了"专业报考图谱"，为学生和家长在择校时提供了多角度的数据支持。此外，百度还推出了"高校热力图"、"手机百度高考蓝皮书"，以及全国高校、专业热度排行榜，让这些大数据真正帮助到每一个需要择校的学生。

延伸阅读——大数据教育发展历程和应用现状

大数据教育持续高速发展的同时，也面临着许多问题。

（1）数据的完整性。教育数据完整性是指教育数据信息是否存在缺失的状况，数据缺失的情况可能是整个数据记录缺失，也可能是数据中某个字段信息的记录缺失。例如，对某个人群学习状况的记录中，有的缺失名字，有的缺失性别。不完整的数据所能借鉴的价值就会大大降低，也是数据质量最为基础的一项评估标准。一致性是指数据是否遵循了统一的规范，数据集合是否保持了统一的格式。一致的数据格式能大大加快数据的处理和分析。准确性是指数据记录的信息是否存在异常或错误。最为常见的数据准确性错误就如乱码。其次，异常的大或者小的数据也是不符合条件的数据。及时性是指数据从产生到可以查看的时间间隔，也称为数据的延时时长。及时性对于数据分析本身要求并不高，但如果数据分析周期加上数据建立的时间过长，就可能导致分析得出的结论失去了借鉴意义。

（2）人才缺乏。不可否认大数据对我国产业升级与经济转型具有关键推动作用，但是要让大数据落地必须得有一批优秀的大数据人才，大数据人才缺口巨大是阻碍大数据发展的一大原因。根据 Gartner（全球最具权威的 IT 研究与顾问咨询公司，成立于 1979 年，总部设在美国康涅狄克州斯坦福）报告，2015 年全球新增 440 万个与大数据相关的工作岗位。大数据也会催生出一些新的职业，如大数据分析师、首席数据官等。据 Gartner 报道，2015 年有 25%

的组织设立首席数据官职位。与之对应的是人才培养的缺失，大数据需要复合型人才，即能够对数学、统计学、数据分析、机器学习和自然语言处理等多方面知识综合掌握的人才，但目前国内能培养大数据人才的院校或者培训单位非常少。

（3）数据安全与公民隐私。这里指的是教育数据本身的安全，主要是指采用现代密码算法以及全面严格的管理办法对数据进行主动保护。美国斯坦福大学教育研究院的名为"Responsible use of Student data in Higher Education"的项目主页有这样一段话："Digital technologies have created unprecedented opportunity to understand student learning and enhance educational attainment. They also raise new questions about the ethical collection, use, and sharing of information"。在 2016 年，8 月份，山东临沂准大一新生徐玉玉遭遇电信诈骗，骗子以"发放助学金"为由将全家省吃俭用大半年为其攒的 9900 元学费骗走。徐玉玉因此郁结于心，最终导致心脏骤停，于 8 月 21 日晚离世，年仅 18 岁。该案件的发生再次为社会敲响了警钟，教育系统数据安全不容忽视。

除此之外，公众认知度不高，具体政策缺乏、算法不够先进等都给大数据教育的发展带来了不少挑战。

13.2　微 课 教 学

继"微信""微博"等社交媒体的兴起，人们越来越倾向于接受简单、快捷、高速的生活方式以及学习方式，"微课"作为一种新型的学习途径，引起了广泛的关注。对教师而言，微课将革新传统的教学与教研方式，成为教师专业成长的重要途径之一。对于学生而言，微课能更好地满足学生对不同学科知识点的个性化学习，是传统课堂学习的一种重要补充和拓展资源。

13.2.1　微课简述

1. 什么是微课

随着移动网络、智能手机等高科技设备的发展与普及，人们的阅读、学习和生活的习惯在逐渐变化，学生更乐于追求微型化、快餐式、碎片化、个性化的学习方式。微课就在这种大数据信息化时代背景下应运而生了。

"微课"是指教师在课堂内外教育教学过程中围绕某个知识点（重点难点疑点）或技能等单一教学任务进行教学的一种教学方式，具有目标明确、针对性强和教学时间短的特点。其实，只要提起"课程"两个字，大家各有各的见解。本书认为，微课是为了阐述并解释某一重要知识点，通过短小精悍的在线视频从而达到学习及教学应用目的的在线教学视频。总而言之，微课是指以视频为主要载体，记录教师围绕某个知识点或教学环节开展的简短、完整的教学活动。

因此，"微课"既有别于传统单一资源类型的教学课例、教学课件、教学设计、教学反思等教学资源，又是在其基础上继承和发展起来的一种新型教学资源。

从技术上来讲，微课的产生依赖于计算机网络技术的高速发展。带宽的扩大，有线、无线网络的产生和使用，加上智能手机的运用，让微课视频在网络上流行成为可能，终端设备为人们非常方便地浏览视频提供了保障。可以这样理解，微课是随网络技术的产生而产生的。

2. 微课的特点和优势

微课从其定义就可以看出，其本质就是一种微视频，具有自己独特的优势。

（1）内容浓缩。微课是一种结合具体知识点重点进行讲授的新型网络课程资源，常以精短视频来呈现，视频时长一般控制在 15～20min，从时间、内容、形式都体现出"浓缩"的特点。

（2）主题突出，目标明确。一个课程就一个主题，研究的问题来源于教育教学具体实践中的具体问题或是教学反思，或是难点突破，或是重点强调，或是学习策略，教学方法等具体的、真实的问题。

（3）实现教学资源的共享。微课以教学视频片段为主线，贯穿教学设计、多媒体素材和课件、教学反思、练习测试及师生互动等相关教学资源。通过微课平台学习，学生可以进行自主学习，通过反复观看可以更好地理解与掌握要学的内容，提高学习效果。

（4）呈现形式多样化。微课的呈现形式多样，主要有真人的讲授与演示、卡通动画、电子黑板等形式，这使得微课更加生动有趣，调动了学生的学习积极性。另外，微课教学平台不仅面向师生，也面向全社会广大的学习者。微课可以营造出具体的学习情景，结合典型案例讲授，有助于加深学生课堂学习的印象，理解并掌握该知识点。

（5）形式易于传播。微课的载体是微型视频，依托于移动互联网。存储量不大且易于传播和下载。

延伸阅读——微课的
发展历史以及挑战

13.2.2　大数据背景下的微课

大数据是近年来十分流行的关键词，大数据权威专家维克托·迈尔·舍恩伯格认为 2013 年是大数据时代的元年，这标志着信息技术的发展进入了新的时代。在教育领域，大数据的发展强烈地冲击着整个教育系统，正在成为推动教育系统创新与变革的强劲力量，教育教学的改革可以说是大数据变革的信息化教学。通过对大数据的存储、分析和应用，可以为教育教学提供了有利条件，进而可以有效地推动教育的发展。其中微课教学就是典型代表，微课的运用有利于大数据的存储、分析和应用。

在微课引起广泛关注的今天，如何更好地利用高校历史数据库中积累的大量的教学相关数据，包括学生数据、教师数据、课程数据、教学资源数据、科研数据等成为开发难点。这些数据分散在学籍管理系统、选课系统、科研管理系统、就业信息管理系统等各种独立的系统后台关系数据库中。在大数据时代，教师和管理者更应从这些数据库中挖掘出敏感信息，以分析学习者的状态和行为，从而突破了传统教学方式的时空束缚，为学习者展示了一个更广阔的全新的学习世界、一个独立的学习思考空间、一个平等的学习机会，在一定程度上可弥补课堂教育资源不足、提高教学资源的利用效率，并能更好地满足继续教育和终生教育等教育模式的需要。这就是大数据环境下微课的开发目的。

微课对教育的影响主要分为三部分。一是有利于促进教学模式的改革。传统教学中学生常常处于被动状态，自主性、积极性不高。微课的应用打破了传统课堂教学的乏味和枯燥，基于学生对网络比较热爱和微课时间短、内容精，并且多以动画等形式展现的特点，增强了学生学习的趣味性和娱乐性，让学生在轻松愉快的状态下高效学习，获得了学生的喜爱。微课教学也有利于翻转课堂的实施，有利于学生的自主性学习，使学生接收的信息量更多更快，大大开阔了学生的视野。

二是有利于知识的传播。如今信息技术、网络技术的快速发展将我们带入了信息互联网时代。同时，人们的信息获取也从传统的报纸、期刊、书籍等纸质媒体形式转变为网络数字媒体。传统课堂中，教师只是针对少部分学生讲解，而微课面向的群体广泛，将优秀的微课作品通过微课平台向广大师生展示，可以将知识更快更广地传播出去，以便让更多的学习者从中受益。

三是有利于搭建高校教师交流平台。通过微课，教师可以将自己优秀的教学作品向全国的学习者展示，以便广大师生给予积极的反馈和评价。微课平台有利于各个院校间的教师互相熟悉、互相交流和沟通，在互动的过程中也会发现自己的优势和不足，有利于教师的反思和教学方法的改进，从而进一步提升教学水平，优化教学效果。

现在的微课热，是对过去"课堂实录"式的视频教学资源建设的反思和修正。过去录制了大量"课堂实录"式的视频资源，但是这些资源容量大而全，内容冗长，很难直接加以使用。微课平台是区域性微课资源建设、共享和应用的基础。平台功能要在满足微课资源、日常"建设、管理"的基础上增加便于用户"应用、研究"的功能模块，形成微课建设、管理、应用和研究的"一站式"服务环境，供学校和教师有针对性选择开发。交流与应用是微课平台建设的最终目的。

无论是对于学生还是对教师而言，微课无疑都是一次思想改革。它促成一种自主学习模式，同时，还提供教师自我提升的机会。最终达到高效课堂和教学相长的目标。

在大数据的时代背景下，我们要充分利用一切可利用的资源来将知识系统化，不管是自主的成人学习还是中国本土的教育制度，效率始终是一个绕不过的难题，现代社会随时随地学习已经越来越成为人们的需求，将一切可以利用的技术应用到教育中，才是教育技术学科的初衷。大数据时代的到来，让社会科学领域的发展和研究，从宏观群体逐渐走向微观个体，让追踪每一个人的数据成为可能，也使研究每一个个体成为可能。宽带资本董事长田溯宁博士说："大数据技术，已经不再简单的是一种工具，而是成为重塑我们社会的一种最重要的力量。"我们坚信大数据在今后必将带来教育最深刻的变革。

13.2.3　微课在编程语言类教学模式的应用

计算机类编程语言是一门较难理解，思维性强，操作性高的一门专业课。传统的教学模式基本是边操作边讲解为主，其中专业术语多且晦涩难懂。另外操作部分细节多，主要通过教师面向全体同学进行演示进行传授，在这个传授过程中，部分同学由于种种原因跟不上教师的授课进度，课后需教师一对一讲解，教学效果大打折扣，而且实验环节要求高，学生一般很难在短时间内掌握，学生学到知识和技巧参差不齐。把微课引入到计算机类编程语言教学是一种不错的方法，它既能充分发挥学生学习的主动性，也更有利于学生自主学习知识和技能。微课教学模式针对性地录制一些教学的重点、难点或设计环节的视频。学生出现学习方面的困难时，通过重复观看视频，把疑难点看明白，微课能更好地满足学生对不同知识点的个性化学习、按需选择学习，既可查缺补漏又能强化巩固知识，是传统课堂学习的一种重要补充和拓展资源模式。

计算机类编程语言课是理论与实践操作相结合的课程。微课通过利用录屏专家软件把操作的过程和要点录下来，形成教学的辅助手段，有了这些微课视频，即使有些视频细节较多，学生通过视频可反复观看，边学习边操作，起到事半功倍的效果。微课教学模式中的微课视频主要是选取一些具有针对性、难理解的或有一定代表性的内容。例如，编程语言 C#中类的建立，学生对类的属性、方法以及如何使用 get，set 命令调用属性、方法中的参数。这些内容的构造形式接近，容易混淆。通过微课视频的方法从简单到复杂进行讲述。学生观看微课视频并模拟操作，了解视频中标注的要点，掌握类的难点，完成我们教学中的任务。不但能激发学生的积极性，也能让学生形成自主学习的习惯。

把微课融入计算机类编程语言教学中，微课的教学内容具有针对性和时效性，应用面广、适合不同对象。微课教学模式使得师生共同学习，共同体验、感受、领悟和思考，不仅充分发挥了教师的积极性、创造性，而且还极大地调动了学生学习和探索的积极性、自主性、创造性。

13.3 慕 课 教 学

除了微课之外，作为一种新型的学习方式，慕课在近几年也受到了广泛的关注。相比微课来说，慕课有着更大的规模、更广的受众以及更好的课堂交互。同时，在接受教育的同时，还能通过考试获得相关的学历。这些让人"耳目一新"的教学方式让慕课也在近几年得到了快速的发展。

13.3.1 慕课简述

1. 什么是慕课

MOOC 又被称为"慕课"。其中"M"代表大规模（massive），指的是课程注册人数多，每门课程容量可达数万人；第二个字母"O"代表开放（open），指的是学习气氛浓厚，以兴趣导向，凡是想学习的，都可以进来学；第三个字母"O"代表在线（online），指的是时间空间灵活，使用客观、自动化的线上学习评价系统，像是随堂测验、考试等，而且还能运用大型开放式网络课程网路来处理大众的互动和回应，自我管理学习进度，自动批改、相互批改、小组合作等，保证教学互动，7×24 全天开放，提出问题短时间内能得到反馈。最后一个"C"代表课程（course）。这一课程不同于传统的透过电视广播、互联网、辅导专线、函授等形式的远程教育，也不完全等同于近期兴起的教学视频网络共享——公开课，更不同于基于网络的学习软件或在线应用。就目前看到的"大规模、开放式在线课程"而言，可以发现，在慕课模式下，大学的课程、课堂教学、学生学习进程、学生的学习体验、师生互动过程等被完整地、系统地以新的方式在线实现。

MOOC 是以连通主义理论和网络化学习的开放教育学为基础的。这些课程跟传统的大学课程一样循序渐进地让学生从初学者成长为高级人才。课程的范围不仅覆盖了广泛的科技学科，例如，数学、统计、计算机科学、自然科学和工程学，也包括了社会科学和人文学科。慕课课程并不提供学分，也不算在本科或研究生学位里。绝大多数课程都是免费的。Coursera的部分课程提供收费服务"Signature Track"，可以自由选择是否购买。你也可以免费学习有这个服务的课程，并得到证书。

课程不是搜集，而是一种将分布于世界各地的授课者和学习者通过某一个共同的话题或主题联系起来的方式方法。尽管这些课程通常对学习者并没有特别的要求，但是所有的慕课会以每周研讨话题这样的形式，提供一种大体的时间表，其余的课程结构也是最小的，通常会包括每周一次的讲授、研讨问题以及阅读建议等。

每门课都有频繁的小测验，有时还有期中和期末考试。考试通常由同学评分（例如，一门课的每份试卷由同班的五位同学评分，最后分数为平均数）或者系统自动给分，例如，选择题。一些学生成立了网上学习小组，或跟附近的同学组成面对面的学习小组。

2. 慕课的特点和优势

MOOC 是个性化学习与交互式体验学习的思路，对传统在线教育的升级和改良。相比传统的课堂教育和在线教育，其核心资源是精炼优质的视频课程、自主安排的学习时间以及自助选择提交时限的课程习题与内容丰富活跃度高的互动论坛；核心技术是教学者与学习者的学习数据积累分析体系；核心价值在于以新颖方式、优质的教师、简短的课程为吸引力，以数据系统和个人学习进度安排提醒系统为主体，进行超大规模渗透。

MOOC 呈现了基于计算机和互联网技术的新型的教与学的突出特征：一是实现了以学习者为中心的教学模式。教师"教学"的最终目的是学生能更好地"学"，而慕课则比传统课堂教育更好地体现了师生互动及学生的学习体验，还原了"学"的本质。学生可以利用视频播放的暂停、回退和重放等功能，自行掌控学习的节奏和推进的速度。因此用功的学生可以学得很精细，基础差的学生有机会赶上来，这种学习方法对学习效果的影响大得不可估量。与传统教育相比，师生之间以及学生与学生之间的交流沟通与思维碰撞体现地更多的是对知识的理解和认知。学生在学习过程中对知识的建构过程进行深度理解，而不再是对知识的被动接受。

二是革新了学习方式。随着移动互联网技术的发展和移动终端如手机的普及，使学习者的学习活动不再受时间和地点的制约，从而实现其个性化以及随时随地学习的需要。在互联网的大背景下，学习者利用 MOOC 的方式进行碎片化学习将成为个人终身学习的主流方式。

三是创设了沉浸式、社交化的学习环境。MOOC 应用 Facebook、Twitter、微博以及论坛等平台为学习者提供了自由的交流环境，创设面向学习者职业需求、专业提升的学习社区，从而满足学习者基于专业素养提升、业务能力提高等知识追求方面的个性化需求。

延伸阅读——慕课的
发展历史以及挑战

13.3.2　大数据背景下的慕课

正如 Krysten Crawford 在 2016 年 9 月 7 日发表在斯坦福新闻网上的一段话 "College students click, swipe and tap through their daily lives-both in the classroom and outside of it-they're creating a digital footprint of how they think, learn and behave that boggles the mind" 随着大数据的兴起，慕课不仅仅是互联网技术带来的教学方式的改变，其独特的授课方法使更多的学习数据可以被采集，学生、教师的一言一行，教学过程中的一举一动都是教育大数据的来源，作为教育过程中的"显微镜"，这些数据都将让我们能更好地理解教学中的行为。

（1）慕课可产生出更丰富的过程性数据。"慕课"从诞生到传入中国，几乎是立刻席卷了大江南北的从基础教育到高等教育的课堂，吸引了大量的学生上网学习。而要进一步让慕课发挥作用，仅仅依靠制作高质量的教学视频、扩大影响力、转换课堂教学顺序是不够的，还必须依靠"大数据"的支持。教育领域中的大数据资源极为丰富，学生、教师在教学中的一言一行、发生的时间、地点、周期等都可以视作教育大数据中的一部分。例如，某学生在慕课的一次在线考试中得 80 分，隐藏在这个分数之后还有很多有价值的信息。例如，每一大题的得分，每一小题的得分，每一题选择了什么选项，每一题花了多少时间，是否修改过选项，做题的顺序有没有跳跃，什么时候翻试卷，有没有时间进行检查，检查了哪些题目，修改了哪些题目等，这些信息平时都"藏在"80这个分数后面，但加以分析，远比单一的80分要有价值得多，如图13-4所示。

图13-4　考试分数背后的数据

不单是考试，课堂、课程、师生互动的各个环节都渗透了这些大数据。由于慕课是基于先进的信息技术，在数据产生和收集方面有得天独厚的优势。在慕课平台上，学生无论在校内还是校外，无论使用桌面计算机、笔记本电脑、智能手机、平板电脑还是其他终端，学习过程中的一举一动都是教育大数据的来源。通过后台程序的监测，可以记录哪些学生在浏览哪些教学资源，各个教学资源的受关注程度，每个学生在学习内容以及学习时间上的偏好、在线交流和提问的信息、学习的重复度等，也可记录学生完成习题检测的全过程，包括读题时间、做题顺序、做题时间、解答过程等，甚至可以记录学生在观看教学视频时的视线停留和移动轨迹等信息。依据上述所有信息可生成一份学生对该学科知识掌握的地图，帮助教师深入分析学生的学习行为，把握每个学生的学习特点，了解学生的学习需求，从而给每个学生提供个性化的学习指导。

（2）慕课实现更个性化的教育方式。大数据的出现推进从群体教育向个体教育的方式转变，加快了个性化教育的实现。利用大数据技术，我们可以通过慕课过程中的微观表现去分析每一个学生个体，例如，课堂的过程、师生互动的过程以及作业的过程等，这些数据的产生完全是过程性的，是对即时性的行为和现象的记录。通过这些数据的整合能够诠释教学过程中学生个体的学习状态、水平和表现。同时，利用一些观测设备与技术的辅助，使数据的收集过程完全不影响学生任何的日常学习与生活，因此采集过程非常自然，数据真实可靠，可以获得学生的真实表现。借助大数据，教师可以了解每个学生个体最为真实具体的信息和特征，从而在教学过程中可以有针对性地进行因材施教。例如，在慕课学习中，哪些学生应注意基础部分，哪些学生可以浏览较难的提高部分，哪些学生会注意理论学习，哪些学生应注意实践操作等。不仅如此，当学生在完成教师布置的作业时，也能通过数据分析，进行针对性学习，提高学习效率。例如，在线作业时，考察某个知识点的题型全对达到一定次数后就可以跳过类似的题目；若某个类型的题目犯错，系统则可进行多次强化，这样不仅提高了学习效率，也减轻了学生的学习负担。

（3）慕课构建更科学的教学评价方式。合理地利用大数据技术在一定程度上解决我们目前所面临的教育评价方式单一的问题。传统教育单纯地通过成绩对教师和学生的表现以及教育的整个过程做出评价，过于主观，有失公平原则。在大数据的基础上，有了真实数据的支持，慕课教学评价从依靠经验评价转向基于数据评价，从结果性评价转向过程性评价。通过大数据的归纳分析，找出教学活动的规律，更好地改进、优化教学评过程。

例如，在慕课平台上，通过记录学生的操作，可以研究学生的活动轨迹，发现不同学生对不同知识点做出的反应，用时的长短，以及哪些知识点进行了重复和重复的次数等。同时，通过大数据分析，还可以发现学生思想、情感和行为的变化情况，分析出每个学生的心理特点，从而发现优点、规避缺点，及时矫正不良思想行为。利用这些数据，可以对单个学生进行的擅长学科以及学习态度和方法进行有效的评价。当对这些数据进行汇总整理、分析的时候，我们将不仅能对这个学生的学业表现进行真正的发展性、多元化的评价，发现其内在的问题，寻找有效解决方法。同时还能够在一定程度上预测该学生未来的可能的发展方向以及表现，而这必将成为高一级学校在招收学生时重要的参考指标。

同样，在教师评价方面也如此。传统教育中仅通过所教班级的成绩对教师的表现进行评价，过于单一，不够全面。基于大数据技术可以实现对教师执教以来的所有教育教学行为的的过程性记录，结合教师所教学生的综合评价结果进行统一分析，这将帮助我们更加公正、全面地评价和认识一个教师的教学能力与教学特点。

总体来看，对于整个学习活动来说，通过大数据手段，记录教育教学的过程，实现了从结果评价转向过程性评价。

13.3.3　慕课中的大数据应用实例

作为 MOOC 中领头羊，Coursera 在 2012 年由斯坦福大学的 Andrew 和 Daphne 两名教授创立，目前 160 多员工，原耶鲁校长担任 CEO。它的使命就是让所有人最便捷地获取世界最优质的教育机会。

Coursera 由美国斯坦福大学两名教授联合创办。2010 年创始人 Koller 教授将其授课内容录制成一个个短小的交互视频放在网上供选课学生学习，学生自主选择时间，边看视频边解答问题完成作业，此举深受学生欢迎。2011 年秋天联合创始人安德鲁·吴教授开设一门面向世界的免费课程，有超过 15 万学生注册。此后，斯坦福大学官方宣布开放 3 门计算机课程，一个月即有 30 万人注册学习。2011 年 8 月，Coursera 公司作为一家公益创业公司正式成立。2012 年 4 月，获得风投后，Coursera 正式向全球开放免费课程。此时除了斯坦福大学课程，普林斯顿大学、加州大学伯克利分校等 5 所大学参加到这个平台中，课程增加到 30 多门。2012 年 8 月，参加学校有 16 所，课程类目也从计算机和电子工程类，扩展到人文经济、医学生物等 16 个专业，117 门课程。其名校教师资源、互动的授课机制、完善的作业评估体系受到全世界的欢迎，上线 4 个月，注册人数达 100 万，学员遍及 196 个国家。Coursera 官网明确其建设目标，即利用先进的网络平台，使得普通大众享受顶尖大学的教育，通过教育提升学习者自身的生活，进而改善家庭生活，造福社会。作为一项崭新的尝试，项目的教学模式、资源构建和运作模式均处于不断发展中，但极有可能像 Google、Facebook 一样，由巨量访问实现某种形式的盈利和发展。人们在 Coursera 上学习，可以不分年龄、职业、学习背景和地域，只要能连通互联网，不需入学考试就可注册学习。

在 Coursera 的体系中，通过问卷调查、后台收集等很多方式可以对学生在学习过程中产生的数据进行收集。例如，在"Internet History Technology and Security"课程问卷调查结果看（授课教师将结果通过 E-mail 发送给每位学生），对于"学习该课程的原因"，排前位的分别是对课程内容感兴趣、专业发展需要。学生的最高学历分别是29.7%学士学位，24.4%硕士学位，13.7%社区学院毕业，8.7%博士学位。在年龄分布中，25～34 岁为33.2%；18～24 岁为21.2%；35～44 岁为17.4%。在另一门人工智能（machine learning）课问卷调查中，学习该课程的主要原因为对课程感兴趣，提高工作技能和找个好工作。学习者中20%具有硕士学位，11.6%是学士学位。因此，参加学习的对象有以下几个特点：①外国学生占比大。作为美国本土的项目，38.5%学生来自美国，61.5%是美国以外的国家，其中巴西、英国、印度和俄罗斯最多，中国学生占 4.2%；②终身学习者。主流人群具有本科以上学历的高学历人员。新知识、新技术层出不穷，只有不断学习，才能紧跟社会和技术进步的步伐；③兴趣爱好者。不在乎成绩和证书，希望在名师的带领下，丰富知识结构和填补知识空白。

13.4　云　教　育

除了慕课和微课，最近兴起的云教育也越来越为大家所熟悉，对传统教育理念和教育模式产生了巨大的冲击。不同于慕课和微课，云教育以实现教育公平、教育成果共享、高效便捷学习、降低学习成本、丰富教学形式、提升教学效果为目标，而这些目标的实现则依赖于"云"概念与技术的出现而得以实现。云教育作为云计算、互联网以及教育事业融合发展的产物，以其独有的特点和优势引领着教育产业未来发展方向，为教育改革和教育信息化的推广和深化提供了强大的助推力。

13.4.1　云教育平台简述

1. 什么是云教育

云教育是在云技术平台的开发及其在教育培训领域的应用，简称"云教育"。云教育打破了传统的教育信息化边界，推出了全新的教育信息化概念，集教学、管理、学习、娱乐、分享、互动交流于一体。让教育部门、学校、教师、学生、家长及其他教育工作者，这些不同身份的人群，可以在同一个平台上，根据权限去完成不同的工作。

"云教育"含义比较宽，它既可以指一种基于"云"的教育思想、教育理念和教学模式，也可以指基于"云技术"而搭建的网络教育平台，即云教育平台。云教育本质上并非一个单一的网站，而是一个教育信息化服务平台，通过"一站式"应用和"云"的理念，打破了传统的教学模式并试图打破教育的信息化边界，让所有学校、教师和学生拥有一个可用的、平等的平台，很好地实现了移动学习，提高了学习者的学习效率。简单地说，云教育就是实现教育资源的共享，大家都可以到平台上下载自己需要的教育资源。

云技术在教育领域的应用使教师、学生、管理者参与教育教学活动的方式发生了深刻的变革。在云教育平台上，参与者、学习资源、教学活动、教育管理活动等共同构成了一个完整的生态环境，相比于传统的教育生态，资源更丰富、交互更及时、教学活动更多样、教学管理活动更高效。传统以课堂为主的教学环境中，由于教育资源非常有限，导致开展个性化教学很难实现。但随着云计算的出现，不仅打破了传统教育资源的瓶颈，使得各种类型的资源不断地涌现，同时在质量上也有很大的提高，而且也打破了高校内"信息孤岛"的现象。

然而大数据的出现更是让云计算的应用有了真正的用武之地，云服务端为大数据提供了海量的结构化、半结构化和非结构的数据，同时大数据的数据分析和数据挖掘技术使得这些无特定结构的数据释放出更巨大的潜在价值。云计算具有广泛的网络访问、按需自助服务、服务可度量、快速弹性以及资源汇聚成池五大主要特征。它是一个完整的生态系统，涵盖了从提供基础设施到发展环境的所有步骤。云计算在教育领域的深度应用，是教育信息化未来发展的主要趋势，它将显著加快信息技术促进教育变革的进程，为教育教学和教育管理带来新一轮变革。教育云以云计算技术向教育教学提供一切软硬件计算资源和服务，是从技术的视角开展的研究。

云教育生态结构见图 13-5，包含参与主体、学习资源、教学活动和教育治理四部分。这些参与者、资源、活动、服务等共同形成了一个完整的生态环境，使学生、教师、家长、管理者能更便利地交互，数字学习资源能更广泛地共享，教学活动能更多样化更有效，教育治理活动能更智能化扁平化，从而提升整个生态环境中的教育教学绩效。

参与主体是云教育生态最基本的构成要素，是云教育生态的建设者，同时也是受益者。从教育的角度，学生、教师、家长和教育管理者都属于教学活动的参与主体。利用云平台、移动互联网技术，学生、教师、家长和教育管理者之间可实现直接交互而不受时间和空间的限制，充分发挥了每类主体的主观能动性，使教育教学成果惠及到每个主体，形成一种良性循环的氛围。

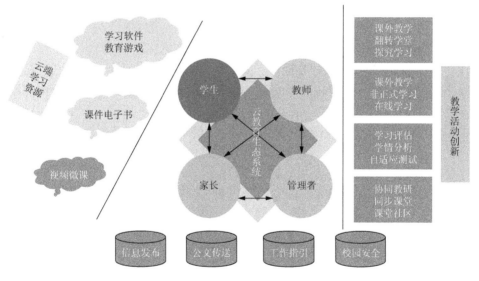

图 13-5　云教育生态结构

2. 云教育平台的特点和优势

云教育平台的出现为教育信息化提供了全新的理念和模式，也为移动学习带来了新的变革。它将学生的学习迁移到云端，真正实现了让学习无处不在。它继承了传统网络教学平台的优势，如学习内容选择的主动性、学习资源的多元性和学习方式的多样性等。与传统网络教育平台相比，还表现出了许多自身独特的优势。

（1）提供了一站式服务，应用很全面。云教育集各类教学软件于一体，包括教学的、学习的、管理的、交流的、娱乐的软件。用户登录到平台即可享受一站式服务，避免了跨站登录的麻烦。

（2）丰富的教育资源，可充分利用与平等共享。提供一个全面的综合素质教育云的平台，云教育最大的特点之一，就是拥有丰富的教育资源，并通过最恰当的组织方式呈现给学生。云教育将教育资源存储在云端，我们既可以轻松地获取别人的教育资源，也可以将自己的资源与别人分享，实现了校与校之间，班与班之间教育资源的开放和共享。即使是偏远地区的学习者也能够从云端获取各项优质的教育资源，有效解决了"教育的不平等"现象。平台中所有系统平台实现统一管理，方便快捷，同时实现资源共建共享。

（3）方便、安全、廉价。由于软件存储在云端，无需下载、安装、维护、升级，只需一个智能终端设备，无论在哪里，只要能上网，均可实现随时随地学习；云教育将数据存储在云端，用户不必担心数据的安全问题，因为，云服务端有专业的团队来管理信息，有先进的数据中心来保存数据，有严格的权限管理策略，帮助用户指定的人共享数据；同时，还省去了构建机房，购买大量软硬件的巨额资金投入，是一个真正方便、安全、廉价的网络平台。

（4）随时随地进行学习。云教育平台与移动终端设备的无缝衔接，让学习者利用简单的移动设备就可访问该平台，从云端获取自己感兴趣的学习内容和学习方式等，随时随地进行个性化、自由化的移动学习。而传统的网络教育平台受条件限制，难以开展。

延伸阅读——云教育的
发展历史以及挑战

13.4.2　基于大数据的云教学环境

传统的以课堂为主的教学环境由于教育资源严重匮乏，这使得日常教学活动直接受到影响，而教师与学生由于教育资源的匮乏使得他们教与学的活动中始终处于被动的局面，然而云计算的出现大大解决了因教育资源匮乏而引起的种种问题，基于云计算的多媒体教学环境运用云计算的存储、计算技术给师生提供了更多样化、更个性的教与学的活动，但基于云计算的教学环境很难分析各种数据之间的联系，使得各种教育资源应用效果很难达到最大化。在大数据时代，结合云计算构建的大数据云教学环境，如图13-6所示，它结合云计算的存储、计算技术和大数据的分析、挖掘技术，使得师生不仅能通过数据了解现状，而且能预测未来，使他们可以基于现状和预测做出正确的决策，这样可使教师和学生在信息化时代处于主动的状态而不是被动状态。下面对各个部分进行详细介绍。

（1）云资源管理层。云资源管理层主要包括云资源中心、云资源管理中心、云安全管理中心等。其中云资源中心是对管理云、搜索云、学习云等资源云的保存和更新，云资源管理中心是对云资源中心的虚拟资源进行管理，即资源的监控、分配与回收、更新与维护等，对云资源中心的各资源节点进行负载均衡管理，云安全管理中心是对用户对各云资源的访问进行管理，即用登录验证、权限管理和防火墙管理等。

（2）数据处理层。大数据处理层包括数据采集、数据分析和数据挖掘三大部分，其中数据采集是对收集在云资源层中的结构化、半结构化、非结构化的数据进行数据过滤、数据筛选和数据存储。其中数据过滤是对各种类型的数据进行约束检查、去数据冗余化等一系列的操作，以确保数据的可用性和真实性，而数据筛选则是反复的进行数据过滤的操作，以确保采集的数据达到高纯度、低冗余和精准性，最后是将提纯的数据以不同的存储方式进行存储。数据分析是对教师的教学行为、教学效果和学生的学习行为、学习效果等非结构数据进行维度分析和关联规则分析等，以分析推断出各种类数据间的细微差异与关系，以得出有利于优化教学效果和学习效果的洞见点。数据挖掘是应用多种不同的数据挖掘算法如分类算法、回归算法、聚合算法等对经过数据分析后的数据进行挖掘，以从数据中抽取隐含的、未知和潜在信息。

（3）应用层。应用层是对经过数据处理的数据加以应用，如信息检索、数据可视化应用、教与学评估与预测等，通过对高校教与学做的评估和预测，来及时让学校各业务部门及时改进业务，如在学期学生的选课后，及时对学生的选课数据进行分析和挖掘，以对下一学期的专业课程设置、选课条件设置提出建议。

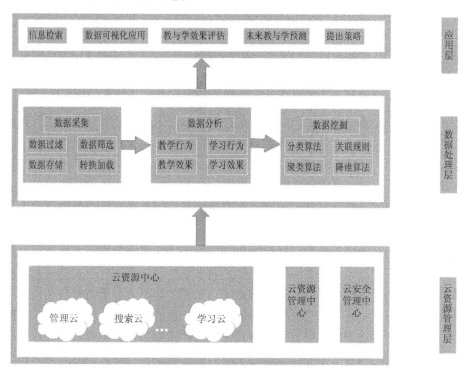

图 13-6　基于大数据的云教育环境模型图

基于大数据的云教学环境结合了云计算技术和大数据技术的优点，它能对各种数据进行收集、过滤、分析和挖掘等一系列的管理操作，为高校教育决策者提供真实、客观的数据依据。

13.4.3　大数据背景下的智慧教育云的应用

大数据背景下，随着云计算和移动互联网的快速发展，智慧教育迎来了数字化、网络化和智能化的云时代，智慧学习、智慧教学、互动在线课堂、个性化学习已成为未来教育发展的新趋势。如何有效地利用海量智慧资源和云计算，搭建一个大数据环境下的智慧教育云平台，克服学习障碍，实现智慧学习，是当前很多学者关注的热点问题。智慧教育云平台能为学习者提供很好的智慧学习环境和个性化的学习体验。智慧教育可培养出智慧型和创新型的人才，智慧教育的核心技术为大数据、云计算、物联网、增强现实、移动通信和定位技术。

智慧教育云平台是基于云计算技术、虚拟化技术、分布式存储等技术架构的一个智能化，且能为不同用户提供租用或免费云服务的操作平台。该平台可实现智慧教学、智慧学习、智慧管理、智慧科研、智慧评价等服务，可有效地解决教育资源不平等以及教育资源浪费等诸多问题，充分实现了资源的按需使用，实现了资源的有效共享。利用数据挖掘技术和学习分析技术来构建智慧教育云平台，学习分析指的是对学生生成的海量数据进行解释和分析，以评估学生学业进展、预测未来表现并发现潜在问题。智慧教育云平台是一个为师生和家长提供智慧云服务的平台，利用识别技术、情景感知技术、人工智能技术、机器学习以及知识工程等，可轻松实现用户的终端和状态信息以及环境信息的识别，实现信息的智能化处理、智能化的信息检索和可视化的信息检索，实现以师生和家长为主的互联模型、实现信息资源的智能推送、为个性化学习提供了帮助和支持。

2016 年 9 月 8 日，"寻找最美超融合合伙人——唯技术·筑生态"发布会在上海隆重举行，超融合产业联盟发起者联想企业云，宣布推出精简易用的 H3000 超融合产品，同时携手行业解决方案提供商发布"联想超融合生态合伙人"计划，希望与合作伙伴一道共同构筑健康、成熟、开放的超融合生态。在这次活动中，联想超融合的部分生态合伙人一同亮相，包括中国信息技术有限公司（CNIT）、叠云（cloudecker）、Mellanox、AppEx Networks、MEMBLAZE、魔泊云（MoPaaS）、Cohesity、Paloalto 等。CNIT 作为联想超融合的生态合伙人之一，在本次发布会携手联想超融合、叠云科技共同发布了教育行业解决方案——智慧教育云。发布会现场，CNIT 产品总监马易也为大家详细介绍了超融合时代下的智慧教育云。

凭借可快递、零负担、很包容等优势，超融合可为教育行业企业或机构提供开箱即用的、简单运维的、高扩容性地基础架构。智慧教育云就是在超融合数据中心的基础之上，提供云桌面系统、云教室系统、云办公系统、信息发布系统、招生系统等数字化校园运用平台，并收集和整理运用平台所产生的数据，通过分析与挖掘，为教育行业决策者提供决策依据，也为教学过程中的一些方法提供改进的参考意见。

智慧教育云在应用层的最基础平台上构建了一个基础信息库，既有学生的姓名、性别、年龄、身体状态等一系列信息，也有老师所教的学科、所教年级等信息，还有家长的基础信息、身份信息等。通过这样一个基础信息库，根据身份进行数据的收集，并加以整理和有效的分析。例如，我们将成绩分析系统及作息分析（一卡通系统）进行联合采集分析，A 同学和 B 同学都在同一个班上课，A 同学早晨是 7 点钟来上早自习，B 同学早晨是 8 点钟来上早自习，然后通过成绩分析系统去看，A 同学成绩是 90 分，B 同学成绩可能是 70 分，通过这种数据分析结果，去形成一个简单的建议，建议 B 同学早点来上早自习，可能对成绩有所提高，这样可以建议孩子的家长考虑早一些把孩子送到学校来，可能成绩会有所提高。

同样，通过其他的数据分析也可以从其他角度为学生发展提供一些建议。例如，学校可通过一卡通信息，统计出某一个学生一定时间内消费了多少瓶碳酸饮料。然后通过大数据分析看到，喝碳酸饮料过多的学生体重状态确实不是很理想，甚至对学习成绩有一定影响，校方希望可以在这方面进行一个控制，以提升学生的身体健康状况。智慧教育云不仅帮助学校及教育机构以较低的人力成本，高效维护 IT 基础设备，同时还能支持各项创新智慧教育应用的上线，是助推教育信息化发展必不可少的智能教育装备。智慧教育云平台助力大数据环境下的教育信息化建设，对于建设大数据环境下，教育信息化全新教育教学环境，实现智慧教学，智慧互动课堂提供了很好的条件。随着大数据分析与处理技术、可视化技术的发展，会有越来越多的学者和组织参与到大数据与智慧教育的研究中来，从而实现大数据背景下的智慧教学，智慧互动课堂、智慧学习、智慧管理，促进教育信息化的飞速发展。

延伸阅读——其他教育
大数据应用小案例

本 章 小 结

本章主要介绍了大数据在教育模块的应用，即教育大数据。详细介绍了慕课、微课在大数据背景下的发展、应用、对教育行业的影响，大数据背景下教育云平台的应用。

通过阅读本章，我们认识到大数据是推进教育创新发展的科学力量。教育大数据是整个教育活动过程中所产生的以及根据教育需要采集到的一切用于教育发展并可创造巨大潜在价值的数据集合。与传统教育数据相比，教育大数据的采集具有更强的实时性、连贯性、全面性和自然性，分析处理更加复杂和多样，应用更加多元、深入。教育大数据是一种无形的资产，是一座可无限开采的"金矿"，充分地挖掘与应用是实现数据"资产"增值的重要途径。

思 考 题

（1）结合已学知识，谈谈互联网和大数据对教育领域的影响。

（2）你认为大数据在微课模式的应用有哪些不足，有什么地方值得改进？

（3）你认为微课的未来是否值得期待？或者将会被新的教学模式所取代？

（4）在 Coursera、中国大学 MOOC 等慕课网站选一门自己感兴趣的课，感受慕课教育与传统课堂教育的区别，并给出评价。

（5）对比微课，慕课及云教育三种平台，你能发现存在什么区别吗？

（6）试分析大数据的出现对云计算的应用有什么影响？

参 考 文 献

鲍亮, 李倩. 实战大数据[M]. 北京: 清华大学出版社, 2014.

蔡佳慧, 张涛, 宗文红. 医疗大数据面临的挑战及思考[J]. 中国卫生信息管理杂志, 2013, (4): 292-295.

曾绳涛. 基于物联网的远程移动医疗监护系统的设计与实现[D]. 广州: 广东工业大学, 2014.

查伟. 数据存储技术与实践[M]. 北京: 清华大学出版社, 2016.

陈工孟, 须成忠. 大数据导论:关键技术与行业应用最佳实践[M]. 北京:清华大学出版社, 2015.

陈尚义. 百度大数据引擎及行业应用实践[M]. 北京: 人民交通出版社, 2015, (1): 97-107.

陈为, 沈则潜, 陶煜波, 等. 大数据丛书: 数据可视化[M]. 北京: 电子工业出版社, 2013.

陈为, 张嵩, 鲁爱东. 数据可视化的基本原理与方法[M]. 北京: 科学出版社, 2013.

陈晓康. 基于 Spark 云计算平台的改进 K 近邻算法研究[D]. 广州: 广东工业大学, 2016.

陈卓信, 严碧泳. 基于大数据的智能医疗系统分析与研究[J]. 科技经济导刊, 2016, (12): 22-26.

程思远, 马超, 李聪聪. 基于 MapReduce 的高效用序列模式挖掘算法[J]. 计算机系统应用, 2015, 24(12): 228-232.

邓忠旭. 基于滑动窗口技术的 RFID 数据清洗算法和实现[D]. 哈尔滨: 哈尔滨工业大学, 2010.

邓自立. 云计算中的网络拓扑设计和 Hadoop 平台研究[D]. 合肥: 中国科学技术大学, 2009.

杜婧敏, 方海光, 李维杨, 等. 教育大数据研究综述[J]. 中国教育信息化, 2016, (19): 1-4.

方巍, 郑玉, 徐江. 大数据:概念、技术及应用研究综述[J]. 南京信息工程大学学报, 2014, (5): 405-419.

高汉松, 肖凌, 许德玮, 等. 基于云计算的医疗大数据挖掘平台[J]. 医疗信息月杂志, 2013, 34(5): 7-12.

高扬, 卫峥, 尹会生. 白话大数据与机器学习[M]. 北京: 机械工业出版社, 2016.

关文波, 雷蕾. 基于云计算的数据挖掘之综述研究[J]. 科技视界, 2013, (33): 208.

韩辉. 远程医疗系统的研究与实现[D]. 南京: 南京理工大学, 2013.

韩家炜, Kamber M, 裴健. 数据挖掘: 概念与技术[M]. 3 版. 北京: 机械工业出版社, 2012.

韩壮飞. 互联网金融发展研究——以阿里巴巴集团为例[D]. 开封: 河南大学, 2013.

何清, 李宁, 罗文娟, 等. 大数据下的机器学习算法综述[J]. 模式识别与人工智能, 2014, 4: 9.

何清, 庄福振, 曾立, 等. PDMiner:基于云计算的并行分布式数据挖掘工具平台[J]. 中国科学:信息科学, 2014, 44(7):871-885.

胡敬远. 基于关联数据的医疗决策支持系统的研究[D]. 上海: 上海交通大学, 2014.

纪俊. 一种基于云计算的数据挖掘平台架构设计与实现[J]. 青岛: 青岛大学, 2009.

焦乐柯, 刘雅婧, 邓秀芳. 互联网金融的创新对消费行为的影响——以蚂蚁花呗为例[J]. 企业导报, 2016, (13): 6-7.

金雯婷, 张松. 互联网大数据采集与处理的关键技术研究[J]. 中国金融电脑, 2014, (11): 70-73.

亢丽芸, 王效岳, 白如江. MapReduce 原理及其主要实现平台分析[J]. 现代图书情报技术. 2012, (2): 60-67.

柯清超. 大数据与智慧教育[J]. 中国教育信息化, 2013, 12(24): 8-11.

李春葆, 李石君, 李筱驰. 数据仓库与数据挖掘实践[M]. 北京: 电子工业出版社, 2014.

李国杰, 程学旗. 大数据研究:未来科技及经济社会发展的重大战略领域——大数据的研究现状与科学思考[J]. 中国科学院院刊, 2012, 27(6): 5-15.

李婷, 裴韬, 袁烨城, 等. 人类活动轨迹的分类、模式和应用研究综述[J]. 地理科学进展, 2014, 33(7): 938-948.

李文珲, 康昌春, 张新斌, 等. 大数据对医疗行业的影响和挑战[J]. 医学信息, 2015, (20): 2.

李晓明. 中职编程语言类微课教学模式的探索与应用[J]. 职业教育研究, 2014, (38).

李岩. 从微博 "大数据" 探索气象服务规律[J]. 现代农业科技, 2016, (6): 341-343.

李映, 惠杨伟. 略论人口增长与经济发展[J]. 西北人口, 2000, (1): 10-11.

林利, 石文昌. 构建云计算平台的开源软件综述[J]. 计算机科学, 2012, 39(11): 1-7.

林子雨. 大数据技术原理与应用[M]. 北京: 人民邮电出版社, 2015.

刘莉, 徐玉生, 马志新. 数据挖掘中数据预处理技术综述[J]. 甘肃科学学报, 2003, 15(1): 117-119.

刘新海. 大数据挖掘助力未来金融服务业[J]. 金融市场研究, 2014, 2: 17.

龙瀛, 孙立君, 陶遂. 基于公共交通智能卡数据的城市研究综述[J]. 城市规划学刊, 2015(3).

卢秋红. 中国基础教育大数据发展蓝皮书(2015)发布[J]. 中小学信息技术教育, 2016, (5): 4.

陆锋, 刘康, 陈洁. 大数据时代的人类移动性研究[J]. 地球信息科学学报, 2014, 16(5): 665-672.

陆嘉恒. 大数据丛书: 大数据挑战与 NoSQL 数据库技术[M]. 北京: 电子工业出版社, 2013.

栾亚建, 黄翀民, 龚高晟, 等. Hadoop 平台的性能优化研究[J]. 计算机工程, 2010, 36(14): 262-263.

罗军舟, 金嘉晖, 宋爱波, 等. 云计算:体系架构与关键技术[J]. 通信学报, 2011, 32(7): 3-21.

吕科. 主持人语迎接大数据时代的到来[J]. 工程研究-跨学科视野中的工程, 2014, (3): 221-223.

孟子煜. 从大数据视角下看微博在网剧传播中的作用[J]. 新闻研究导刊, 2016, 7(10):338-338.

牟乃夏, 张恒才, 陈洁, 等. 轨迹数据挖掘城市应用研究综述[J]. 地球信息科学学报, 2015, 17(10): 1136-1142.

牛丽, 陈珂, 李金祥. 基于云计算的远程教育学习环境构建研究[C]. 中国电子学会信息论分会. 2011 高等职业教育电子信息类专业学术暨教学研讨会论文集. 中国电子学会信息论分会, 2011.

钱宏. 数据挖掘预处理技术的研究[J]. 电脑知识与技术, 2010, 6(17): 4600-4601.

邱荣财. 基于 Spark 平台的 CURE 算法并行化设计与应用[D]. 广州: 华南理工大学, 2014.

屈景怡. 远程医疗系统的研究与实现[D]. 西安: 西北工业大学, 2003.

邵明豪. 数据预处理技术的具体实现形式研究[J]. 网络安全技术与应用, 2009, (6): 52-53.

斯坦福教育研究院. [DB/OL]http://gsd.su.domains/.

宋爱娟. 基于无线传感器网络远程医疗监护系统研究[D]. 秦皇岛: 燕山大学, 2013.

孙浩. 金融大数据的挑战与应对[J]. 金融电子化, 2012, (7): 51-52.

孙剑华. 未来计算在"云端"——浅谈云计算和移动学习[J]. 现代教育技术, 2009, 19(8): 60-63.

孙健, 贾晓菁. Google 云计算平台的技术架构及对其成本的影响研究[J]. 电信科学, 2010, 26(1): 38-44.

孙水华, 赵钏林, 刘建华. 数据仓库与数据挖掘技术[M]. 北京: 清华大学出版社, 2012.

孙未未, 毛江云. 轨迹预测技术及其应用——从上海外滩踩踏事件说起[J]. 科技导报, 2016, 36(9): 48-54.

汤效琴, 戴汝源. 数据挖掘中聚类分析的技术方法[J]. 微计算机信息, 2003, (1):1-2.

唐辉军, 宋扬, 熊松泉. 高校学生微博使用行为大数据分析和管理研究[J]. 科教文汇旬刊, 2015, (8): 122-123.

童庆, 张敬谊, 佘盼, 等. 基于大数据的医疗健康信息化服务平台的研究[C]. 中国计算机用户协会网络应用分会 2014 年网络新技术与应用年会, 昆明: 2014.

王昌元. 大数据分析与远程医疗[J]. 中国医学文摘:皮肤科学, 2016, (1): 17-19.

王宏宇. Hadoop 平台在云计算中的应用[J]. 软件, 2011, 32(4): 36-38.

王恺. 基于 MapReduce 的聚类算法并行化研究[D]. 南京: 南京师范大学, 2014.

王珂. 基于互联网大数据平台的小微企业融资模式研究[D]. 西安: 长安大学, 2014.

王鹏. 云计算的关键技术与应用实例[M]. 北京: 人民邮电出版社, 2010.

王卫, 刘春根, 陈维平. 等. 远程医疗系统与数字化技术的发展及应用[J]. 中国组织工程研究, 2008, 12(48): 9561-9564.

王逊. 数据挖掘在医学领域中的应用[D]. 成都: 电子科技大学, 2014.

王雅琼, 杨云鹏, 樊重俊. 智慧交通中的大数据应用研究[J]. 物流工程与管理, 2015, (5): 107-108.

王知源. "慕课"浪潮引发的高校教学改革思考[J]. 信息化建设, 2016, (9).

魏兵. 2013 年中国软件开发者薪资调查报告[J]. 程序员, 2014, (3): 26-29.

吴秉健. 国外微课资源开发和应用案例剖析[J]. 中小学信息技术教育, 2013, (4): 23-26.

吴丹. Excel 数据挖掘工具的研究与应用[J]. 电脑知识与技术, 2013, (9): 1-3.

吴吉义, 平玲娣, 潘雪增, 等. 云计算: 从概念到平台[J]. 电信科学, 2009, 25(12): 1-11.

吴俊森. Hadoop 云计算平台的研究及实现[J]. 硅谷, 2014, (15): 51-52.

武秋红. 基于无线传感器网络的远程医疗监护系统[D]. 成都: 电子科技大学, 2009.

谢雪莲, 李兰友. 基于云计算的并行 K-means 聚类算法研究[J]. 计算机测量与控制, 2014, 22(5): 1510-1512.

胥岢. 互联网金融发展对商业银行的影响, 启示与对策研究[J]. 西南金融, 2014, 4: 20.

徐凯田. 基于大数据的智慧移动医疗信息系统结构研究[D]. 青岛: 青岛科技大学, 2015.

杨超, 朱荣荣, 涂然. 基于智能手机调查数据的居民出行活动特征分析?[J]. 交通信息与安全, 2015(6): 25-32.

杨池然. 跟随大数据旅行[M]. 北京: 机械工业出版社, 2014: 35.

杨欢. 云数据中心构建实战: 核心技术、运维管理、安全与高可用[M]. 北京: 机械工业出版社, 2014.

杨现民, 王榴卉, 唐斯斯. 教育大数据的应用模式与政策建议[J]. 电化教育研究, 2015, (9): 54-61.

杨彦波, 刘滨, 祁明月. 信息可视化研究综述[J]. 河北科技大学学报, 2014, 35(1): 91-102.

杨正红. 大数据技术入门[M]. 北京: 清华大学出版社, 2016.

姚旭, 王晓丹, 张玉玺, 等. 特征选择方法综述[J]. 控制与决策, 2012, 27(2): 161-166.

袁玉宇, 刘川意, 郭松柳. 云计算时代的数据中心[M]. 北京: 电子工业出版社, 2012.

翟允赛. 大数据驱动的医疗信息物理融合系统的分析与设计方法[D]. 广州: 广东工业大学, 2016.

张红, 王晓明, 过秀成, 等. 出租车 GPS 轨迹大数据在智能交通中的应用[J]. 兰州理工大学学报, 2016, 42(1): 109-114.

张继平. 云存储解析[M]. 北京: 人民邮电出版社, 2013.

张俊林. 大数据日知录: 架构与算法[M]. 北京: 电子工业出版社, 2014.

张晓坤, 高维数据可视化方法与可视化分类技术研究[D]. 哈尔滨: 哈尔滨工业大学, 2013.

张雪萍, 龚康莉, 赵广才.基于 MapReduce 的 K-Medoids 并行算法[J]. 计算机应用, 2013, 33(4): 1023-1025.

赵刚. 大数据技术与应用实践指南[M]. 北京: 电子工业出版社, 2013.

赵松泽, 叶伟春. 大数据推动远程医疗产业发展[J]. 中国信息界, 2016, (2): 70-72.

郑立, 周咏梅, 舒雅, 等. 慕课发展的历程及未来展望[J]. 北京工业职业技术学院学报, 2015, 14(3):70-73.

中华人民共和国国务院. 促进大数据发展行动纲要[J]. 成组技术与生产现代化, 2015, 32(3): 51-58.

中科开普. 大数据技术基础[M]. 北京: 清华大学出版社, 2016.

周庆, 牟超, 杨丹. 教育数据挖掘研究进展综述[J]. 软件学报, 2015, 26(11):3026-3042.

周苏, 王文. 大数据可视化[M]. 北京: 清华大学出版社, 2016.

周屹, 李艳娟. 数据库原理及开发应用[M]. 2 版. 北京: 清华大学出版社, 2013: 90.

周奕辛. 数据清洗算法的研究与应用[D]. 青岛: 青岛大学, 2005.

周志华. 机器学习[M]. 北京: 清华大学出版社, 2016.

朱建平, 章贵军, 刘晓葳. 大数据时代下数据分析理念的辨析[J]. 统计研究, 2014, 31(2): 10-19.

朱良平, 王丰. 阿里信贷模式对商业银行的启示[J]. 中国金融电脑, 2013, (12):30-35.

庄晓青, 徐立臻, 董逸生. 数据清理及其在数据仓库中的应用[J]. 计算机应用研究, 2003, 20(6): 147-149.

宗威, 吴锋. 大数据时代下数据质量的挑战[J]. 西安交通大学学报(社会科学版), 2013, 33(5): 38-43.

Alpaydin E. 机器学习导论[M]. 3 版. 北京: 机械工业出版社, 2016.

Andrienko G, Andrienko N. Spatio-temporal aggregation for visual analysis of movements[C]//Visual Analytics Science and Technology, 2008. VAST'08. IEEE Symposium on. IEEE, 2008: 51-58.

Anscombe F J. Graphs in statistical analysis[J]. American Statistician, 1973, 27:17-21.

Anwar A, Nagel T, Ratti C. Traffic origins: A simple visualization technique to support traffic incident analysis[C]//Visualization Symposium (PacificVis), 2014 IEEE Pacific. IEEE, 2014: 316-319.

Armbrust M, Fox A, Griffith R, et al. A view of cloud computing[J]. Communications of the ACM, 2010, 53(4): 50-58.

Armbrust M, Xin R S, Lian C, et al. Spark sql: Relational data processing in spark[C]. Proceedings of the 2015 ACM SIGMOD International Conference on Management of Data, Melbourne, ACM, 2015: 1383-1394.

Axel Schulz, Petar Ristoski, Heiko Paulheim. I See a Car Crash: Real-Time Detection of Small Scale Incidents in Microblogs[M]. The Semantic Web: ESWC 2013 Satellite Events. Springer Berlin Heidelberg, 2013:22-33.

Bello-Orgaz G, Jung J J, Camacho D. Social big data: Recent achievements and new challenges[J]. Information Fusion, 2016, 28: 45-59.

Bifet A. Mining big data in real time[J]. Informatica, 2013, 37(1): 15-20.

Buyya R, Yeo C S, Venugopal S. Market-oriented cloud computing: Vision, hype, and reality for delivering it services as computing utilities[C]//High Performance Computing and Communications, 2008. HPCC'08. 10th IEEE International Conference on. Ieee, 2008: 5-13.

Che D, Safran M, Peng Z. From big data to big data mining: Challenges, issues, and opportunities[C]. International Conference on Database Systems for Advanced Applications, New York, Springer Berlin Heidelberg, 2013.

Chen C, Zhang D, Li N, et al. B-Planner: Planning bidirectional night bus routes using large-scale taxi GPS traces[J]. IEEE Transactions on Intelligent Transportation Systems, 2014, 15(4): 1451-1465.

Chen M, Mao S, Liu Y. Big data: A survey[J]. Mobile Networks and Applications, 2014, 19(2): 171-209.

Conway D, White J M. 机器学习: 实用案例解析[M]. 北京: 机械工业出版社, 2013.

Daniel B. Big data and analytics in higher education: Opportunities and challenges[J]. British Journal of Educational Technology, 2015, 46(5): 904-920.

Dasgupta S S, Natarajan S, Kaipa K K, et al. Sentiment analysis of Facebook data using Hadoop based open source technologies[C]//Data Science and Advanced Analytics (DSAA), 2015. 36678 2015. IEEE International Conference on. IEEE, 2015: 1-3.

Davalos S, Merchant A, Rose G. Using big data to study psychological constructs: Nostalgia on facebook[J]. Journal of Psychology & Psychotherapy, 2016, 2015.

Dean J, Ghemawat S. MapReduce: A flexible data processing tool[J]. Communications of the ACM, 2010, 53(1): 72-77.

Demšar J, Curk T, Erjavec A, et al. Orange: Data mining toolbox in Python[J]. Journal of Machine Learning Research, 2013, 14(1): 2349-2353.

Fan W, Bifet A. Mining big data: Current status, and forecast to the future[J]. ACM sIGKDD Explorations Newsletter, 2013, 14(2): 1-5.

Gantz J, Reinsel D. The digital universe in 2020: Big data, bigger digital shadows, and biggest growth in the far east[J]. IDC iView: IDC Analyze the Future, 2012, 2007: 1-16.

Gonzalez J E, Xin R S, Dave A, et al. GraphX: Graph Processing in a Distributed Dataflow Framework[C]//OSDI. 2014, 14: 599-613.

Gozman D, Currie W, Seddon J. The role of big data in governance: a regulatory and legal perspective of analytics in global financial services[J]. 2015.

Gustavo A A. 数据中心虚拟化技术权威指南[M]. 北京: 人民邮电出版社, 2015.

Guo H, Wang Z, Yu B, et al. TripVista: Triple perspective visual trajectory analytics and its application on microscopic traffic data at a road intersection[J]. 2015, 18(1): 163-170.

Hall M, Frank E, Holmes G, et al. The WEKA data mining software: An update[J]. ACM SIGKDD Explorations Newsletter, 2009, 11(1): 10-18.

Han J, Pei J, Kamber M. Data Mining: Concepts and Techniques[M]. Amsterdam: Elsevier, 2011.

Han J W, Kamber M, Pei J. 数据挖掘·概念与技术[M]. 范明, 孟小峰译. 北京: 机械工业出版社, 2012: 55-59.

Han J, Kamber M. 数据挖掘: 概念与技术[M]. 3 版. 北京: 机械工业出版社, 2012.

He K, Wang J, Deng L, et al. Congestion avoidance routing in urban rail transit networks[C]//Intelligent Transportation Systems (ITSC), 2014 IEEE 17th International Conference on. IEEE, 2014: 200-205.

Hofmann M, Klinkenberg R. RapidMiner: Data Mining Use Cases and Business Analytics Applications[M]. BocaRaton: CRC Press, 2013.

Harrington P. 机器学习实战[M]. 北京: 人民邮电出版社, 2013.

Hsu W J, Dutta D, Helmy A A G. Structural analysis of user association patterns in university campus wireless LANs[J]. IEEE Transactions on Mobile Computing, 2012, 11(11): 1734-1748.

Imtiyazi M A, Alamsyah A, Junaedi D, et al. Word association network approach for summarizing Twitter conversation about public election[C]//Information and Communication Technology (ICoICT), 2016 4th International Conference on. IEEE, 2016: 1-4.

Karun A K, Chitharanjan K. A review on hadoop—HDFS infrastructure extensions[C]//Information & Communication Technologies (ICT), 2013 IEEE Conference on. IEEE, 2013: 132-137.

Katal A, Wazid M, Goudar R H. Big data: issues, challenges, tools and good practices[C]//Contemporary Computing (IC3), 2013 Sixth International Conference on. IEEE, 2013: 404-409.

Kim I, Kim Y T. Realistic modeling of IEEE 802.11 WLAN considering rate adaptation and multi-rate retry[J]. IEEE Transactions on Consumer Electronics, 2011, 57(14): 1496-1504.

Kumar A, Shin K G. DSASync: Managing end-to-end connections in dynamic spectrum access wireless LANs[J]. IEEE/ACM Transactions on Networking, 2012, 20(4): 1068-1081.

Kusnetzky D. What is big data?[J]. ZDNet. URL: http://www. zdnet. com/blog/virtualization/what-is-big-data/1708, 2010.

Leung C K, Zhang H. Management of Distributed Big Data for Social Networks[C]//Cluster, Cloud and Grid Computing (CCGrid), 2016 16th IEEE/ACM International Symposium on. IEEE, 2016: 639-648.

Li Q, Zhou B, Liu Q. Can twitter posts predict stock behavior: A study of stock market with twitter social emotion[C]//Cloud Computing and Big Data Analysis (ICCCBDA), 2016 IEEE International Conference on. IEEE, 2016: 359-364.

Li Y Y, Su H, Charles R Q, et al. Joint embeddings of shapes and images via CNN image purification[J]. ACM Transactions on Graphics, 2015, 34(6): 234.

Lins L, Klosowski J T, Scheidegger C. Nanocubes for real-time exploration of spatiotemporal datasets.[J]. IEEE Transactions on Visualization & Computer Graphics, 2013, 19(12): 2456-65.

Liu H, Gao Y, Lu L, et al. Visual analysis of route diversity[C]. IEEE Conference on Visual Analytics Science and Technology, Vast 2011, Providence, 2011: 171-180.

Luis M V, Luis R M, Caceres J, et al. Abreak in the clouds: Toward a cloud definition[J]. ACM SIGCOMM Computer Communication Review, 2009, 39(1): 50-55.

Maggs B M, Sitaraman R K. Algorithmic nuggets in content delivery[J]. ACM SIGCOMM Computer Communication Review, 2015, 45(3): 52-66.

McKinney W. 利用 Python 进行数据分析[M]. 北京: 机械工业出版社, 2014.

McKinsey B D. The next frontier for innovation, competition, and productivity[J]. McKinsey Global Institute Report, 2011.

Melchior A, Peralta E, Valiente M, et al. KNIME: The konstanz information miner[J]. Acm Sigkdd Explorations Newsletter, 2009, 11(1): 26-31.

Meng X, Bradley J, Yuvaz B, et al. Mllib: Machine learning in apache spark[J]. JMLR, 2016, 17(34): 1-7.

Mitchell R. Python 网络数据采集[M]. 北京: 人民邮电出版社, 2016: 8-10.

Murray S. 数据可视化实战[M]. 北京: 人民邮电出版社, 2013.

O'hagan S, Kell D B. Software review: the KNIME workflow environment and its applications in genetic programming and machine learning[J]. Genetic Programming and Evolvable Machines, 2015, 16(3): 387-391.

Pack M L, Wongsuphasawat K, VanDaniker M, et al. ICE-visual analytics for transportation incident datasets[C]//Information Reuse & Integration, 2009. IRI'09. IEEE International Conference on. IEEE, 2009: 200-205.

Pan B, Zheng Y, Wilkie D, et al. Crowd sensing of traffic anomalies based on human mobility and social media[C]//Proceedings of the 21st ACM SIGSPATIAL International Conference on Advances in Geographic Information Systems. ACM, 2013: 344-353.

Pangning T, Steinbach M, Kumar V. Introductionto Data Mining[M]. Beijing: Posts and Telecom Press, 2006.

　　　　　　　　　　　大数据导论

Piatetsky G. R, Python Duel As Top Analytics, Data Science software-KDnuggets 2016 Software Poll Results[N]. KDnuggets News, 2016.

Pu J, Liu S, Ding Y, et al. T-watcher: A new visual analytic system for effective traffic surveillance[C]//Mobile Data Management (MDM), 2013 IEEE 14th International Conference on. IEEE, 2013, 1: 127-136.

Raman V, Hellerstein J M. Potter's wheel: An interactive data cleaning system[C]//VLDB. 2001, 1: 381-390.

Robert L G, Gu Y H, Sabala M, et al. Compute and storage clouds using wide area high performance networks[J]. Future Generation Computer Systems, 2009,25(2):179-183.

Sang J, Gao Y, Bao B, et al. Recent advances in social multimedia big data mining and applications[J]. Multimedia Systems, 2016, 22(1): 1-3.

Shi C, Wu C, Han X, et al. Machine learning under big data[J], 2016.

Shoro A G, Soomro T R. Big data analysis: Apache spark perspective[J]. Global Journal of Computer Science and Technology, 2015, 15(1).

Silveira L M, Almeida J M D, Marques-Neto H T, et al. MobHet: Predicting human mobility using heterogeneous data sources[J]. Computer Communications, 2016, 95: 54-68.

Sin K, Muthu L. Application of big data in education data mining and learning analytics—A lterature review[J]. ICTACT Journal on Soft Computing, 2015, 5(4): 1035-1049.

Song C, Qu Z, Blumm N, et al. Limits of Predictability in Human Mobility[J]. Science, 2010, 327(5968):1018-1021.

Strohbach M, Daubert J, Ravkin H, et al. Big Data Storage[M]. New Horizons for a Data-Driven Economy. New York: Springer International Publishing, 2016: 119-141.

Svee E O, Zdravkovic J. A model-based approach for capturing consumer preferences from crowdsources: the case of Twitter[C]//Research Challenges in Information Science (RCIS), 2016 IEEE Tenth International Conference on. IEEE, 2016: 1-12.

Triguero I, Peralta D, Bacardit J, et al. MRPR: A MapReduce solution for prototype reduction in big data classification[J]. Neurocomputing, 2015, 150: 331-345.

Vance A. Start-up goes after big data with hadoop helper[J]. New York Times Blog, 2010, 22.

Wang X, Zeng K, Zhao X L, et al. Using web data to enhance traffic situation awareness[C]//Intelligent Transportation Systems (ITSC), 2014 IEEE 17th International Conference on. IEEE, 2014: 195-199.

Wang Y, Zheng Y, Xue Y. Travel time estimation of a path using sparse trajectories[C]//Proceedings of the 20th ACM SIGKDD international conference on Knowledge discovery and data mining. ACM, 2014: 25-34.

Wang Z, Lu M, Yuan X, et al. Visual Traffic Jam Analysis Based on Trajectory Data[J]. IEEE Transactions on Visualization & Computer Graphics, 2013, 19(12):2159-2168.

White T. Hadoop: The Definitive Guide[M]. Sebastopol: O'Reilly Media, Inc., 2012.

White T. Hadoop: The Definitive Guide[M]. Sebastopol: O'Reilly Media, Inc., 2012.

Wu X, Zhu X, Wu G Q, et al. Data mining with big data[J]. IEEE Transactions on Knowledge and Data Engineering,2014, 26(1): 97-107.

Wu X, Zhu X, Wu G Q, et al. Data mining with big data[J]. IEEE Transactions on Knowledge and Data Engineering, 2014, 26(1): 97-107.

Zeng W, Fu C W, Arisona S M, et al. Visualizing interchange patterns in massive movement data[J]. Computer Graphics Forum, 2013, 32(3pt3): 271-280.

Zhang Y X, Zhou Y Z. 4VP+:A novel meta OS approach for streaming programs in ubiquitous computing[C]. Proceedings of IEEE the 21st International Conference on Advanced Information Networking and Applications (AINA 2007), Los Alamitos, IEEE CS, 2007.

Zhang Y X, Zhou Y Z. Transparent computing: A new paradigm for pervasive computing[C]. Proceedings of the 3rd International Conference on Ubiquitous Intelligence and Computing (UIC 2006), Berlin, Heidelberg: Springer-Verlag, 2006.

Zhao Y. R and Data Mining: Examples and Case Studies[M]. Pittsburgh: Academic Press, 2012.

Zheng X, Chen W, Wang P, et al. Big data for social transportation[J]. IEEE Transactions on Intelligent Transportation Systems, 2016, 17(3): 620-630.